W0259277

STRUKTUR UND EIGENSCHAFTEN DER MATERIE
IN EINZELDARSTELLUNGEN

BEGRÜNDET VON M. BORN UND J. FRANCK
HERAUSGEGEBEN VON S. FLÜGGE

XXIV

QUANTENTHEORIE DER IONENREALKRISTALLE

VON

DR. HARALD STUMPF
DOZENT FÜR THEORETISCHE PHYSIK
AN DER TECHNISCHEN HOCHSCHULE STUTTGART

MIT 22 ABBILDUNGEN

SPRINGER-VERLAG
BERLIN · GÖTTINGEN · HEIDELBERG
1961

Softcover reprint of the hardcover 1st edition 1961
ISBN-13: 978-3-642-88017-9 e-ISBN-13: 978-3-642-88016-2
DOI: 10.1007/978-3-642-88016-2

Vorwort

Seit der Aufstellung der Quantenmechanik hat sich die Theorie der Kristalle stark entwickelt. Insbesondere rückte in den vergangenen Jahren der Realkristall, d. h. ein mit Gitterbaufehlern behafteter Kristall, wie er in der Natur wirklich vorkommt, und auch absichtlich mit variablen Fehlerkonzentrationen erzeugt werden kann, in den Vordergrund der Betrachtungen. Da der Bindungscharakter der Kristalle in der Theorie auf verschiedenartige Problemstellungen führt, müssen die Kristalltheorien für jeden Bindungstypus gesondert aufgebaut werden. Im folgenden bringen wir den Abriß einer geschlossenen Theorie der *Ionenrealkristalle*, mit deren Problemen sich in den letzten Jahren eine Stuttgarter Arbeitsgruppe beschäftigt hat. Bei diesen Untersuchungen wurde die Theorie des Idealkristalls als bekannt und lösbar vorausgesetzt. Ihre Ergebnisse werden ohne eingehende Erörterung verwendet. Die Untersuchungen der Arbeitsgruppe betreffen daher ausschließlich die Probleme des *Realkristalls*. Das in diesen Arbeiten vorliegende Material wurde hier systematisch geordnet und mit noch nicht publizierten Ableitungen ergänzt. Dies ist in einem solchen Umfang geschehen, daß eine Originalarbeit entstanden ist, deren Hauptgewicht auf einer *Gesamttheorie* der Ionenrealkristalle liegt. Der Begriff der Gesamttheorie bedarf dabei einer näheren Erläuterung. Sie folgt aus einer Betrachtung der Stufen, die eine Theorie bewältigen muß, wenn sie von der quantenmechanischen Beschreibung mikroskopischer Einzelprozesse bis zu jenen Größen vordringen will, die tatsächlich mit Beobachtungswerten am makroskopischen Kristall vergleichbar sind. Eine solche Stufeneinteilung einer Kristalltheorie ist keinesfalls trivial, sondern erfordert überall eingehende Begründungen, die in diesem Buch gegeben werden. Im einzelnen handelt es sich um fünf Stufen, von denen die erste sich mit der quantenmechanischen Konstitution eines Realkristalls bei der Gittertemperatur $T = 0$ befaßt, die zweite mit der dem Ruhezustand überlagerten quantenmechanischen Dynamik des Kristalls, die dritte mit der Begründung der auf die Kristallzustände einwirkenden Störungen, die vierte mit der Bildung eines statistischen ensembles der Störstellen, und die fünfte mit der Reaktionskinetik der aus dem ensemble ableitbaren mittleren Quantenzahlen, wobei in allen Stufen das Lichtquantenfeld explizit hinzugenommen wird. Erst die fünfte Stufe liefert, von einigen Ausnahmen abgesehen, die Verbindung zu den experimentellen Beobachtungen. Im Lichte dieser Anordnung erscheint die sonst vorhandene Literatur auf Einzelfragen zerstreut, da sich die meisten Arbeiten nur mit ein oder höchstens zwei Stufen beschäftigen, und die übrigen nicht berücksichtigen, oder heuristisch umgehen (eine ausführliche Besprechung findet man in § 2). Deshalb wurden bei den Stuttgarter Arbeiten auch keine methodischen Anleihen in der Literatur vorgenommen, sondern die Theorie wurde selbst ständig entwickelt, um alle Einzelfragen der theoretischen Gesamtsicht unterordnen zu können. Übernommen wurden nur, wie schon erwähnt, die Ergebnisse der Untersuchungen am Idealkristall, sowie jene allgemeinen Vorstellungen über den Realkristallaufbau und seine Funktion, die in jedem Lehrbuch zu finden sind, und zum Allgemeingut der Physik gehören. Die Anwendung des nachfolgenden Kalküls auf jene Vorstellungen wird unserer Meinung nach in Zukunft die quantitative Beantwortung der meisten Fragen gestatten, die von experimenteller Seite auf dem Feld der Ionenkristallforschung aufgeworfen werden können. Dies bedeutet, daß das vorliegende Buch *kein* Kompendium für die Ergebnisse der Ionenrealkristallphysik sein kann. Es ist vielmehr eine ausschließlich systematische Darstellung des Weges, den man zu beschreiten hat, wenn man im speziellen Fall zu quantitativen Ergebnissen gelangen *will*. Trotzdem wird aber keine abstrakte Abhandlung vorgelegt, sondern wegen der engen gegenseitigen Verknüpfung wird die mathematische Deduktion stets von den allgemeinen physikalischen Modellvorstellungen geleitet und begleitet. In diesem Sinne ist die Theorie daher modellabhängig und mit der Verbesserung der Modelle zeitbedingt. Es ist aber unsere Meinung, daß einerseits sich die grundlegenden Modellvorstellungen über den Realkristallaufbau wohl kaum noch ändern werden, und andererseits im vorliegenden Buch zumindest teilweise theoretische Betrachtungen ausgeführt wurden, welche unabhängig von Modellen allgemeine Gültigkeit beanspruchen können. Das gilt vor allem für die thermodynamisch-statistischen Betrachtungen. Die Kapitel über die Kristallwellenfunktionen, insbesondere die Teile über elektronische Wellenfunktionen, wurden dagegen so geschrieben, daß sie ohne weiteres Fortschritten in der Behandlung des quantenmechanischen Mehrteilchenproblems oder Veränderungen von Störstellenmodellen angepaßt werden können.

In Anbetracht des erwähnten Gültigkeitsanspruchs für die nachfolgende Theorie möchte man natürlich wissen, in welchem Maße dieser Anspruch bereits realisiert worden ist. Da das gesamte theoretische Verfahren erst seit kurzer Zeit besteht, hat diese Zeitspanne nicht erlaubt, der systematischen Theorie bereits eine ebenso systematische Anwendung gegenüberzustellen. Die bisherigen Anwendungen wurden vielmehr auf Schlüsselprobleme beschränkt, d. h. auf solche, an denen die Brauchbarkeit der Methoden demonstriert werden konnte. Einmal erprobt lassen sich dann diese Methoden systematisch anwenden. Die bereits vorhandenen numerischen Ergebnisse sind in Kap. IX angegeben und werden dort diskutiert. Mit diesen Anwendungen steht man aber wie gesagt erst am Anfang der systematischen Ausschöpfung aller Möglichkeiten. Weitere Untersuchungen sind daher im Gange.

Zur Bezeichnung sei bemerkt, daß wir überall an Stelle von $\hbar$ nur h eingesetzt haben, um den Drucksatz zu vereinfachen. Ferner wird die EINSTEINsche Summationskonvention benutzt: Überall wo in einem Produkt bei den Faktoren gleiche Indizes auftauchen, wird über den Bereich der Indexnummern summiert. Summationszeichen werden nur dort gesetzt, wo durch funktionale Abhängigkeiten die Vektor- bzw. Tensorindizierung nicht möglich war, oder bei der Summation nicht alle Indexnummern erfaßt werden sollten.

An dieser Stelle möchte ich Herrn Prof. Dr. E. FUES für die Jahre gemeinsamer Arbeit und sein persönliches Vertrauen herzlich danken. Ebenso danke ich für die gemeinsame Arbeit meinen Freunden Herrn Dr. M. WAGNER und Herrn Dr. F. WAHL, sowie den anderen Herren unserer Arbeitsgruppe, welche sich mit dem gestellten Problem beschäftigt haben. Eine große Förderung war auch das Interesse von Herrn Prof. Dr. H. PICK und den Herren seiner experimentellen Arbeitsgruppe, insbesondere Herrn Dr. F. LÜTY, das zu vielen nützlichen Diskussionen führte. Mein besonderer Dank gilt ferner Herrn Prof. Dr. S. FLÜGGE, der die Publikation des Buches in der Reihe „Struktur der Materie“ ermöglicht hat. Schließlich sei auch der Deutschen Forschungsgemeinschaft für die Bereitstellung von finanziellen Mitteln in den vergangenen fünf Jahren, und dem Springer-Verlag für das freundliche Entgegenkommen bei der Drucklegung bestens gedankt.

München, August 1961

H. STUMPF

Inhaltsverzeichnis

Kapitel I: **Grundlagen**

Se

Kapitel II: **Elektron-Gitter-Statik nulldimensionaler Störungen**

Kapitel III: **Elektron-Gitter-Statik eindimensionaler Störungen**

Kapitel IV: **Dynamische Elektron-Gitter-Kopplung**

Kapitel IX: **Anwendungen**

Kapitel I

Grundlagen

§ 1. Experimentelle Grundlagen

Die physikalischen Eigenschaften der Ionenkristalle sind seit langer Zeit Gegenstand zahlreicher Untersuchungen. Diese werden einerseits durch technische Anwendungen bedingt, zum anderen aber durch ihre grundsätzliche Bedeutung für das Verständnis der in den Kristallen ablaufenden atomistischen Prozesse. Vor allem handelt es sich dabei um die Beobachtung der Wechselwirkung des Kristalls mit Licht, dann aber auch um Leitfähigkeitsmessungen, magnetischen Messungen, thermische und elastisch-plastische Experimente. Die Reaktionen sind von der Vorbehandlung des Kristalls und von Zustandgrößen, wie z. B. der Temperatur, abhängig, so daß sich ein komplexes experimentelles Verhalten einstellt.

Die seit LENARD beginnende systematische Forschung zeigte, daß gerade die Vielfalt der Reaktionen nicht durch reine Kristalle, sondern durch Kristalle mit Störungen der Idealstruktur, sog. Realkristalle, hervorgerufen wird, und daß durch verschiedenartige Präparation diese Realstruktur beeinflußt, und damit die Kristalleigenschaften variiert werden können. Der neueren Entwicklung gemäß rückt daher der Realkristall in den Vordergrund der Betrachtungen, und der ideale Kristall mit seinen Eigenschaften erscheint als ein in der Natur äußerst selten realisierter Grenzfall der Realkristallstruktur.

Da über das experimentelle Verhalten von Ionenrealkristallen gute Darstellungen von N. F. MOTT und R. W. GURNEY[1], F. A. KRÖGER[2], O. STASIW[3], M. SCHÖN[4], F. STÖCKMANN[5], F. SEITZ[6], G. F. J. GARLICK[7]

---

[1] N. F. MOTT u. R. W. GURNEY: Electronic processes in ionic crystals, 2. Aufl. Oxford: Clarendon Press 1950.

[2] F. A. KRÖGER: Ergebn. d. exakten Naturwiss. Bd. 29, S. 61. Berlin/Göttingen/Heidelberg: Springer 1957. — Some aspects of the luminescence of solids. New York, Amsterdam, London, Brüssel: Elsevier publ. comp. 1948.

[3] O. STASIW: Elektronen- und Ionenprozesse in Ionenkristallen. Berlin/Göttingen/Heidelberg: Springer 1959.

[4] M. SCHÖN: Halbleiterprobleme Bd. IV, S. 282. Braunschweig: Fr. Vieweg u. Sohn 1958.

[5] F. STÖCKMANN: Naturwiss. **39**, 226 (1952); **39**, 246 (1952).

[6] F. SEITZ: Rev. Mod. Phys. **18**, 384 (1946); **26**, 7 (1954).

[7] G. F. J. GARLICK: Luminescent materials. Oxford: Clarendon Press 1949. — Handb. d. Phys. Bd. 26, S. 1. Berlin/Göttingen/Heidelberg: Springer 1958.

u. a. vorliegen, beschränken wir uns wegen des umfangreichen experimentellen Materials darauf, die aus den Experimenten entwickelten Modellvorstellungen über die *Realkristallstruktur* und ihre *Funktion* anzuführen.

Die wichtigste Erkenntnis der Struckturuntersuchungen besteht in der Feststellung der Lokalisation von Gitterstörungen. Ihr zufolge wird der Realkristall als ein Gebilde aufgefaßt, das in weiten Bereichen eine nahezu ideale Kristallstruktur aufweist, und nur an einzelnen Stellen von der idealen Struktur erheblich abweicht. Diese Stellen, die Störzentren, werden nach ihrer Ausdehnung in verschiedene Typen eingeteilt. Gitterfremde Atome, Leerstellen, Atome auf Zwischengitterplätzen und Assoziationen dieser Elementarstörungen zählen zu den nulldimensionalen Störungen. Sie alle erreichen in keiner Richtung eine Ausdehnung von mehr als atomarer Größenordnung. Zu den eindimensionalen Störungen mit endlicher Ausdehnung in einer Richtung gehören die verschiedenen Versetzungstypen, zu den zweidimensionalen die Korngrenzen usw. Betrachtet man zunächst nur die nulldimensionalen Störungen, so kann man die Realkristallstruktur als ein kristallines Medium definieren, in das an einzelnen, räumlich wohldefinierten Stellen Störzentren eingebaut sind. Diese Auffassung eröffnet sogleich den Weg zu einem funktionellen Verständnis des experimentellen Verhaltens von Realkristallen. Verzichtet man nämlich in nullter Näherung auf die Einführung des kristallinen Mediums, so hat man ein Störzentrengas vor sich, und wird demnach alle von den Gasen bekannten physikalischen Prozesse an den Störzentren wiederfinden. Dazu zählen bei Atomen und Molekülen die Elektronenanregung durch Strahlung, einschließlich der Ionisation, sowie die strahlenden Rekombinationen, d. h. Übergänge von einem angeregten in einen tieferen Zustand, und bei Molekülen allein, die Schwingungsanregung. Ferner bei allen Teilchen eine Schwerpunktsbewegung, die durch Stoß oder elektrische Felder verursacht werden kann. Die nachfolgende Berücksichtigung des Einbettungsmediums verändert den Charakter dieser Elementarprozesse nicht. Sie beeinflußt vielmehr nur deren quantitative Ergebnisse. So hat die Anwesenheit der materiellen Einbettung an Stelle des Vakuums zur Folge, daß Prozesse, die vorher aus Energie- und Impulserhaltungsgründen verboten waren, nunmehr erlaubt sein können, weil das Medium die Differenzbeträge aufnimmt oder abgibt. Auch die Bindungsverhältnisse der Teilchen innerhalb eines Störzentrums werden durch den Einfluß der materiellen Umgebung geändert, und bei allen Prozessen ist das Medium durch Polarisationswirkungen usw. grundsätzlich beteiligt, wobei für den quantitativen Wert der Effekte die Struktur des Einbettungsmediums wichtig wird. Im Unterschied zum Gaszustand ist ferner der Austausch von Energie zwischen Störzentren nicht an einen direkten Zusammenstoß oder Strahlung gebunden, sondern im materiellen Medium können Träger von

Energie und Impuls wandern, und diese Größen von einem Ort an einen anderen übertragen. Ebenso wird der zeitliche Verlauf der Reaktionen durch den materiellen Hintergrund oftmals entscheidend beeinflußt. Überhaupt spielen bei den Realkristallen im Unterschied zu den Gasen mit ihren atomaren Anregungs- und Rekombinationszeiten, die zeitabhängigen Prozesse eine *weitaus* größere Rolle. Dies rührt, abgesehen von der schon erwähnten zeitlichen Veränderung bei den Elementarprozessen, vor allem von der Fähigkeit des Mediums her, Energie zu speichern, und von der Konkurrenz der verschiedenen Störzentrenprozesse untereinander. Die gegenüber dem Gas trotz der nahezu gleichen Elementarprozesse sehr vergrößerte Vielfalt des experimentellen Verhaltens hängt damit zusammen. In analoger Weise kann man die Wirkung der eindimensionalen Störungen beschreiben, mit der einzigen Erweiterung, daß zu den bereits genannten Prozessen noch die Eigenbewegungen der Störlinien hinzukommen. Nur die zweidimensionalen Störungen, die man als innere Oberflächen des Kristalls deuten muß, lassen sich nicht mehr sinnvoll im Modellbild eines Störzentrengases erfassen. Sie geben zu Oberflächeneffekten Anlaß, auf die wir aber nicht näher eingehen wollen.

Quantenmechanisch läßt sich die Beschreibung der Experimente auf eine einfache Form reduzieren. In ihr wird das physikalische Geschehen durch gewisse Meßgrößen charakterisiert, wie z. B. Energie, Impuls, Ladung usw., deren gegenseitiger Austausch zwischen verschiedenen Systemen im Laufe der Zeit, den experimentellen Sachverhalt vollständig festzulegen gestattet. Im Fall eines Kristalls handelt es sich um ein korpuskulares System von Atomkernen und Elektronen, dessen Wechselwirkung mit einer äußeren Störung untersucht wird. Im extremen Fall wird der Kristall dabei durch Energieaustausch zerstört, oder gebildet, bei weniger starken Eingriffen aber kann man beobachten, was der Kristall mit der ihm zugeführten Energie anfängt, wie er sie umwandelt und wieder abgibt. In dieser auf Meßaussagen reduzierten Beschreibung wird der Kristall dann durch Energiewerte und einige andere Eigenwerte, wie z. B. Ladung und Masse der Korpuskeln gekennzeichnet. Für die dynamischen Prozesse unter dem Einfluß äußerer Störungen ist in der Energieeigenwertskala dabei nicht nur der Absolutwert des tiefsten Zustands interessant und zur vollständigen Beschreibung notwendig, sondern auch die darüber gelagerten weiteren Energieeigenwerte des Spektrums. Gerade die Anordnung dieses Spektrums erlaubt einen Rückschluß auf die charakteristischen Eigenschaften des Kristalls. Ein Metallkristall hat z. B. in unmittelbarer Nachbarschaft des Grundzustandes zahllose weitere Niveaus, ein Ionenkristall weist dagegen u. a. unmittelbar über dem Grundzustand kein mögliches Niveau auf, was beide Kristallarten experimentell unterscheidet. Im selben Sinn sind auch die

Realkristalle von den Idealkristallen unterschieden: ihr Spektrum besitzt gegenüber dem ungestörten Kristall veränderte und neue Energieeigenwerte, und das ist für den Ablauf des physikalischen Geschehens sehr wesentlich. Als störende Eingriffe kommen zunächst nur elektromagnetische Felder und in den Kristall eingeschossene Korpuskeln in Frage, bei einem weniger atomistischen Standpunkt aber auch mechanische Beanspruchungen der Kristalle, sowie chemische Reaktionen. Alle diese Vorgänge haben den gleichen Effekt: sie bewirken eine Wanderung des Kristalls über seine Energieniveaus, und die Übertragung von Energie und Impuls zwischen dem Kristall und jenen Systemen, die mit ihm gekoppelt sind. Selbstverständlich kann auch die zeitliche Veränderung anderer Meßgrößen unter dem Einfluß einer Störung verfolgt werden, aber der Einfachheit halber beschränken wir uns auf die Energiemessungen, zu denen gegebenenfalls gleichzeitig meßbare andere Eigenschaften hinzukommen.

Zusammenfassend ist demnach einer Theorie der Ionenrealkristalle die Aufgabe gestellt, sowohl die Struktur der Realkristalle mathematisch herzuleiten, als auch die zufolge äußerer Störungen stattfindenden Kristallreaktionen, insbesondere jene von Störzentren, in ihrem energetischen und zeitlichen Verlauf mathematisch darzustellen. Dafür wurden hier die aus den Experimenten folgenden Grundvorstellungen diskutiert.

§ 2. Theoretische Ansätze

Fast ebenso weit zurück wie die experimentellen Untersuchungen reichen die theoretischen Versuche, die Existenz und die Eigenschaften der Ionenkristalle zu erklären. Um die Probleme zu verstehen, die eine gegenwärtige Theorie der Ionenrealkristalle lösen muß, ist es notwendig die vorangegangene Entwicklung kurz darzustellen. Da die exakte Theorie eine Quantentheorie des Kristalls sein muß, führen wir die Darstellung früherer Ergebnisse nur soweit durch, als sie dafür von Bedeutung sind. Auch hier können wir bei der Vielzahl der Arbeiten keinen kompilatorischen, sondern nur einen *systematischen* Standpunkt einnehmen. Dieser wird einerseits durch eine Trennung der gesamten Ionenkristallforschung in Untersuchungen über den Idealzustand und den Realzustand bedingt, zum andern durch die Forderung, daß eine geschlossene Theorie mit den quantenmechanischen Grundprinzipien beginnend, durch eine kontinuierliche Folge von logischen Operationen theoretisch und praktisch bis an die Beobachtungsergebnisse kommen muß.

Jedoch kann man in der Absicht über den Realkristallzustand zu diskutieren, die Theorie des Idealkristalls nicht einfach weglassen. Es wird vielmehr unser Prinzip sein, bei den nachfolgenden Untersuchungen über den Realzustand stets vom idealen Kristall auszugehen und daraus den Realkristall zu erzeugen. Für den Leser bedeutet dies aber nicht, daß er sich nun erst ausführliche Kenntnisse in der Theorie der idealen Ionenkristalle aneignen muß. Zum Verständnis der nachfolgenden Kapitel wird lediglich die Vertrautheit mit der allgemeinen Quantenmechanik vorausgesetzt. Alle anderen aus der Theorie des Idealkristalls zur Verwendung kommenden Ergebnisse werden im Text erläutert. Als notwendige Voraussetzung wollen wir hier nur an die physikalischen Grundkonzeptionen der Theorie idealer Ionenkristalle erinnern, da aus ihnen auch die Grundkonzeptionen aller erweiterten Theorien hervorgehen müssen. Es handelt sich dabei im wesentlichen um zwei Modelle: das klassisch-mechanische Modell, und das quantenmechanische Modell. Im klassischen Modell betrachtet man den Ionenkristall als ein System von punktförmigen klassischen Teilchen, welche mit hypothetischen Zentralpotentialen aufeinander wirken. Die Zentralpotentiale bestehen aus COULOMB-Potentialen und reinen Abstoßungspotentialen, und ermöglichen die Existenz eines stabilen Ionengitters, sowie darüber gelagerter Gitterbewegungen, der Gitterdynamik. Über den Ursprung der Kräfte selbst gibt das Modell keine Auskunft. Ebensowenig über die Existenz von Elektronen und deren Wirkungen. Trotz dieser offensichtlichen Unvollkommenheit hat das Modell seine aktuelle theoretische Bedeutung bewahrt aus Gründen, die wir noch erörtern werden. Im quantenmechanischen Modell wird das Konzept der punktförmigen Gitterionen umgewandelt in das Atommodell eines Ions mit Atomkern und Elektronenhülle, womit die konsequente atomistische Beschreibung des Kristalls erreicht ist. Der Kristall erscheint als ein Vielelektronensystem im Felde von Attraktionszentren, dessen quantenmechanische Behandlung die im Kristall wirksamen Kräfte, wie auch die quantenhaften Wechselwirkungen des Kristalls mit seiner Umgebung theoretisch verständlich macht. Zur näheren Beschäftigung verweisen wir für die klassische Theorie des idealen Ionenkristalls auf das Buch von M. BORN und K. HUANG[8], für die Quantentheorie auf das Buch von P. GOMBAS[9], auf die neueren Originalarbeiten zur Elektronentheorie, speziell in Ionenkristallen von P. O. LÖWDIN[10], sowie auf die zusammenfassenden Arbeiten von H. HAKEN[11] über die Exzitonentheorie und von T.D. SCHULTZ[12] über

[8] M. BORN u. K. HUANG: Dynamical theory of crystal lattices. Oxford: Clarendon Press 1954.

[9] P. GOMBAS: Die statistische Theorie des Atoms und ihre Anwendungen. Wien: Springer 1949.

[10] P. O. LÖWDIN: Advances in Phys. V, 3 (1956).

[11] H. HAKEN: Fortschritte d. Phys. Bd. VI, S. 271 (1958); Halbleiterprobleme, Bd. IV, S. 1. Braunschweig: Fr. Vieweg u. Sohn 1958.

[12] T. D. SCHULTZ: Electron-Lattice Interactions in Polar-Crystals. Techn. Rep. 9 (1956). Cambridge: Massachusetts Inst. of Technologie.

die Polaronentheorie. Voraussetzung für die Lektüre der Originalarbeiten ist die Kenntnis der „klassischen" quantenmechanischen Ansätze für das Mehrelektronenproblem und der elementaren Festkörperphysik, die jedes gründlichere Lehrbuch der Quantenmechanik vermittelt. Damit können wir uns dem eigentlichen Thema der Untersuchung, der Realkristalltheorie zuwenden. Für eine systematische Analyse ist es dabei zunächst nötig, die Forderungen genauer zu präzisieren, die ein geschlossener logischer Aufbau der Theorie erfüllen soll. Solche Forderungen sind nicht im strengen Sinne beweisbar, sondern werden durch die Art der Problemstellung nahegelegt. Für unsere Untersuchungen setzen wir den Kristall als ein korpuskulares System von Atomkernen und Elektronen in *quantenmechanischer* Beschreibung voraus, und unterscheiden im einzelnen dabei fünf Stufen der Theorie, deren sachliche Rechtfertigung wir auf die nachfolgenden Kapitel verschieben. Die Stufen werden durch die folgende Aufstellung gegeben:

1. Statische Elektron-Gitter-Kopplung. Diese entspricht dem quantenmechanischen Zustand des aus Elektronen und Atomkernen aufgebauten Realkristalls bei der Gittertemperatur $T = 0$, wenn man von der Nullpunktsschwingung des Gitters absieht. Die Temperatur bezieht sich dabei nur auf das Gitter, und nicht auf die Elektronen, die in beliebigen, vom Grundzustand verschiedenen, Zuständen zugelassen werden. In diese Stufe gehört die Bildung von Gitterstörungen, die Berechnung ihrer Bildungsenergie, sowie die Berechnung der Elektronenzustände an Gitterstörungen, ferner die damit gekoppelten Aussagen über die geometrische Anordnung gestörter Kristallgitter zufolge eingelagerter Störungen.

2. Dynamische Elektron-Gitter-Kopplung. Sie gibt die Wechselwirkung der Elektronen mit dem Gitter des Realkristalls wieder, wenn dem statischen Zustand eine Temperaturbewegung des Gitters überlagert wird. Sie beschreibt also die im gestörten Kristall aus dem Zusammenwirken von Elektronen und Kernen resultierenden Eigenschwingungen. Hierzu sind die Wellenfunktionen des Gitters und direkt mit der Gitterbewegung korrelierte Elektronenwellenfunktionen nötig. Zusammen mit den Ergebnissen der statischen Rechnungen kann man daraus bei vorgegebenen Gitterstörungen die Wellenfunktionen des Gesamtkristalls, und damit das vollständige Energiespektrum ableiten.

3. Zeitabhängige Übergänge. Zufolge von Störungen führt der Kristall Übergänge zwischen seinen Quantenzuständen aus. Neben der Berechnung der für die mathematische Beschreibung solcher Vorgänge notwendigen Übergangsmatrizen, muß das Problem der Definition dieser Störungen gelöst werden. Die Quantenmechanik gibt dafür keine unmittelbare Vorschrift. Zu den äußeren Störungen kommen zusätzlich noch kristalleigene Störungen, da man im allgemeinen nicht von einer strengen Wellenfunktion des Kristalls ausgehen wird, sondern die Wechselwirkung zwischen Elektronen und Atomkernen in einen regulären und einen Störanteil zerlegt. Auch dies muß begründet werden. Ferner lassen sich in dieser Phase bereits Aussagen über Auswahlregeln ableiten.

4. Ensemble-Statistik und Reaktionskinetik. Bei vielen gleichartigen Störstellen in einem Realkristall hat man es mit einem statistischen ensemble zu tun, derart, daß man die einzelnen Störstellenprozesse als nahezu voneinander unabhängig ansehen kann, und die nach außen dringende, beobachtbare Wirkung eine Summation vieler Einzelprozesse ist. Für diese, im allgemeinen zeitabhängigen, beobachtbaren Wirkungen müssen zur quantitativen Beschreibung aus den quantenmechanischen Grundgleichungen durch statistische Summationen die ensemble-Gleichungen hergeleitet werden. Dabei erst ist die Definition von Übergangswahrscheinlichkeiten möglich und notwendig. Die ensemble-Gleichungen müssen auf eine anschauliche Form umgeformt werden, die der chemischen Reaktionskinetik verwandt ist. Sie enthält zeitabhängige mittlere Schallquanten-, Lichtquanten- und Elektronenbesetzungszahlen, mit denen die Experimente eindeutig beschrieben werden können.

5. Thermodynamisches Gleichgewicht in Realkristallen. Die vorangehenden Stufen lassen eine willkürliche Definition des Realkristallzustandes zu, die im Kristall enthaltenen Störungen können beliebig vermehrt oder vermindert und verteilt werden. Tatsächlich ist dies experimentell nicht durch eine direkte Dotierung zu verwirklichen. Vielmehr wird der Realkristallzustand, abgesehen von der Teilcheneinstrahlung, durch thermodynamische Prozesse erreicht. In dieser Phase wird die Frage beantwortet, welche Realkristallstruktur man bei vorgegebenen Zustandsgrößen und chemischen Reaktionsmöglichkeiten zu erwarten hat. In die Rechnungen gehen die Bildungs- und Wanderungsenergien von Gitterstörungen ein.

Das Vielelektronenproblem führen wir hier nicht als gesonderte Phase auf, weil es bei Ionenkristallen nicht die gleiche Bedeutung wie bei Metallen besitzt, und außerdem in die Entwicklung der Theorie bei Realkristallen nur indirekt eingeht.

Die aufgezählten Stufen ermöglichen eine kontinuierliche Entwicklung von den quantenmechanischen Grundgesetzen des Kristalls bis zu den Beobachtungsgrößen. Die fünfte Stufe ist dabei nicht unmittelbar mit den vorangehenden vier Stufen verknüpft, und kann unabhängig von ihnen in ihrer endgültigen Form formuliert werden.

Nach der hier gegebenen Systematik analysieren wir nun die verschiedenen theoretischen Ansätze. Diese überspannen den ganzen Bereich der modernen physikalischen Forschung, von der Feldtheorie bis zur phänomenologischen Darstellung. Das hängt mit der Vielfalt des Stoffes zusammen. Während die phänomenologischen Betrachtungen häufig vom Experiment her angeregt sind, wird z. B. die feldtheoretische Richtung durch die enge Analogie bestimmt, die zwischen der Kopplung eines Elektrons an das Strahlungsfeld und der Kopplung an das Gitter im polaren Kristall besteht.

Wir beginnen mit den klassichen Punkttheorien.

Klassische Punktgittertheorien. Unter Verzicht auf die Einführung der Elektronen wird das Gitter als Punktmodell behandelt. Inhaltlich hat man es mit einer Vorstufe der Elektron-Gitter-Kopplung zu tun, dann aber auch mit einer Vorstufe der Elektron-Gitter-Dynamik, sowie mit dem Bildungsproblem von Gitterstörungen. P. BRAUER[13] berechnet Einbauenergien nulldimensionaler Störungen mit Hilfe einer elektrostatischen Polarisationstheorie. L. TEWORDT[14] gibt eine gemischt kontinuumsmäßige, atomistische Methode zur Berechnung nulldimensionaler Störstellen an, H. HUNTINGTON, W. DICKEY und THOMPSON[15], G. LEIBFRIED und CH. LEHMANN[16] ebenso für gerade Versetzungen. F. STRIPP und G. KIRKWOOD[17], E. MONTROLL und R. B. POTTS[18] und M. LAX[19] beschäftigen sich mit den Eigenschwingungen nulldimensionaler Störungen. Im Punktmodell wird auch die Diffusion und die Leitfähigkeit von im Gitter wandernden Ionen beschrieben. Jedoch behandelt man nicht den Bewegungsvorgang direkt, sondern sucht mit statistischen Ansätzen Sprungwahrscheinlichkeiten zu gewinnen. Das Gitter wird als starr vorausgesetzt, und gestattet daher nur elastische Streuung der bewegten Teilchen. Zusammenfassende Darstellung von A. B. LIDIARD[20].

Feldtheorie. Die hier verfaßten Arbeiten betreffen die Elektron-Gitter-Kopplung. Eine Unterscheidung zwischen statischer und dynamischer Kopplung ist dabei nicht möglich, da das Gitter translationsinvariant angenommen wird. Das schließt außerdem die Einführung komplizierterer Störstellen aus. Die Kopplung wird als das einfachste Beispiel zweier in Wechselwirkung stehender Felder betrachtet, und auf den Fall eines Überschußelektrons, des Polarons, also der einfachsten Kristallstörung angewendet. Es werden vor allem die Energiestufen des

---

[13] P. BRAUER: Z. f. Naturforschg. **6**, 255 (1951); **7**, 372 (1952); **12**, 233 (1957).
[14] L. TEWORDT: Phys. Rev. **109**, 61 (1958).
[15] H. HUNTINGTON, W. DICKEY u. THOMPSON: Phys. Rev. **100**, 1117 (1955).
[16] G. LEIBFRIED u. CH. LEHMANN: J. Phys. Chem. Solids **6**, 195 (1958).
[17] F. STRIPP u. G. KIRKWOOD: J. chem. Phys. **22**, 1579 (1954).
[18] E. MONTROLL u. R. B. POTTS: Phys. Rev. **100**, 525 (1955); **102**, 72 (1956).
[19] M. LAX: Phys. Rev. **94**, 1391 (1954).
[20] A. B. LIDIARD: Handb. d. Phys. Bd. 20, S. 246. Berlin/Göttingen/Heidelberg: Springer 1957.

Polarons berechnet. D. Lee, F. Low und D. Pines[21], D. Lee und D. Pines[22], F. Low und D. Pines[23], H. Haken[24], Y. Toyozawa[25], T. D. Schultz[26] u. a. Y. Toyozawa berechnet ferner die Ionisation eines F-Zentrums durch ein Exziton. Das F-Zentrum wird dabei phänomenologisch durch eine Überschußladung mit gebundenem Elektron beschrieben.

Quantenmechanische Rechnungen. Bei starrem Gitter geben S. C. Slater und G. F. Koster[27] u. a. Methoden zur Berechnung von Elektronenzuständen an nulldimensionalen Gitterstörungen. Ein deformierbares elastisches Kontinuum in Wechselwirkung mit Polaronen und F-Zentren nehmen S. J. Pekar[28], K. Huang und A. Rhys[29] u. a. an. F. E. Williams[30] berechnet Elektronenfunktionen an eingelagerten Thallium unter dem Einfluß nächster Nachbarn im Gitter. Neben diesen Problemen der Elektron-Gitter-Statik berechnen S. J. Pekar, K. Huang und A. Rhys und F. E. Williams optische Übergangswahrscheinlichkeiten an den erwähnten Störzentren. Als Voraussetzung geht in die Rechnungen thermisches Gleichgewicht der Gitteranregung ein. Ferner wird der Versuch unternommen strahlungslose Übergänge zu erklären. K. Huang und A. Rhys, O'Dwyer und P. Harper[31], R. Kubo[32], R. C. O'Rourke[33], H. Simpson[34], H. D. Vasileff[35]. Eine numerische Auswertung dieser Ansätze gelingt nicht. Zusammenfassende Darstellungen findet man darüber von H. J. G. Meyer[36], D. L. Dexter[37] und O. Stasiw[38]. Ohne Anwendungen zu geben wurde von J. Helmis[39]

---

21 D. Lee, F. Low u. D. Pines: Phys. Rev. **90**, 297 (1953).

22 D. Lee u. D. Pines: Phys. Rev. **92**, 883 (1953).

23 F. Low. u. D. Pines: Phys. Rev. **98** 414 (1955).

24 H. Haken: Halbleiterprobleme Bd. II, S. 1. Braunschweig: Fr. Vieweg 1955.

25 Y. Toyozawa: Progr. Theor. Phys. **9**, 563 (1953); **10**, 57 (1954).

26 T. D. Schultz: s. h. [12].

27 J. C. Slater u. G. F. Koster: Phys. Rev. **96**, 1208 (1954).

28 S. J. Pekar: Untersuchungen über die Elektronentheorie der Kristalle. Berlin: Akademie Verlag 1953.

29 K. Huang u. A. Rhys: Proc. Roy. Soc. **A 204**, 406 (1951).

30 F. E. Williams: Phys. Rev. **80**, 306 (1955); **84**, 1181 (1951); J. chem. Phys. **19**, 457 (1951).

31 O'Dwyer u. P. Harper: Phys. Rev. **105**, 399 (1957).

32 R. Kubo: Phys. Rev. **86**, 929 (1952).

33 R. C. O'Rourke: Phys. Rev. **91**, 265 (1953).

34 H. Simpson: Proc. Roy. Soc. **A 231**, 308 (1955).

35 H. D. Vasileff: Phys. Rev. **96**, 603 (1954).

36 H. J. G. Meyer: Halbleiterprobleme Bd. III, S. 230. Braunschweig: Fr. Vieweg u. Sohn.

37 D. L. Dexter: Solid State Physics Bd. VI, S. 355. New York, London: Academic Press 1958.

38 O. Stasiw: s. Fußnote 3.

39 G. Helmis: Ann. d. Phys. **17**, 356 (1956); **19**, 41 (1956).

eine Methode der Quantenelektrodynamik auf die Berechnung von Übergangswahrscheinlichkeiten im Kristall übertragen. Zahlreiche Arbeiten sind auch über magnetische Resonanzen an Störstellen erschienen. A. ABRAGAM und M. H. L. PRYCE[40], B. BLEANEY[41], J. H. VAN VLECK und W. G. PENNEY[42], J. H. VAN VLECK[43], A. H. KAHN und C. KITTEL[44], M. H. C. PRYCE und K. H. W. STEVENS[45] u. a. Das Kristallgitter wird als starr vorausgesetzt, und die Spin—Spin- sowie Spin-Bahnwechselwirkung der Störzentrenelektronen eingeführt. Das ergibt eine energetische Aufspaltung der statischen Elektron-Gitter-Energien. Hierbei macht sich der Einfluß der Kristallstruktur geltend. J. H. VAN VLECK[46] untersucht die Auswirkung der Spin-Spin-Kopplung zwischen den Störzentren auf die Lebensdauer angeregter Spinzustände. Im übrigen wird die Deutung der Linienbreiten phänomenologisch durchgeführt. Zusammenfassende Darstellung von D. J. E. INGRAM[47].

Phänomenologische Reaktionskinetik. Eine große Zahl experimentell orientierter Arbeiten bedient sich der chemischen Reaktionskinetik in Übertragung auf die Elektronenbesetzungszahlen von Kristallzuständen, um zeitabhängige Kristallreaktionen zu beschreiben. Die in diesen Reaktionsgleichungen auftretenden Konstanten werden aus dem Experiment entnommen. Eine ausführliche Darstellung gibt M. SCHÖN[48]. Man kann mit derart angepaßten Konstanten die Modellvorstellungen über zeitabhängige Vorgänge nachprüfen, jedoch fehlt die Begründung der Gleichungen aus der Quantenmechanik des Kristalls, abgesehen von heuristischen Ansätzen.

Gleichgewichtszustände. Die thermodynamisch-statistische Theorie des Realkristalls hat durch W. SCHOTTKY[49], W. SCHOTTKY und C. WAGNER[50] u. a. ihre endgültige Form gewonnen, so daß wir diesen mit der dynamischen Theorie der Realkristallprozesse nur locker verknüpften Problemkreis im folgenden nicht weiter untersuchen werden. Eine An-

---

[40] A. ABRAGAM u. M. H. L. PRYCE: Proc. Roy. Soc. **A 205**, 135 (1951).

[41] B. BLEANEY: Phil. Mag. **42**, 441 (1951).

[42] J. H. VAN VLECK u. W. G. PENNEY: Phil. Mag. **17**, 961 (1934).

[43] J. H. VAN VLECK: Physica **17**, 234 (1951).

[44] A. H. KAHN u. C. KITTEL: Phys. Rev. **89**, 315 (1953).

[45] M. H. C. PRYCE u. K. W. H. STEVENS: Proc. Phys. Soc. **A 63**, 36 (1950).

[46] J. H. VAN VLECK: Phys. Rev. **74**, 1168 (1948).

[47] D. J. E. INGRAM: Spectroscopy at radio and microwave frequencies. London: Butterworth scient. publ. 1955.

[48] M. SCHÖN: s. Fußnote 4, S. 1.

[49] W. SCHOTTKY: Z. phys. Chem. **29 B**, 335 (1935).

[50] W. SCHOTTKY u. C. WAGNER: Z. phys. Chem. **11 B**, 163 (1930).

wendung der Theorie setzt allerdings die Kenntnis der energetischen Verhältnisse im Realkristall voraus.

Die so gegebene Aufzählung erhebt keinen Anspruch auf Vollständigkeit, jedoch sind die wichtigsten in der Literatur verbreiteten Methoden aufgenommen worden.

Vergleicht man die zitierten Arbeiten mit unseren fünf Forderungen, so sieht man, daß es vor allem an einem durchgehenden Zusammenhang in bezug auf eine Gesamttheorie fehlt. Wer sich einen ersten Eindruck davon verschaffen will, der sei auf das theoretische Kapitel im Buch von O. Stasiw[3], auf den Artikel von H. J. G. Meyer[36], sowie auf das für die theoretische Entwicklung bedeutsame Buch von S. J. Pekar[28] verwiesen. Ein genaueres Studium der Literatur zeigt einem ferner, daß auch eine ganze Reihe von Problemen vollständig ungelöst verbleibt.[51] Dazu zählen:

Die *atomistisch-quantenmechanische* Behandlung der null- und eindimensionalen *statischen* Elektron-Gitter-Störzustände mit numerischer Angabe der Energie, der Wellenfunktionen und der Gitterkonfiguration bei beliebiger Struktur der in den Kristall eingebauten Störung.

Die *atomistisch-quantenmechanische* Behandlung der dynamischen Kristallprozesse *ohne* Strahlungsfeld, d. h. der kristalleigenen Prozesse, wozu die strahlungslosen Elektronenübergänge an Störstellen zufolge der Gitterbewegung, die Feldionisation von Elektronen aus Störstellen, die Dissipation von Energie aus angeregten Gitterstörschwingungen in die übrigen Gitterfreiheitsgrade, die Wanderung von Elektronen und Gitterstörungen zufolge thermischer Stöße oder äußerer Felder unter Einschluß der elastischen Strahlungsdämpfung, die Relaxationszeiten angeregter Spinzustände von Störelektronen zufolge der Kopplung an das Gitter, die Abhängigkeit der Prozesse von der Störstellenkonzentration und der Temperatur, die Möglichkeit von Prozessen über thermodynamische Nichtgleichgewichtszustände usw. gehören.

Die *physikalische* Begründung der in der Theorie verwendeten Störoperatoren.

Die Ableitung von Reaktionsgleichungen für das ensemble *aus der quantenmechanischen Grundgleichung* des Kristalls mit theoretischer und numerischer Angabe der darin enthaltenen Koeffizienten, was u. a. die Ableitung von Übergangswahrscheinlichkeiten für strahlungslose Prozesse im diskreten Spektrum einschließt, und die exakte atomistischstatistische Begründung der An- und Abklingprozesse der Phosphoreszenz und der Photoleitung, der zeitabhängigen Energietransporte im Kristall, der Wanderungs- und Umwandlungsvorgänge von Gitterstörungen, der Quantenausbeute, den Abbau von Spektrallinien usw. beinhaltet.

---

[51] Man vergleiche hierzu den Artikel über Halbleiterprobleme von S. J. Pekar: Fortschritte d. Phys. Bd. IV, (1956) S. 383.

Es ist deshalb nötig eine Gesamttheorie zu entwickeln, die vor allem den Ansprüchen des Realkristalls genügt, und deduktiv von den Grundprinzipien der Quantenmechanik bis zur Formulierung der Beobachtungsgrößen führt, wobei sie für die eben erwähnten Probleme auch praktisch numerisch ausgewertet werden kann. Der Darstellung dieser Gesamttheorie des Ionenkristalls dienen die folgenden Kapitel.

§ 3. Quantenmechanik des Gesamtsystems

Wie schon in § 2 erwähnt, muß eine Theorie der Ionenkristalle nach den Prinzipien der Quantentheorie aufgebaut sein. Da ein Kristall aber durch den Beobachtungsprozeß mit seiner Umgebung in Wechselwirkung steht, kann er nicht isoliert betrachtet werden, sondern muß zur vollständigen Beschreibung aller Reaktionen in ein übergeordnetes Gesamtsystem eingelagert sein. Das Gesamtsystem selbst wird durch die experimentelle Anordnung definiert, in die der Kristall eingesetzt ist, und ist damit nicht von vornherein festgelegt. Jedoch ist in ihm auf jeden Fall das quantenmechanische System des Kristalls und das Strahlungsfeld enthalten, weil der Kristall bei beliebiger Art der Anregung zur spontanen Emission von Lichtquanten fähig ist, und das Strahlungsfeld somit einen untrennbaren Bestandteil jeder Beobachtung darstellt. Quantenmechanisch wird das Gesamtsystem durch den Energieoperator H charakterisiert, der sich aus den Energieoperatoren der Teilsysteme und deren Wechselwirkungen zusammensetzt. Der HAMILTON-Operator des Kristalls sei H^k, jener des Strahlungsfeldes H^s und die Energie der übrigen Anteile des Gesamtsystems H^u. In ihr ist unter anderem die Wechselwirkungsenergie zwischen Kristall und Strahlungsfeld enthalten, aber auch noch weitere Energieanteile, die durch die Beobachtungseinrichtungen definiert werden. Die Gesamtenergie lautet also

$$H \equiv H^k + H^u + H^s \tag{1.1}$$

und das quantenmechanische Verhalten des Gesamtsystems wird durch die SCHRÖDINGER-Gleichung

$$H\,\Psi = i\,h\,\dot{\Psi}. \tag{1.2}$$

beschrieben.*

Bei den im Kristall auftretenden Teilchengeschwindigkeiten bleibt der Kristall im nichtrelativistischen Bereich, und H^k wird in diesem Bereich ein mechanischer Mehrteilchenoperator der Kristallbausteine. Wegen der starken Kopplung zwischen Elektronen und Atomkernen müssen beide Teilchensorten explizit aufgenommen werden, so daß H^k die kinetischen Energien sämtlicher Elektronen und Atomkerne, sowie ihre elektrischen und magnetischen Wechselwirkungen enthält. Das freie

* In diesem Buche schreiben wir überall h für das sonst übliche Zeichen $\hbar = h/2\pi$.

Strahlungsfeld H^s stellen wir nach DIRAC als ein System von ungekoppelten Oszillatoren dar.

Um zu wohldefinierten Lösungen von (1.2) zu gelangen, muß analog zur klassischen Mechanik auch in der Quantenmechanik neben dem Bewegungsgesetz noch eine Anfangsbedingung zu einer Zeit $t = t_0$ festgelegt werden. Diese besteht neben den Wahrscheinlichkeiten für die Besetzung von Quantenzuständen des Gesamtsystems zur Zeit t_0, in unserem Fall vor allem zunächst in einer eindeutigen Angabe über den Realzustand des Kristalls. Bei Realkristallen ist nämlich der Kristallzustand von der Vorgeschichte, d. h. seiner Präparation abhängig, und zeigt in Abhängigkeit davon die verschiedenartigsten Reaktionen. Aussagen sind erst dann möglich, wenn der Realzustand definiert werden kann. Die Definition besteht in einer Angabe über die Art der Störstellen, sowie ihre räumliche Verteilung im Kristall. Diese Frage behandeln wir dabei ausschließlich vom systematischen und nicht vom thermodynamischen Standpunkt. Ausgehend von einfachsten Störkonfigurationen bauen wir immer kompliziertere Fälle auf, und lassen dabei eine solche Variabilität zu, daß der Realkristall in seinen Eigenschaften erreicht wird. Die thermodynamische Wahrscheinlichkeit, mit der diese postulierten Störkonfigurationen eingenommen werden, kann man dann nachträglich diskutieren. Zur Kennzeichnung derartiger postulierter Störkonfigurationen führen wir Kennzahlen ein, die neben den Quantenzahlen die ganze Rechnung begleiten, um eine eindeutige Unterscheidung zu gewährleisten. Das geschieht in den nächsten Paragraphen.

Für die Lösungsmethode des durch (1.2) definierten Problems ist es nun charakteristisch, daß man keine geschlossene Gesamtwellenfunktionen konstruieren darf. Solche Lösungen würden den physikalischen Bedingungen nicht entsprechen. Durch diese wird nämlich nicht eine Gesamtwellenfunktion, sondern eine Beschreibung von (1.2) durch die Wellenfunktionen von *Teilsystemen verlangt*. Das werden wir in Kap. VI beweisen. Hier nehmen wir die Ergebnisse dieser Untersuchung vorweg. Nach ihnen wird die Gesamtwellenfunktion aufgebaut aus dem Satz von Funktionen

$$\Psi_{nmb} \equiv \Psi_{nm} \varphi_b . \tag{1.3}$$

Dabei ist Ψ_{nm} die Wellenfunktion des ungestörten Realkristalls, und φ_b die Wellenfunktion des Strahlungsfeldes. Die Bedeutung der Indizes wird noch erörtert werden.

Die tatsächliche Lösung von (1.2) wird dann durch eine zeitabhängige Linearkombination der Funktionen (1.3) gebildet. Das physikalische Geschehen läßt sich demnach zufolge der Zerlegung (1.3) als ein Ablauf über Zustände des Kristalls und des Strahlungsfeldes deuten.

§ 4. Adiabatische Kopplung im Kristall

Die in (1.3) eingeführten Kristallwellenfunktionen Ψ_{nm} sollen nun genauer untersucht werden. Sie sind dem freien, d. h. ohne Wechselwirkung mit der Umgebung gedachten Realkristall zugeordnet. Sein HAMILTON-Operator lautet

$$H^k \equiv H_e + H_k + V(x_i, X_k). \tag{1.4}$$

Die Koordinaten x_i charakterisieren dabei sämtliche Elektronenfreiheitsgrade, einschließlich des Spins, und die X_k die Kernfreiheitsgrade in einem hochdimensionalen Konfigurationsraum. H_e und H_k sind die Operatoren der kinetischen Energie der Elektronen bzw. Kerne. In der Wechselwirkungsenergie V sind die nichtrelativistischen elektrischen und magnetischen Wechselwirkungen sämtlicher Teilchen enthalten, wobei die Atomkerne magnetisch auf die Elektronen nur mit ihrem Spin wirken sollen.

Die zweifache Indizierung der Kristallwellenfunktionen rührt davon her, daß der Kristall selbst in zwei Teilsysteme aufgespalten werden muß: in das System der Elektronen, und das der Gitterkerne. Wegen der starken Wechselwirkung muß man aber in dem Ansatz der Wellenfunktionen die gegenseitige Abhängigkeit der Teilsysteme unmittelbar berücksichtigen. Das geschieht durch die adiabatische Kopplung. Den Beweis der Notwendigkeit dieser Zerlegung in Teilsysteme und ihrer nachfolgenden Kopplung verschieben wir ebenfalls auf Kap. VI, und untersuchen zunächst die sich aus diesem Ansatz ergebenden Konsequenzen. Stellt man sich die Gitterkerne in beliebiger Bewegung begriffen vor, so werden in der adiabatischen Kopplung alle Wechselwirkungen, die von Geschwindigkeit und Beschleunigung abhängen ignoriert, und die Elektronen werden nur von dem Momentanzustand der Atomkerne beeinflußt, sie folgen deren Bewegung trägheitslos. Das führt auf den Ansatz

$$\Psi_{nm} \equiv \psi_n(x_i, X_k)\, \varphi_m^n(X_k). \tag{1.5}$$

Entsprechend der Zerlegung des Kristalls in Teilsysteme fordern wir nun, daß die Wellenfunktionen (1.5) Eigenfunktionen der *Teilsysteme* sein sollen, woraus unmittelbar folgt, daß sie nicht notwendigerweise Eigenfunktionen des Gesamtkristalls sein müssen, da nichtadiabatische Wechselwirkungen nicht ausgeschlossen sind. Wendet man (1.4) auf (1.5) an, so entsteht

$$H^k \Psi_{nm} = (G_m^n + H^t)\, \Psi_{nm}. \tag{1.6}$$

wobei G_m^n eine Konstante, H^t aber ein Operator ist. Die Ψ_{nm} sind also keine exakten Eigenfunktionen des Gesamtkristalls (1.4). Das zeigt, daß im Gesamtkristall trotz der nichtrelativistischen Punktwechselwirkungen zwischen Atomkernen und Elektronen, quantenmechanische, nichtadiabatische Wechselwirkungen zwischen den Teilsystemen vorhanden sind. Diese sind in H^t zusammengefaßt. Auch das wird in der dynamischen Theorie in Kap. VI noch erörtert werden. Jetzt beschäftigen wir uns nur mit dem Energiewert G^n_m. Auf ihn führen die aus (1.5) und (1.6) folgenden Gleichungen

$$[H_e + V(x_i, X_k)]\,\psi_n = U_n(X_k)\,\psi_n \tag{1.7}$$

für das Teilsystem der Elektronen, und

$$[H_k + U_n(X_k)]\,\varphi^n_m = G^n_m\,\varphi^n_m \tag{1.8}$$

für das Teilsystem der Kerne.

Aus Gründen der mathematischen Einfachheit nehmen wir an, daß nur endlich viele Atomkerne, d. h. nur eine endliche Zahl N von Kernfreiheitsgraden vorhanden sei. Diese Kernfreiheitsgrade X_k treten als Parameter in der Elektronengleichung (1.7) auf. Die Gln. (1.7) und (1.8) stellen deshalb ein einseitig gekoppeltes System dar. Die Energiewerte U_n von (1.7) können ohne Verbindung mit (1.8) berechnet werden. Gl. (1.7) besitzt für jedes Werte N-tupel der Parameter $X_1, \ldots, X_N$ ein Energiespektrum, dessen Quantenzahlen durch den Index n gekennzeichnet sind. Dabei werden die elektronischen Energiewerte U_n Funktionen der $X_1, \ldots, X_N$, wenn man diese kontinuierlich variiert. Für die Berechnung der Kerneigenfunktionen setzen wir vorläufig $U_n(X_k)$ als bekannt voraus, da es prinzipiell unabhängig berechnet werden kann. Zu jedem $U_n(X_k)$ gehört dann eine *eigene* Kerngleichung (1.8), d. h. es gibt soviele Kerngleichungen wie elektronische Quantenzahlen n. Im allgemeinen werden natürlich viele $U_n(X_k)$ miteinander entartet sein, oder sich nur um Konstante unterscheiden, und also zu denselben Kerngleichungen führen, jedoch interessiert hier nur die prinzipielle Feststellung. Von den Kerngleichungen wiederum besitzt jede ihrerseits eine Folge von Eigenwerten mit dem Index m. Jeder Elektronenzustand ist demnach mit einem ganz bestimmten Satz von Kerneigenfunktionen verknüpft, wobei im allgemeinsten Fall alle Sätze voneinander verschieden sein können.

Damit sind die Wellenfunktionen der adiabatischen Kopplung hinreichend charakterisiert.

Um den Ansatz anfänglich nicht zu komplizieren, haben wir bei der Indizierung von (1.4) auf die Berücksichtigung der Ausgangskonfiguration verzichtet. Diese betrifft nach § 3 die Angabe über den Zustand des Realgitters, d. h. die Art und Verteilung der eingebauten Störstellen. In Abhängigkeit davon ändert sich schon die Wechselwirkungsenergie V bei verschiedenartigen Realgittern. Um aber den Vorteil einer einfachen

Indizierung zu wahren, wollen wir in Zukunft den Index n als hochdimensionalen Vektor auffassen $n = (n_1, n_2, \ldots)$, dessen einzelne Komponenten die Störkonfigurationen und die elektronischen Zustände eindeutig erfassen. Auf eine Indizierung der Wechselwirkungsenergie V verzichten wir im allgemeinen, und benutzen sie nur, wenn es aus mathematischen Gründen notwendig wird.

§ 5. Das Strahlungsfeld

Weitaus einfacher als beim Kristall lassen sich die Wellenfunktionen und Energiewerte des freien Strahlungsfeldes auffinden. In der Darstellung von P. M. A. Dirac bzw. J. v. Neumann[52], die für unsere Zwecke am geeignetsten ist, wird der Energieoperator des transversalen Strahlungsfeldes zu

$$H^s \equiv \frac{1}{2}(p_\varkappa p_\varkappa + \omega_\varkappa^2 q_\varkappa^2), \tag{1.9}$$

d. h. zu einem System von ungekoppelten Oszillatoren, deren einzelne Quantenzustände die Anzahl der vorhandenen Lichtquanten angeben. Die longitudinalen elektrischen Felder brauchen in (1.9) nicht aufgenommen zu werden, da sie direkt in den Teilchenpotentialen enthalten sind. Dies ist eine Folge der nichtrelativistischen Behandlung unseres Problems. Um eine möglichst einfache Darstellung zu gewährleisten, lassen wir nur eine endliche Anzahl L von verschiedenen Oszillatoren zu, deren Frequenzen gegebenenfalls beliebig dicht liegend gedacht werden können. Die Wellenfunktionen φ_b des freien Strahlungsfeldes kann man zufolge (1.9) als ein Produkt von Einoszillatorenfunktionen aufbauen

$$\varphi_b \equiv \Phi_{b_1}(q_1) \ldots \Phi_{b_L}(q_L), \tag{1.10}$$

und man erhält bei Anwendung von (1.9) auf (1.10)

$$H^s \varphi_b = E_b \varphi_b \tag{1.11}$$

mit

$$E_b = h\,\omega_\varkappa b_\varkappa + E_0, \tag{1.12}$$

wobei E_0 die Nullpunktsenergie des transversalen Strahlungsfeldes sei. (1.12) sagt aus, daß im Strahlungsfeld $b_\varkappa$ Lichtquanten mit der Frequenz $\omega_\varkappa$ vorhanden sind ($\varkappa = 1, \ldots, L$). Mit den Formeln (1.9) bis (1,12) ist die vollständige Beschreibung des Strahlungsfeldes durchgeführt.

---

[52] J. v. Neumann: Mathematical foundations of Quantum mechanics. Princeton: Princeton University Press 1955.

Kapitel II

Elektron-Gitter-Statik nulldimensionaler Störungen

§ 6. Gitter im Grundzustand

In § 4 haben wir die SCHRÖDINGER-Gleichung des Gesamtkristalls durch die adiabatische Kopplung zwischen Elektronen und Atomkernen in zwei Teilsysteme aufgespalten. Diese beiden Systeme müssen nun für die beim Realkristall in Frage kommenden Konfigurationen untersucht werden, d. h. es müssen die Wellenfunktionen der Elektronen und Kerne abgeleitet werden. Die Gln. (1.7) und (1.8) enthalten noch keinerlei Hinweis wie das zu geschehen hat. Auf alle Fälle muß der Ansatz zu einer Lösung einen physikalisch-anschaulichen Inhalt besitzen. Dieser Inhalt wird hier durch die Vorstellung gebildet, daß bei einem Realkristall die Gitterteilchen in einer regelmäßigen, wenn auch stellenweise gestörten, Anordnung im Raum zu finden sind, um die sie unter dem Einfluß von außen eindringender Störungen bestenfalls kleine Schwingungen, die sog. Temperaturbewegung ausführen können. Diese Vorstellung bezieht sich aber nur auf die Atomkerne als die weitaus schwereren Teilchen des Gitters. Den Elektronen wird zwar ein großer Einfluß auf die Gitterstruktur zugebilligt, aber ihre Wellenfunktionen werden nicht auf bloße Vibrationen beschränkt. Das bringt man dadurch zum Ausdruck, daß das Gitter durch die gesamte potentielle Energie $U_n(X_k)$ der Elektronen und Kerne zusammengehalten wird, aber nur die Gitterkerne nach Gl. (1.8) die Schwingungen ausführen sollen, wogegen die Elektronenzustände frei variabel sind, und nur durch die Forderung beschränkt werden, daß die Stabilität des Kristalls gewährleistet sein muß. Um die Konsequenzen dieser Vorstellung mathematisch zu verfolgen, werden wir uns daher zunächst nur mit der Kerngleichung (1.8) beschäftigen. Wie schon in § 4 erwähnt, denken wir uns dabei die potentielle Energie U_n als bekannt vorgegeben, was in bezug auf die prinzipielle Relation zwischen (1.7) und (1.8) keinen Widerspruch darstellt.

Da es sich um kleine Ausschwingungen um den Gleichgewichtszustand des Realkristalls handeln soll, zerlegen wir die räumlichen Kernfreiheitsgrade X_k in

$$X_k = X_k^n + \xi_k^n, \qquad (2.1)$$

wobei die fixierten Werte X_k^n die Ruhelage des Gitters im n-ten Zustand charakterisieren mögen. n schließt nach § 4 sowohl die Angabe der Realstruktur als auch der Elektronenquantenzahlen ein. ξ_k^n ist dann der Ergänzungsvektor, der von der Ruhelage zum willkürlich gewählten Aufpunkt hinzeigt, und die kleine Amplitude der überlagerten Gitterschwingungen darstellen soll. Die Wellenfunktion $\varphi_m^n(X_k)$ geht dann ganz allgemein in $\varphi_m^n(X_k^n, \xi_k^n)$ über.

(2.1) ist eine Transformation auf die neuen Variablen ξ_k^n. Da die X_k^n als festgewählte Vektoren betrachtet werden, hängt der Operator der kinetischen Energie nicht von den X_k^n ab. X_k^n erscheint nur in der potentiellen Energie. Der HAMILTON-Operator von (1.8) enthält daher X_k^n als *Parameter*. Daraus folgt, daß der Energiewert der Gl. (1.8) ebenfalls von diesem Parameter abhängt:

$$G_m^n \equiv G_m^n(X_k^n). \tag{2.2}$$

Die tatsächlichen Werte dieser Parameter lassen sich nun aus einer energetischen Betrachtung bestimmen: Da der Kristall nicht nur in bezug auf seine Schwingungen in einem Zustand tiefster Energie ist, sondern auch mit den Ruhelagen, um die diese Schwingungen stattfinden, der energetisch tiefstmögliche Zustand eingenommen werden muß, so ergibt sich als Forderung[53]

$$\frac{\partial}{\partial X_k^n} G(X_k^n) = 0. \tag{2.3}$$

Den Energieausdruck (2.2) leitet man natürlich aus dem HAMILTON-Operator (1.8) durch Erwartungswertbildung in bezug auf φ_m^n ab. Da es sich um kleine Auslenkungen ξ_k^n aus den Ruhelagen handeln soll, kann man die potentielle Energie U_n des HAMILTON-Operators für das Gitter nach den ξ_k^n entwickeln, und erhält auf diese Weise unter Beachtung der Normierung der φ_n^m die Energie

$$G_m^n \equiv U_n(X_k^n) + u_m^n(X_k^n), \tag{2.4}$$

wobei $u_m^n(X_k^n)$ die den Ruhelagen X_k^n überlagerte gesamte Schwingungsenergie des Gitters mit der Wellenfunktion φ_m^n darstellt. Abgesehen von der quantenmechanischen Nullpunktsenergie muß dieser Anteil verschwinden, wenn die dem Ruhezustand überlagerten Oszillationen gegen Null gehen. Entzieht man daher dem Gitter gedanklich alle Schwingungsenergie, unter Einschluß der Nullpunktsenergie, so fällt der zweite Term in (2.4) weg und bei Einsetzen von (2.4) in (2.3) entsteht die Bedingung

$$\frac{\partial}{\partial X_k^n} U_n(X_k^n) = 0. \tag{2.5}$$

Da die X_k^n noch nicht bekannt sind, kann man (2.5) als Gleichungen zur Berechnung der Ruhelagen auffassen. Sie stimmen mit den klassischen Gleichgewichtsbedingungen für eine gegebene potentielle Energie U_n überein. Im Grenzfall verschwindender Temperaturen geht also die Quantenmechanik des Gitters in die klassische Mechanik über. Werden

---

[53] Die Formel lautet ausgeschrieben $\partial/\partial X_k^n G(X_1^n, \ldots, X_N^n)$ $(k = 1, \ldots, N)$. Diese Festsetzung wird später auch bei (2.11) und (2.12) usw. angewendet.

Temperaturen $\neq 0$ angenommen, so muß die X_k^n-Abhängigkeit des zweiten Gliedes in (2.4) berücksichtigt werden. Das führt auf eine Veränderung der Ruhelagen gegenüber dem klassischen Fall, die sog. Temperaturaufweitung des Gitters. Da wir keine Effekte behandeln, die mit dieser Temperaturaufweitung zusammenhängen, verzichten wir auf eine explizite Untersuchung, und gehen in erster Näherung immer von (2.5) aus. Auf diese Weise können die Werte von X_k^n für $T = 0$ *unabhängig* von den Wellenfunktionen φ_m^n bestimmt werden, und die X_k^n sind nicht mehr frei variable, sondern fixierte Parameter. Wir setzen daher im folgenden

$$\varphi_m^n(X_k^n, \xi_k^n) \equiv \varphi_m^n(\xi_k^n) \tag{2.6}$$

und brauchen X_k^n in den Gitterwellenfunktionen nicht mehr explizit mitzuführen. Bei festem X_k^n wird dann auch die Schwingungsenergie in (2.4) eine Konstante, die wir später bestimmen werden.

§ 7. Ersatzpotentiale

Die Vorstellung eines Kristallgitters, das von Wärmeschwingungen durchzogen wird, führte auf die Zerlegung der Kerngleichung (1.8) in zwei Teilprobleme: Die Bestimmung der Ruhelagen des Kristallgitters, und die Ableitung der Wellenfunktionen für die dem Gitter überlagerten Oszillationen. Sofern man die Temperaturaufweitung des Gitters vernachlässigt, ergibt sich dabei für die Berechnung der Ruhelagen klassisch und quantenmechanisch dieselbe Bedingung. Da die Untersuchung des Gesamtproblems stufenweise erfolgen muß, liegt es nahe mit der klassisch-quantenmechanischen Bedingung (2.5) zu beginnen, die von den Gitterwellenfunktionen vollständig unabhängig ist. Diese Bedingung legt die Gitterruhelagen fest, über die dann die dynamischen Prozesse ablaufen. Jedoch stellt sich diesem Unternehmen ein Hindernis entgegen. Die in § 6 vorausgesetzte Kenntnis der Energie $U_n(X_k)$ würde im allgemeinen Fall bedeuten, daß wir die Elektronengleichung (1.7) mit den frei variablen Kernkoordinaten X_k gelöst hätten. Das ist prinzipiell theoretisch zwar möglich, tatsächlich von uns aber noch nicht durchgeführt. Wollen wir daher auf der Stufe der klassischen Mechanik beginnen, und erst später die Elektronen explizit quantenmechanisch berücksichtigen, so müssen wir eine a priori Information, d. h. einen näherungsweisen klassischen Ausdruck für $U_n(X_k)$ finden. Diesen liefert die Gittertheorie des Idealgitters. Sie zeigt, daß die Gitterenergie im Grundzustand gut approximiert wird, wenn man gewissen Teilchenkomplexen klassische Potentiale zuordnet, und die Kristallenergie als die Überlagerung aller Wechselwirkungen dieser Teilchenkomplexe auffaßt. Bei den Ionenkristallen werden Elektronen und Atomkerne zu den Teilchenkomplexen der Ionen zusammengefaßt und diese, mit bestimmten klassischen Potentialen, den sog. Ersatzpotentialen ausgestattet, als Grundbausteine des Gitters angesehen.

Der Ionenkristall wird dann aus zwei ineinander geschobenen Gittern positiver und negativer Ionen aufgebaut, wozu noch etwaige Störungen der idealen Struktur kommen, und die einzelnen Ionen wirken näherungsweise mit der klassischen potentiellen Wechselwirkungsenergie

$$P(r_{kj}) \equiv \frac{e_j e_k}{r_{kj}} + \frac{b}{r_{kj}^{\eta}} \tag{2.7}$$

aufeinander. e_k und e_j sind die Ionenladungen des k-ten bzw. j-ten Ions. b und η hängen vom speziell gewählten Gitter ab, und können in der Theorie des Idealgitters berechnet werden, worauf wir aber nicht näher eingehen. r_{kj} ist der Abstand der beiden Ionen

$$r_{kj} \equiv |\mathfrak{X}_k - \mathfrak{X}_j|. \tag{2.8}$$

In (2.7) entspricht der erste Term der elektrostatischen Wechselwirkungsenergie der Ionen, der zweite aber verhindert ein vollkommenes Ineinanderstürzen entgegengesetzt geladener Ionen. Spin-Wechselwirkungen treten bei den regulären Gitterionen nicht auf, da diese abgeschlossene Schalen besitzen. Die außerdem noch notwendigen und möglichen Ergänzungen von (2.7) zerfallen in zwei Arten: von der Umgebung *unabhängige* Wechselwirkungen, wie z. B. van der Waalsche Kräfte u. ä., sowie von der Umgebung *abhängige* Wechselwirkungen, zu denen homöopolare Bindungen, die Elektronenpolarisation, usw. zählen. Die erste Art führt auf starre Punktpotentiale und ihre Addition zu (2.7) verändert die zugehörige Theorie *nicht*. Daher können wir mit der einfachen Form (2.7) rechnen, ohne bei speziellen Problemen, die ein genaueres Ersatzpotential verlangen, die mit (2.7) durchgeführten Betrachtungen grundsätzlich modifizieren zu müssen. Das gilt nicht für die umgebungsabhängigen Wechselwirkungen, auf die wir später noch eingehen werden. Vorläufig beschränken wir uns auf (2.7) und die dazu möglichen starren Ergänzungspotentiale. Mit Hilfe dieser näherungsweisen Wechselwirkungsenergien kann man nun die gesamte Gitterenergie des Kristalls aufbauen, und auf diese Weise das Problem der Elektron-Gitter-Kopplung eliminieren. Man muß sich aber bewußt sein, daß zumindest an Stellen im Kristall, die stark von der idealen Struktur abweichen, die Beschreibung des Kristallgitters durch klassische Ersatzpotentiale versagt. Die im folgenden zur Berechnung des Punktgitters entwickelten Methoden bilden also nur einen Teil in der Lösung des gesamten Problems der Elektron-Gitter-Kopplung.

§ 8. Erzeugung nulldimensionaler Störstellen

Da wir das Problem des Idealgitters als gelöst voraussetzen, können wir uns in allen Stufen der Untersuchung sogleich den Realstrukturen zuwenden. Sowohl im Modell einer Punkttheorie des Kristalls, als auch in komplizierteren Modellen handelt es sich bei der Statik um die Berechnung der Bildungsenergie einer Störstelle, sowie um die Angabe der Konfiguration, d. h. der Ionenlagen im gestörten Zustand. Zur Lösung dieser Probleme gehen wir von einem idealen Kristall aus, und erzeugen in ihm eine Störstelle. Bei einer solchen Erzeugung kann es sich nur um einen Vorgang handeln, der Unordnung in die ideale Struktur des Kristalls bringt. Wir führen also Operationen am Kristall durch, die seine Struktur verändern. Nach § 1 müssen wir dabei mehrere Arten von Strukturveränderungen unterscheiden: solche die zu nulldimensionalen, eindimensionalen usw. Störungen führen. Die zugehörigen Erzeugungsoperationen sind voneinander wesentlich verschieden. Wir wenden uns zuerst den nulldimensionalen Störungen zu, d. h. solchen, die in keiner Richtung mehr als atomare Ausdehnungen erreichen. Bei ihnen bestehen die Erzeugungsoperationen darin, daß man Teilchen neu einsetzt, reguläre Teilchen herausnimmt, oder in neue Lagen verschiebt. Mathematisch muß man von der Gesamtenergie des idealen Kristalls ausgehen, und nun jene Wechselwirkungen einfügen, die der Neuhinzunahme, der Entfernung oder Umordnung von Teilchen entsprechen. Die Umordnung ist dabei kein unabhängiger Vorgang, sie ist eine gekoppelte Entfernung und Neueinfügung ein- und desselben Teilchens. Im Fall unseres Punktmodells sind die Möglichkeiten beschränkt und sehr einfach: Da der Kristall aus komplexen Teilchen mit Ersatzpotentialen aufgebaut wird, können wiederum nur komplexe Teilchen mit Ersatzpotentialen zur Veränderung der Idealstruktur verwendet werden. Dies gibt selbstverständlich nicht die gesamte Mannigfaltigkeit der möglichen Störungen, aber die übrigen folgen erst auf den weiteren Stufen.

Wir gehen also von einem ungestörten Kristall aus. Bei ihm mögen sämtliche Gitterionen durch Ersatzpotentiale der Art (2.7) beschrieben werden. Die gesamte potentielle Energie dieses idealen Kristalls sei $P(X_1, \ldots, X_N)$, wobei P ein Minimum an den Stellen des idealen Gitters besitzen möge, die durch $X_1^0, \ldots, X_N^0$ bezeichnet seien. Der Einfachheit halber denken wir zunächst an einen sehr großen Kristall, um von Randeffekten freizukommen. Nun vollziehen wir den Übergang zu gestörten Kristallgittern, indem wir Gitterbausteine hinzufügen oder herausnehmen. Z. B. wird eine Gitterlücke durch die Entfernung eines Ions, ein Zwischengitteratom durch die Neueinführung eines Ions bzw. Atoms definiert. Die potentielle Energie, welche bei der Erzeugung einer Störkonfiguration insgesamt zum idealen Zustand hinzugefügt werden muß, werde Q_r genannt. In ihr ist die Erzeugung und Vernichtung von Gitterbausteinen gleichermaßen eingeschlossen. Durch diese Operation kommen zu den N Freiheitsgraden des idealen Gitters noch weitere R Freiheitsgrade hinzu, die wir mit den Indizes μ bezeichnen. Die Störenergie, in der neben den Gitterfreiheitsgraden X_k des idealen Gitters allein die X_μ vorkommen, wird dann zu einer Funktion der X_k und X_μ

$$Q_r \equiv Q_r(X_k, X_\mu) \tag{2.9}$$

und die gesamte potentielle Gitterenergie im Punktmodell lautet dann für diese Störung

$$U_r(X_k, X_\mu) \equiv P(X_1, \ldots, X_N) + Q_r(X_k, X_\mu). \tag{2.10}$$

Den Index r haben wir dabei an Stelle des allgemeinen Vektorindex n gewählt, um anzudeuten, daß während der ganzen Punktgitterrechnung zufolge der Definition der Ersatzpotentiale starre Elektronenzustände angenommen werden, und demnach jene Komponenten von n, die die Elektronenquantenzahlen angeben, stets konstant bleiben.

Für die Vernichtung eines idealen Gitterteilchens treffen wir die Vereinbarung ein Kompensationspotential einzuführen, das sich genau dann gegen das k-te Teilchenpotential weghebt, wenn wir seine Freiheitsgrade X_μ den Freiheitsgraden X_k des zu vernichtenden Teilchens gleichsetzen, $X_k = X_\mu$. Die Vernichtung besteht also in der Erzeugung eines neuen Teilchens, unter Hinzunahme der Kompensationsbedingung. Diese Formulierung ist für die weitere Rechnung vorteilhaft.

§ 9. Die Gittergleichungen

Wie wir bereits in § 8 bemerkt haben, besteht das Problem der Gitterstatik in der Berechnung der Bildungsenergien und Gitterruhelagen von Störkonfigurationen. Da sich bei vorgegebener potentieller Energie $U_n(X_k)$ aus den bekannten Gitterruhelagen die Bildungsenergie einer Störstelle angeben läßt, reduziert sich das Problem auf die Berechnung der Ruhelagen X_k^n des Gitters bei der n-ten Störkonfiguration, bzw. für unseren speziellen Fall auf die Berechnung der $X_1^r, \ldots, X_N^r, X_\mu^r$. Diese folgen aus der Bedingung (2.5) an die Gitterenergie. Die Gitterenergie muß im gestörten Zustand ein Minimum einnehmen, da sonst der Kristall nicht stabil wäre. Wendet man (2.5) auf (2.10) an, und unterdrückt die Indizes n bzw. r an den Gitterfreiheitsgraden, da ja die Ruhelagen erst gefunden werden sollen, und die Gitterkoordinaten zunächst noch frei variabel sind, so ergibt sich

$$\frac{\partial}{\partial X_k} P(X_k) = -\frac{\partial}{\partial X_k} Q_r(X_k, X_\mu) \tag{2.11}$$

sowie

$$\frac{\partial}{\partial X_\mu} Q_r(X_k, X_\mu) = 0, \tag{2.12}$$

also ein System von Gleichungen, aus dem die X_k^r und X_μ^r zu bestimmen sind.

Durch diese Form haben wir die Erzeugung der Störung dargestellt als ein Kräftegleichgewicht, welches sich aus der Reaktion des idealen Kristalls auf die eingesetzte Störung (2.11), sowie einem Gleichgewicht der Kräfte im Innern der Störung selbst (2.12) zusammensetzt. Das legt den Gedanken nahe, die mathematische Lösung ebenfalls vom idealen Kristall her zu versuchen, was, wie wir bald sehen werden, große Vorteile in sich birgt. Da es sich — zumindest bei nulldimensionalen Störstellen — nur um kleine Auslenkungen aus den Ruhelagen des idealen Kristalls handeln wird, ist eine Entwicklung nach diesen kleinen Auslenkungen möglich. Wir setzen also

$$X_k = X_k^0 + y_k. \tag{2.13}$$

Diese Festsetzung muß *scharf* unterschieden werden von der Definition (2.1). Bei (2.1) handelt es sich um kleine dynamische Auslenkungen um die Ruhelagen des *gestörten* Zustandes, die später auf die überlagerte Gitterdynamik führen. Bei (2.13) dagegen sind es Auslenkungen aus den Gitterplätzen des Idealkristalls infolge einer statischen Fehlordnung, die dann im Verlauf der Rechnung auf die noch nicht bekannten *statischen* X_k^r und X_μ^r führen sollen. Die y_k und die ξ_k^n sind also wesentlich verschiedene Größen.

Mit Hilfe von (2.13) kann man auch die Gitterenergie des idealen Kristalls auf eine anschauliche Form bringen. Setzen wir (2.13) in (2.8) ein, so entsteht

$$r_{kj} = |\mathfrak{X}_k^0 + \mathfrak{y}_k - \mathfrak{X}_j^0 - \mathfrak{y}_j|. \tag{2.14}$$

Da die Ruhelagen X_k^0 des idealen Gitters Konstante sind, dagegen die y_k zunächst als willkürlich variabel angesehen werden, so können wir die potentielle Wechselwirkungsenergie (2.7) auch schreiben

$$P(|\mathfrak{X}_k^0 + \mathfrak{y}_k - \mathfrak{X}_j^0 - \mathfrak{y}_j|) \equiv P_{kj}(\mathfrak{y}_k - \mathfrak{y}_j). \tag{2.15}$$

Der Ausdruck (2.15) ist damit eine Funktion der Komponenten des Vektors $(\mathfrak{y}_k - \mathfrak{y}_j)$ allein.

Die potentielle Energie des idealen Kristalls ist eine Überlagerung sämtlicher Wechselwirkungen zwischen seinen Gitterbausteinen, und wird gleich

$$P(X_1, \ldots, X_N) = \frac{1}{2} \sum_{k,j} P_{kj}(\mathfrak{y}_k - \mathfrak{y}_j). \tag{2.16}$$

Hierbei und im folgenden wollen wir die Indizes k, j als Vektorindizes auffassen, $k = (k_1, k_2, k_3, k_4)$, wobei k_1, k_2, k_3 den Ort des Ions, der Index k_4 aber die Raumrichtungen anzeige. Ein Vektor $\mathfrak{y}_k$ ist dann die Zusammenfassung aller Freiheitsgrade, bei denen bei festgehaltenen k_1, k_2, k_3 die Komponente k_4 die Werte 1, 2, 3 annimmt. Setzen wir

$$-\frac{\partial}{\partial X_k} Q_r(X_k, X_\mu) \equiv k_k(y_k, X_\mu), \tag{2.17}$$

wobei wir von der Zerlegung (2.13) bei der Definition Gebrauch machen, so geht (2.11) mit (2.16) und (2.17) über in

$$\sum_j \mathfrak{p}_{kj}(\mathfrak{y}_k - \mathfrak{y}_j) = \mathfrak{k}_k(y_k, X_\mu). \tag{2.18}$$

Die linke Seite bedeutet dabei die Ableitung der Gitterenergie des Idealkristalls (2.16) nach den X_k bzw. zufolge (2.13) nach den y_k. Nimmt man an, daß die mikroskopische Deformation zweier Ionen $(\mathfrak{y}_k - \mathfrak{y}_j)$, d. h. die Abstandsänderung der Ionen, die durch die Verrückung zum idealen Gitterabstand hinzukommt, nur kleine Beträge im Vergleich zur Gitterkonstanten d erreicht, so kann jedes Glied der Summe auf der linken Seite von (2.18) in eine TAYLOR-Reihe nach dieser mikroskopischen Deformation entwickelt werden. Die allgemeine Entwicklung lautet dabei für einen beliebigen Vektor $\mathfrak{a}$

$$\mathfrak{p}_{kj}(\mathfrak{a}) = \mathfrak{p}_{kj}^0 + \mathfrak{A}_{kj} \cdot \mathfrak{a} + \mathfrak{h}_{kj}(\mathfrak{a}). \tag{2.19}$$

Die $\mathfrak{h}_{kj}$ sind die höheren, nichtlinearen Glieder der Wechselwirkungskräfte bei erzwungenen Verrückungen aus der Gleichgewichtslage des idealen Gitters. Setzt man (2.19) in (2.18) ein, so heben sich, wie man leicht einsieht, zufolge der Gleichgewichtsbedingung für das ideale Gitter, die konstanten Glieder der Entwicklung (2.19) in der Summe über sämtliche Ionenwechselwirkungen gegenseitig weg, und es verbleibt

$$\sum_j \mathfrak{A}_{kj} \cdot (\mathfrak{y}_k - \mathfrak{y}_j) = \mathfrak{k}_k'(y_k, X_\mu). \tag{2.20}$$

Hierbei wurden die Glieder höherer Ordnung sogleich auf die rechte Seite gebracht, was zur Definition von

$$\mathfrak{k}_k'(y_k, X_\mu) \equiv \mathfrak{k}_k(y_k, X_\mu) - \sum_j \mathfrak{h}_{kj}(\mathfrak{y}_k - \mathfrak{y}_j) \tag{2.21}$$

führt. In (2.21) sind alle Anteile, die von der Störung, sowie den Nichtlinearitäten des Idealgitters herrühren, zusammengefaßt. Mit den Gl. (2.20) haben wir diejenige mathematische Form abgeleitet, an der wir die eigentliche Lösungsmethode entwickeln können. Da im allgemeinen bei nulldimensionalen Störungen nur wenige neue Freiheitsgrade hinzukommen werden, und nach § 8 nur ebensoviele Gleichungen, nämlich R zusätzlich zu (2.11) in (2.12) entstehen, so wird der Hauptanteil aller Gleichungen durch (2.11) bzw. in der umgeformten Gestalt (2.20) gegeben. In (2.20) sind soviele Gleichungen enthalten, wie es Gitterfreiheitsgrade des idealen Gitters gibt, also N, d. h. bei einem sehr großen Kristall praktisch eine unbegrenzt große Zahl von Gleichungen. Unser Interesse muß daher besonders den Gl. (2.20) gelten, die aus den Gitterfreiheitsgraden des idealen Gitters stammen. Gegenüber ihrer großen Zahl erscheinen die zusätzlichen R-Gleichungen der Störung (2.12) als leicht lösbare Nebenbedingungen. Wir beschäftigen uns im folgenden daher zunächst nur mit den Lösungen des Systems (2.20).

§ 10. Einzelkrafttransformationen

Bei der weiteren Behandlung der Gittergleichungen können wir wieder zur Komponentenschreibweise zurückkehren, und schreiben (2.20) in der einfachen Form

$$A'_{kj} \cdot y_j = k'_k(y_k, X_\mu), \tag{2.22}$$

die aus (2.20) durch bloße Umordnung und explizite Komponentendarstellung hervorgeht. Entsprechend unserer Verabredung berücksichtigen wir die Nebenbedingung (2.12) zunächst nicht. Betrachten wir nur die Gl. (2.11) bzw. (2.20) oder (2.22), so besteht das wichtigste Ergebnis unserer Umformungen darin, daß diese Gleichungen die scheinbare Gestalt einer linearen Theorie angenommen haben. Tatsächlich ist dies natürlich nicht der Fall, da, wie wir schon betont haben, in den k'_k die gesamte nichtlineare Reaktion des Gitters, sowie die Störkräfte enthalten sind. Jedoch verlockt diese scheinbare Linearität zu einer Methode, die bei *konstanten* Kräften sofort die Lösung liefert, d. h. die y_k und damit die gesuchten X^r_k. Nimmt man nämlich hypothetisch die Kräfte $k'_k = k^0_k$ auf der rechten Seite von (2.22) als konstant an, so kann man mit (2.22) eine Reziproktransformation vornehmen, und erhält

$$y_j = R_{jk} \cdot k^0_k. \tag{2.23}$$

Ist die Reziprokmatrix R_{jk} bekannt, so hat man unmittelbar die Lösung des Problems erhalten. Sie stellt sich zufolge der strengen Linearität als eine Superposition von Einzelkraftlösungen dar, die von Kräften k^0_k an den verschiedenen Freiheitsgraden herrühren, und, sich linear überlagernd, eine Verschiebung y_j erzwingen. Im nichtlinearen Fall erhält man dagegen bei Anwendung der Einzelkrafttransformation

$$y_j = R_{jk}\, k'_k(y_k, X_\mu). \tag{2.24}$$

Die Lösung des nichtlinearen Problems (2.22) ist also mit der Anwendung der Einzelkrafttransformation keineswegs erreicht, da auf der rechten Seite von (2.24) nun nicht mehr konstante Kräfte auftreten, sondern Kräfte, die selbst noch von den Unbekannten y_k abhängig sind. (2.24) ist also gegenüber (2.22) nur ein *transformiertes*, aber kein gelöstes System von Gleichungen. Im nichtlinearen Fall wird nur der lineare Anteil der Gitterreaktion wegtransformiert, und es fragt sich, ob das transformierte System (2.24) die Verschiebungen besser zu berechnen erlaubt als (2.22), d. h. ob im nichtlinearen Fall die Anwendung der Einzelkrafttransformation einen Sinn hat. Zur Beantwortung dieser Frage wird die Voraussetzung nulldimensionaler Störungen wesentlich. Diese bedingt, daß die eingesetzte Störung nur lokal auf das Gitter wirkt, d. h. nur eine begrenzte Anzahl von Gitterionen in direkter Wechselwirkung mit der Störkonfiguration stehen. Wegen der Lokalisation werden außerdem nichtlineare Effekte in den Gitterkräften nur in unmittelbarer Nähe der Störung auftreten. Beide Umstände führen dazu, daß in den Störkräften nur eine endliche, oft außerordentlich kleine Anzahl von Freiheitsgraden vorkommt, während der Rest der Gitterfreiheitsgrade nicht in ihnen enthalten ist. Damit wird aber der Wert der Transformation (2.24) offenbar. Bezeichnen wir nämlich jene wenigen Freiheitsgrade, die in den Störkräften wirklich vorkommen, durch eine Umindizierung mit $y_1, \ldots, y_\varrho$, so lassen sich aus den transformierten Gleichungen nach der Umindizierung die ϱ ersten auswählen

$$y_j = R_{jk} \cdot k'_k(y_1, \ldots, y_\varrho, X_\mu) \quad (j = 1, \ldots, \varrho) \tag{2.25}$$

und können unabhängig von den Gleichungen $\varrho + 1, \ldots, N$, zusammen mit (2.12) gelöst werden, da die restlichen Freiheitsgrade $y_{\varrho+1}, \ldots, y_N$ in ihnen nicht vorkommen. Sind aber einmal die $y_1, \ldots, y_\varrho, X_\mu$ bekannt, so folgen sofort die übrigen Freiheitsgrade aus

$$y_j = R_{jk} \cdot k'_k(y_1, \ldots, y_\varrho, X_\mu), \quad (j = \varrho + 1, \ldots, N) \tag{2.26}$$

wenn die Reziprokmatrix als bekannt angesehen wird.

Damit sind die praktisch unendlich vielen Gleichungen eines großen Kristallblocks auf eine endliche Anzahl, nämlich $(\varrho + R)$ reduziert, die im allgemeinen sehr klein ist. Durch Symmetriebetrachtungen kann man häufig weitere Freiheitsgrade aus der Rechnung eliminieren, jedoch können wir hierüber ebensowenig eine allgemeine Aussage machen, wie über den speziellen Wert von ϱ, da alles von den jeweils gewählten Störkonfigurationen abhängig ist.

Die verbleibende Aufgabe besteht darin, die Reziprokmatrix aufzufinden, und eine Lösungsmethode für die Gl. (2.25) anzugeben.

§ 11. Die Umkehrmatrix

(2.22) beschreibt die Reaktion eines idealen Kristalls auf eine eingesetzte Störung. Die Störkräfte der rechten Seite enthalten dabei nach (2.17) und (2.21) die Wirkungen der Störung selbst, sowie die nichtlinearen Kraftwirkungen, die der ideale Kristall bei größeren Verschiebungen aus seinen Ruhelagen aufweist. Um die für die Lösung von (2.22) notwendige Umkehrtransformation ausführen zu können, d. h. deren Matrix R_{jk} berechnen zu können, verzichten wir auf den tatsächlichen physikalischen Inhalt der Störkräfte, und sehen diese wie in (2.23) als Konstante an. Setzen wir insbesondere

$$k_k^0 = \delta_{kh} \tag{2.27}$$

als normierte Einzelkraft am Freiheitsgrad h an, so ergibt sich als Gitterreaktion nach (2.23)

$$y_j(h) = R_{jh} \tag{2.28}$$

wobei das Argument h des nunmehr festgelegten Verschiebungsfeldes y_j erinnert, von welcher Kraft die Verschiebungen verursacht werden. Diese Beziehung kann man umgekehrt zur Definition von R_{jk} benutzen. Indem man

$$R_{jh} \equiv y_j(h) \tag{2.29}$$

setzt, hat man die Umkehrmatrix gewonnen. Man muß nur den Aufpunkt h der Einzelkraft über alle Indizes, d. h. Gitterplätze und Richtungen wandern lassen.

Kennt man also die Verschiebungen für normierte Einzelkräfte, so ist auch die Umkehrmatrix bekannt. Da die Einzelkräfte aber vollständig unabhängig von irgendeinem speziell gewählten Problem einer Gitterstörung sind, so sieht man, daß auch die Umkehrmatrix von speziellen Gitterstörungen vollständig unabhängig ist. Sie ist, wie man sagen könnte, eine gitterkonstante Rechengröße. Einmal für einen Stoff bekannt, lassen sich sämtliche Störprobleme mit ihr lösen.

Es bleibt daher die Ableitung der Einzelkraftlösung als Problem übrig. Da man die Reziprokmatrix nicht kennt, muß man direkt von (2.22) ausgehen und mit den speziellen Kräften (2.27) die $y_j(h)$ ausrechnen. Dazu gehen wir in den hochdimensionalen kartesischen Konfigurationsraum der Ionenkoordinaten über. Es seien $\mathfrak{e}_j$ die Einheitsvektoren dieses HILBERT-Raumes. Die noch nicht bekannten Verschiebungen $y_j(h)$, die durch eine Einzelkraft am Freiheitsgrad h dem Gitter aufgezwungen werden, führen auf den HILBERT-Raumvektor

$$y_j(h)\, \mathfrak{e}_j \tag{2.30}$$

(der Nullvektor entspricht der idealen Gitterstruktur). Da das Verschiebungsfeld einer Einzelkraft bis an den Rand des Kristalls bzw. ins Unendliche geht, sind sämtliche Komponenten $y_j(h)$ der Verschiebung ungleich Null, oder jeder Basisvektor hat an der Zerlegung des Verschiebungsvektors einen nichtverschwindenden Anteil. In bezug auf die weiteren Rechenoperationen kann man daher das Basissystem der $\mathfrak{e}_j$ als ein dem Problem *nicht angepaßtes* System betrachten. Ganz allgemein wird man deshalb nach einem Basissystem suchen, bei dem nur wenige Basisvektoren an der Zerlegung der Verschiebung beteiligt sind. Wegen der Invarianz des Gesamtvektors gilt dann

$$y_j(h)\, \mathfrak{e}_j = \alpha_\sigma\, \bar{\mathfrak{e}}_\sigma, \tag{2.31}$$

wenn $\bar{\mathfrak{e}}_\sigma$ das neue Basissystem darstellt und die α_σ seine neuen Komponenten in bezug auf den Verschiebungsvektor seien. Für die Komponenten ergibt sich daraus die Transformation

$$y_j = S_{j\sigma}\, \alpha_\sigma \tag{2.32}$$

sowie eine Transformation für das System der Basisvektoren, die wir hier nicht explizit benötigen. Die Transformationsmatrix S ist noch willkürlich.

Mit (2.32) wird das System der Unbekannten y_j auf das System der Unbekannten α_σ transformiert. Die rechnerische Bedeutung dieser Transformation wird daraus klar: Für jede unbekannte Komponente y_j braucht man zur Bestimmung eine Gleichung. Sind nach der Transformation mit Sicherheit einige der α_σ gleich Null, so fallen für diese Komponenten die Gleichungen weg, und das Gleichungssystem (2.22) reduziert sich um soviele Gleichungen als Komponenten mit Sicherheit verschwinden.

Praktisch läßt sich allerdings die Sicherheit des Verschwindens nicht erzwingen, wohl aber gibt es eine Basistransformation, bei der gegenüber wenigen ausgezeichneten α_σ die meisten der α_σ verschwindend klein ausfallen, und daher vernachlässigt werden können. Dieses Basissystem bezieht sich auf einen Funktionenraum, der die Lösungen der Kontinuumstheorie für eine Einzelkraft, und ein dazu orthogonales System von Funktionen enthält.

Die Transformation (2.32) wird dann als eine Reihenentwicklung der atomistischen Lösung nach der Lösung der Kontinuumstheorie aufgefaßt, wobei das hauptsächliche Glied die elastische Lösung, das sog. Fundamentalintegral darstellt, und die weiteren Glieder Korrekturen einführen, die die Kontinuumslösung auf den *strengen* atomistischen Wert verbessern. Wählt man also ein zur Korrektur der elastischen Lösung geeignetes Funktionensystem, so besteht das Problem nurmehr darin, die Transformationsmatrix anzugeben.

Es sei nun das Funktionensystem gegeben durch

$$F_h^\sigma(\mathfrak{X}), \qquad (\sigma = 1, 2, \ldots) \tag{2.33}$$

wobei die ersten drei Funktionen $\sigma = 1, 2, 3$ des Systems das elastische Fundamentalintegral für eine Einzelkraft am Freiheitsgrad h sein mögen, und die übrigen Funktionen die erwähnten Korrekturen ermöglichen sollen. $\mathfrak{X}$ ist ein allgemeiner Raumvektor im dreidimensionalen Raum des elastischen Kontinuums[54].

Da zumindest das Fundamentalintegral im Störpunkt eine Singularität besitzt, können wir die Transformation nur in der Umgebung definieren, müssen also die Freiheitsgrade des Angriffspunktes der Kraft gewissermaßen in sich selbst transformieren. Die Transformation lautet dann

$$y_h(h) = \alpha_0, \tag{2.34}$$

$$y_j(h) = F_h^\sigma(\mathfrak{X}_j^0)\,\alpha_\sigma \qquad j \neq h \tag{2.35}$$

[54] Zur genaueren Definition des Fundamentalintegrals s. E. Kröner: Z. Phys. **136**, 402 (1953).

Ein Element $S_{j\sigma}$ der Transformationsmatrix S wird demnach durch den Wert des Fundamentalintegrals bzw. einer Korrekturfunktion an der Stelle X_j^0 bestimmt, an der das Ion, dessen Verschiebung y_j transformiert wird, seine ideale atomistische Ruhelage hat. Die Entwicklung (2.35) kann daher als die Übertragung der Kontinuumsbeschreibung von Verschiebungen auf die Verschiebungen eines diskreten Punktgitters angesehen werden.

Mit dieser Transformation gehen wir nun in das System (2.22) ein, wobei wir die Einzelkraft (2.27) ansetzen. Wir erhalten dann

$$\sum_{j \neq h} A'_{kj} \cdot F_h^\sigma(\mathfrak{X}_j^0)\, \alpha_\sigma + A'_{kh}\, \alpha_0 = \delta_{kh} \tag{2.36}$$

als transformiertes System.

Unter der Voraussetzung, daß die Transformation eine nichtverschwindende Determinante hat, ist (2.36) eine äquivalente Darstellung zu (2.22). Sie enthält zunächst ebensoviele Freiheitsgrade wie das kartesische System, und damit auch ebensoviele Gleichungen. Die eigentliche Bedeutung wird erst offenbar, wenn wir den Umstand benutzen, daß wir jetzt ein angepaßtes Basissystem gewählt haben. Zur Korrektur der elastischen Lösung auf die atomistische Lösung brauchen wir nämlich nur wenige weitere Freiheitsgrade, d. h. der Rest der Reihenentwicklung (2.35) wird verschwindend klein, weil die Koeffizienten verschwinden. Unter diesen Umständen genügt es, nur eine gewisse Anzahl $\alpha_0, \ldots, \alpha_\nu$ zu berücksichtigen, und die übrigen zu vernachlässigen. Zur Berechnung dieser $\nu + 1$ Unbekannten können aus der Gesamtheit der Gl. (2.36) $\nu + 1$ ausgewählt werden, deren Koeffizienten am größten geblieben sind. Im allgemeinen handelt es sich dabei um die Gleichungen am Angriffspunkt und in dessen Umgebung. Sie müssen auch aus mathematischen Gründen gewählt werden, damit das System lösbar bleibt. Die so gewonnenen Gleichungen sind wegen ihrer geringen Anzahl mit den bekannten Methoden der Theorie linearer Gleichungen zu bewältigen. Die aus ihnen berechneten α_σ werden in (2.35) eingesetzt. Sie liefern dann ein wohldefiniertes $y_j(h)$, und damit nach (2.29) R_{jh}. Wir weisen noch darauf hin, daß im unendlichen Kristall die Lösungen translationsinvariant sind, d. h. daß man die Einzelkraft und ihre Transformation nur an einer Stelle durchrechnen muß. Alle anderen Werte gewinnt man daraus durch Verschiebung. Bleibt man mit den Einzelkräften im Innern eines sehr großen Kristalls, so können die Lösungen des translationsinvarianten Falles mit guter Näherung übernommen werden. Das Problem der Umkehrmatrix ist damit vollständig gelöst.

§ 12. Das Iterationsverfahren

Nach den Erörterungen in § 11 ist die Reziprokmatrix R_{jk} praktisch berechenbar, und kann damit beim weiteren Verlauf der Untersuchungen als bekannt angesehen werden. Es bleibt noch das System (2.25), sowie die Nebenbedingungen (2.12) zur Lösung übrig. Die inneren Bedingungen (2.12) lösen wir, gegebenenfalls durch eine Potenzentwicklung, nach den Freiheitsgraden X_μ linear auf, so daß insgesamt das nichtlineare Gleichungssystem

$$\begin{aligned} y_j &= R_{jk} \cdot k'_k(y_1, \ldots, y_\varrho, X_\mu) \quad (j = 1, \ldots, \varrho) \\ X_\mu &= f_\mu(y_1, \ldots, y_\varrho, X_\mu) \qquad (\mu = N + 1, \ldots, N + R) \end{aligned} \tag{2.37}$$

entsteht. Kennt man die Werte dieser Freiheitsgrade, so lassen sich die restlichen $y_{\varrho+1}, \ldots, y_N$ als Parameter der Rechnung nach (2.26) sofort bestimmen. Da es sich im allgemeinen bei nulldimensionalen Störungen bei dem System (2.37) nur um wenige Gleichungen handeln wird, so gelangt man mit einem Iterationsverfahren zum Ziel. Man muß dazu von einer nullten Näherung ausgehen, die dem Problem angepaßt gewählt werden muß, und setzt diese in die rechte Seite des Systems (2.37) ein. Dann erhält man links eine erste Näherung. Diese setzt man rechts wieder ein, und erhält eine zweite Näherung usw. Das Verfahren ist dann abgeschlossen, wenn theoretisch

$$y_j^{(n)} = y_j^{(n+1)} \tag{2.38}$$

und analoges für die X_μ gilt, was praktisch nur näherungsweise innerhalb der Fehlergrenzen der gesamten Rechnung erfüllt werden muß. Die tatsächlichen Rechnungen zeigen, daß dies nach höchstens zwei Schritten für die vorkommenden Störungen erreicht ist.

Zusammenfassend können wir feststellen: In der ersten Stufe der Rechnung, in der die potentielle Energie der Gitterionen durch klassische Ersatzpotentiale beschrieben wird, kann das Problem der Berechnung der Gitterkonfiguration von nulldimensionalen Störungen im wesentlichen durch eine Transformation gelöst werden. Diese spaltet den linearen Anteil der Gitterreaktionskräfte ab, und reduziert auf diese Weise die große Anzahl der Gittergleichungen auf ein System mit sehr wenigen Gleichungen. Die hierzu notwendige Transformationsmatrix kann einfach berechnet werden. Sie ist sogar von der speziellen Störung unabhängig, also eine gitterkonstante Rechengröße. Die verbleibenden Gleichungen werden durch eine Iteration der in ihnen enthaltenen Variablen erfüllt. Die praktischen Rechnungen gestalten sich außerordentlich einfach. Hat man damit die Gitterkonfiguration X_k^r berechnet, so wird die Bildungsenergie der Störung gleich der Differenz der Energien des ungestörten und des gestörten Kristalls, d. h. mathematisch

$$U_r(X_k^r) - P(X_k^0), \tag{2.39}$$

wobei die X_k^r natürlich von der idealen Struktur verschieden sind, da sonst der Kristall ja keine Störung erlitten hätte.

Wie schon erwähnt dehnt sich selbst bei nulldimensionalen Gitterstörungen die atomistische Deformation über den ganzen Kristall aus, und verschwindet erst in unendlicher Entfernung vom Störzentrum. D. h. daß im ganzen Kristall die y_k von 0 und damit die X_k^r von X_k^0 verschieden sind, und jede in (2.39) enthaltene Wechselwirkungsenergie eines beliebig weit von der Störung entfernten Gitterions noch einen nichtverschwindenden Beitrag zu (2.39) liefern muß, wenn man den Anteil des Idealkristalls abzieht. Es scheint daher zunächst, daß der Energieausdruck (39) numerisch schlecht ausgewertet werden kann, da in ihm sämtliche durch die Deformation des Gitters veränderten Wechselwirkungsenergien aufsummiert werden müssen. Jedoch kann man diese Schwierigkeit durch eine Aufspaltung des Energieausdruckes für den deformierten Kristall leicht umgehen. Man orientiert sich dafür an der Kraftverteilung in und um die Störung. Da nur innerhalb des Störzentrums und in seiner nächsten Umgebung nichtlineare Kräfte eine wesentliche Rolle spielen, und weiter außen nur die linear elastische Reaktion des Gitters vorhanden ist, so müssen ähnliche Verhältnisse beim Energieausdruck vorliegen. Bei ihm werden höhere als quadratische Glieder nur im Störzentrum selbst und seiner unmittelbaren Umgebung berücksichtigt werden müssen, für die weitere Umgebung aber genügt die den linearen Kräften entsprechende quadratische Energieform. Beachtet man nun, daß die Gittergleichungen (2.20) bzw. (2.22) ein Gleichgewicht zwischen linearer und nichtlinearer Gitterreaktion darstellen, und für die Werte $X_k = X_k^r$ gerade erfüllt sind, so läßt sich dieser Umstand zur Reduktion des Energieausdruckes benutzen. Mit Hilfe der Kraftgleichungen lassen sich die quadratischen Energieglieder durch nichtlineare Ausdrücke ersetzen. Wegen der Lokalisation der Nichtlinearitäten wird auch der Sinn dieser Operation sofort offenbar: Das weitreichende elastische (quadratische) Deformationsfeld wird abgespalten, und zurück bleibt nur eine geringe Anzahl in und um die Störung lokalisierter nichtlinearer Terme. Damit läßt sich die Bildungsenergie der Störstelle außerordentlich einfach berechnen. Aus Raumgründen führen wir dies nicht näher aus, sondern verweisen auf die Arbeit von WAHL [*22*] in der die mathematischen Einzelheiten diskutiert werden.

§ 13. Statische Elektron-Gitter-Kopplung

Nachdem wir bislang die potentielle Energie des Kristallgitters U_n durch klassische Ersatzpotentiale aufgebaut hatten, und ohne nach deren Herkunft zu fragen, mit ihnen eine Methode zur Berechnung der Energien und Konfigurationen von Realgittern entworfen haben, beginnen wir nunmehr mit einer genaueren Analyse der Energie $U_n(X_k)$

selbst. Diese vertiefte Untersuchung besteht in der expliziten Einführung der Elektronen, die bei der Beschreibung durch Ersatzpotentiale, kollektiv zusammengefaßt, nicht in Erscheinung treten konnten. In der strengen quantenmechanischen Theorie bestimmen Elektronen und Gitterkerne gemeinsam das Zustandekommen einer Störkonfiguration.

Mathematisch bedeutet dies, daß wir die Energie $U_n(X_k)$ nicht durch einen postulierten Ansatz mit Ersatzpotentialen wiedergeben, sondern sie direkt aus der SCHRÖDINGER-Gleichung (1.7) berechnen. Wir unterscheiden dabei, wie schon erwähnt, die statische und die dynamische Elektron-Gitter-Kopplung, indem wir die Ortsvektoren der Gitterkerne $\mathfrak{X}_k$ in den Vektor $\mathfrak{X}_k^n$ der Ruhelagen der Gitterkonfiguration, und einer ihr überlagerten Auslenkung nach (2.1) zerlegen. Da uns jedoch im Augenblick die X_k^n noch unbekannt sind, und wir zum Auffinden des Minimums von U_n die Energiewerte auch in der Umgebung der Ruhelagen kennen müssen, zerlegen wir zunächst die Gittervektoren nicht, und schreiben die SCHRÖDINGER-Gleichung für das Teilsystem der Elektronen noch einmal in der ursprünglichen Form (1.7) an

$$[H_e + V(x_i, X_k)]\,\psi_n = U_n(X_k)\,\psi_n. \tag{2.40}$$

Zu ihr kommen die Nebenbedingungen für das Gittergleichgewicht

$$\frac{\partial}{\partial X_k} U_n(X_k) = 0 \tag{2.41}$$

hinzu. (2.40) und (2.41) sind mathematisch vollständig unabhängig von den dynamischen Gittergleichungen (1.8) und bilden den Ausgangspunkt für die Berechnung eines statischen Gitterzustandes, bei dem die Energie aber nunmehr explizit quantenmechanisch angegeben wird.

§ 14. Explizite und kollektive Elektronenwirkung

Mit dem Übergang zur Elektronengleichung (2.40) ist ein radikaler Wechsel in der Auffassung eingetreten. Die vorher vollständig durch Ersatzpotentiale beschriebene Gitterenergie U_n soll nun ebenso vollständig aus einem quantenmechanischen Vielteilchenproblem berechnet werden. Das ist im allgemeinen eine sehr schwierige Aufgabe. In unserem Fall aber läßt sie sich weitgehend reduzieren, und ist einer einfachen, praktisch durchführbaren Berechnung zugängig. Da wir Realkristallstrukturen aus dem Idealkristall erzeugen, liegt es nahe auch im Fall der quantenmechanischen Rechnung den Idealkristall aus den Gleichungen abzuspalten, genau wie es bereits in der klassischen Gitterstatik mit (2.10) geschehen ist. Eine solche Abspaltung der Idealstruktur kann nur darin bestehen, daß man jene großen, auch im Realkristall trotz der Störung noch weiter bestehenden, fast ungestörten

Kristallbereiche als sehr schwach gestörte Idealkristallbereiche ansieht. Dies bedingt in unmittelbarer Anwendung auf die Energie der SCHRÖDINGER-Gleichung, daß nach wie vor ein Großteil der Elektronen und Gitterkerne zu komplexen Teilchen, den Ionen zusammengefaßt und durch Ersatzpotentiale beschrieben werden kann. Nur in Bereichen starker, durch die Störung bedingter Strukturveränderungen, wird man die Elektronen explizit berücksichtigen müssen, weil dort die Ersatzpotentiale sicher nicht gelten werden. Die Anzahl der explizit zu berücksichtigenden Elektronen reduziert sich dann auf jene, die an der Ausbildung der Störung wesentlichen Anteil haben. Die Grenzen der expliziten Einführung von Elektronen sind fließend. Die im folgenden zu entwerfenden Methoden können sogar für beliebig viele Elektronen verwendet werden, wenn man den rechnerischen Aufwand nicht scheut — und letztlich noch einmal die Ergebnisse des Idealkristalls an schwach gestörten Stellen reproduzieren will. Im folgenden jedenfalls betrachten wir die Elektronenzahl als variabel, in Abhängigkeit von den vorgegebenen Störungen, wobei es sich praktisch im allgemeinen aber nur um wenige Elektronen handeln wird, und nicht um die Gesamtheit der Kristallelektronen.

Mathematisch bedeutet diese Konzeption die Zerreißung der direkten Korrelation zwischen expliziten und kollektiven Elektronen, indem zunächst vom vollständigen Problem ausgehend, für beide Arten von Elektronen ein Produktansatz der Wellenfunktionen aufgestellt wird

$$\psi_n \equiv \psi_n'(x_i, X_k)\, \psi_0(x_\varepsilon, X_k) \tag{2.42}$$

wobei die Funktion ψ_0 die Freiheitsgrade x_ε der kollektiv beschriebenen Elektronen, und ψ_n' jene der explizit beschriebenen enthält. Setzt man (2.42) in (2.40) ein, multipliziert die Gleichung mit ψ_0^* und integriert über x_ε, so verschwinden die Freiheitsgrade x_ε aus der Rechnung, und man erhält eine SCHRÖDINGER-Gleichung

$$H'\, \psi_n' = U_n(X_k)\, \psi_n' \tag{2.43}$$

für φ_n' allein. Der zugehörige HAMILTON-Operator H' lautet dabei

$$H' \equiv H_e' + V'(x_i, X_k) \equiv \int \psi_0^* (H_e + V)\, \psi_0\, d\tau_\varepsilon, \tag{2.44}$$

wobei H_e und V aus (2.40) stammen, und die gestrichenen Größen durch das Integral definiert werden. Insbesondere ist H_e' der Operator der kinetischen Energie der expliziten Elektronen. Durch dieses Vorgehen sind wir in der Lage, die Zahl der expliziten Elektronen in (2.43) definitorisch vorzugeben, wobei diese Vorgabe natürlich durch physikalische Argumente begründet werden muß. Derartige Argumente erlauben dann auch die zur Ableitung von V' in (2.44) notwendige direkte Integration über die kollektiven Elektronenfreiheitsgrade x_ε zu umgehen: Im Sinne unserer Abspaltung von Idealkristallanteilen wird man V' als die potentielle Energie jener Kristallteile ansehen müssen, welche durch Ersatzpotentiale in guter Näherung beschrieben werden können, wozu natürlich noch die Coulomb'schen Wechselwirkungen der expliziten Elektronen hinzukommen. V' wird sich also direkt aus Ersatzpotentialen aufbauen lassen müssen, und die Integration in (2.44) wird damit zu einem formalen Vorgang, mittels dessen man sich die Bedeutung von V' klarmacht, ohne ihn zur tatsächlichen Ableitung von V' heranzuziehen. Wie das im einzelnen zu geschehen hat, wird in den folgenden Paragraphen gezeigt werden. Da auf diese Weise auch der Ansatz für ψ_0 einen bloß formalen Charakter annimmt, ist es nicht nötig auf mögliche Verbesserungen der Wellenfunktionen, wie z. B. die adiabatische Kopplung der expliziten und kollektiven Elektronen einzugehen. All diese Verbesserungen können direkt durch eine Verbesserung von V' in der Ersatzpotentialdarstellung erreicht werden, ohne daß man sich um das zugehörige ψ_0 kümmert. Derartige stufenweise Verbesserungen von V' sind ebenfalls das Thema der folgenden Paragraphen.

§ 15. Das Variationsproblem

Nach den Erörterungen in § 14 nehmen wir für die weitere Untersuchung an, daß in (2.43) nicht die gesamten Elektronen des Kristalls, sondern nur diejenigen Elektronen explizit aufgenommen werden, welche für das betreffende Störproblem bedeutsam sind. Die Wechselwirkung der übrigen, kollektiv beschriebenen Elektronen muß dann in der potentiellen Energie $V'(x_i, X_k)$ mit Hilfe der Ersatzpotentiale berücksichtigt werden. An diese Bedeutung von V' müssen wir uns weiterhin erinnern.

Im folgenden beschäftigen wir uns zuerst mit dem statischen Fall, bei dem die Auslenkungen aus den Gitterruhelagen verschwinden. Das mit einer nunmehr beschränkten Elektronenzahl hierfür abgeleitete System (2.43) kann in die Form einer Variationsaufgabe gebracht werden, die sich für die Rechnung sehr günstig erweist. Dazu entwickeln wir die Wellenfunktion ψ'_n an den Stellen X_k in eine Reihe der Art

$$\psi'_n = \beta^n_l(X_k)\,\psi_l(x_i). \tag{2.45}$$

Die Reihe werde so angesetzt, daß sie für alle Werte von X_k normiert bleibt. Die $\psi_l(x_i)$ seien ein vorgegebenes, dem Problem angepaßtes Funktionensystem, das insbesondere den Symmetrieverhältnissen der eingesetzten Störkonfiguration genügen soll und vollständig ist. Wir fordern nun, daß die Gesamtenergie $U_n(X_k)$ in bezug auf die Wahl von ψ'_n ein Minimum werden solle. Diese Forderung ist mit der Lösung der Schrödinger-Gleichung (2.43) äquivalent. Der Vorteil liegt, wie wir später noch sehen werden, in der Auswahl physikalisch anschaulicher Vergleichsfunktionen zur Gewinnung des minimalen Energiewertes. Da in der SCHRÖDINGER-Gleichung (2.43) die X_k zunächst willkürliche Parameter sind, so gilt: Für jedes willkürliche, aber fixierte Parametersystem der X_k muß die SCHRÖDINGER-Gleichung (2.43) ein Minimum der Gesamtenergie $U_n(X_k)$ ergeben.

Mit der Entwicklung (2.45) bleiben als einzige variierbare Größen noch die Funktionen $\beta_l^n(X_k)$ übrig. Halten wir die X_k fest, was wir willkürlich tun können, so bleibt nur noch der Funktionswert β_l^n an der willkürlich fixierten Stelle zur Variation frei. Bildet man mit dem Ansatz (2.45) in der üblichen Weise den Energieerwartungswert der Gl. (2.43) $U_n(\beta_l^n, X_k)$, so muß unter der Annahme der Normierung der Wellenfunktionen die Minimalbedingung

$$\frac{\partial}{\partial \beta_l^n} U_n(\beta_l^n, X_k) = 0 \tag{2.46}$$

gelten.

Da aber die Gitterenergie nicht nur in bezug auf die Wahl der Elektronenfunktion der explizit beschriebenen Elektronen minimal sein soll, sondern auch ein Minimum in bezug auf die Lage der Atomkerne, bzw. Ionen aufweisen soll, so erhalten wir zur Bestimmung des statischen Gleichgewichts zwischen Elektronen und Gitter nach (2.41) die weitere Bedingung

$$\left[\frac{\partial}{\partial X_k} + \frac{\partial}{\partial X_k} \beta_l^n \frac{\partial}{\partial \beta_l^n}\right] U_n(\beta_l^n, X_k) = 0. \tag{2.47}$$

Hierbei wurde auch die indirekte Ableitung nach X_k über die β_l^n ausgeführt, da die β_l^n ja Funktionen der X_k sind. Wegen (2.46) ergibt das aber

$$\frac{\partial}{\partial X_k} U_n(\beta_l^n, X_k) = 0. \tag{2.48}$$

Für den gekoppelten Elektron-Gitterzustand müssen also im statischen Fall die Gln. (2.46) und (2.48) aufgelöst werden. Um ihren Inhalt zu verstehen, überlegen wir uns in theoretischer Weise, wie dies zu geschehen hat. Dazu weisen wir darauf hin, daß die β_l^n Funktionen der X_k sind. Dies wird besonders klar, wenn wir die Gln. (2.46) nach den β_l^n auflösen. Da es in (2.46) genauso viele Gleichungen wie Funktionen β_l^n gibt, so ist dies ohne weiteres möglich, und wir erhalten

$$\beta_l^n = f_l^n(X_k), \tag{2.49}$$

(2.49) ist das System (2.46) in aufgelöster Form.

Setzen wir (2.49) in (2.48) ein, so entsteht ein Gleichungssystem, das nurmehr die Unbekannten X_k enthält. Diese kann man daraus bestimmen und erhält die Werte X_k^n als Lösungen. Das Gleichungssystem (2.49) und (2.48) ist also nur dann simultan zu erfüllen, wenn in beiden Gleichungssystemen die Freiheitsgrade X_k die bestimmten Werte X_k^n annehmen.

Das bedeutet für die endgültige Lösung in bezug auf die β_l^n

$$\beta_l^n = f_l^n(X_k^n) \tag{2.50}$$

und

$$\frac{\partial}{\partial X_k} U_n\,[f_l^n(X_k^n), X_k^n] = 0. \tag{2.51}$$

Daraus folgt: Die Berechnung der Funktionen $\beta_l^n(X_k)$ reduziert sich auf den Funktionswert an der Stelle X_k^n, d. h. eine Konstante. Damit wird ersichtlich, daß das System (2.46) und (2.48) ein rein algebraisches System zur Berechnung der Konstanten X_k^n und der β_l^n $[\equiv \beta_l^n(X_k^n)]$ ist.

Wir haben damit das komplizierte Variationsproblem des gekoppelten self-consistent field zwischen den ψ_n' und den X_k durch ein einfaches algebraisches Gleichungssystem ersetzt. In der praktischen Rechnung wird man natürlich nicht (2.46) in die Form (2.49) auflösen, sondern (2.46) und (2.48) direkt angehen. Dazu sind noch weitere Umformungen notwendig, die wir jetzt ausführen wollen.

§ 16. Klassische Gittergleichungen mit Elektronenparametern

Mit dem System der Gln. (2.46) und (2.48) haben wir eine rein algebraische Formulierung des Problems der Elektron-Gitter-Kopplung erreicht. Zu ihrer Auswertung sind aber noch grundsätzliche Erörterungen notwendig. Diese knüpfen an die Darstellung eines großen Teils der Kristallwechselwirkungen durch Ersatzpotentiale in schwach gestörten Gebieten an. Es liegt nahe, damit auch die in den vorangehenden Paragraphen entwickelte Methode für die klassische Gitterstatik zur Lösung des kombinierten Problems der Elektron-Gitter-Kopplung im Realkristall einzusetzen. Tatsächlich besteht hierin sogar ein gewisser Zwang, da genau soviele Gl. (2.48) vorhanden sind, wie rein klassische Gittergleichungen in § 9 auftreten. Auch in diesem Fall wird man also einen Großteil der Variablen durch eine Transformation abspalten müssen. Im folgenden müssen wir dazu zuerst die Beziehung der Energie $U_n(\beta_l^n, X_k)$ zu der klassischen Gitterenergie des gestörten Gitters (2.10) herstellen, da nur von dieser Form aus die Gittergleichungen ableitbar sind.

Die klassische Gitterstatik geht von einem ungestörten Gitterzustand aus, bei dem sämtliche Gitteratome unzerlegt durch Ersatzpotentiale beschrieben werden. Die Rechnung ist nur von diesem Ausgangszustand aus möglich, und die Störungen werden erst nachträglich eingeführt. Wenn wir also die klassische Gitterstatik verwenden wollen, so müssen wir auch hier vom idealen Gitter ausgehen. Dazu erinnern wir an die Methode der Erzeugung nulldimensionaler Störstellen. Wir beginnen mit einem ungestörten, elektrisch neutralen Kristall. Bei ihm mögen sämtliche Gitterteilchen durch Ersatzpotentiale beschrieben werden, und seine potentielle Energie sei durch $P(X_k)$ gegeben. Da keine Elektronen explizit eingeführt sind, brauchen wir für den idealen Kristall die SCHRÖDINGER-Gleichung (2.43) nicht.

Nun vollziehen wir den Übergang zu gestörten Kristallgittern. Diese erzeugt man durch Herausnehmen und Neueinsetzen von Gitterbausteinen. Das wurde bei Teilchen mit Ersatzpotentialen schon in § 8 erläutert. Als neue Möglichkeit kommt hier jedoch die Einführung expliziter Elektronen hinzu. Das geschieht, indem man die potentielle und kinetische Energie eines im Kristall frei beweglichen Elektrons in den HAMILTON-Operator einsetzt. Wird dabei ein ursprünglich kollektiv erfaßtes Elektron zum explizit beschriebenen Elektron umgewandelt, so muß dessen Anteil am Kollektivpotential, insbesondere natürlich seine Ladung abgezogen werden. Analog zu § 8 lautet die potentielle Energie des gestörten Kristalls jetzt

$$V'(x_i, X_k, X_\mu) = P(X_k) + Q_n(x_i, X_k, X_\mu). \tag{2.52}$$

und man wird damit von der Methode her zwangsläufig auf eine Darstellung von V' durch Ersatzpotentiale geführt, die wir in § 14 gefordert hatten. Die Störenergie Q_n ist nämlich nach dem eben geschilderten Vorgehen eindeutig festgelegt, wenn man die Ersatzpotentiale kennt bzw. angibt. Durch die Ersatzpotentiale wird sogleich die Wechselwirkung der expliziten Elektronen mit dem übrigen Kristall impliziert, und es hängt demnach von der Wahl der Ersatzpotentiale ab, in welchem Maße die expliziten Elektronen mit den kollektiven Elektronen verkoppelt werden. Das werden wir in § 17 näher diskutieren. Für die Lösungsmethode von (2.46) und (2.48) ist dagegen zunächst nur von Bedeutung, daß die potentielle Energie der Störung Q_n jetzt neben den neu hinzukommenden Kernfreiheitsgraden X_μ auch die Freiheitsgrade der explizit quantenmechanisch zu beschreibenden Elektronen enthält. Die Gesamtenergie dieser Anordnung muß jetzt aus der SCHRÖDINGER-Gleichung (2.43) gewonnen werden, da mit (2.52) die Bewegung der Elektronen in ihren quantenmechanischen Wellenfunktionen noch nicht festgelegt ist. Setzt man (2.52) als potentielle Energie des Realgitters in (2.44) ein, und bildet mit dem Ansatz (2.45) den Energieerwartungswert von (2.43), so läßt sich die Gesamtenergie zufolge (2.52) unter Beachtung der Normierung der Wellenfunktionen zerlegen in

$$U_n(\beta_l^n, X_k, X_\mu) = P(X_k) + H_e'(\beta_l^n) + Q_n(\beta_l^n, X_k, X_\mu) \tag{2.53}$$

Nunmehr sind wir am Ausgangspunkt der klassischen Gitterstatik angelangt. U_n hat formal die gleiche Gestalt wie (2.10). Der tiefgreifende

Unterschied liegt nur darin, daß die Störenergie im Gegensatz zu (2.10) jetzt die Variationsparameter der explizit eingeführten Elektronen enthält, die Energie also, wie gefordert, in direkter quantenmechanischer Berechnung entstanden ist.

Führen wir, entsprechend den Überlegungen in § 14, die Variation der Gesamtenergie nach den verschiedenen Parametern aus, so wird nach (2.46)

$$\frac{\partial}{\partial \beta_l^n}\left[H_e'(\beta_l^n) + Q_n(\beta_l^n, X_k, X_\mu)\right] = 0 \tag{2.54}$$

und bei Variation nach den Gitterfreiheitsgraden

$$\frac{\partial}{\partial X_\mu} Q_n(\beta_l^n, X_k, X_\mu) = 0 \tag{2,55}$$

sowie

$$\frac{\partial}{\partial X_k} P(X_k) = -\frac{\partial}{\partial X_k} Q_n(\beta_l^n, X_k, X_\mu). \tag{2.56}$$

Mit den Gln. (2.54) bis (2.56) ist die Ausgangsform der klassischen Gitterstatik erreicht. Den einzigen Unterschied bilden die Störkräfte. Diese Störkräfte hängen von der Wahl der Störkonfiguration und den expliziten Elektronen ab. Ebenso treten in den inneren Gleichgewichtsbedingungen der Störung jetzt nicht nur Kräfte auf, die von den Ersatzpotentialen herrühren, sondern auch solche, die durch die Bildung der Elektronenzustände bedingt werden. Das führt auf zusätzliche Bedingungen für die β_l^n, die sich in (2.54) ausdrücken. Die mathematische Behandlung des Systems wird durch diese Besonderheiten gegenüber dem rein klassischen Fall nicht beeinflußt. Nimmt man an, daß durch günstige Wahl der Entwicklungsfunktionen in (2.45) nur wenige Elektronenparameter β_l^n wirklich gebraucht und eingeführt werden, so stellen nach wie vor die Gittergleichungen (2.56) die Hauptmasse der Gleichungen des vorliegenden Systems. Die Reduktion der Gittergleichungen ist demnach auch hier die vorherrschende Aufgabe. Da diese Reduktion aber vollständig unabhängig von der Art der rechts befindlichen Störkräfte ist, können wir die für den rein klassischen Fall entworfene Lösungsmethode ohne Änderung sofort auf unser System (2.56) übertragen. Eine einzige Bemerkung ist noch zum nachfolgenden Iterationsverfahren notwendig. Die zusätzlichen Gleichungen mit ihren Variablen β_l^n werden schrittweise eingeführt. Die Iteration beginnt mit der willkürlichen Wahl von $\beta_l^{n(0)}$. Einsetzen dieser nullten Näherung in die Gittergleichungen (2.56) und (2.55) macht diese wohldefiniert, und dem schon geschilderten Verfahren zugängig. Daraus folgen dann die $X_k^{n(0)}$ und die $X_\mu^{n(0)}$. Setzt man diese wieder in die Elektronenbedingungen (2.54) ein, so lassen sich daraus gewisse $\beta_l^{n(1)}$ berechnen. Der Prozeß wird nun weitergeführt, bis sich die gewonnenen Werte des n-ten Schritts innerhalb der Grenzen der Rechengenauigkeit nicht mehr vom vorangehenden Schritt unterscheiden.

§ 17. Umgebungsabhängige Zusatzpotentiale

Bei der expliziten quantenmechanischen Energieberechnung des Elektron-Gittersystems werden jene Elektronen, die sich in schwach gestörten Gitterbereichen befinden, durch Ersatzpotentiale eliminiert. Der damit entstehende Energieausdruck bildet eine Annäherung an den strengen quantenmechanischen Energieausdruck, welcher aus der Lösung des Vielelektronenproblems bei *variablen* Kernlagen hervorgeht, und natürlich für die praktische Rechnung nicht zur Verfügung steht. Es fehlt daher ein Vergleichskriterium für die Güte der Näherung. Immerhin kann man sich aber, von der anschaulichen Vorstellung eines Ionenkristalls ausgehend, die Frage vorlegen, ob z. B. die Verwendung von Ersatzpotentialen der Art (2.7) zur Beschreibung der nahezu idealen Teilbereiche des Kristalls ausreichend ist. Es leuchtet sofort ein, daß dies bei Wechselwirkungen der Art (2.7) nicht der Fall sein kann. Vielmehr muß man, was wir schon in § 7 erwähnt hatten, Zusatzpotentiale einführen, um ein „realistisches" Ersatzpotential und damit u. a. eine ausreichende Verkopplung der expliziten mit den kollektiven Elektronen zu erhalten. Zu diesen Zusatzpotentialen zählen vor allem jene Wechselwirkungen, die man mit dem Begriff der Elektronenpolarisation umfassen kann. Ihre Bedeutung macht man sich leicht klar, wenn man bedenkt, daß die zu (2.7) gehörigen Ersatzpotentiale ein Ion als punktförmiges Teilchen darstellen, während in Wirklichkeit das Ion aus einem ganzen Teilchenkomplex mit endlicher Ausdehnung und bestimmter Gestalt besteht. Das aber hat zur Folge, daß dieser Teilchenkomplex — die Elektronenhülle mit Atomkern — wie ein Vielteilchensystem auf Einflüsse aus der Umgebung insbesondere also auch auf den Einfluß der expliziten Elektronen reagiert, und ein von der Umgebung abhängiges Gesamtpotential besitzen muß. Dieser Effekt ist in den Potentialen von (2.7) nicht enthalten, da diese umgebungsunabhängige, reine Punktpotentiale sind, und keine Freiheitsgrade zur Beschreibung umgebungsabhängiger Wechselwirkungen besitzen. Die zu (2.7) gehörigen Punktpotentiale müssen also durch umgebungsabhängige Wechselwirkungen ergänzt werden, welche der Deformierbarkeit der Elektronenhülle Rechnung tragen. Da dieser Einfluß der Umgebung auf das Ion anschaulich wie die Polarisation einer geladenen Kugel beschrieben werden kann, bezeichnen wir die, allerdings viel komplizierteren, quantenmechanischen Vorgänge mit dem Sammelbegriff Elektronenpolarisation.

Die so als notwendig erkannten Ergänzungen von (2.7) kann man formal auch auf andere Weise ableiten: Nimmt man an, daß der strenge quantenmechanische Energieausdruck für den Kristall in Abhängigkeit von den Kernkoordinaten, aus einer Summe von Zweikörperwechselwirkungen, sowie aus den inneren Energien der Ionen besteht, so kann man die Zweikörperwechselwirkungen nach dem Ionenabstand (2.8) entwickeln. Ganz allgemein können in einer solchen Entwicklung dann sowohl skalare als auch tensorielle Wechselwirkungen zwischen den Ionen auftreten. Betrachtet man z. B. den für uns besonders wichtigen elektrischen Anteil, so besagt eine solche Entwicklung, daß neben den Monopolwechselwirkungen, auch Dipol-, Quadrupol- usw. Wechselwirkungen vorkommen können, die zusammengenommen dann die totale elektrische Wechselwirkungsenergie ergeben. Unter diesem Gesichtspunkt ist die Wechselwirkung (2.7) eine spezielle skalare Wechselwirkung unter Ausschluß aller tensoriellen Anteile. Fügt man zu (2.7) weitere skalare Wechselwirkungen hinzu, d. h. ergänzt die Punktpotentiale, so vervollständigt man im Sinne von § 7 die umgebungsunabhängigen Punktwechselwirkungen, wogegen die Einbeziehung tensorieller Wechselwirkungen auf umgebungsabhängige Terme führt. Das werden wir im einzelnen im nächsten Paragraphen sehen. Hier sei zunächst nur daran erinnert, daß die tensoriellen Wechselwirkungen mit der räumlichen Struktur des Teilchens zusammenhängen, bzw. aus ihr folgen, und daß eben wegen dieses Umstandes, die Umgebungsabhängigkeit dieser Struktur sich in tensoriellen Wechselwirkungen ausdrücken lassen muß.

Mathematisch führt die eben skizzierte Vervollständigungsmöglichkeit der Wechselwirkung (2.7) auf verschiedenartige Probleme: Während die Vervollständigung der skalaren Wechselwirkung keinen Einfluß auf die von uns verwendete Methode zur Berechnung der Elektron-Gitter-Gleichgewichtszustände ausübt — man setzt lediglich ein verändertes skalares Potential ein —, bedürfen die tensoriellen Wechselwirkungen gesonderter Betrachtungen. Diese wollen wir im folgenden durchführen. Wir beschränken uns hierbei auf die niedrigste tensorielle Wechselwirkung, die Dipolwechselwirkung. Bei ihr werden den punktförmigen Ionen noch elektrische Dipole überlagert. Diese entsprechen einer Polarisationsfähigkeit der Elektronenhülle mit Dipolcharakter, und bilden eine gute Annäherung an das quantenmechanische Verhalten der Ionen in schwach gestörten Gitterbereichen. Höhere Pole zu berücksichtigen, scheint für die klassische Rechnung nicht mehr besonders zweckmäßig. Vielmehr wird man in solchen Fällen besser sogleich mit der strengen quantenmechanischen Rechnung beginnen.

§ 18. Elektronisch polarisierbares Gitter

Will man im Sinne von § 17 die Elektronenpolarisation in schwach gestörten Bereichen, d. h. dort wo Ersatzpotentiale verwendet werden, durch klassische Dipole berücksichtigen, so hat man zunächst nichts weiter zu tun, als die potentielle Energie um die Dipolwirkungen zu ergänzen. Wir zerlegen diesen Vorgang in zwei Schritte: Zuerst betrachten wir einen ungestörten Kristall, dessen Gesamtenergie vollkommen klassisch mechanisch durch (2.16) beschrieben wird. D. h. alle Gitterionen werden durch Ersatzpotentiale dargestellt, die zur Wechselwirkung (2.7) führen. Kommen nun zu diesen Punktpotentialen noch Dipole an den einzelnen Ionen hinzu, so erhält man folgende zusätzliche Energieanteile:

1. Die Dipol-Monopolwechselwirkungen, d. h. die Wechselwirkung der Elektronendipole mit den starren Ionen;

2. die Dipol—Dipolwechselwirkung, d. h. die Wechselwirkung der Elektronendipole untereinander;

3. die innere Energie der Elektronendipole, die zu ihrer Erzeugung notwendig ist, d. h. atomistisch die Deformationsenergie der Elektronenhüllen.

Bezeichnen wir die Energie sämtlicher Elektronendipol-Monopolwechselwirkungen im Gitter mit P_m, die gesamte Wechselwirkungsenergie der Elektronendipole untereinander mit P_d und die Summe aller inneren Dipolenergien mit P_i, so entsteht als Gesamtenergie des klassisch beschriebenen, ungestörten Kristalls mit beweglichem Gitter der Ausdruck

$$P(X_k, m_j) \equiv P(X_k) + P_m + P_d + P_i. \tag{2.57}$$

Die Polarisationsenergien P_m, P_d und P_i sind dabei eindeutig bestimmte Funktionen der elektronischen Dipolmomente m_k, wenn wir unter m_k das Dipolmoment des k-ten Ions verstehen. Die Gesamtenergie ist daher nicht nur von sämtlichen X_k, sondern auch von sämtlichen m_k abhängig, was wir abkürzend durch $P(X_k, m_j)$ andeuten. In einem zweiten Schritt können wir nun vom ungestörten Kristall zu einem gestörten Kristall übergehen, indem wir nach dem Vorgang von § 8 bzw. § 16 im Kristall Teilchen vernichten und erzeugen, und dadurch eine Gitterstörung hervorrufen. Da hierbei auch explizite Elektronen eingeführt werden können, erhält man das gemischt klassisch-quantenmechanische Modell des Realkristalls, das in § 14 erläutert wurde, und alle möglichen Realkristallstrukturen zu erfassen gestattet. Die Einbeziehung der Elektronenpolarisation in dieses Modell liefert dann einen verallgemeinerten Ansatz, bei dem die Korrelation der kollektiven Elektronen an ihre Umgebung klassisch erfaßt wird. Bei der Erzeugung einer Störung im Rahmen dieses Modells muß man allerdings zusätzlich beachten, daß nun zufolge der Existenz von Dipolen, diese nicht nur an den regulären Gitterteilchen auftreten können, sondern auch an jenen Teilchen, die zum Aufbau der Störung verwendet, d. h. im Kristall erzeugt und vernichtet werden. Da jedoch nur komplexe Teilchen polarisierbar sind, können wir uns trotzdem allein auf die Erzeugung und Vernichtung *nicht*-polarisierbarer Teilchen beschränken, wenn wir nur alle komplexen Störteilchen in elementare Teilchen zerlegen. Das wollen wir im folgenden voraussetzen. Die zugehörigen Rechnungen werden dann besonders durchsichtig. Natürlich kann man auch polarisierbare Teilchen direkt erzeugen und vernichten. Die Rechnungen werden dann etwas umfangreicher, verlaufen aber im wesentlichen wie im Fall polarisationsloser Störteilchen, so daß wir auf die Erörterung dieser Möglichkeit verzichten.

Mathematisch wird die Erzeugung einer Störung im ungestörten Kristall durch einen Energiestöroperator beschrieben, welcher zur Kristallenergie des ungestörten Kristalls hinzugefügt wird, und die Wechselwirkungen der erzeugten und vernichteten Teilchen untereinander und mit ihrer Umgebung enthält. Diese Wechselwirkungen zerfallen in einen schon in § 16 erläuterten Anteil $Q_n(x_i, X_k, X_\mu)$, der sämtliche Punktwechselwirkungen in der Störung selbst und mit ihrer Umgebung enthält, wozu bei polarisierbarem Gitter noch ein Anteil der Wechselwirkung zwischen Störteilchen und den Elektronendipolen des ungestörten Kristalls hinzukommt. Die gesamte Störenergie wird dann

$$Q_n(x_i, X_k, X_\mu) + Q_n(x_i, X_\mu, m_k), \tag{2.58}$$

wobei der zweite Term die eben erwähnte zusätzliche Wechselwirkung der Störung mit der Gitterpolarisation beschreibt.

Der Hamilton-Operator des gestörten Kristalls nimmt dann die Gestalt an

$$H' \equiv H'_e + P(X_k, m_j) + Q_n(x_i, X_k, X_\mu) + Q_n(x_i, X_\mu, m_k), \tag{2.59}$$

wenn wir unter H'_e den Operator der kinetischen Energie der expliziten Elektronen verstehen. Geht man mit der Vergleichsfunktion (2.45) zum Energieerwartungswert von (2.59) über, so erhält man

$$U_n = H'_e(\beta_l^n) + P(X_k, m_j) + Q_n(\beta_l^n, X_k, X_\mu) + Q_n(\beta_l^n, X_\mu, m_k). \tag{2.60}$$

Der Gesamtenergiewert wird also eine Funktion der Variablen β_l^n, X_k und X_μ, wozu bei polarisierbarem Gitter auch noch die elektronischen Dipolmomente m_k hinzukommen. Zur Bestimmung eines Gesamtenergiewertes ist es daher nicht nur notwendig Gleichungen zur Berechnung der β_l^n, X_k und X_μ anzugeben, sondern man muß auch imstande sein, die m_k eindeutig festzulegen. Das geschieht, indem man den Begriff des umgebungsabhängigen Ersatzpotentials genauer analysiert. Hierzu hatten wir in § 17 zunächst gezeigt, daß die Umgebungsabhängigkeit mit der räumlichen Ausdehnung eines Ions zusammenhängen muß, und daß diese räumliche Ausdehnung andererseits mathematisch in Tensorpotentialen ausgedrückt werden kann. Was uns dagegen noch fehlt, ist das Gesetz nach dem die räumliche Struktur des Ions von eben dieser Umgebung abhängt. Ein solches Gesetz muß offensichtlich in der Definition des umgebungsabhängigen Ersatzpotentials mit enthalten sein, da das Ersatzpotential andernfalls nicht vollständig bestimmt wäre. Übertragen auf den Fall der Elektronendipole, muß also bekannt sein, auf welche Weise ein solcher Dipol von der Umgebung induziert wird. Da es sich beim Dipol um eine elektrische Größe handelt, können zunächst nur die elektrischen Felder der Umgebung auf ihn einen Einfluß ausüben, d. h. also das elektrische Feld des Realkristalls. Ganz allgemein setzt sich dieses Feld im Realkristall aus den Monopol- und Dipolfeldern der Ionen, sowie aus den Feldern der expliziten Elektronen und der Atomkerne der Störung zusammen. Es lautet an einem beliebigen Punkt $X \equiv X_a$ ($a =$ Aufpunkt)

$$\mathfrak{E}(X_a) \equiv \sum_j \frac{e_j \mathfrak{r}_{aj}}{r_{aj}^3} + \sum_j \left[\frac{-\mathfrak{m}_j}{r_{aj}^3} + \frac{3(\mathfrak{m}_j \mathfrak{r}_{aj}) \mathfrak{r}_{aj}}{r_{aj}^5}\right]$$
$$+ \sum_i \int |\psi_n'(x_1 \ldots x_\nu, \beta_l^n)|^2 \frac{e \mathfrak{r}_{ai}}{r_{ai}^3} d\tau, \qquad (2.61)$$

wobei in der ersten Summe über die Gitterfreiheitsgrade k des regulären Gitters *und* über die Störfreiheitsgrade μ summiert wird, in der zweiten Summe dagegen allein über die regulären Freiheitsgrade k, da wir dipolfreie Störteilchen vorausgesetzt haben. Im Integral schließlich ist die Summe über die Anzahl der expliziten Elektronen auszuführen. Es stellt das elektrische Feld einer aus ν expliziten Elektronen resultierenden statistischen Ladungswolke $|\psi_n|^2$ dar, wobei die Abstandsdefinition (2.8) diesmal auf den Aufpunkt X_a und den Elektronenortsvektor x_i bezogen sei.

Das lokale Feld im Realkristall, welches auf das k-te Ion an der Stelle X_k wirkt, entsteht nun dadurch, daß man aus (2.61) das Eigenfeld des k-ten-Ions wegläßt, und X_a gleich X_k setzt, d. h. den Aufpunkt an die Stelle des k-ten Ions rückt. Wir nennen dieses Feld dann $\mathfrak{E}_k(X_k)$. Genau dieses Feld beeinflußt nun den elektronischen Dipol m_k des k-ten Ions. Das einfachste Polarisationsgesetz, das diesen Einfluß quantitativ erfaßt, besteht in der wohlbekannten Proportionalität zwischen Feldstärke und Dipolmoment

$$\mathfrak{m}_k = \alpha_k \, \mathfrak{E}_k(X_k). \qquad (2.62)$$

In diesem Gesetz ist α_k die sog. Polarisierbarkeit des Ions, und hängt von seinem atomistischen Aufbau ab.

(2.62) ist nun eine sehr einfache und spezielle Formel. Sie zeichnet sich nicht nur darin aus, daß der Zusammenhang zwischen Polarisation und Umgebungswirkung linear ist, sondern auch durch den Umstand, daß zufolge (2.61) das elektronische Dipolmoment nur vom Mittelwert der Ladungsverteilung der expliziten Elektronen abhängig ist. Diese Einschränkungen sind jedoch nicht durch die allgemeine Theorie bedingt, sondern durch die Tatsache, daß es schwierig ist, die Umgebungsabhängigkeit durch ein detailierteres Gesetz zu beschreiben. Immerhin kann man die Beziehung (2.62) in der verschiedenartigsten Weise auflockern und verallgemeinern. Z. B. kann man, wie das von M. WAGNER [*20*] durchgeführt wurde, die Elektronendipole und damit die kollektiven Elektronen direkt mit der Bewegung der expliziten Elektronen korrelieren. Eine solche Rechnung erfordert dann ein modifiziertes Polarisationsgesetz, weil beim Eindringen der expliziten Elektronen in die kollektive Elektronenhülle des betrachteten Ions bestimmt die Proportionalität des wirkenden Feldes mit dem resultierenden Dipolmoment verloren geht. Auf all diese Probleme der Erweiterung des Polarisationsgesetzes wollen wir hier jedoch nicht eingehen. In unserem Zusammenhang ist vielmehr allein die Tatsache von Bedeutung, daß zufolge des Polarisationsgesetzes (2.62) oder eines beliebigen anderen an seine Stelle tretenden Gesetzes, genau soviele Gleichungen zu den Bestimmungsgleichungen für die β_l^n, X_k und X_μ hinzukommen, wie neue Unbekannte m_k eingeführt wurden. Die Variation von (2.60) nach den β_l^n, X_k und X_μ gestattet also zusammen mit (2.62) eine eindeutige Bestimmung sämtlicher im Energieausdruck (2.60) auftretender Variablen, so daß auch mit Einschluß der Elektronenpolarisation der minimale Energiewert eindeutig festgelegt werden kann. Da unser bisheriges Verfahren darauf angelegt ist, die Gleichungen für die β_l^n, X_k und X_μ zu lösen, bezeichnen wir die zusätzlichen Gln. (2.62) zur Bestimmung der Variablen m_k als *Nebenbedingungen.* Diese Nebenbedingungen sind zufolge der Relation (2.61) mit den Variablen des eigentlichen Gleichungssystems verknüpft, und umgekehrt hängt das Gleichungssystem von den m_k ab. Das eigentliche Gleichungssystem und die Nebenbedingungen können demnach nur simultan gelöst werden. Das geschieht, indem man die Nebenbedingungen explizit berücksichtigt, und das für sämtliche Variablen bestehende Gleichungssystem löst. R. FUCHS[55] hat dies mit Erfolg versucht. Da wir aber bei eindimensionalen Störungen die Elektronenpolarisation quantenmechanisch behandeln werden, verzichten wir hier auf die ausführliche klassisch-atomistische Untersuchung, und geben eine Methode an, bei der die Elektronenpolarisation durch phänomenologische Betrachtungen vereinfacht werden kann. Diese phänomenolo-

---

[55] R. FUCHS: Unveröffentlicht, persönliche Mitteilung.

gische Behandlung beruht auf der Möglichkeit, den elektronischen Polarisationseffekt des idealen Gitters durch eine Abschirmungskonstante zu charakterisieren, was neuerdings streng quantenmechanisch von W. KOHN[56] nachgewiesen wurde. Das soll im nächsten Paragraphen in allen Einzelheiten studiert werden.

§ 19. Phänomenologische Abschirmungsrechnung

Wie schon in § 18 erwähnt wurde, wollen wir uns nur mit einer abgekürzten Art der Berücksichtigung der Elektronenpolarisation auseinandersetzen, nämlich mit der phänomenologischen Abschirmung. Diese läßt sich nur im Rahmen der klassischen Elektrostatik definieren. Wir werden daher den Realkristall mit Elektronenpolarisation durch ein Modell beschreiben müssen, auf das die Begriffe der Elektrostatik und ihre Methoden anwendbar sind. Andererseits darf ein solches Modell sich aber auch nicht von dem grundlegenden Ansatz im vorangehenden Paragraphen entfernen, wenn die damit durchgeführten Rechnungen für unsere Zwecke einen Sinn haben sollten. Um diesen beiden Forderungen zu genügen, werden wir daher zunächst von unserem ursprünglichen Ansatz für den Realkristall mit Elektronenpolarisation in § 18 ausgehen, und danach durch geeignete Interpretation dieses Modells das elektrostatische Modell gewinnen müssen. Das gelingt auf folgende Weise: Die ursprünglich mit den Kristallionen des ungestörten Gitters verknüpfte Elektronenpolarisation wird gedanklich von diesen Ionen gelöst, und als unabhängiges elektronisches *Dipolmedium* betrachtet. Das kann man formal ohne weiteres tun, da in der mathematischen Beschreibung außer dem Polarisationsgesetz (2.60) nichts auf die räumliche und physikalische Verknüpfung der Monopole und Dipole hinweist. Der elektronisch polarisierbare ungestörte Kristall kann dann durch einen Kristall mit nichtpolarisierbaren Ionen beschrieben werden, welcher in ein solches elektronisches Dipolmedium „eingetaucht“ ist. Da bei der Erzeugung des Realkristalls nur polarisationslose Teilchen entfernt oder eingesetzt zu werden brauchen, ändert sich also beim Übergang vom ungestörten Kristall zum gestörten Kristall im Bereich des Dipolmediums gar nichts. Demnach kann auch der elektronisch polarisierbare Realkristall dadurch beschrieben werden, daß man einen Realkristall mit nichtpolarisierbaren Teilchen in das Dipolmedium eintaucht. Man kann also den Polarisationsfall dadurch behandeln, daß man bei einem polarisationslosen Realkristall an Stelle des Vakuums ein Dielektrikum einführt, und über die elektrischen Wechselwirkungen in diesem Modell alle jene Aussagen macht, die von der Elektrostatik her geläufig sind. Natürlich hat dieses

[56] W. KOHN: Phys. Rev. **110**, 857 (1958).

Modell seine Grenzen, weil es die Mikrostruktur der Polarisation verwischt, und überall dort, wo diese entscheidend wird, versagen muß. Diesem Mangel kann man aber durch atomistische Zusatzbetrachtungen und die Einführung expliziter Elektronen teilweise beheben, so daß wir annehmen können, daß das Modell in erster Näherung das Verhalten des Kristalls realistisch beschreibt.

Zur mathematischen Formulierung dieses Vorgehens, müssen wir zunächst die gesamte Energie des nichtpolarisierbaren Realkristalls in einen elektrischen und einen „mechanischen" Anteil zerlegen. Die Anführungszeichen verwenden wir hier deshalb, weil dieser mechanische Anteil streng genommen nur teilweise aus rein mechanischen Energien besteht, wie z. B. die kinetischen Energien. Andere mechanische Energien, wie z. B. die innere Energie von Dipolen usw. letztlich jedoch auf elektrischen Wechselwirkungen beruhen. Im Unterschied zu den eigentlichen weitreichenden elektrischen Wechselwirkungen sind dies aber solche, die sich allein in der Hülle abspielen, und nicht nach außen wirksam werden. Diese Wechselwirkungen ergeben demnach scheinbar unelektrische Potentiale, d. h. sie sind also mechanisch. Im polarisationsfreien Kristall sind das zusammen mit den kinetischen Energien die abstoßenden Ionenwechselwirkungen. Nimmt man also die erwähnte Zerlegung vor, so kann man für die Gesamtenergie (2.51) des nichtpolarisierbaren Realkristalls schreiben

$$U_n(\beta_l^n, X_k, X_\mu) = U_n^e + U_n^m, \tag{2.63}$$

wobei der Index e den elektrischen Anteil, und der Index m den mechanischen Anteil kennzeichnen soll. Im einzelnen erhält man dafür

$$U_n^e = P^e(X_k) + Q_n^e(\beta_l^n, X_k, X_\eta) \tag{2.64}$$

und

$$U_n^m = H_e'(\beta_l^n) + P^m(X_k) + Q_n^m(X_k, X_\mu). \tag{2.65}$$

Die Indizes e und m unterscheiden dabei die elektrischen und mechanischen Anteile von $P(X_k)$ und von Q_n. Der mechanische Anteil von Q_n enthält β_l^n nicht, da die Elektronen nur elektrische Wechselwirkungen aufweisen.

Setzt man nun diesen nichtpolarisierbaren Kristall entsprechend der Forderung unseres Modells in ein elektronisch polarisierbares Medium ein, so bewirkt dies nach der Elektrostatik, daß die elektrische Vakuumsenergie des Systems, hier also des Kristalls, auf den $1/\varepsilon$-ten Teil reduziert wird. Für das elektronische Dipolmedium wird ε gleich dem optischen Brechungsindex n^2. Bei Berücksichtigung der atomistischen Struktur des Dipolmediums ist diese Aussage nicht mehr streng richtig. Für gewisse hochsymmetrische Ladungsverteilungen gilt sie nicht mehr. Z. B. wird die Ladungsanordnung des Idealkristalls überhaupt nicht abgeschirmt, und damit bleibt beim Einsetzen in das Dipolmedium die elektrische Energie $P^e(X_k^0)$ des Idealkristalls ungeändert. Abgeschirmt werden nur jene elektrischen Energieanteile des ungestörten Kristalls, die vom Idealkristall, d. h. dem ungestörten Kristall in seinen Ruhelagen, abweichen. Beachtet man dies, so erhält man für die elektrische Energie des nichtpolarisierbaren Kristalls im Dipolmedium den Ausdruck

$$U_n^{ep} = P^e(X_k^0) + \frac{1}{n^2}\left[P^e(X_k) - P^e(X_k^0) + Q_n^e(\beta_l^n, X_k, X_\mu)\right]. \quad (2.66)$$

Dies ist die gesamte elektrische Energie des Modells überhaupt, da die innere Energie des Dipolmediums „mechanisch" ist. Zufolge der Gleichheit dieses Modells mit demjenigen eines polarisierbaren Kristalls, muß (2.64) also näherungsweise (nämlich innerhalb der Gültigkeitsgrenzen der Abschirmungsrechnung) gleich der atomistisch elektrischen Energie eines polarisierbaren Realkristalls sein. Zerlegt man dessen atomistisch geschriebene Energieformel (2.60) in einen elektrischen und einen „mechanischen" Anteil

$$U_n(\beta_l^n, X_k, X_\mu, m_j) = \overline{U}_n^e + \overline{U}_n^m, \quad (2.67)$$

so erhält der elektrische Anteil zufolge (2.60), (2.58) und (2.57) die Terme

$$\overline{U}_n^e = P^e(X_k) + Q_n^e(\beta_l^n, X_k, X_\mu) + Q_n^e(\beta_l^n, X_\mu, m_k) + P_m + P_d, \quad (2.68)$$

und der mechanische Anteil wird zu

$$\overline{U}_n^m = H_e(\beta_l^n) + P^m(X_k) + Q_n^m(X_k, X_\mu) + P_i. \quad (2.69)$$

In ihm tritt also die innere Energie P_i der Dipole auf. Wegen der Gleichheit von (2.68) und (2.66), d. h. von U_n^{ep} und $\overline{U}_n^e$ folgt unmittelbar, daß (2.67) übergehen muß in

$$U_n = H_e'(\beta_l^n) + \overline{P}\,(X_k) + Q_n^m(X_k, X_\mu) + \frac{1}{n^2} Q_n^e(\beta_l^n, X_k, X_\mu) + P_i, \quad (2.70)$$

wenn man die Gitterenergie $\overline{P}(X_k)$ durch den Ausdruck definiert

$$\overline{P}(X_k) = P^m(X_k) + P^e(X_k^0) + \frac{1}{n^2}\left[P^e(X_k) - P^e(X_k^0)\right]. \quad (2.71)$$

Hiermit sind wir fast am Ziel. Der Energieoperator (2.70) nimmt nämlich dann die konventionelle Form des § 16 an, wenn man noch die innere Energie des Dipolmediums durch Kenngrößen des nichtpolarisierbaren Kristalls und Abschirmungszahlen ausdrücken kann. Das ist aber leicht möglich, wenn man bedenkt, daß das Feld des nichtpolarisierbaren Kristalls beim Einsetzen in das Dipolmedium auf den $1/n^2$-fachen Anteil abgeschirmt wird. Von dieser Abschirmung wird wiederum der Anteil des Idealfeldes, d. h. des Feldes des Idealkristalls *nicht* betroffen. Doch brauchen wir hier keine Zerlegung, da sich der Idealanteil automatisch aus dem Feldausdruck heraushebt. (2.62) geht daher in das Polarisationsgesetz über

$$\mathfrak{m}_k = \alpha_k \frac{1}{n^2}\left[\sum_j{}' \frac{e_j \mathfrak{r}_{kj}}{r_{kj}^3} + \sum_i \int |\psi_n'(x_i \ldots x_\nu, \beta_l^n)|^2 \frac{e\,\mathfrak{r}_{ik}}{r_{ik}^3} d\tau\right]. \tag{2.72}$$

Der Strich an der Summe bedeutet hierbei, daß bei der Summation der Index k ausgelassen werden soll, d. h., daß ein lokales Feld gebildet werden soll. Zufolge (2.72) wird die innere Energie des Dipolfeldes

$$P_i \equiv \sum_j \frac{1}{2\alpha_j} m_j^2 \tag{2.73}$$

dann eine Funktion der β_l^n, X_k und X_μ allein. $P_i \equiv P(\beta_l^n, X_k, X_\mu)$. Damit sind sämtliche Ausdrücke in (2.70) durch Kenngrößen des nichtpolarisierbaren Kristalls und durch Abschirmungskonstanten ausgedrückt, und wir haben das Problem des polarisierbaren Realkristalls durch die Abschirmungsrechnung auf jenes eines nichtpolarisierbaren Kristalls reduziert. Die Minimalforderung an die Gesamtenergie ergibt dann die Gleichungen

$$\frac{\partial}{\partial X_k} \overline{P}(X_k) = -\frac{\partial}{\partial X_k}\left[Q_n^m + \frac{1}{n^2} Q_n^e + P_i\right] \tag{2.74}$$

für das Gitter, sowie

$$\frac{\partial}{\partial X_\mu}\left[Q_n^m + \frac{1}{n^2} Q_n^e + P_i\right] = 0 \tag{2.75}$$

und

$$\frac{\partial}{\partial \beta_l^n}\left[H_e' + \frac{1}{n^2} Q_n^e + P_i\right] = 0 \tag{2.76}$$

für die Störung. Mit den Gln. (2.74) bis (2.76) haben wir wieder genau die Form der gekoppelten Elektron-Gittergleichungen des § 16 erreicht. Diesmal aber ist die Elektronenpolarisation mit eingeschlossen, was sich durch die veränderten Störkräfte und den veränderten Gitterenergieausdruck $\overline{P}(X_k)$ bemerkbar macht. An der Methode zur Lösung ändert dies jedoch nichts. Der einzige Unterschied gegenüber dem polarisationslosen Fall besteht, abgesehen von den veränderten Störkräften, darin, daß bei der Berechnung der Einzelkraft nach § 9 bis § 11 an Stelle von $P(X_k)$ der neue Ausdruck $\overline{P}(X_k)$ verwendet werden muß. Es ergeben sich dann gegenüber dem polarisationslosen Fall andere Entwicklungskoeffizienten α_σ für die Reihe der Fundamentalintegrale und der nachfolgenden Funktionen. Die Rechnungen wurden für Einzelkräfte in KCl von H. Gross und F. Wahl [7] sowohl für den polarisationsfreien, als auch für den Polarisationsfall durchgeführt. Es zeigte sich, daß die zugehörigen Einzelkräfte sogar mit Hilfe einer einzigen Konstanten aufeinander abgebildet werden können. Wir wollen darauf nicht weiter eingehen, sondern nur feststellen, daß wir das Problem der Elektronenpolarisation bei nulldimensionalen Störungen in phänomenologischer Behandlung als gelöst betrachten können.

§ 20. Symmetrieforderungen

Die Untersuchungen über die statische Elektron-Gitter-Kopplung erlauben prinzipiell und praktisch nicht nur die Berechnung des Realkristallgrundzustandes, sondern auch solcher Energieniveaus, die angeregten Elektronenzuständen bei der Gittertemperatur $T = 0$ entsprechen, d. h. es ist bei den bisherigen Rechnungen nur noch ausgeschlossen, daß Energie in Form von Gitterschwingungen im Kristall enthalten sein kann. Jedoch beteiligt sich das Gitter statisch an der Suche nach dem Zustand minimaler Energie des Gesamtkristalls, was durch die vom Elektronenzustand abhängigen Gitterruhelagen X_k^n symbolisiert wird. Man hat ein bewegliches mit den Elektronen reagierendes Gitter, das auf jede Elektronenanregung mit einer Reflexbewegung antwortet. Das bindende System der Gitterionen wird also durch die Rückwirkung der gebundenen Elektronen verändert.

Gerade diesen Gesichtspunkt haben wir bei den vorangehenden Erörterungen besonders beachtet. Jedoch ist die Gitterreaktion nur *eine* Konsequenz der Elektronenanregung, und es bedürfen daher auch die Elektronenzustände als die eigentliche Ursache zur Ausbildung des Gesamtkristallzustandes einer besonderen Erläuterung. Da mit Ausnahme des Ansatzes (2.45) für die elektronische Wellenfunktion ψ_n alle Stufen der statischen Theorie ausgearbeitet und damit fixiert sind, kann die Erläuterung sich nur auf das einzige offengebliebene Problem beziehen: Die Wahl des Funktionensystems ψ_l für die Entwicklung (2.45). Hierbei genügt es nicht, wie schon in § 15 bemerkt, ein vollständiges System beliebiger Funktionen zu verwenden, sondern das System muß außerdem dem Problem *angepaßt* sein. Da es sich bei dem Funktionensystem um eine Menge mathematischer Objekte handelt, ist die zweite Forderung nur dann sinnvoll, wenn sie sich in mathematischer Form ausdrücken läßt. Dies gelingt in einfacher Weise. Wir erinnern dazu an die anfängliche Definition eines Kristalls bzw. Realkristalls in Kap. I. Dort hatten wir den Kristall als ein quantenmechanisches System von miteinander in Wechselwirkung stehenden Atomkernen und Elektronen definiert. Diese Definition ist aber nicht vollständig. Die genaue Definition eines Kristalls beinhaltet, daß man nicht nur eine Anzahl sich beliebig im Raum bewegender Atomkerne und Elektronen vorgibt, sondern a priori eine Vorstellung über die räumliche Anordnung, insbesondere der den Kristall geometrisch konstituierenden Atomkerne, festlegt. Es handelt sich also um eine Beschränkung, die dem Vielteilchenproblem der Elektronen und Atomkerne *zusätzlich* auferlegt wird. Diese Beschränkungen werden geometrisch durch Symmetrieforderungen ausgedrückt. Algebraisch korrespondieren den Symmetrieforderungen Symmetrieoperatoren. Das System muß dann gegenüber den geforderten Symmetrieoperationen invariant sein. In der Wellenmechanik führt das auf die Vertauschbarkeit des Kristall-HAMILTON-Operators mit den Symmetrieoperatoren. Seien die Symmetrieoperatoren mit O_s bezeichnet ($s = 1, 2, \ldots$), so muß gelten

$$O_s H^k = H^k O_s. \tag{2.77}$$

Daraus folgt unmittelbar, daß die Eigenfunktionen von H^k zugleich Eigenfunktionen der O_s sein müssen. Diese Folgerung nützt uns insofern nichts, als wir zufolge der adiabatischen Kopplung nicht die Eigenfunktionen des Gesamtkristalls bestimmen, sondern die Eigenfunktionen der adiabatisch gekoppelten Teilsysteme. Jedoch kann man aus (2.77) auch darüber unmittelbar eine Aussage herleiten. Da es sich bei den O_s um Operatoren für diskrete Koordinatentransformationen handelt, müssen sie einzeln mit H_e, H_k und $V(x_i, X_k)$ vertauschbar sein. Daraus folgt aber weiter, daß die Operatoren O_s auch mit den HAMILTON-Operatoren der Teilsysteme der Elektronen (1.7) und des Gitters (1.8) einzeln vertauschbar sind, und demnach nicht nur die Eigenfunktionen des Gesamtkristalls, sondern auch die Eigenfunktionen der Teilsysteme (1.7) und (1.8) simultan Eigenfunktionen der O_s sein müssen. D. h.

$$O_s \psi_n = o_s^n \psi_n \tag{2.78}$$

und

$$O_s \varphi_m^n = o_s^{nm} \varphi_m^n. \tag{2.79}$$

Die Symmetrieforderungen sind dabei je nach der in den Kristall eingesetzten Störung und der Art des Grundgitters verschieden, so daß wir keine weitergehenden allgemeinen Aussagen machen können. Es genügt jedoch die Feststellung, daß (2.78) und (2.79) Eigenwertgleichungen sind, die zusätzlich von den Wellenfunktionen der adiabatischen Näherung erfüllt werden müssen, und in denen sich die geometrische Struktur einer Störung widerspiegelt. Wollen wir daher die Funktion ψ_n in eine Reihe (2.45) entwickeln, oder allgemeiner in einem Variationsansatz durch eine Vergleichsfunktion darstellen, so muß von der Reihe bzw. der Vergleichsfunktion neben der Minimalisierung der Energie, auch die Erfüllung von (2.78) gefordert werden. Hieran knüpfen wir die Definition eines angepaßten Funktionensystems: Wir nennen ein Funktionensystem zur Entwicklung von ψ_n bzw. zur Darstellung von Vergleichsfunktionen dann ein angepaßtes System, wenn die Funktionen dieses Systems von vornherein einzeln die geometrischen Nebenbedingungen (2.78) erfüllen.

Da es sich bei den O_s im allgemeinen um einfache Operatoren handelt, scheint es, als ob diese Forderung keine besondere Bedeutung hätte. Das trifft aber nicht zu. Wie gruppentheoretische Betrachtungen zeigen, ist gerade der Einfluß der Symmetrieoperatoren außerordentlich groß. Von ihnen hängt die Struktur und die Multiplizität des Spektrums wesentlich ab. Der Hamilton-Operator selbst dagegen hat hauptsächlich die Aufgabe, die Absolutwerte des Spektrums festzulegen. Man sieht, daß auf diese Weise ein wichtiger Schritt zur Berechnung der Wellenfunktionen ψ_n schon ausgeführt ist. Die nachfolgende exakte Energieberechnung durch eine Reihenbildung (2.45) oder die Verwendung von Vergleichsfunktionen, ändert die Struktur des Spektrums nicht, sondern gestattet nur noch die Absolutwerte der Energie für das betreffende Problem zu bestimmen.

Da die zu den Gln. (2.78) und (2.79) gehörigen gruppentheoretischen Betrachtungen wohlbekannt sind, diskutieren wir im folgenden nicht in allen Einzelheiten die Konsequenzen dieser Gleichungen für den Aufbau vollständiger Funktionensysteme und die Gestalt des Spektrums, sondern setzen bei allen Fragen, die mit der Wahl von Wellenfunktionen verknüpft sind, stillschweigend voraus, daß die Forderungen (2.78) und (2.79) für den speziellen Fall erfüllt werden.

§ 21. Der Gitterstörungsoperator

In unserer gesamten Darstellung wird der Kristall als ein quantenmechanisches System von Elektronen und Atomkernen definiert. Da die mit der Masse und Ladung dieser Teilchen verbundenen Eigenenergien im vorliegenden Fall nicht wesentlich in die Theorie eingehen, treten im quantenmechanischen System des Kristalls, abgesehen von den Trägheitskräften, nur die *Wechselwirkungen* der Teilchen in Erscheinung. Diese werden mathematisch durch potentielle Wechselwirkungsenergien beschrieben. Speziell bei den nulldimensionalen Störungen hatten wir dabei den Realkristall in zwei Teilsysteme zerspalten, einen idealen Kristall und eine Störkonfiguration, und aus diesen beiden Teilsystemen den Realkristall durch Überlagerung zusammengesetzt. Nachdem wir uns in § 7 und § 18 ausführlich mit der expliziten mathematischen Form der Wechselwirkungen im idealen Kristall befaßt haben, bleibt noch die Erörterung des dem idealen Kristall überlagerten Störsystems Q_n übrig. Obwohl wir bisher nicht gezwungen waren, die explizite Form von Q_n zu verwenden, ist ihre Angabe nicht nur für die spezielle Rechnung notwendig, sondern vor allem auch aus prinzipiellen Gründen. Da in die Wechselwirkungsenergie die Teilcheneigenschaften eingehen, und diese sowohl für den Aufbau des Kristalls, als auch für die Reaktionen des Kristalls mit seiner Umgebung wesentlich sind, erfährt man aus der expliziten Form von Q_n auf welche Weise die Umgebung mit dem Kristall in Wechselwirkung treten kann. Nehmen wir der Einfachheit halber an, daß es sich um einen Kristall mit nicht polarisierbaren und spinlosen Ionen handelt, so treten im Störoperator Q_n die Ionenwechselwirkungen mit starren Ersatzpotentialen, und die Elektronenwechselwirkungen auf. Nachdem die Ionenwechselwirkungen im Zusammenhang mit dem idealen Kristall bereits explizit angegeben wurden, verbleiben nur die Elektronenwechselwirkungen. Diese beschränken sich auf elektrische und magnetische Kräfte, mit denen die Elektronen untereinander, sowie mit den Ionen des Realgitters in Wechselwirkung treten. Die Kräfte können dabei nur näherungsweise angegeben werden, da weder für die elektrischen, noch für die magnetischen Kräfte eine exakte korpuskulare Mehrteilchentheorie existiert. Abgesehen von der Masse werden die Elektronenwechselwirkungen durch die elektrische Ladung und durch ein magnetisches Moment, den Spin, charakterisiert. Während aber die mit der Ladung verknüpften Wechselwirkungen in den COULOMB-Potentialen eine einfache Darstellung gestatten, führen die magnetischen Kräfte zufolge der Vektornatur des magnetischen Moments auf Dipolwechselwirkungen. Diese werden noch zusätzlich durch den Umstand kompliziert, daß neben dem eingeprägten magnetischen Moment, auch die Bewegung des geladenen Teilchens selbst einen magnetischen Vektor, das Bahnmoment, hervorruft, der nun mit dem Spin des gleichen Teilchens, sowie natürlich auch den Spin- und Bahnmomenten anderer Teilchen in Wechselwirkung tritt. Die Darstellung der Wechselwirkung geladener Teilchen mit magnetischen Momenten wurde bereits im Anfangsstadium der Quantenmechanik ausführlich diskutiert. Überträgt man die nach C. G. DARWIN[57], W. HEISENBERG[58], H. A. KRAMERS[59] angegebene nichtrelativistische Formulierung auf unseren Fall, so nimmt der Operator Q_n die Gestalt an

$$
\begin{aligned}
Q_n(x_i, X_k, X_\mu) = {} & \sum_{i,h} \frac{e_i e_h}{r_{ih}} + \sum_{i,k} \frac{e_i e_k}{r_{ik}} + \sum_{i,\mu} \frac{e_i e_\mu}{r_{i\mu}} \\
& - \sum_{i,h} \frac{e_i e_h}{2m^2 c^2} \left[\frac{\mathfrak{p}_i \mathfrak{p}_h}{r_{ih}} + \frac{\mathfrak{p}_i \mathfrak{r}_{ih} \mathfrak{p}_h \mathfrak{r}_{ih}}{r_{ih}^3}\right] + \sum_{i,k} \frac{e_i e_k}{2m^2 c^2} \mathfrak{s}_i \cdot \left[\frac{\mathfrak{r}_{ik}}{r_{ik}^3} \times \mathfrak{p}_i\right] \\
& + \sum_{i,\mu} \frac{e_i e_\mu}{2m^2 c^2} \mathfrak{s}_i \cdot \left[\frac{\mathfrak{r}_{i\mu}}{r_{i\mu}^3} \times \mathfrak{p}_i\right] + \sum_{i,h} \frac{e_i e_h}{m^2 c^2} \frac{1}{r_{ih}^3} \mathfrak{s}_i \cdot [(\mathfrak{p}_h - \mathfrak{p}_i/2) \times \mathfrak{r}_{ih}] \\
& + \sum_{i,h} \frac{e_i e_h}{2m^2 c^2} \frac{1}{r_{ih}^5} [r_{ih}^2 \mathfrak{s}_i \cdot \mathfrak{s}_h - 3(\mathfrak{r}_{ih} \cdot \mathfrak{s}_i)(\mathfrak{r}_{ih} \cdot \mathfrak{s}_h)] + f(X_k, X_\mu).
\end{aligned}
\tag{2.80}
$$

Hierbei wurden, wie schon erwähnt, die Gitterionen als unpolarisierbar und spinlos vorausgesetzt, um nicht noch weitere Glieder in die Darstellung aufnehmen zu müssen. Die s_i sind die Spinkoordinaten der Elektronen, und die r_{ih} werden nach (2.8) definiert, wobei hier auch die Elektronenkoordinaten entsprechend den Indizes in (2.8) eingesetzt werden müssen. In der hier aufgeführten potentiellen Energie bedeutet

---

[57] C. G. DARWIN: Phil. Mag. **39**, 537 (1929).

[58] W. HEISENBERG: Z. f. Phys. **39**, 499 (1926).

[59] H. A. KRAMERS: Quantum mechanics. Amsterdam: North Holland Publ. comp. 1957.

die erste Summe die elektrostatische Wechselwirkungsenergie der Elektronen untereinander. Dann folgen der Reihe nach die Elektron-Gitter-Wechselwirkung, die magnetische Bahn-Bahn-Wechselwirkung mit den p_i als Elektronen-Impulsoperatoren, die Spin-Bahn-Wechselwirkung mit der eigenen und mit den anderen Teilchenbahnen, und schließlich die Spin-Spin-Wechselwirkungen. Damit hat man alle wesentlichen Wechselwirkungen im nichtrelativistischen Bereich berücksichtigt. Jedoch sind die aufgeführten Wechselwirkungen nicht alle gleichwertig. Es gibt auch im nichtrelativistischen Bereich noch eine *relativistische Rangordnung* durch eine Potenzreihenentwicklung nach $1/c$. Als eine solche Potenzentwicklung muß man auch die Wechselwirkungen des Operators (2.80) auffassen. Die Glieder nullter Ordnung, und damit die stärksten Wechselwirkungen, werden durch die elektrostatischen Kräfte hervorgerufen. Ihnen folgen die Glieder erster Ordnung, die von den magnetischen Kräften herrühren. Aus dieser Randordnung erkennt man, daß für die Stabilität des Kristalls die elektrischen Kräfte verantwortlich sein müssen, wogegen die magnetischen Kräfte eine Verfeinerung des energetischen Aufbaues bewirken. Tatsächlich ist der Kristall bei rein elektrischen Kräften bereits stabil, und diese bestimmen im Verein mit den schon behandelten Symmetrien die Struktur des Gesamtspektrums. Für die Feinstruktur hingegen sind die magnetischen Kräfte wesentlich, Diese Rangordnung der Kräfte legt nahe zunächst nur die nullte Näherung der relativistischen Potenzentwicklung von (2.80) zu verwenden, und nur in jenen Fällen, in denen es durch die Art der experimentellen Anordnung um die Feinstruktur geht, auch die erste Näherung heranzuziehen. Höhere Näherungen benötigt man im allgemeinen nicht.

Einer besonderen Erläuterung bedürfen die in (2.80) auftretenden Spinfreiheitsgrade. Diese behandelt man auch in der Schrödinger-Darstellung gewöhnlich mit Matrizen. Wir halten diesen Weg weder für mathematisch konsequent, noch praktisch günstig. Eine der Schrödinger-Darstellung angepaßte Beschreibung des Spins muß in der Verwendung von *Spineigenfunktionen* bestehen. Da diese Art der Spinbeschreibung bei H. A. Kramers[59] sehr ausführlich und klar durchgeführt wurde, begnügen wir uns mit dem Literaturzitat.

Kapitel III

Elektron-Gitter-Statik eindimensionaler Störungen

§ 22. Eindimensionale Störungen

Die im vorangehenden Kapitel abgeleitete Methode zur Berechnung der Gitterkonfiguration von nulldimensionalen Störungen (und damit auch ihrer Bildungsenergien) läßt sich nicht ohne weiteres auf die zweite

Art von Defekten in Realkristallen, die eindimensionalen Gitterstörungen anwenden. Das hatten wir schon in § 8 betont.

Um zu begründen, daß die eindimensionalen Störungen eine Erweiterung des bisherigen Verfahrens erzwingen, gehen wir wie im nulldimensionalen Fall von der Erzeugung der Störkonfigurationen im idealen Gitter aus. Da für die eindimensionalen Störungen kein atomistischer Erzeugungsoperator unmittelbar evident ist, erinnern wir zunächst an die elastizitätstheoretische Erzeugungsmethode dieser Gitterfehler. Diese besteht in einer gegenseitigen Verzerrung einzelner Kristallteile eines Idealkristalls, die solange fortgesetzt wird, bis man einen neuen Gleichgewichtszustand erreicht. Ein solcher Gleichgewichtszustand wird überhaupt nur möglich, wenn man im Kristall Schnittflächen einführt, und längs deren die Stetigkeit der Verschiebungen unterbricht. Das Verschiebungsfeld erleidet dann längs dieser Schnitte einen Sprung, der nach dem Wiederzusammenfügen des Gitters zwischen den beiden ehemaligen Schnittflächen erhalten bleibt. Trotz dieser Schnitte ist der Bereich starker Störung der idealen Kristallstruktur im wesentlichen auf einen Kern längs einer Linie, der Versetzungslinie, beschränkt, da in weiterer Entfernung von ihm die Verschiebungen des Gitters plastisch sein müssen, d. h. auf die ideale Struktur zurückführen. Ohne einen Anteil der plastischen Deformation an der Gesamtverzerrung wäre ein neuer Gleichgewichtszustand unmöglich.

Man erkennt, daß die Erzeugung von nulldimensionalen und eindimensionalen Störungen deshalb ganz verschiedene Mittel erfordert. Während im nulldimensionalen Fall eine Störkonfiguration in das Gitter eingesetzt wird, und damit oftmals auch Veränderungen der Teilchenzahlen notwendig werden, entstehen die eindimensionalen Störungen durch Verschiebungen von Kristallteilchen eines Idealkristalls in einen neuen Gleichgewichtszustand. Da die Erzeugung der Störungen im atomistischen Gitter eines Kristalls ganz analog zur Kontinuumstheorie verlaufen muß, werden also auch in der Gitterstatik Unstetigkeiten von Verschiebungen längs der Schnittflächen auftreten. Die gitterstatischen Gleichungen müssen demnach auf die andersartigen Vorgänge der Erzeugung einer Gitterstörung durch unstetige Verschiebungen umgestellt werden. Derartige Probleme sind in der Gitterstatik nulldimensionaler Störungen, die sich mit der Wirkung von Störkräften zufolge von Fremdeinlagerungen beschäftigte, noch nicht aufgetreten. Genau dieser Unterschied bedingt die notwendige Erweiterung unserer gitterstatischen Rechnung. Dabei soll so vorgegangen werden, daß sich schließlich, aber unter völlig neuer Bedeutung, das alte Verfahren auch hier anwenden läßt.

In den folgenden Erörterungen beschränken wir uns zunächst auf die einfachsten Fälle von geraden Versetzungslinien. Dabei werde der betrachtete Kristallbereich als sehr groß angenommen, damit wir am Anfang von allen Oberflächeneffekten freikommen. Kompliziertere Versetzungsgebilde, wie gekrümmte oder geschlossene Versetzungslinien, können analog behandelt werden, jedoch gehen wir darauf nicht ein. Da die Versetzungstheorie bereits Gegenstand zahlreicher Publikationen war, setzen wir für das Folgende voraus, daß der Leser mit den elementaren Vorstellungen über die geometrische Struktur der eindimensionalen Gitterstörungen vertraut ist. Gegebenenfalls kann man sich diese Kenntnisse aus den Büchern von E. Kröner[60], W. Read[61] bzw. dem Handbuchartikel von A. Seeger[62] aneignen.

§ 23. Ein Translationssatz

Wollen wir, wie vorhin besprochen, zur Erzeugung eindimensionaler Gitterstörungen Verschiebungen im Idealgitter vornehmen, so nützen die vorangehenden Entwicklungen für die nulldimensionalen Störungen zunächst nichts, und wir dürfen zu Beginn der Rechnung keinesfalls ihre Ergebnisse ohne Prüfung übernehmen. Da die nulldimensionale Theorie nämlich u. a. wesentlich von Potenzreihenentwicklungen abhängig ist, und man ohne Untersuchung nicht weiß, ob die geforderten Verschiebungen nicht die Konvergenzradien dieser Entwicklungen überschreiten, so ist es notwendig an den Anfang der Gitterstatik zurückzugehen, der von diesen Entwicklungen unabhängig ist. Erst durch eine eingehende Analyse der Wirkung von Verschiebungen mit plastischen Anteilen, kann dann in gewissen Grenzen der Versuch unternommen werden, für die eindimensionalen Störungen wie in Kap. II eine Theorie zu erhalten, bei der die linearen Glieder die Hauptrolle spielen. Die lineare Theorie erscheint demnach hier nicht als eine a priori anschaulich in die Rechnungen gelegte Forderung, sondern bestenfalls — wenn überhaupt — als Ergebnis einer genauen Untersuchung des Erzeugungsvorganges der Störung im Kristall.

Wie in der Theorie nulldimensionaler Störstellen beginnen wir zunächst mit einem Kristall, in dem keine expliziten Elektronen angenommen werden, und dessen gesamtes Gitter aus Teilchen mit Ersatzpotentialen aufgebaut sein möge. Die allgemeinste Form der Wechselwirkungsenergie eines Realkristalls im Punktmodell wird dann durch die Überlagerung der Wechselwirkungen eines idealen Kristalls und einer Störkonfiguration nach (2.10) gegeben. Die Frage, ob trotz der andersartigen Erzeugungsmethode eindimensionaler Störungen auch hier ein

---

[60] E. Kröner: Kontinuumstheorie der Versetzungen und Eigenspannungen. Erg. angew. Math. Bd. 5. Springer 1958.

[61] W. Read: Dislocations in crystals. McGraw-Hill 1952.

[62] A. Seeger: Handb. d. Physik Bd. VII/1, 2. Springer 1955—1958.

$Q_r \neq 0$ gebraucht wird, lassen wir noch offen, und führen Q_r formal in der potentiellen Gitterenergie U_r des Realkristalls mit. Die aus (2.5) für U_r folgende Gleichgewichtsbedingung findet in den Gln. (2.11) und (2.12) ihren Ausdruck. Diese sind wie gefordert von Potenzentwicklungen vollständig unabhängig. Potenzentwicklungen treten erst in dem Augenblick auf, in dem man dem Problem definitorisch eine Kristallstruktur unterlegt, z. B. bei den nulldimensionalen Störungen speziell eine ideale Kristallstruktur, auf welche die Entwicklungsorte der Potenzreihen bezogen sind. Da auch der eindimensional gestörte Kristall noch ein weitgehend geordnetes Gitter besitzt, wäre es wenig sinnvoll die Verallgemeinerung so weit zu treiben, daß man direkt die Ausgangskonfiguration (2.11) und (2.12) behandelt, in der von der Vorstellung eines Kristalls nichts mehr zu merken ist. Auf diese Weise würde man sich der für die Rechnuhg außerordentlich wertvollen Vorteile eines geordneten Zustand begeben.

Das Problem dieser beiden einander widerstreitenden Forderungen, der Loslösung von der Kristallstruktur und der gleichzeitigen Erinnerung an sie, wird durch einen Kompromiß gelöst. In der gedanklichen Anordnung der Teilchen, sowie ihrer Numerierung werden wir von einem idealen Kristall ausgehen, lassen dann aber beliebige, d. h. im Betrag unbegrenzte Verschiebungen aus diesen Ruhelagen zu, so daß auch plastische Prozesse möglich werden. Das Mittel hierfür bieten die nichtentwickelten Ersatzpotentiale (2.15). Diese werden zwar *per definitionem* auf die Gitterpunkte des idealen Gitters bezogen, aber die in ihnen enthaltenen y_k und y_j können als willkürlich variabel angesehen werden, da der geschlossene Ausdruck eine Funktion der Komponenten des Vektors $(\mathfrak{y}_k - \mathfrak{y}_j)$ ist. Eine TAYLOR-Entwicklung ist hier noch *nicht* vorgenommen, und dieser Verzicht schließt Konvergenzschwierigkeiten aus. Die y_k bzw. y_j können also *beliebige* Werte annehmen.

Genau hierin liegt der Vorteil der symbolischen Schreibweise (2.15). Die in ihr auftretenden willkürlichen Verschiebungen y_k bzw. y_j unterliegen keiner Begrenzung, und können somit derart groß gewählt werden, daß man auch plastische Verformungen erreicht. Die Indexzählung ist also nur ein Hilfsmittel zur Orientierung und Numerierung der Teilchen, indem man vom idealen Zustand ausgeht, aber danach beliebige, durch die y_k bzw. y_j definierten Deformationen zuläßt. Die Bedeutung dieser Art von Formulierung wird im weiteren klar. Hier geben wir nur noch ein für das Folgende notwendiges Translationstheorem an.

Überschreitet die Verschiebung y_k den Teilchenabstand d, so können wir schreiben

$$\mathfrak{y}_k = \mathfrak{z}_k + \mathfrak{e}_m d, \tag{3.1}$$

wobei $\mathfrak{e}_m$ ein Vektor ist, der aus den Basisvektoren des Gitters $\mathfrak{e}_i$ beliebig zusammengesetzt wird, aber so, daß der Rest der Verschiebung einen Betrag kleiner als d annimmt. Es gilt

$$\mathfrak{e}_m = m_i\, \mathfrak{e}_i \tag{3.2}$$

mit ganzzahligen m_1, m_2, m_3. Die Verschiebungen (3.1) werden so in einen Gittervektor und eine Restverschiebung zerlegt. Setzt man (3.1) in (2.14) ein, so entsteht

$$|\mathfrak{x}_k^0 + \mathfrak{y}_k - \mathfrak{x}_j^0 - \mathfrak{y}_j| = |\mathfrak{x}_{k+m}^0 + \mathfrak{z}_k - \mathfrak{x}_j^0 - \mathfrak{y}_j| \tag{3.3}$$

und daraus folgt *definitorisch* nach (2.15)

$$P_{kj}(\mathfrak{y}_k - \mathfrak{y}_j) = P_{k+m,j}(\mathfrak{z}_k - \mathfrak{y}_j). \tag{3.4}$$

Davon werden wir in den nächsten Paragraphen Gebrauch machen.

§ 24. Die Ausgangskonfiguration

Die Erzeugungsoperationen eindimensionaler Gitterstörungen in einem idealen Kristall verlangen mathematisch die Rückkehr zu der allgemeinen Gleichgewichtsbedingung (2.5) eines gestörten Gitters. Im klassischen Punktmodell eines Kristalls wird dabei U_n durch (2.10) gegeben, was auf die Bedingungen (2.11) und (2.12) führt. Obwohl die, durch die Erzeugung der Störung bedingten, relativen Gitterverschiebungen stellenweise die Größe der Gitterkonstanten annehmen können, und damit den gegenseitigen Zusammenhang von Teilen des Kristalls zerreißen, kann man doch nicht auf die Einführung des geordneten Kristallzustandes verzichten, und benutzt daher, um sowohl der Erzeugungsmethode als auch dem Ordnungsprinzip gerecht zu werden, die unentwickelten Ersatzpotentiale (2.15). Indem man aus ihnen die potentielle Energie des idealen Gitters (2.16) aufbaut, und in die Gleichgewichtsbedingungen (2.11) einsetzt, erhält man daraus die Bedingungen (2.18), zu denen im Fall neueingesetzter Teilchen, d. h. nichtverschwindender Q_r, noch (2.12) hinzugenommen werden muß. Die Gln. (2.18) enthalten genau so wenig wie (2.15) eine Beschränkung der von den idealen Gitterruhelagen X_k^0 ausgehenden Verschiebungen y_k. Diese können noch beliebige Größen annehmen, d. h. die Gln. (2.18) liefern nicht nur die dem idealen Zustand eng benachbarten Gleichgewichtszustände des Kristalls, sondern sie gestatten auch solche Zustände zu berechnen, bei denen sich die Gitterionen beliebig weit aus ihren idealen Anfangslagen entfernen können.

Während aber (2.18) bei den nulldimensionalen Gitterstörungen nur eine kurze Zwischenstufe im Übergang zu den Gittergleichungen (2.20) darstellte, und wir dort das Hauptgewicht auf die Behandlung von (2.20) legten, wird bei den eindimensionalen Störungen unser Interesse vornehmlich auf (2.18) konzentriert. Mit diesen Gleichungen sind nämlich die mathematischen Vorbereitungen für die Gitterstatik eindimensionaler Störungen vollständig, und wir können uns ihrem Erzeugungsprozeß zuwenden. Dazu schließen wir uns eng dem praktischen Vorgehen an. Dies geschah auch schon im nulldimensionalen Fall. Die Dotierung eines Kristalls mit Störzentren wurde dort mit einem Erzeugungsoperator Q_r beschrieben. Im eindimensionalen Fall dagegen zwingt man dem Kristall durch äußere Spannungen Deformationen auf, die ihn in einen gestörten Zustand versetzen. Da uns nicht die äußeren Spannungen interessieren, sondern nur das Ergebnis ihrer Einwirkung, die Deformation des Kristalls, so genügt die Feststellung, daß durch eine nicht näher zu definierende Kraft dem Kristall eine Verschiebung v_k aus den idealen Gitterruhelagen aufgezwungen wird. Wegen des makroskopischen Maßstabs dieser äußeren Kraft, werden die zugehörigen Verschiebungen im allgemeinen natürlich nicht direkt einen neuen Gleichgewichtszustand des Kristalls treffen. Das zieht aber für den Deformationsversuch keine nachteiligen Folgen nach sich, da der Kristall selbst bei der Bildung des neuen Gleichgewichtszustandes mithilft. Hat man ihn nämlich nur ungefähr in die Nähe eines solchen Zustandes gebracht, so geht er aus energetischen Gründen von selbst und ohne differenzierte äußere Zwangskräfte in ihn über. Das beschreiben wir, indem wir

$$y_k = v_k + z_k \tag{3.5}$$

setzen. v_k ist dabei die äußere Verschiebung, wogegen z_k die vom Kristall zu leistende zusätzliche Verschiebung in die Ruhelage sei. Da wir z_k noch nicht kennen, wird es zunächst als frei variabel betrachtet. Die Bedingung minimaler Energie für den Gesamtkristall legt dann die z_k eindeutig fest. Da deshalb die v_k noch nicht die endgültigen Verschiebungen sind, bezeichnen wir sie besser als *Vorverschiebungen.*

Diese Operation können wir etwas abstrakter mathematisch formulieren: Mit den Gleichgewichtsbedingungen (2.18) und (2.12) sucht man ein Energieminimum auf, welches höher als der Grundzustand des idealen Kristalls liegt. Die Störkonfigurationen sind also im stabilen Zustand relative Minima des Kristalls. Da die Minima durch die Gitterlagen gekennzeichnet, und für den Grundzustand die Werte $y_k = 0$ bereits vergeben sind, bleiben für alle weiteren Minima daher nur $y_k \neq 0$ übrig. Jedes relative Minimum der Gitterenergie geht also durch Verschiebungen aus der idealen Gitterstuktur hervor. Mathematisch gesprochen sind neben der trivialen Lösung des idealen Zustands, die relativen Minima die nichtverschwindenden Wurzeln des hochdimensionalen, nichtlinearen Gleichungssystems (2.18) und (2.12). Um diese Wurzeln aufzufinden, gehen wir von einer nullten Näherung, den Vorverschiebungen v_k aus, um durch eine noch zu erläuternde Methode die tatsächliche Gitterkonfiguration abzuleiten. Die Vorverschiebung muß dabei die erwartete strenge Lösung möglichst gut annähern, sonst führen die nachfolgenden Operationen nicht zum Ziel.

Anschaulich kann man dies so interpretieren: Zwischen je zwei Minima der Gitterenergie muß aus Gründen der Stabilität ein Maximum liegen. Betrachtet man zunächst den idealen Zustand des Kristalls, so ist dieser vom nächsten relativen Minimum durch einen Potentialpaß getrennt. Verzerrt man nun den Kristall durch äußere Kräfte in die Lagen v_k und schaltet dann die äußeren Kräfte ab, so wird, je nachdem, ob der Potentialpaß überwunden ist oder nicht, das Gitter in den alten Gleichgewichtszustand zurückkehren, oder sich in das neue Minimum der Energie begeben. Der endgültige Übergang des Kristalls in die neue, oder bei ungenügender Verzerrung, in die alte Gleichgewichtslage wird dabei von den inneren Kräften des Kristallgitters besorgt. Genau dies beschrieben wir mathematisch. Die Wirkung der äußeren Kräfte wird summarisch in den Vorverschiebungen zusammengefaßt, und dann der nunmehr äußerlich kräftefreie, aber von inneren Kräften bewegte Kristall untersucht. Das Überschreiten des Potentialpasses ist demnach das Kriterium für die richtige Wahl der Vorverschiebungen und den Erfolg des nachfolgenden Verfahrens.

Mit (3.5) werden die Vorverschiebungen mathematisch in die Theorie eingeführt, und gleichzeitig dabei die unbekannten Verschiebungen y_k auf die z_k transformiert. Während für die y_k noch große Verschiebungen von plastischem Charakter zugelassen werden, erwarten wir jetzt von den z_k, daß sie bei hinreichend gut gewählten v_k nur noch kleine Werte annehmen werden, um den Kristall in die endgültige stabile Lage zu versetzen.

Einsetzen von (3.5) in (2.18) ergibt das Gleichungssystem

$$\sum_j \mathfrak{p}_{kj}(\mathfrak{z}_k - \mathfrak{z}_j + \mathfrak{v}_k - \mathfrak{v}_j) = 0 \tag{3.6}$$

für die neuen Unbekannten z_k, wobei wir $\mathfrak{k}_k$ gleich Null gesetzt haben, da nach den vorangehenden Erörterungen klar ist, daß die Versetzungskonfiguration eine Gleichgewichtslage des Kristalls ohne äußere oder innere Zusatzkräfte darstellt.

Es bleibt noch die Bestimmung der Vorverschiebungen. Allgemein läßt sich darüber keine verbindliche Aussage machen. Jedoch kann man manchmal mit Erfolg die Elastizitätstheorie benutzen. Sei nämlich $\mathfrak{s}(\mathfrak{X})$ die linearelastische Lösung eines Eigenspannungsproblems, so setzen wir für die Ausgangskonfiguration, die in das zugehörige Minimum führen soll

$$\mathfrak{v}_k = \mathfrak{s}(\mathfrak{X}_k^0). \tag{3.7}$$

An Stellen jedoch, an denen $\mathfrak{s}$ singulär wird, oder mit physikalisch unannehmbaren Eigenspannungen verbunden ist, muß auch hier die willkürliche, nur von der Modellvorstellung beeinflußte Angabe der Vorverschiebungen treten.

§ 25. Reduktion auf die ideale Gittermatrix

Der Ansatz von Vorverschiebungen als nullte Näherung legt eine Iteration nahe. Aber dies wäre kein Lösungsweg. Es ist aussichtslos ein derart hochdimensionales System wie (3.6) einem direkten Iterationsprozeß zu unterwerfen. Wir müssen daher nach einer Methode zur Bewältigung der vielen Variablen suchen. Hier hilft die geometrische Vorstellung der eindimensionalen Störungen weiter. Bei ihnen sind die Gebiete starker Verzerrung linienhaft verteilt. Gibt man nun eine Vorverschiebung vor, welche die tatsächliche Konfiguration annähern soll, so werden die inneren Kräfte, die den endgültigen Übergang des Kristalls in seine neue Gleichgewichtslage bewirken, nur im Bereich der starken Verzerrung nichtlinear sein, außerhalb dieses Bereiches aber im wesentlichen linear bleiben. Summarisch gesehen wirkt also der Kristall nur im Versetzungskern, einem begrenzten Gebiet, nichtlinear, außerhalb aber linear. Das macht die Analogie zur nulldimensionalen Gitterstatik deutlich: Auch dort stand der linearen Gitterreaktion eine örtlich begrenzte, im allgemeinen nichtlineare Störung gegenüber. Man ist dadurch veranlaßt, auch in der eindimensionalen Theorie eine Abspaltung des linearen Anteils zu versuchen, und damit das Problem auf ein lösbares mathematisches System zu reduzieren. Jedoch ist die Analogie nicht vollständig, und wir müssen untersuchen, ob der bestehende Unterschied gegenüber nulldimensionalen Störungen die beabsichtigte Abspaltung des linearen Anteils bei eindimensionalen Störungen verhindert.

Man erkennt diesen Unterschied sofort, wenn man die Abspaltung des linearen Anteils in (3.6) formal mathematisch unternimmt. Will man nämlich analog zu (2.20) die Gleichgewichtsbedingungen als ein Gleichgewicht zwischen linearen und nichtlinearen Kräften des idealen Gitters, sowie etwaigen zusätzlichen Störkräften auffassen, so muß man die Gittergleichungen nach kleinen Größen, d. h. solchen Größen, die den Konvergenzkreis der Potenzreihen nicht überschreiten, entwickeln. Diese kleinen Größen sind in (3.6) aber nicht mehr durch die y_k gegeben, sondern durch die z_k. Daraus folgt weiter, daß im Gegensatz zu den nulldimensionalen Störungen, bei denen nach den y_k entwickelt wurde, und die Entwicklungsorte durch die idealen Ruhelagen X_k^0 bzw. deren Abstände definiert waren, die eindimensionalen Störungen um die Ruhelagen $(X_k^0 + v_k)$ entwickelt werden müssen. Das bedeutet aber, daß die Entwicklungskoeffizienten der Taylor-Reihen von (2.20) und einer etwaigen Entwicklung von (3.6) nach den z_k verschieden ausfallen müssen, und bei einer Reziproktransformation damit ebenfalls die Reziprokmatrizen.

Nun hatten wir aber gezeigt, daß die Reziprokmatrix R_{jk} der linearen Entwicklungsglieder von (2.20) bzw. (2.22) einfach bestimmt werden kann, und eine gitterkonstante Rechengröße der atomistischen Rechnungen darstellt, d. h. eine Größe, die von speziellen Problemstellungen unabhängig ist. Andererseits wäre die Reziprokmatrix der linearen Glieder beliebiger TAYLOR-Entwicklungen, wie sie aus (3.6) folgen würden, eine praktisch nicht berechenbare Größe. Die Abspaltung eines linearen Anteils aus den Gittergleichungen (3.6) hat daher nur dann einen Sinn, wenn sie auf eine Form gebracht werden kann, bei der die Reziprokmatrix R_{jk} des idealen Gitters anwendbar ist. Wir stellen uns daher das Programm:

Die linearen Entwicklungskoeffizienten der TAYLOR-Entwicklung von (3.6) nach den z_k sollen so umgeformt werden, daß trotz der Entwicklung über einem vorverformten Zustand die Koeffizienten A'_{kj} der idealen Gittermatrix erscheinen, so daß zur Umkehrung die Reziprokmatrix R_{jk} des idealen Gitters verwendet werden kann.

Um dieses Programm zu erfüllen, muß man zunächst Kriterien für die Gleichheit einer beliebigen Gittermatrix mit der idealen Gittermatrix aufstellen. Diese Kriterien liegen in den Gruppeneigenschaften der idealen Gittermatrix, da es anschaulich unmöglich ist, eine etwaige Gleichheit an jedem Matrixelement einzeln nachzuprüfen.

Die erste dieser Eigenschaft lautet

$$A'_{kj} = A'_{k+m,j+m}, \tag{3.8}$$

d. h. die Kopplungsglieder eines beliebig herausgegriffenen Teilchens mit der Nummer j sind gleich den Kopplungsgliedern eines Teilchens mit der Nummer $j + m$ zu seinen äquivalenten Nachbarn.

Die zweite Eigenschaft ist in der Numerierung enthalten. Die Nummern j, k müssen lückenlos den Gitterbereich eines dreidimensionalen Gitters ganzer Zahlen durchlaufen.

Schließlich ist für die Äquivalenz notwendig die Übereinstimmung der Komponenten

$$A'_{kj} = B_{kj}, \tag{3.9}$$

wenn B_{kj} die beliebige Vergleichsmatrix darstellt. Es genügt dabei ein einziges fixiertes j.

Die hier aufgestellten Eigenschaften sind notwendig und hinreichend für die Prüfung der Frage, ob eine vorgegebene Matrix B_{kj} der idealen Gittermatrix gleicht oder nicht. Erfüllt B_{kj} die drei Kriterien, so ist sie der idealen Gittermatrix gleich.

Nach diesen Vorbereitungen können wir mit der Verwirklichung unseres Programms beginnen. Da die Matrizen der TAYLOR-Entwicklung über dem vorverformten Zustand aber von den Vorverschiebungen v_k abhängig sind, und diese wiederum durch das spezielle Modell bestimmt werden, so läßt sich die Methode nicht allgemein demonstrieren, sondern ist auf einen vorgegebenen Modellfall angewiesen. Wir werden daher, um das Vorgehen zu erläutern, einen einzigen, sehr einfachen Fall explizit behandeln.

§ 26. Modell einer Schraubenversetzung

Nach § 25 kann die Reduktion der eindimensionalen Störprobleme durch Abspaltung des linearen Anteils der Gitterreaktion nur am speziellen Modell vorgenommen werden. Der einfachste Fall entspricht einer geraden Schraubenversetzung. Die Schraubenversetzung ist durch ihre Achse und die Ganghöhe definiert. Als Ganghöhe werde hier der Minimalwert von einer Gitterperiode, und als Schraubenachse die $\mathfrak{e}_2$-Richtung eines kartesischen Koordinatensystems gewählt.

Um die Ableitungen kurz und durchsichtig zu gestalten, beziehen wir uns im folgenden auf ein einatomiges kubisches Translationsgitter, obwohl ein solches Gitter nicht stabil ist, und in der Natur nicht vorkommt. Die hier entwickelten Methoden lassen sich ohne weiteres auf Gitter mit Basis, sowie kompliziertere kristallographische Richtungen übertragen, nur wird der Aufwand größer.

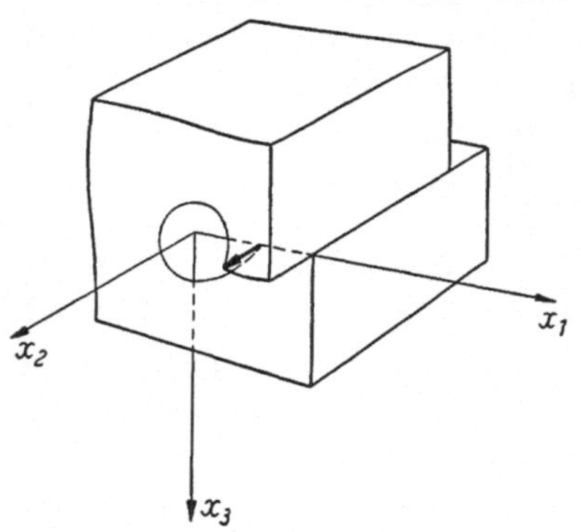

Abb. 1. Schraubenversetzung

Für die Vorverschiebungen können wir bei der Schraubenversetzung die elastische Lösung verwenden. Diese ist nur in der Schraubenachse singulär. Aus atomistischen Symmetriegründen muß die Achse aber bei einem Punktgitter mit ganzzahligen Indizes die Ebene $x_2 = 0$ im Punkt $-d/2, 0, -d/2$ durchstoßen. Der singuläre Bereich wird dann für die Definition der Vorverschiebungen nach (3.7) nicht in Anspruch genommen, da in ihm keine Gitterteilchen liegen. Die elastische Lösung lautet, wenn man sie sogleich in der Form der diskreten atomistischen Vorverschiebungen anschreibt[63]

$$\mathfrak{v}_k = -\frac{d}{2\pi}\operatorname{arctg}\frac{(k_3+1/2)}{(k_1+1/2)}\,\mathfrak{e}_2. \tag{3.10}$$

[63] Siehe Fußnote 60, S. 55.

Die andern zwei Komponenten der Verschiebung verschwinden. Abgesehen von der unphysikalischen Singularität im Ursprung, weist diese Lösung auch auf keine Aufweitung des Gitters in der Nähe der Achse hin, was sicher *nicht* den atomistischen Verhältnissen entspricht. Tatsächlich liefert die atomistische Theorie dann Volumaufweitungen usw. Wir wollen uns hier aber nicht mit der Diskussion der Lösung beschäftigen, sondern nur die für die Rechnungen wichtigen Schnitte untersuchen.

Entsprechend unserem Vorverschiebungsansatz (3.10) werde der Schnitt längs der Halbebene $x_3 = 0$, $x_1 > 0$ angesetzt, und die Gitterteilchen in dieser Halbebene mögen noch der oberen Hälfte zugehören. Da die Schraubenachse eine Gerade ist, hat das Problem der Schraubenversetzung im unendlich ausgedehnten Kristall eine Translationsinvarianz längs der Schraubenachse. Es gilt also für das Verschiebungsfeld

$$y_k = y_{k+\mathfrak{e}_2} \tag{3.11}$$

bei beliebigem k. Die übrigen Symmetrien spielen bei den allgemeinen Betrachtungen keine Rolle, sondern erleichtern nur die praktische Rechnung, so daß wir an dieser Stelle nicht auf sie einzugehen brauchen.

Im Sinne der vorangehenden Erörterungen interessiert vor allem die atomistische Deformation $(\mathfrak{v}_k - \mathfrak{v}_j)$, die in den Gln. (3.6) als Folge der Vorverschiebungen auftritt.

Wir betrachten im folgenden nur eine begrenzte Anzahl von Wechselwirkungen eines Gitterteilchens mit seinen Nachbarn, d. h. wir vernachlässigen alle jene Wechselwirkungen mit Gitterteilchen, die außerhalb einer Kugel vom Radius r_0 um das herausgegriffene Teilchen liegen. Diese Beschränkung hat keine grundsätzliche theoretische Bedeutung, da der Radius der Wechselwirkungskugel beliebig gewählt werden kann, wohl aber liefert die Verwendung von Kugelumgebungen für die weiteren Rechnungen ein übersichtliches Einteilungsprinzip, welches das Verständnis der Umformungen erleichtert. Es können dann zwei Fälle unterschieden werden:

1. Innerhalb der Wechselwirkungskugel des Teilchens mit dem Vektorindex k liegt kein Schnitt.

Dann gilt zufolge (3.10)

$$|\mathfrak{v}_k - \mathfrak{v}_j| < d \tag{3.12}$$

für Verschiebungsdifferenzen innerhalb dieser Kugel, und

$$\lim_{r \to \infty} |\mathfrak{v}_k - \mathfrak{v}_j| = 0, \tag{3.13}$$

wenn $r = (k_1^2 + k_3^2)^{1/2}$ bedeutet.

Der Rand ist spannungsfrei, da die Verschiebungsdifferenzen dort verschwinden. Als Rand des Kristalls betrachten wir im Grenzfall die Teilchen in unendlicher Entfernung von der Schraubenachse.

2. Der Schnitt geht durch die Wechselwirkungskugel, oder reicht in sie hinein.

Dann erleiden die Verschiebungen am Schnitt einen Sprung, der in der Nähe der Achse kleiner als d bleibt, weiter entfernt davon jedoch genau die Größe der Gitterkonstanten d annimmt. Der Sprung betrifft in der Kontinuumstheorie die Verschiebungen an der Ober- und Unterseite der Schnittfläche, in der atomistischen Theorie aber die Verschiebung der um einen endlichen Abstand benachbarten Ionen in den zwei Halbebenen $x_3 = 0$, $x_1 > 0$ (obere Schnittseite) und $x_3 = -d$, $x_1 > 0$ (untere Schnittseite). Oberhalb und unterhalb des Sprunges sind die Verschiebungen stetig.

Liege das Gitterteilchen k oberhalb und das Gitterteilchen j unterhalb des Sprunges, so gilt also für die zugehörigen Vorverschiebungen

$$\mathfrak{v}_k - \mathfrak{v}_j = d\mathfrak{e}_2 + \mathfrak{b}_{kj} \quad (k_3 > 0, j_3 < 0) \tag{3.14}$$

mit

$$\lim_{r \to \infty} \mathfrak{b}_{kj} = 0. \tag{3.15}$$

Tatsächlich ist Gl. (3.15) schon wenige Gitterabstände von der Schraubenachse weg erreicht. Von dieser Stelle an handelt es sich um eine plastische Deformation der beiden Schnittflächen gegeneinander, die ebenfalls kräftefrei sein muß. Der gesamte Rand ist also demnach kräftefrei.

Die Beziehung (3.14), welche die Anwendung des Translationstheorems vorbereitet, wird auch angewendet, wenn ein Teilchen k nicht mehr unmittelbar über der Schnittfläche liegt. Überschreitet nämlich die Vorverschiebungsdifferenz den Wert $d/2$, so ist es für die nachfolgenden Entwicklungen günstiger erst eine Translation auszuführen, bei der $\mathfrak{b}_{kj}$ dann dem Betrag nach kleiner als $d/2$ ausfällt. Das werden wir im einzelnen im nächsten Paragraphen zeigen.

§ 27. Bereichsgleichungen

Die Gittergleichungen (3.6) werten wir jetzt mit den Vorverschiebungen für die Schraubenversetzung aus. Dazu entwickeln wir in eine Potenzreihe nach den nunmehr kleinen $(\mathfrak{z}_k - \mathfrak{z}_j)$ mit dem Ziel, in den linearen Gliedern die ideale Gittermatrix herzustellen. Die Potenzreihenentwicklung mit der nachfolgenden Umordnung auf die ideale Gittermatrix wird durch folgenden Satz erleichtert: Hat man eine konvergente Potenzreihe $P(x) = a_n x^n$ und ersetzt $x = z + b$, wobei der Wertebereich von z nur solche Werte durchläuft, für die x im Konvergenzkreis bleibt, so gewinnt man die Potenzentwicklung für z durch bloßes Einsetzen in $P(x)$ und Umordnen nach Potenzen von z.

Daraus folgt unmittelbar: Solange die Deformationen $(\mathfrak{v}_k - \mathfrak{v}_j)$ klein bleiben, kann man (3.6) auch nach $(\mathfrak{v}_k - \mathfrak{v}_j + \mathfrak{z}_k - \mathfrak{z}_j)$ entwickeln, und daraus durch bloßes Umordnen nach Potenzen von $(\mathfrak{z}_k - \mathfrak{z}_j)$ eine Potenzreihe für diese Variablen erhalten. Von dieser Möglichkeit wird im weiteren insoweit Gebrauch gemacht, als es notwendig ist, um die Form der idealen Gittergleichungen herzustellen.

Damit können wir uns direkt den Gleichungen zuwenden.

I. Gleichungen im Randbereich ohne Schnitt. Der Randbereich ist nach (3.13) durch ein Verschwinden der Verschiebungsdifferenzen gekennzeichnet[64]. Da auch die z_k klein sein werden, können wir den Umordnungssatz verwenden, und (3.6) gemäß (2.19) entwickeln, wobei wir wegen der Kleinheit der z_k nur die linearen Glieder anschreiben. Wir erhalten damit aus (3.6)

$$\sum_j \mathfrak{A}_{kj} \cdot (\mathfrak{z}_k - \mathfrak{z}_j) = 0. \tag{3.16}$$

(3.16) sind die konventionellen Gittergleichungen für Auslenkungen aus den Ruhelagen eines idealen Gitters. Man findet in ihnen keinerlei Hinweis mehr, daß in Wirklichkeit alle Bausteine bereits gleiche Relativverschiebungen hinter sich gebracht haben.

II. Gleichungen im Randbereich mit Schnitt. Wir greifen ein Gitterteilchen heraus, das oberhalb des Schnittes liegt. Dann gilt für Nachbarn dieses Teilchens innerhalb der Wechselwirkungskugel und auf der gleichen Seite des Schnittes, d. h. oberhalb des Schnittes, die Gl. (3.13), wie man sich nach (3.10) leicht überzeugt. Für Nachbarn dagegen, die vom k-ten Gitterteilchen durch den Schnitt getrennt sind, gelten die Gln. (3.14) und (3.15). Da der maximale Konvergenzbereich der Taylor-Entwicklung für nächste Nachbarn bei d liegt, können wir den Umordnungssatz nicht verwenden, und müssen direkt von den Gln. (3.6) ausgehen. Sie lauten hier

$$\sum_{\substack{j \\ j_3 \geq 0}} \mathfrak{p}_{kj}(\mathfrak{z}_k - \mathfrak{z}_j) + \sum_{\substack{j \\ j_3 < 0}} \mathfrak{p}_{kj}(\mathfrak{z}_k - \mathfrak{z}_j + d\mathfrak{e}_2) = 0. \tag{3.17}$$

Die Summation läuft dabei über den *Vektorindex* j, d. h. über seine Komponenten j_1, j_2, j_3 mit den an den Summen angemerkten Einschränkungen für j_3.

Aus (3.17) kann man im zweiten Summanden de_2 eliminieren. Mit Hilfe von (3.4) folgt

$$\mathfrak{p}_{kj}(\mathfrak{z}_k - \mathfrak{z}_j + d\mathfrak{e}_2) = \mathfrak{p}_{k,j-\mathfrak{e}_2}(\mathfrak{z}_k - \mathfrak{z}_j) \tag{3.18}$$

und wegen der Translationsinvarianz (3.11)

$$\mathfrak{p}_{k,j-\mathfrak{e}_2}(\mathfrak{z}_k - \mathfrak{z}_j) = \mathfrak{p}_{k,j-\mathfrak{e}_2}(\mathfrak{z}_k - \mathfrak{z}_{j-\mathfrak{e}_2}). \tag{3.19}$$

---

[64] Streng gilt dies erst für $\lim r \to \infty$. In der praktischen Rechnung wird man jedoch den Rand schon bei endlichen r beginnen lassen, und die restlichen Vorverschiebungsdifferenzen vernachlässigen. Die Rechnung kann aber auch völlig streng ausgeführt werden, was aus Raumgründen hier aber nicht ausgeführt werden kann.

In der zweiten Summe von (3.17) wird unter der Summation über j eine Summe über diejenigen Vektorindizes verstanden, die innerhalb der Wechselwirkungskugel des k-ten Teilchens liegen. Da die Wechselwirkungen mit den Teilchen außerhalb der Kugel vernachlässigbar klein sind, kann man sie zur Summe hinzufügen, ohne sie wesentlich zu ändern. Dann durchläuft j im Grenzfall das ganze Zahlengitter. Dafür gilt aber

$$\sum_{\substack{j \\ j_3 < 0}} \mathfrak{p}_{k,j-\mathfrak{e}_2}(\mathfrak{z}_k - \mathfrak{z}_{j-\mathfrak{e}_2}) = \sum_{\substack{j \\ j_3 < 0}} \mathfrak{p}_{kj}(\mathfrak{z}_k - \mathfrak{z}_j). \tag{3.20}$$

Setzt man (3.18), (3.19) und (3.20) sukzessive in (3.17) ein und entwickelt nach den $(\mathfrak{z}_k - \mathfrak{z}_j)$, so führt das in der am Rand gerechtfertigten linearen Näherung auf

$$\sum_j \mathfrak{A}_{kj} \cdot (\mathfrak{z}_k - \mathfrak{z}_j) = 0. \tag{3.21}$$

Auch am Schnitt entstehen also dieselben Gleichungen, wie sie außerhalb des Schnittes gültig sind. Dies ist auf die Wirkung der rein plastischen Deformation am Rande zurückzuführen.

III. Innenbereich ohne Schnitt. Hier sind die Deformationen ungleich Null, aber noch kleiner als d. Man kann sie sogar kleiner als $d/2$ annehmen, was wir hier jedoch nicht nachweisen wollen. Jedenfalls wird durch die zusätzlichen z_k der Konvergenzkreis der Entwicklung (2.19) sicher nicht überschritten, und ihre Anwendung zusammen mit dem Umordnungssatz ergibt

$$\sum_j \mathfrak{A}_{kj} \cdot (\mathfrak{z}_k - \mathfrak{z}_j) = -\sum_j \mathfrak{A}_{kj} \cdot (\mathfrak{v}_k - \mathfrak{v}_j) + \sum_j \mathfrak{h}_{kj}(\mathfrak{z}_k - \mathfrak{z}_j + \mathfrak{v}_k - \mathfrak{v}_j). \tag{3.22}$$

Dabei wurde die Umordnung nur teilweise vollzogen, nämlich genau so weit, als es die Herstellung der idealen Gittermatrix auf der linken Seite verlangt. Die in den y_k rein nichtlinearen $\mathfrak{h}_{kj}$ weisen zufolge der Umordnung nun auch lineare Terme in den z_k auf. Jedoch werden diese auf der rechten Seite belassen, um die ideale Gittermatrix nicht zu stören.

IV. Innenbereich mit Schnitt. Man unterscheidet wie bei II. in den Gln. (3.6) Wechselwirkungen von Teilchen, welche auf der gleichen Seite des Schnittes liegen, oder durch den Schnitt getrennt sind. Bei den letzteren wird die Deformation nach (3.14) aufgespalten, und unter Beachtung der Translationsinvarianz von Vorverschiebungen und Verschiebungen in Analogie zu (3.18) bis (3.20) umgeformt. Nachfolgende Entwicklung nach den nunmehr kleinen $\mathfrak{z}_k$ bzw. $\mathfrak{b}_{kj}$ liefert dann

$$\begin{aligned}\sum_j \mathfrak{A}_{kj} \cdot (\mathfrak{z}_k - \mathfrak{z}_j) &= \sum_j{}^1 \mathfrak{A}_{kj} \cdot (\mathfrak{v}_j - \mathfrak{v}_k) - \sum_j{}^2 \mathfrak{A}_{kj} \cdot \mathfrak{b}_{kj} \\ &- \sum_j{}^1 \mathfrak{h}_{kj}(\mathfrak{z}_k - \mathfrak{z}_j + \mathfrak{v}_k - \mathfrak{v}_j) - \sum_j{}^2 \mathfrak{h}_{kj}(\mathfrak{z}_k - \mathfrak{z}_j + \mathfrak{b}_{kj}).\end{aligned} \tag{3.23}$$

Die Indizes 1 und 2 deuten die Summen über die Wechselwirkungen auf der gleichen Seite, bzw. durch den Schnitt getrennter Teilchen an. Da die $\mathfrak{z}_k$ im Innenbereich zwar nurmehr kleine, aber immerhin endliche Werte annehmen können, werden die nichtlinearen Glieder in (3.23) explizit mitgeführt.

Die Gln. (3.16), (3.21), (3.22) und (3.23) erschöpfen die ganze Mannigfaltigkeit der möglichen Teilchennumerierungen, d. h. in ihnen sind die Gleichgewichtsbedingungen sämtlicher Teilchen enthalten. Da auf der linken Seite stets die Koeffizienten der idealen Gittermatrix stehen, und die Numerierung vollständig durchläuft, können wir das erreichte Ergebnis auch so formulieren: Die Korrekturen zu den Vorverschiebungen, die in die endgültige Gitterlage der eindimensionalen Störung führen, lassen sich aus der Gleichgewichtsbedingung von linearen und nichtlinearen Gitterkräften ableiten, wobei der lineare Anteil auf der linken Seite der Gleichungen der Gittermatrix des idealen Gitters gleich ist.

Man sieht, daß im Fall der Schraubenversetzung die Verwirklichung unseres Programms gelungen ist: Die Gleichgewichtsbedingungen über einem vorverformten Zustand in die Form der Gleichgewichtsbedingungen eines idealen Kristalls unter dem Einfluß von Störkräften zu bringen, d. h. das System der Gleichgewichtsbedingungen für eine Schraubenversetzung wurde *abgebildet* auf das Problem eines Idealkristalls mit linearer Gitterreaktion unter dem Einfluß nichtlinearer Störkräfte. Da diese Störkräfte im wesentlichen auf den Kern der Versetzung beschränkt, d. h. lokalisiert werden können, läßt sich jetzt auf die *Gesamtheit* der angegebenen Gleichungen die für nulldimensionale Störungen entwickelte Methode der *Umkehrtransformation* und der *Iteration* der restlichen Gleichungen anwenden.

Eine besondere Beachtung bedarf dabei die eindimensionale Ausdehnung der Störkräfte und die mit der Translationsinvarianz verknüpften Fragen, sowie eine Abschätzung der auf der rechten Seite als Störkräfte auftretenden Vordeformationen. Diese Fragen zusammen mit der praktischen Lösung des Gleichungssystems behandelt die Arbeit von H. Gross [*6*], worauf wir aus Raumgründen nicht näher eingehen können.

§ 28. Stufenversetzungen

Neben den Schraubenversetzungen, von denen wir den einfachsten Fall einer geraden Schraubenversetzung in § 27 explizit behandelt haben, gehört zu den eindimensionalen Störungen die Gruppe der Stufenversetzungen. Ähnlich wie bei den Schraubenversetzungen könnte man auch hier ein Vorverschiebungsfeld vorgeben, und über dem *vorverschobenen* Zustand die Gleichgewichtsbedingungen des Kristalls formulieren. Dies ist in der Tat möglich, jedoch leidet das ganze Verfahren daran, daß die Vorverschiebungen nicht zweifelsfrei zu definieren sind. Diese konnten wir bei der Schraubenversetzung ohne weiteres der Elastizitätstheorie entnehmen, was im Gegensatz dazu bei den Stufenversetzungen nicht mehr möglich ist. Bei ihnen weisen nämlich die elastischen Lösungen sowohl im Versetzungskern als auch im Außenraum logarithmische Singularitäten auf, was physikalisch sinnlos ist, und jedenfalls nicht zur Definition eines Vorverschiebungsfeldes verwendet werden kann. Die Vorverschiebungen müssen also hypothetisch angesetzt werden. Bei geeigneten Annahmen über die Vorverschiebungen kann man dann wie bei den Schraubenversetzungen vorgehen. Das so in die Rechnung hereingebrachte willkürliche Element veranlaßt einen jedoch, nach einer eleganteren Lösung zu suchen, bei welcher derartige Hypothesen nicht nötig sind. Da man im allgemeinen nur sichere Aussagen über das *integrale* Verhalten einer Versetzung machen kann, wogegen über den Versetzungskern nur qualitative Vorstellungen möglich sind, so wird ein solches Verfahren darin bestehen müssen, daß es nur von diesem integralen quantitativ erfaßbaren Verhalten einer Versetzung Gebrauch macht, um die Anfangsbedingungen zu formulieren. Das integrale Verhalten einer Versetzung wird durch drei Kenngrößen bestimmt: die Versetzungslinie, den BURGERS-Vektor, und die Gleitebene, wobei man die Gleitebene mit den von uns im vorangehenden gebrauchten Schnittflächen identifizieren kann. Eine hypothesenfreie Theorie muß sich also allein auf diese drei Größen beziehen. Aus Raumgründen wollen wir uns nicht auf eine allgemeine Definition dieser drei Größen einlassen, sondern nur bemerken, worin ihre atomistische Bedeutung besteht: die Versetzungslinie und der BURGERS-Vektor legen die Gitterverschiebungen längs der Gleitebene in großer Entfernung vom Versetzungskern fest, d. h. sie beschreiben das asymptotische Verhalten des Verschiebungsfeldes längs der Gleitebene. Dieses asymptotische Verschiebungsfeld steht uns also für die Definition von Vorverschiebungen zur Verfügung, und eine verallgemeinerte Theorie, aus der alle hypothetischen Elemente ausgeschieden sind, darf nur von diesem partiellen Vorverschiebungsfeld Gebrauch machen. Wie man dazu vorzugehen hat, wurde von E. FUES und F. WAHL [5] gezeigt. Dabei dient das gleiche Prinzip als Leitfaden, das wir schon bei der Theorie mit einem kompletten Vorverschiebungssystem angewendet hatten: Reduktion auf die lineare Theorie in Bereichen außerhalb des Versetzungskerns mit gleichzeitiger Wiederherstellung der idealen Gitter-

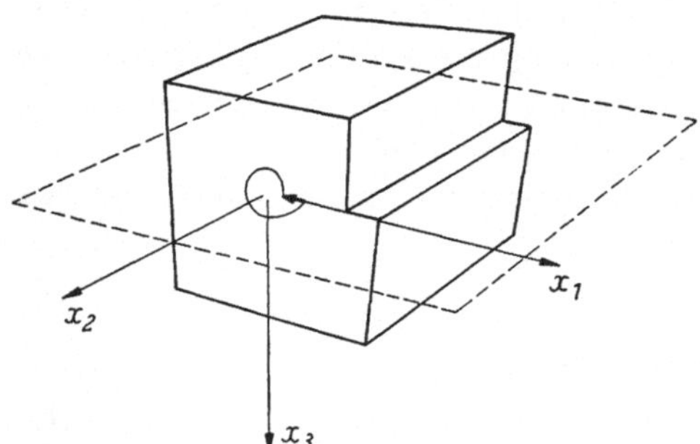

Abb. 2. Stufenversetzung. Die Gleitebene ist gestrichelt eingezeichnet, und der BURGERS-Vektor wird durch den stark ausgezogenen Pfeil dargestellt

matrix. Lediglich bei der Verwendung des Vorverschiebungsfeldes muß das Verfahren aufgelockert, d. h. den verringerten Vorkenntnissen angepaßt werden.

Wie schon bei der Vorverschiebungstheorie demonstrieren wir die Ableitung der verallgemeinerten Theorie an einem speziellen Beispiel. Hierzu wählen wir der Einfachheit halber analog zu § 26 einen einatomigen Kristall mit kubischem Gitter und verweisen auf die Zusatzbemerkungen in jenem Paragraphen. Der einfachste Fall entspricht hier einer geraden Stufenversetzung, d. h. die Versetzungslinie ist eine Gerade. Führen wir ein kartesisches Koordinatensystem ein, so sei aus atomistischen Symmetriegründen die Versetzungslinie eine zur x_2-Achse parallele Gerade, welche die Ebene $x_2 = 0$ im Punkte $0, -d/2, 0$ durchstoße. Die Gleitebene dagegen werde durch $x_3 = -d/2$ und der Burgers-Vektor durch $-d\mathfrak{e}_1$ definiert, wie die Abb. 2 zeigt. Die Stufenversetzung ist also mit ihrem Kern parallel zur x_2-Achse lokalisiert, und zufolge ihres Hineinwanderns in den ungestörten Kristall, ist dessen obere Hälfte um die in Abb. 2 sichtbare Stufe abgeglitten. Dabei muß sich natürlich längs der Versetzungslinie eine starke Deformation des Gitters ausbilden, da die Abgleitung noch nicht die ganze obere Kristallhälfte erfaßt hat. Die Deformation muß aber gegen den Kristallrand zu verschwinden, weil die Stabilität der Versetzungskonfiguration zumindest längs der Gleitebene in weiter Entfernung vom Versetzungskern die ideale Gitterstruktur verlangt, d. h. dort nur plastische Verschiebungen erlaubt sind. Vom Randeffekt der Stufe sehen wir hierbei zunächst einmal ab, d. h. wir stellen uns einen sehr großen, im Grenzfall unendlich großen Kristallblock vor. Die so angegebene allgemein verbindliche Gleichgewichtsforderung können wir zur Definition von Vorverschiebungen bzw. deren Differenzen verwenden. Betrachten wir nämlich je ein Atom oberhalb bzw. unterhalb der Gleitebene in weiter Entfernung vom Versetzungskern, welches vor der Verschiebung in der Position X_k^0 bzw. X_j^0 sitzt, so ruft die Abgleitung der oberen Kristallhälfte Verschiebungen $\mathfrak{v}_k$ bzw. $\mathfrak{v}_j$ hervor, für die man die Beziehung

$$\lim (\mathfrak{v}_k - \mathfrak{v}_j) = -d\mathfrak{e}_1 \tag{3.24}$$

fordern muß. Der lim wird hierbei unter den genannten Einschränkungen definiert, d. h. es wird nur der Grenzwert jener Atomverschiebungen betrachtet, die in der Nähe des Schnittes und in weiter Entfernung vom Versetzungskern stattfinden. Da Absolutverschiebungen des gesamten Kristalls für uns uninteressant sind, kann man (3.24) ohne Einschränkung der Allgemeinheit in

$$\lim \mathfrak{v}_j = 0 \qquad \text{und} \qquad \lim \mathfrak{v}_k = -d\mathfrak{e}_1 \tag{3.25}$$

zerlegen. Identifizieren wir $\mathfrak{v}_j$ bzw. $\mathfrak{v}_k$ mit dem Vorverschiebungsfeld, so wird durch (3.25) das asymptotische Verhalten des Vorverschiebungsfeldes längs der Schnittfläche festgelegt. Mit ihm allein werden wir jetzt die Gittergleichungen für die Stufenversetzung ableiten.

Als Ausgangsbedingung benutzen wir wie in § 24 das Gittergleichungssystem (2.18)

$$\sum_j \mathfrak{p}_{kj}(\mathfrak{y}_k - \mathfrak{y}_j) = 0, \tag{3.26}$$

das noch beliebig große Verschiebungen y_k aus den idealen Ruhelagen zuläßt, wobei wir aber im Gegensatz zu (3.6) noch keine Vorverschiebungen einführen. Die Störkräfte k_k von (2.18) haben wir wie in (3.6) gleich Null gesetzt, da die Stufenversetzung ein Kristallstörzustand ist, der ohne Anwendung von Störkräften Stabilität besitzen soll. Um von unserer partiellen Kenntnis (3.25) über die Vorverschiebungen Gebrauch machen zu können, erinnern wir an die Definition der Wechselwirkungskugeln in § 26. Diese grenzen jene Gitterumgebung um ein Atom ab, die mit diesem Atom in Wechselwirkung steht. Wie in § 26 können wir dann zwei Fälle unterscheiden: entweder liegt innerhalb der Wechselwirkungskugel eines Teilchens kein Schnitt, oder der Schnitt geht durch die Wechselwirkungskugel hindurch bzw. reicht in sie hinein. Das gibt Anlaß zu einer Bereichseinteilung, bei der wir den idealen Kristall mit hinzugedachtem Schnitt in drei Bereiche aufteilen:

1. Den Bereich B_1. In ihm befinden sich nur solche Atome, deren Wechselwirkungskugel den Schnitt weder berührt noch schneidet.

2. Den Bereich B_2. In ihm befinden sich alle Atome oberhalb der Gleitebene, deren Wechselwirkungskugel den Schnitt berührt oder schneidet.

3. Den Bereich B_3. In ihm befinden sich alle Atome unterhalb der Gleitebene, deren Wechselwirkungskugel den Schnitt berührt oder schneidet.

Diese Einteilung ist so beschaffen, daß sie auch den deformierten Kristall eindeutig in drei Bereiche zerlegt, und kein Atom dabei ausgelassen wird. Um langwierige Indizierungen mit den Komponenten der Vektorindizes zu vermeiden, verwenden wir für die folgenden Ableitungen neben den Vektorindizes k, j usw. die Kennzahlen 1, 2, 3 zur Kennzeichnung jenes Bereichs, aus dem der Vektorindex stammt, so daß z. B. $\mathfrak{y}_k^1$ eine Verschiebung $\mathfrak{y}_k$ innerhalb des Bereiches B_1 darstellt usw.

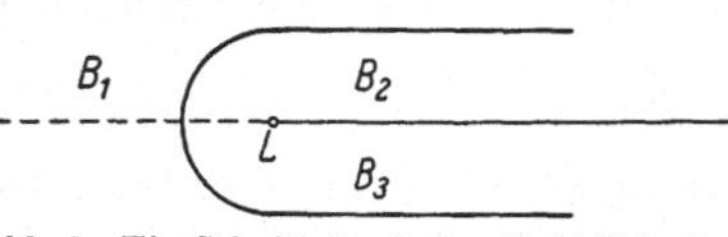

Abb. 3. Ein Schnitt durch den Kristall in der Ebene $x_2 = 0 \cdot B_1, B_2$ und B_3 geben die in der Theorie definierten Bereiche wieder. L ist der Durchstoßpunkt der Versetzungslinie, und der voll ausgezogene Teil der Mittelgeraden der Schnitt, längs dessen bereits eine Abgleitung stattgefunden hat

Damit kann man nun das System (3.26) leicht auf eine, unseren Prinzipien entsprechende Form umschreiben, wenn man folgende aus dem Versetzungsmodell anschaulich ablesbaren Eigenschaften der Verschiebungsdifferenzen berücksichtigt:

1. Für einen Aufpunkt k innerhalb B_1 wird $(\mathfrak{y}_k^1 - \mathfrak{y}_j^1)$, $(\mathfrak{y}_k^1 - \mathfrak{y}_j^2)$ und $(\mathfrak{y}_k^1 - \mathfrak{y}_j^3)$ klein im Vergleich zum Gitterabstand d, wenn der Freiheitsgrad j nicht gerade innerhalb des Kerngebietes der Versetzung liegt.

2. Für einen Aufpunkt k innerhalb B_2 wird $(\mathfrak{y}_k^2 - \mathfrak{y}_j^2)$ und $(\mathfrak{y}_k^2 - \mathfrak{y}_j^1)$ klein im Vergleich zu d, wenn j nicht dem Kernbereich angehört. Dagegen nähert sich $(\mathfrak{y}_k^2 - \mathfrak{y}_j^3)$ für hinreichenden Abstand vom Versetzungskern dem Wert $-d\mathfrak{e}_1$.

3. Für einen Aufpunkt k innerhalb B_3 nähert sich $(\mathfrak{y}_k^3 - \mathfrak{y}_j^1)$ in hinreichendem Abstand vom Versetzungskern dem Wert $d\mathfrak{e}_1$, dagegen wird $(\mathfrak{y}_k^3 - \mathfrak{y}_j^3)$ und $(\mathfrak{y}_k^3 - \mathfrak{y}_j^1)$ klein gegen d, sofern j nicht dem Kernbereich angehört.

Man kann mit diesen Aussagen wie in § 27 nunmehr Gittergleichungen für die einzelnen Bereiche ableiten, die unseren Forderungen genügen.

I. Gittergleichungen im Bereich B_1. Wegen der Kleinheit der Verschiebungsdifferenzen nach 1. kann man (3.26) nach den $(\mathfrak{y}_k - \mathfrak{y}_j)$ entwickeln, und die Entwicklung überall dort abbrechen, wo der Freiheitsgrad j nicht im Kernbereich der Versetzung liegt. Man erhält

$$\sum_j \mathfrak{A}_{kj} \cdot (\mathfrak{y}_k - \mathfrak{y}_j) + \sum_j^K \mathfrak{h}_{kj}(\mathfrak{y}_k - \mathfrak{y}_j) = 0, \tag{3.27}$$

wobei der Index K an der Summe der nichtlinearen Terme darauf hinweist, daß diese Summe nur über jene Vektorindizes j zu nehmen ist, die dem Versetzungskern angehören. Die konstanten Glieder der Entwicklung heben sich heraus, da an den idealen Gitterruhelagen entwickelt wurde. Die Atombewegungen in B_1 ergeben also Gleichungen mit der idealen Gittermatrix und Nichtlinearitäten, die vom Versetzungskern verursacht werden, und demnach für weiter davon entfernte Aufpunkte k verschwinden.

II. Gittergleichungen im Bereich B_2 *außerhalb des Versetzungskerns.* Die Wechselwirkungen im Bereich B_2 selbst lassen sich linearisieren, ebenso die Wechselwirkungen mit dem Bereich B_1. Eine Ausnahme bilden nur jene in B_2 gelegenen Atome, welche gleichzeitig dem Versetzungskern angehören. Man erhält dann aus (3.26) zunächst

$$\begin{aligned} &\sum_j^2 [\mathfrak{p}_{kj}^0 + \mathfrak{A}_{kj} \cdot (\mathfrak{y}_k^2 - \mathfrak{y}_j^2)] + \sum_j^1 [\mathfrak{p}_{kj}^0 + \mathfrak{A}_{kj} \cdot (\mathfrak{y}_k^2 - \mathfrak{y}_j^1)] \\ &\sum_j^K \mathfrak{h}_{kj}(\mathfrak{y}_k^2 - \mathfrak{y}_j^2) + \sum_j^3 \mathfrak{p}_{kj}(\mathfrak{y}_k^2 - \mathfrak{y}_j^3) = 0, \end{aligned} \tag{3.28}$$

wobei die oberen Indizes die Summation über die verschiedenen Bereiche andeuten sollen usw. Den letzten Term kann man (abgesehen vom Versetzungskern) auf folgende Weise linearisieren: Man führt die Vorverschiebungen (3.25) nach (3.5) durch

$$\mathfrak{y}_k^2 = -d\mathfrak{e}_1 + \mathfrak{z}_k^2 \quad \text{und} \quad \mathfrak{y}_j^3 = \mathfrak{z}_j^3 \tag{3.29}$$

ein, und formt den letzten Term in (3.28) mit Hilfe des Translationstheorems (3.4) um in

$$\mathfrak{p}_{kj}(\mathfrak{z}_k^2 - \mathfrak{z}_j^3 - d\mathfrak{e}_1) = \mathfrak{p}_{k-\mathfrak{e}_1,j}(\mathfrak{z}_k^2 - \mathfrak{z}_j^3). \tag{3.30}$$

Da die $(\mathfrak{z}_k^2 - \mathfrak{z}_j^3)$ in weiter Entfernung von der Versetzungslinie sehr klein werden, kann man (3.30) nach diesen Differenzen entwickeln, und nach dem linearen Glied abbrechen

$$\mathfrak{p}_{k-\mathfrak{e}_1,j}(\mathfrak{z}_k^2 - \mathfrak{z}_j^3) = \mathfrak{p}_{k-\mathfrak{e}_1,j}^0 + \mathfrak{A}_{k-\mathfrak{e}_1,j} \cdot (\mathfrak{z}_k^2 - \mathfrak{z}_j^3) + \cdots. \tag{3.31}$$

Die Punkte in (3.31) deuten an, daß man gegebenenfalls noch nichtlineare Terme in der Entwicklung mitführen muß, wenn man gerade die Wechselwirkung eines Atoms k mit einem innerhalb des Kerns gelegenen Atom j betrachtet.

Da wir die Vorverschiebungen nur zum Nachweis der Gültigkeit von (3.31) benötigt haben, sonst aber ohne Vorverschiebungen auskommen, können wir in (3.31) mittels (3.29) von den z wieder auf die y zurückgehen. Zusammen mit (3.30) entsteht dann die Beziehung

$$\mathfrak{p}_{kj}(\mathfrak{y}_k^2 - \mathfrak{y}_j^3) = \mathfrak{p}_{k-\mathfrak{e}_1,j}^0 + \mathfrak{A}_{k-\mathfrak{e}_1,j} \cdot (\mathfrak{y}_k^2 - \mathfrak{y}_j^3) + \mathfrak{A}_{k-\mathfrak{e}_1,j} \cdot d\mathfrak{e}_1 + \cdots, \tag{3.32}$$

die man jetzt in (3.28) einsetzen kann. Freilich ist damit in (3.28) die ideale Anordnung der Matrixelemente zerstört. Dem kann man aber leicht durch die Addition von *Identitäten* abhelfen. Das Verfahren ist so offensichtlich, daß wir sogleich sein Ergebnis anschreiben

$$\begin{aligned} \sum_j \mathfrak{A}_{kj} \cdot (\mathfrak{y}_k - \mathfrak{y}_j) &= \sum_j{}^3 [\mathfrak{p}_{kj}^0 - \mathfrak{p}_{k-\mathfrak{e}_1,j}^0 + (\mathfrak{A}_{kj} - \mathfrak{A}_{k-\mathfrak{e}_1,j}) \cdot (\mathfrak{y}_k - \mathfrak{y}_j)] \\ &\quad + \sum_j{}^3 \mathfrak{A}_{k-\mathfrak{e}_1,j} \cdot d\mathfrak{e}_1 - \sum{}^{K'} \mathfrak{h}_{kj}(\mathfrak{y}_k - \mathfrak{y}_j). \end{aligned} \tag{3.33}$$

Auf beiden Seiten der Gl. (3.28) wurde hierzu

$$\sum_j{}^3 [\mathfrak{p}_{kj}^0 + \mathfrak{A}_{kj}(\mathfrak{y}_k - \mathfrak{y}_j)] \tag{3.34}$$

addiert, auf der linken Seite alle linearen Glieder zur idealen Gittermatrix zusammengezogen, während auf der rechten Seite alle nicht zu dieser Matrix gehörigen Glieder gesammelt wurden. Der Strich an der Summe über die Kernanteile bedeutet, daß sich darunter auch Anteile der Entwicklung (3.32) befinden können, die eine andere funktionale Gestalt als die übrigen Nichtlinearitäten besitzen, aber formal in der letzten Summe in (3.33) nicht ausgezeichnet sind. Alle zur unmittelbaren Unterscheidung nicht mehr nötigen oberen Bereichsindizes wurden in (3.33) unterdrückt. Man erkennt, daß wir damit im Bereich B_2 die übliche Form einer linearen Gitterreaktion mit Zwangskräften erreicht haben.

III. Gleichungen im Bereich B_3 außerhalb des Versetzungskerns. Mit ganz analogen Operationen wie beim Bereich B_2 kann man aus (3.26) für B_3 die Gleichungen

$$\sum_j \mathfrak{A}_{kj} \cdot (\mathfrak{y}_k - \mathfrak{y}_j) = \sum_j{}^2 [\mathfrak{p}_{kj}^0 - \mathfrak{p}_{k+\mathfrak{e}_1,j}^0 + (\mathfrak{A}_{kj} - \mathfrak{A}_{k+\mathfrak{e}_1,j}) \cdot (\mathfrak{y}_k - \mathfrak{y}_j)] \\ - \sum_j{}^2 \mathfrak{A}_{k+\mathfrak{e}_1,j} \cdot d\mathfrak{e}_1 - \sum{}^{K'} \mathfrak{h}_{kj}(\mathfrak{y}_k - \mathfrak{y}_j) \qquad (3.35)$$

herleiten, wenn man auch hier schließlich die Bereichsindizierung unterdrückt, und für die Summe über die Kernanteile dieselbe Vereinbarung wie bei B_2 trifft.

IV. Gleichungen im Versetzungskern. In diesem Bereich muß man auf jeden Fall die Nichtlinearitäten berücksichtigen. Bei einer Entwicklung lauten die Gleichungen dann

$$\sum_j \mathfrak{A}_{kj} \cdot (\mathfrak{y}_k - \mathfrak{y}_j) = - \sum_j \mathfrak{h}_{kj}(\mathfrak{y}_k - \mathfrak{y}_j). \qquad (3.36)$$

Die Abgrenzung dieses Bereichs ist in gewisser Weise willkürlich und wird viel mehr durch Genauigkeitsansprüche an die Rechnung, als durch physikalische Überlegungen bestimmt. In einfachsten Rechnungen wird man hierzu natürlich nur jene, der Versetzungslinie am nächsten liegenden Atome berücksichtigen, doch kann man jederzeit den Kern auch weiter ausdehnen.

Betrachtet man die Gln. (3.27), (3.33), (3.35) und (3.36) zusammen, so stellt man fest, daß sie ein System von Gittergleichungen mit idealer Reaktionsmatrix bilden müssen, da wir von einer idealen Numerierung der Gitterfreiheitsgrade in (3.26) ausgegangen sind, und im Laufe der Rechnung kein einziger Freiheitsgrad eliminiert oder hinzugefügt wurde. Es ist uns daher gelungen, das System der Gleichgewichtsbedingungen (3.26) für den Fall einer Stufenversetzung auf die Gleichgewichtsbedingungen eines idealen Gitters mit *linearer* Reaktionsmatrix abzubilden, welches unter dem Einfluß von Zwangskräften steht. Im Unterschied zur Vorverschiebungstheorie wurde dieses Ziel jedoch erreicht, ohne von einem kompletten Vorverschiebungssystem Gebrauch zu machen. Verwendet wurden nur, wie wir gefordert hatten, die asymptotischen Relationen (3.25). Der Kunstgriff, der uns dies letztlich ermöglicht, besteht darin, daß man zur Ableitung derart linearisierter Gleichungen nicht die absolute Kleinheit der Verschiebungen fordern muß, sondern daß vielmehr die absolute Kleinheit der Verschiebungsdifferenzen hierzu allein bereits ausreicht. Demgemäß erhalten wir hier auch einen auffallenden Unterschied zur Vorverschiebungstheorie: während in jener Theorie die z_k wirklich nurmehr kleine Korrekturen der Vorverschiebungen waren, die in die tatsächlichen Gleichgewichtslagen des Störzustandes führten, erwarten wir für das erweiterte Verfahren y_k, die auch in der Größenordnung der Gitterkonstanten liegen können, d. h. plastische Verschiebungen miteinschließen. Irgendeine Einschränkung ihrer Größe wurde bei den vorliegenden Gleichungen *nicht* vorgenommen, und darf der Natur der Sache nach auch nicht gefordert werden, da die y_k bzw. y_j die vollen Verschiebungen aus den idealen Ruhelagen des Kristalls in den endgültigen Gleichgewichtszustand der Versetzungskonfiguration beschreiben. Die dabei auftretenden nichtlinearen Effekte sind in den Zwangskräften zusammengefaßt. Jedoch werden diese Zwangskräfte nicht einfach durch höhere Entwicklungsglieder charakterisiert, sondern durch Umformungen auf eine für die Rechnung faßbare Darstellung gebracht. Betrachtet man nämlich die Gln. (3.27), (3.33), (3.35) und (3.36), so sieht man, daß außerhalb der Bereiche B_2 und B_3 nur Zwangskräfte auftreten, welche vom Versetzungskern herrühren, und demnach weiter außen vernachlässigt werden können. Daraus folgt, daß Zwangskräfte im wesentlichen nur im Versetzungskern und längs des Schnittes auftreten, wogegen die übrigen Freiheitsgrade keinen Zwangskräften unterliegen. Mit dieser Lokalisation ist aber die Grundlage für unser Lösungsverfahren geschaffen, indem man die in Kap. II für nulldimensionale Störungen entwickelte Methode der *Umkehrtransformation* mit nachfolgender Iteration auf das Gleichungssystem der Stufenversetzung anwendet. Die Tatsache, daß die Zwangskräfte hier nicht punkt- oder linienförmig, sondern an einer ganzen Ebene angreifen, verhindert die Rechnung nicht. Man kann daher die y_k nicht nur grundsätzlich, sondern auch praktisch als berechenbar ansehen. Für weitere Einzelheiten verweisen wir auf die Rechnungen von F. Wahl [*23*]. Es braucht hier wohl kaum erwähnt zu werden, daß durch die vorliegende Theorie die Verzerrungssingularitäten im Kern der Versetzung, wie sie sich durch die lineare Elastizitätstheorie ergeben, eliminiert werden. Anders dagegen steht es mit jenen Singularitäten, die an der Oberfläche des Kristalls beim Übergang zu unendlich großem Kristallvolumen auftauchen. Diese treten auch in der Gitterstatik auf, da wir ja für die Fernbereiche die nichtlineare Theorie auf eine lineare abgebildet haben. Man darf in diesem Fall den Fehler aber nicht in der Theorie suchen, sondern muß sich vielmehr klarmachen, daß der unendlich große Kristall physikalisch nicht realisiert werden kann. Verwendet man an seiner Stelle einen endlichen Kristall mit freien Rändern, so treten atomistisch überhaupt keine Singularitäten mehr auf, d. h. man erhält physikalisch sinnvolle realistische Lösungen der Gittergleichungen. Aus Raumgründen können wir auf diese Frage jedoch nicht weiter eingehen.

Genau wie bei den nulldimensionalen Störungen bleibt schließlich nach der Berechnung der Verschiebungen noch die Frage nach der Bildungsenergie einer Versetzung übrig. Diese wird wieder durch (2.39) definiert, wobei jetzt die Ruhelagen des Störzustandes X_k^r durch eine Versetzungskonfiguration gegeben werden. Die Auswertung dieses Ausdrucks vollzieht sich in der gleichen Weise, wie das für den nulldimensionalen Fall in § 12 beschrieben wurde, nur werden zusätzlich noch die plastischen Verschiebungen bei der Umformung des Energieausdrucks benutzt. Wir verweisen auch hier auf die genaue Darstellung bei F. WAHL [*22*].

Die hier geschilderten einfachsten Fälle von nulldimensionalen Störungen und die Methoden zur Berechnung ihrer Gleichgewichtszustände lassen sich auch auf kompliziertere Anordnungen übertragen. Das wurde von E. FUES und F. WAHL [*5*] durchgeführt. Wir gehen auf diese Erweiterungen jedoch nicht ein, da sie nur die geometrischen Grundlagen der Rechnung betreffen, nicht aber den Gehalt der Methoden an sich.

§ 29. Gitterenergie bei angeregten Elektronenzuständen

Nachdem wir die Gitterstatik der Versetzungen unter der Annahme einer klassischen, aus Ersatzpotentialen aufgebauten Gitterenergie untersucht haben, stehen wir vor der Aufgabe, auch für die eindimensionalen Störungen die explizite Elektron-Gitter-Kopplung in die Rechnung aufzunehmen. Man wird leicht verstehen, daß hierbei zufolge der veränderten Erzeugungsoperationen der eindimensionalen Störungen, nicht dieselben Methoden wie bei nulldimensionalen Gitterfehlern angewendet werden können. Bei jenen wird die Störung durch Erzeugungs- und Vernichtungsprozesse weniger Teilchen im Gitter hervorgerufen, und wegen der räumlich begrenzten Ausdehnung der nulldimensionalen Störungen entstehen vor allem *lokalisierte* Elektronenzustände, deren Niveaus meistens vollständig getrennt von jenen der Gitterumgebung auftreten. Die Gitterumgebung selbst wird nur schwach gestört, und durch die klassische Elektronenpolarisation, sowie die Verrückung gesamter Gitterbausteine beschrieben. In weiten Bereichen tritt also die quantenmechanisch bedingte Elektronenstruktur der Ionen gegenüber einer klassischen Beschreibung in den Hintergrund. Anders verhält es sich bei den eindimensionalen Störungen. Sie entstehen durch plastische Verschiebungen der Kristallteile gegeneinander, wobei in der neuen Gleichgewichtslage ein Zustand mit inneren Spannungen zurückbleibt. Hier kann man wegen der viel stärkeren und ausgebreiteteren Deformationen nicht unmittelbar Bereiche stark oder schwach gestörter Gitterteile angeben, und elektronisch abseparieren. Vielmehr wird die kollektive Mitwirkung der Elektronen am Gesamtpotential erst nach der Erzeugungsoperation abzuschätzen sein, so daß wir vorerst jedes Ion mit seinen gesamten Elektronen explizit quantenmechanisch erfassen müssen. Demgemäß wird ein Ansatz für die Elektronenwellenfunktion jetzt sämtliche Gitterelektronen explizit enthalten, und deshalb mit Notwendigkeit u. a. eine quantenmechanische Behandlung der Elektronenpolarisation herbeiführen.

Um die elektronische Struktur eines jeden Ions einzubeziehen, gehen wir von der Gesamtwellenfunktion des Kristalls aus. Man weiß, daß diese für den Grundzustand in guter Näherung durch eine SLATER-Determinante wiedergegeben wird. Um die folgenden Rechnungen nicht zu komplizieren, verwenden wir sogar noch einfacher eine HARTREE-Produktfunktion. Diese lautet

$$\psi_0 = \psi_1(x_{i1}) \ldots \psi_N(x_{iN}), \tag{3.37}$$

wobei die x_{ij} die Freiheitsgrade der am j-ten Ion lokalisierten Elektronen seien, und ψ_j die Wellenfunktion dieses Ions. Im Grundzustand des Gesamtkristalls müssen sämtliche Ionen einzeln ihren energetisch tiefstmöglichen Zustand einnehmen. Die Wellenfunktion (3.37) ist nur dann eine gültige Beschreibung des Kristallzustandes, wenn die Gitterionen sich an den Orten $\mathfrak{X}_j = \mathfrak{X}_j^0$ aufhalten, d. h. der Kristall die ideale Struktur einnimmt. Verändert der Kristall sein inneres Gefüge durch Ionenverschiebungen, so muß (3.37) ergänzt werden. Genau diesen Vorgang, der bei der Deformation des Kristalls zur Bildung einer eindimensionalen Störung auftritt, wollen wir mathematisch beschreiben.

Dazu betrachten wir nicht nur den Grundzustand eines einzelnen Ions, sondern auch angeregte Zustände, die insgesamt durch die Wellenfunktionen $\psi_{h_j}(x_{ij})$ beschrieben werden mögen. Zufolge der Festsetzung des idealen Kristalls sind diese Wellenfunktionen auf den Mittelpunkt des j-ten Ions $\mathfrak{X}_j^0$ bezogen. Wir bilden daraus durch Nullpunktsverschiebung den allgemeineren Satz von Wellenfunktionen $\psi_{h_j}(x_{ij}, \mathfrak{X}_j)$. Diese Funktionen sind nun auf das Zentrum $\mathfrak{X}_j$ bezogen, d. h. die gesamte Elektronenhülle des j-ten Ions wurde starr nach $\mathfrak{X}_j$ verschoben. Für den Grundzustand sind sämtliche $h_j = 0$, und das Produkt (3.37) lautet jetzt allgemeiner

$$\psi_0 = \psi_0(x_{i1}, \mathfrak{X}_1) \ldots \psi_0(x_{iN}, \mathfrak{X}_N). \tag{3.38}$$

Setzt man in (3.38) alle $\mathfrak{X}_j = \mathfrak{X}_j^0$, so erhält man (3.37) zurück. Verschiebt man aber die Ionen aus den Ruhelagen des idealen Gitters, so ist (3.38) *keine* gültige Beschreibung des Kristallzustandes mehr, und wir müssen weitere Funktionen hinzufügen, wenn wir für beliebige X_j den Zustand des Kristalls erfassen wollen. Diese Zusatzfunktionen werden durch die angeregten Ionenwellenfunktionen gegeben. Setzt man

$$\psi_h = \psi_{h_1}(x_{i1}, \mathfrak{X}_1) \ldots \psi_{h_N}(x_{iN}, \mathfrak{X}_N), \tag{3.39}$$

wobei der Vektorindex $h = (h_1, \ldots, h_N)$ die Anregungsquantenzahlen h_j der einzelnen Ionen in beliebigen Kombinationen enthält, so lautet die Entwicklung der Wellenfunktion für den verzerrten Kristall

$$\psi_n = \beta_h^n(X_k)\, \psi_h. \tag{3.40}$$

In der Summe (3.40) ist auch der Nullvektor von h, d. h. der Grundzustand enthalten. Der Index n deutet die Möglichkeit von Anregungszuständen des Gesamtkristalls an. Um (3.40) zu interpretieren, erinnern wir uns an unsere Diskussion in § 7 und § 17 über umgebungsabhängige und -unabhängige Ionenwechselwirkungen. Die Elektronenfunktionen (3.39) führen nun auf umgebungsunabhängige Wechselwirkungen der Ionen untereinander. Sie werden starr mit dem j-ten Ion verschoben, und es ist nichts in ihnen, was auf eine Veränderung der Umgebung reagieren könnte, da sie allein von der ihnen zugehörigen Kernkoordinate X_j abhängen. Dies ändert sich mit dem Ansatz (3.40). In ihm sind zwar die einzelnen Funktionen nach wie vor starr an ihre Ionen gebunden, wegen der Abhängigkeit der Entwicklungskoeffizienten β_h^n von der Gitterkonfiguration aber, gleiten die Ionen auf ihrer eigenen Energieskala im Laufe der Bewegung hin und her, was auf eine energetische Flexibilität in Abhängigkeit von der Umgebung hinausläuft, und damit den Effekt der Elektronenpolarisation beschreibt.

Die Darstellung (3.40) ist eine den eindimensionalen Problemen angepaßte Verallgemeinerung des Reihenansatzes (2.45). Da bei eindimensionalen Problemen von vornherein die Schwerpunktsbewegung der Ionen in den Elektronenfunktionen berücksichtigt werden muß, um überhaupt sinnvolle Ansätze zu erhalten, kann man die ψ_h nicht mehr als Funktionen der x_i allein anschreiben, sondern muß bereits in sie auch die X_k aufnehmen.

Mit diesem allgemeineren Ansatz (3.40) gehen wir nun daran, die Gitterenergie $U_n(X_k)$ des Kristalls zu bilden. Dazu müssen wir den adiabatischen Hamilton-Operator der Elektronengleichung (2.40) heranziehen. Der Einfachheit halber bildenwir zunächst mit (3.38) den Energieerwartungswert. Zufolge der speziellen Gestalt der Wechselwirkungsenergien der beteiligten Teilchen erhält man aus (2.40)

$$U_0(X_k) \equiv U_0 + \sum_{k,j} P(|\mathfrak{X}_k - \mathfrak{X}_j|). \tag{3.41}$$

Die Gitterenergie zerfällt also in eine Konstante und eine Summe von Zweiteilchenwechselwirkungsenergien. Die Konstante gibt die Summe der inneren Energien der einzelnen Ionen, während der Wechselwirkungsterm von der Wechselwirkung verschiedener Ionen mit ihren Elektronenhüllen und Kernladungen herrührt. Da sich sämtliche Ionen mit einer starren, d. h. umgebungsunabhängigen Wellenfunktion im Grundzustand befinden, kann es nur einen einzigen Typus von Wechselwirkungsfunktion geben, und dieser ist allein vom Abstand der Ionen abhängig.

Die mit (3.38) konstruierte Wellenfunktion entspricht genau der Annahme starrer Ersatzpotentiale. Auch bei ihnen werden die Elektronenhüllen mitsamt den Ionen starr verschoben, und sind umgebungsunabhängig. Der mit (3.38) gebildete Energieerwartungswert (3.41) muß also für einen idealen Kristall mit dem klassischen Energieausdruck (2.16) bis auf eine Konstante übereinstimmen:

$$U_0 + \sum_{k,j} P(|\mathfrak{X}_k - \mathfrak{X}_j|) \equiv U_0 + P(X_1, \ldots, X_N). \tag{3.42}$$

Gehen wir nun zur allgemeinen Darstellung (3.40) über, so enthält auch diese nur starre Elektronenfunktionen, und damit umgebungsunabhängige Wechselwirkungen, aber zufolge der β_h^n ist eine von der jeweiligen Gitterkonfiguration abhängige Auswahl passender Wechselwirkungen möglich und eine hinreichende energetische Flexibilität gesichert. Bei der Bildung des Erwartungswertes von (2.40) mit (3.40) entsteht jetzt

$$U_n(\beta_h^n, X_k) = U_h \beta_h^{n2} + \sum_{l,h} P^{lh}(X_1, \ldots, X_N) \beta_l^n \beta_h^n. \tag{3.43}$$

Dabei ist U_h die innere Energie des Gitters im h-ten Zustand, und in der Summe stehen die Wechselwirkungsenergien der Gitterionen in den verschiedenen elektronischen Zuständen. Es ist $P^{00} = P(X_k)$. Sämtliche Ionenfunktionen wurden für $X_j = X_j^0$ als orthogonal untereinander vorausgesetzt. Für $X_j \neq X_j^0$ treten dann noch Nichtorthogonalitätsglieder auf, die ebenfalls in der Summe enthalten sein mögen. Mit (3.48) hat man die allgemeinste Form der Gitterenergie bei deformierbaren Elektronenhüllen erreicht. Stillschweigend wurde hierbei vorausgesetzt, daß es sich allein um einen idealen Kristall handelt, dessen Gitterionen aber als beweglich angesehen werden, und daher die Erzeugung einer Störung zulassen, d. h. um einen solchen Kristall, bei dem weder Teilchen im Gitter erzeugt noch vernichtet wurden, wie z. B. im Fall einer Schraubenversetzung. Diese Annahme wollen wir aus Gründen der Einfachheit beibehalten. (3.43) gibt dann eine quantenmechanisch *vollständige* Beschreibung der adiabatischen Elektron-Gitter-Kopplung. Sie ist der geeignete Ausgangspunkt, von dem aus man die quantenmechanische Rechnung der eindimensionalen Gitterstörungen beginnen kann. Der noch variable Index n deutet an, daß dabei nicht nur der Grundzustand, sondern auch angeregte Zustände berechnet werden können.

§ 30. Minimalforderungen bei deformierbaren Elektronenhüllen

Die allgemeine Darstellung der Gitterenergie (3.30) mit variablen Elektronenzuständen und variablen Kernkoordinaten, versetzt uns in die Lage eine eindimensionale Störung zu erzeugen, und durch eine Minimalforderung ihre Gitterkonfiguration festzulegen. Es gelten dabei genau dieselben Betrachtungen wie in § 15, so daß wir die Minimalbedingungen (2.44) und (2.46) einfach auf (3.43) übertragen können. Bei der Variation nach den Gitterfreiheitsgraden entsteht so

$$\sum_j \mathfrak{p}_{kj}(\mathfrak{y}_k - \mathfrak{y}_j) = \sum_{l,h} \mathfrak{p}_k^{lh}(y_1, \ldots, y_N) \beta_l^n \beta_h^n \beta_0^{n-2}, \tag{3.44}$$

wenn man mit dem nichtverschwindenden β_0^{n2} durchdividiert, und die Substitution (2.13) vornimmt. Die linke Seite ist zufolge (3.41) und (3.42) die nicht entwickelte Gitterreaktion des Idealkristalls mit starren Potentialen, also ein wohlbekannter Ausdruck.

Obwohl nach Vereinbarung nur ein idealer Kristall verwendet wird, d. h. Q_n und damit k_k gleich Null ist, verschwinden jetzt im Gegensatz zu (2.18) die Kräfte auf der rechten Seite von (3.44) nicht mehr. Dies spiegelt wider, daß beim plastischen Verformen des Kristalls gewissermaßen neue Potentiale entstehen, die als Zusatzkräfte zu den idealen klassischen Gitterkräften hinzukommen. Man hat damit die Elektronenpolarisation des ganzen Gitters als Folge einer Verzerrung quantitativ erfaßt. (3.44) gibt aber nur die ,,Gitterseite" des Vorgangs wider. Auch die Veränderung der Elektronenfunktionen unterliegt der Minimalforderung. Damit man das Minimum der Gitterenergie auch wirklich erreicht, müssen noch die Variationen nach den β_h^n ausgeführt werden, die den Anteil einer elektronischen Konfiguration am Gesamtzustand angeben. Für die Summe der Beteiligungen der einzelnen Wellenfunktionen, und damit der einzelnen Potentiale gilt die Normierungsbedingung

$$\sum_h \beta_h^{n2} = 1, \tag{3.45}$$

die wir hier im Gegensatz zur Entwicklung (2.43) explizit einführen. Variation von (3.43) gemäß (2.44) unter der Nebenbedingung (3.45) liefert die Gleichungen

$$\beta_l^n U_l + \sum_h P^{lh}(y_1, \ldots, y_N)\, \beta_h^n = \lambda\, \beta_l^n. \tag{3.46}$$

Zur Berechnung der Versetzung mit variablen Elektronenzuständen muß man also jetzt die Gln. (3.44), (3.45) und (3.46) lösen. Ihre weitere Behandlung erfolgt mit einem Iterationsverfahren. Für den Grundzustand setzen wir z. B. $\beta_0^{0(0)} = 1$, $\beta_h^{0(0)} = 0$. Dann geht aus (3.44) beim Einsetzen dieser Anfangswerte die Minimalbedingung der klassischen Gitterenergie hervor, deren Auflösung für Versetzungen wir bereits kennengelernt haben. Denken wir uns diese Auflösung ausgeführt, so werden danach die gewonnenen klassischen Ruhelagen der Versetzung in (3.46) eingesetzt, und unter der Nebenbedingung (3.45) die erste Näherung für die β_h^0 berechnet usw.

Bei dieser Iteration wird man sich immer noch gewissen Beschränkungen unterwerfen, um das System (3.46) nicht unhandlich zu gestalten. Z. B. wird man nur solche Funktionen ψ_h zulassen, bei denen ein einziges Ion mit der Nummer j angeregt ist, und alle anderen Ionen sich im Grundzustand befinden. Die Superposition von Wellenfunktionen, bei denen dieser angeregte Ionenzustand an beliebigen Ionen fixiert ist, bildet dann eine erste Mannigfaltigkeit von Elektronenfunktionen, mit denen das System (3.46) ähnlich den klassischen Gittergleichungen (2.22) gelöst werden kann. Angeregte Zustände der Versetzung können neben dieser, die Grundpolarisation des Gitters beschreibenden Funktionenreihe, durch spezielle Annahmen konstruiert werden, die aus der Symmetrie der Anordnung folgen. Überhaupt muß man sich nur in bezug auf die Grundpolarisation des Gitters der in (3.39) definierten Funktionen bedienen, kann dann aber für angeregte Versetzungszustände die Reihe (3.40) in passender Weise fortsetzen. Hierauf gehen wir im einzelnen nicht weiter ein. Eine Erörterung dieser vielfältigen Möglichkeiten würde den Rahmen der Arbeit überschreiten. Man findet bei F. Wahl [*24*] die mathematische Behandlung ausführlich dargestellt.

Kapitel IV

Dynamische Elektron-Gitter-Kopplung

§ 31. Wellenfunktionen mit frei variablen Gitterkoordinaten

Die bisher betriebene Elektron-Gitter-Statik liefert im Endergebnis die Gitterruhelagen X_k^n des Gitters im n-ten Störzustand, und die Entwicklungskoeffizienten $\beta_l^n = \beta_l^n(X_k^n)$ der zugehörigen Elektronenwellenfunktionen, sowie die Gitterenergie $U_n(X_k^n)$ des n-ten Störzustandes. Dieser statischen Gitterkonfiguration, die einer klassischen Temperatur $T = 0$ der Gitterkerne entspricht, kann sich nach § 6 im allgemeinsten Fall noch eine *Bewegung* des Gitters überlagern, welche Temperaturbewegung genannt werden kann, weil sie häufig — aber nicht immer — durch Übernahme von Energie aus einem Wärmebad erzeugt wird. Da sich der Kristall für $T = 0$ in einem Energieminimum in bezug auf die Gitterkoordinaten und Elektronenwellenfunktionen befindet, so führt jede Bewegung des Gitters in unmittelbarer Nachbarschaft des Grundzustandes auf eine höhere Energie, und als Folge davon entstehen Kräfte, welche den Kristall in die Grundzustandskonfiguration zurückzuzwingen suchen. Als Reaktion auf von außen erzwungene Auslenkungen der Gitterbausteine aus ihren Ruhelagen, bilden sich daher im Verein mit den rücktreibenden Kräften des Gitters *Gitterschwingungen* aus, die die Tendenz des Kristalls zur Erhaltung seiner Struktur kennzeichnen. Mit diesen Gitterschwingungen wollen wir uns, und zwar sogleich quantenmechanisch, im folgenden beschäftigen. Sie werden durch die bisher noch nicht benutzte Gl. (1.8) beschrieben. Zur Integration von (1.8) muß aber die Energie $U_n(X_k)$ vollständig, d. h. für beliebige X_k, und nicht nur wie in der Statik für $X_k = X_k^n$ bekannt sein. Die vollständige Variabilität ist nur insofern einer Einschränkung unterworfen, als es sich um Auslenkungen handeln soll, die das Konzept der Kristallstruktur nicht zerstören, d. h. auf die nächste Umgebung der Gitterruhelagen beschränkt sind. Innerhalb dieser, für den Einzelfall noch näher zu definierenden Umgebung, sollen sie aber völlig frei sein.

Da $U_n(X_k)$ die Energie der Elektronengleichung (1.7) ist, so müssen wir uns erneut mit dieser Gleichung beschäftigen. Diesmal aber unter dem Gesichtspunkt frei variabler Gitterkoordinaten. Selbstverständlich wurden die Rechnungen der Gitterstatik schon im Hinblick auf diese Verallgemeinerung aufgestellt, so daß wir die dortigen Konzeptionen ohne Änderung übernehmen können. Das betrifft zunächst die Elektronenwellenfunktionen. Nach § 15 setzen wir für die nulldimensionalen Störungen die Reihe (2.45), und für die eindimensionalen Störungen die Reihe (3.40) an. (2.45) und (3.40) unterscheiden sich insofern, als in (3.40) die Entwicklungsfunktionen ψ_h selbst, noch von den X_k abhängig sind. Das war im statischen Fall für die verhältnismäßig großen Erzeugungsdeformationen bei eindimensionalen Störungen notwendig, um der Reihenentwicklung einen physikalischen und praktischen Sinn zu geben. *Nachdem* diese Erzeugungsoperationen aber ausgeführt sind, und es sich nurmehr um kleine willkürliche Auslenkungen aus den statischen Gitterlagen handelt, können wir auf die direkte Abhängigkeit der ψ_h von den überlagerten Auslenkungen verzichten, und setzen in den Wellenfunktionen $X_k = X_k^n$, ohne die Reihe dadurch ihrer Bedeutung zu berauben. Sowohl in (2.45) als auch in (3.40) hängen dann nur die β_l^n bzw. β_h^n von den X_k ab, und die Gitterdynamik reduziert sich bei den Wellenfunktionen für beide Arten von Störungen auf dasselbe Problem: Es müssen die Entwicklungskoeffizienten β_l^n bzw. β_h^n für beliebig variable X_k bestimmt werden.

Zur Bestimmung dieser Entwicklungskoeffizienten können wir nach wie vor die Forderung benutzen, daß die Elektronen-Gitter-Energie U_n in bezug auf die gewählte Elektronenfunktion, d. h. die hier allein noch verfügbaren β_l^n, minimal sein muß, gleichgültig welche Werte die X_k besitzen. Das ergab die Minimalbedingung (2.46). Aus ihr können die Entwicklungskoeffizienten und damit die Wellenfunktionen, sowie daraus $U_n(X_k)$ berechnet werden.

Bei der Anwendung der Bedingung (2.46) unter freier Variation der Kernkoordinaten, berücksichtigen wir, daß diese Variation auf die nähere Umgebung der Ruhelagen beschränkt ist. Da es sich dann um kleine Auslenkungen handelt, können wir die Zerlegung (2.1) verwenden, und die Funktionen β_l^n in eine rasch konvergente Reihe nach den ξ_k^n entwickeln, was auf

$$\beta_l^n = \beta_l^n(X_k^n) + \beta_{lk}^n \xi_k^n + \cdots \tag{4.1}$$

führt.

Da wir die $\beta_l^n(X_k^n)$ als bekannt voraussetzen können, müssen wir, um die vollständige Wellenfunktion zu erhalten, nur noch die höheren Entwicklungskoeffizienten der Reihe (4.1) berechnen. Das geschieht auf folgende Weise: Wir setzen (2.1) und (4.1) in (2.46) ein, und entwickeln ebenfalls in eine Potenzreihe nach den ξ_k^n

$$\frac{\partial}{\partial \beta_l^n} U_n = \frac{\partial}{\partial \beta_l^n} U_{n/X_k = X_k^n} + \left(u'_{lk} + u''_{lj} \beta_{jk}^n\right) \xi_k^n + \cdots = 0. \tag{4.2}$$

Wegen der statischen Gleichgewichtsbedingung verschwindet das erste Glied der Entwicklung in (4.2). Die weiteren Glieder sind die Ableitungen nach den X_k und β_l^n, wobei für die β_l^n sogleich die Reihe (4.1) eingesetzt wird. Die Glieder höherer Ordnung wurden durch Punkte in (4.2) angedeutet.

Bis auf die willkürlichen ξ_k^n und die unbekannten $\beta_{lk}^n \ldots$ usw. sind sämtliche Koeffizienten $u'_{lk}, u'_{lj}, \ldots$ usw. der Reihenentwicklung (4.2) eindeutig festgelegt, da U_n als Funktion der X_k und der β_l^n eindeutig gegeben ist. Hierbei spielt keine Rolle, daß die Funktionen β_l^n selbst noch nicht bekannt sind. In den Ableitungen von U_n an den Stellen X_k^n braucht man nur die Werte $\beta_l^n(X_k^n)$, welche die Statik liefert. Daher kann man die unbekannten $\beta_{lj}^n \ldots$ usw. mit Hilfe des wohldefinierten Systems (4.2) berechnen. Da nämlich die X_k und damit die ξ_k^n frei variabel sein sollen, sind die Gl. (4.2) dann und nur dann erfüllbar, wenn die Koeffizienten der Potenzentwicklung nach den ξ_k^n einzeln verschwinden. Das ergibt für die Glieder erster Ordnung die Gleichungen

$$u''_{lj} \beta_{jk}^n + u'_{lk} = 0, \tag{4.3}$$

welche zur Berechnung der β_{jk}^n ausreichend sind.

In analoger, nur komplizierterer Weise folgen die höheren Entwicklungskoeffizienten der Reihe (4.1) aus Bedingungen, die mit dem Verschwinden von Gliedern höherer Ordnung in (4.2) zusammenhängen. Aus der Gesamtheit dieser Gleichungen kann man dann sämtliche Entwicklungskoeffizienten von (4.1) berechnen, und hat damit die Wellenfunktionen der Elektronen $\psi_n(x_i, X_k)$ bzw. zufolge (2.1) $\psi_n(x_i, X_k^n, \xi_k^n)$ gewonnen.

Im allgemeinen ist es aber nicht notwendig, sämtliche Gleichungen zu lösen, was praktisch unmöglich wäre. Vielmehr wird man sich auf die linearen Gln. (4.3) und gegebenenfalls noch die Gleichungen für die Koeffizienten der quadratischen Glieder beschränken. Dies läßt sich aus der vorausgesetzten Kleinheit der ξ_k^n rechtfertigen, dann aber auch aus dem Charakter der Störungen. Insbesondere bei nulldimensionalen Störungen handelt es sich um eine so geringe Zahl expliziter Elektronen, daß man ihre Einwirkung auf die Gitterbewegung in linearer Näherung gut erfassen kann. Bei eindimensionalen Störungen allerdings, bei denen von vornherein alle Gitterelektronen explizit beschrieben werden, muß man auch die quadratischen Glieder heranziehen, da die Elektronenbindung sämtlicher Elektronen einen merklichen Beitrag zu den rücktreibenden Kräften liefert. Diese Fragen müssen im Einzelfall diskutiert werden. Im ganzen gesehen ist man jedenfalls nicht gezwungen, zu höheren als quadratischen Gliedern in der Entwicklung (4.1) zu gehen, da man damit alle wesentlichen Effekte einbezieht.

Schließlich machen wir noch darauf aufmerksam, daß die Reihenansätze (2.45) und (3.27) nicht durch die Theorie gefordert werden. Da wir sämtliche Bedingungen als Variationsbedingungen formuliert haben, können dieselben Überlegungen auch an anderen zur Variation brauchbaren Vergleichsfunktionen ausgeführt werden, und verändern die Gültigkeit der hier gegebenen Ableitungen nicht.

§ 32. Quantenmechanische Gitterdynamik

Nach § 31 ist es möglich die Elektronenwellenfunktionen für beliebige Auslenkungen der Gitterbausteine aus ihren Ruhelagen zu berechnen. Wir wollen im folgenden voraussetzen, daß dies für den jeweils vorliegenden Fall geschehen ist, wenn wir auch in Kap. VI noch eine elegantere Methode für derartige Berechnungen kennenlernen werden. Es ist dann auch möglich die zugehörige potentielle Gitterenergie $U_n(X_k)$ für beliebige Auslenkungen aus den Ruhelagen anzugeben, in dem man für nulldimensionale Gitterstörungen mit $\psi'_n(x_i, X_k^n, \xi_k^n)$ den Erwartungswert von (2.43) oder für eindimensionale Gitterstörungen mit $\psi_n(x_i, X_k^n, \xi_k^n)$ den Erwartungswert von (2.40) bildet. In beiden Gleichungen sind nach den Erörterungen der vorangehenden Kapitel die HAMILTON-Operatoren wohldefiniert. Verwendet man in ihnen ebenfalls die Zerlegung (2.1), so ergibt eine Entwicklung des Erwartungswertes nach den ξ_k^n

$$U_n(X_k) = U_n(X_k^n) + A_{kj}^n \xi_k^n \xi_j^n + H^n. \tag{4.4}$$

wobei sämtliche Entwicklungskoeffizienten bekannt sind. Da die β_l^n von den X_k abhängen, und dies insbesondere auch für $X_k = X_k^n$ der Fall ist, haben wir abkürzend

$$U_n[\beta_l^n(X_k^n), X_k^n] \equiv U_n(X_k^n) \tag{4.5}$$

gesetzt.

Das lineare Glied der Entwicklung (4.4) verschwindet, da es die Ableitung von U_n an der Stelle $X_k = X_k^n$ darstellt, und damit auf die Gleichgewichtsbedingung (2.46) bzw. (2.48) führt. Die Entwicklungsglieder zweiter Ordnung A_{kj}^n haben wir mit dem Index n versehen, um anzudeuten, daß sie aus der Entwicklung um die Ruhelagen eines *gestörten* Kristallzustandes herrühren, und demnach nicht den Kopplungsgliedern A'_{kj} des idealen Kristalls in (2.22) gleich sein werden. H^n umfaßt alle Glieder von höherer als zweiter Ordnung in der Potenzentwicklung nach den ξ_k^n.

Aus der Entwicklung (4.4) der potentiellen Gitterenergie erkennt man, daß für kleine Auslenkungen ξ_k^n, bei denen H^n zu vernachlässigen ist, stets rücktreibende Kräfte in die Ruhelagen auftreten müssen, da die quadratischen Glieder in den ξ_k^n immer eine Energieerhöhung bewirken. Diese quadratischen Glieder genügen also, um Gitterschwingungen hervorzurufen. Wir betrachten daher die quadratischen Glieder als die eigentliche Ursache der Schwingungsmöglichkeit des Kristallgitters, und setzen H^n als eine Störung an, was später noch genauer begründet werden soll. Ohne H^n lautet dann die quantenmechanische Bewegungsgleichung des Gitters

$$[H_k + U_n(X_k^n) + A_{kj}^n \xi_k^n \xi_j^n] \varphi_m^n = E_m^n \varphi_m^n, \tag{4.6}$$

E_m^n ist die Energie des Elektronen-Gittersystems bei adiabatischer Kopplung und in harmonischer Näherung. Setzt man (4.4) und (4.6) in (1.8) ein, so folgt, daß

$$(E_m^n + H^n) \varphi_m^n = G_m^n \varphi_m^n \tag{4.7}$$

sein muß. Diese Gleichung werden wir benutzen, wenn die Störwirkung der Glieder höherer Ordnung in die Rechnung einbezogen wird. Vorläufig jedoch beschäftigen wir uns nur mit der Schwingungsgleichung (4.6). Sie kann in eine besonders übersichtliche Form gebracht werden, wenn man den Hamilton-Operator auf Normalkoordinaten transformiert. Durch die Normalkoordinatentransformation wird das hochdimensionale miteinander verkoppelte System der Gitterschwingungszustände der einzelnen Freiheitsgrade (4.6) auf ein System *ungekoppelter* Oszillatoren abgebildet, dessen zugehörige Wellenfunktionen und Energiewerte leicht berechnet werden können.

§ 33. Normalkoordinatentransformationen

Eine Normalkoordinatentransformation soll eine vorgegebene Matrix auf Diagonalgestalt bringen. In Anwendung auf den Hamilton-Operator der Gitterschwingungsgleichung (4.6) handelt es sich darum, das hochdimensionale Problem der gekoppelten Gitterfreiheitsgrade zu entkoppeln. Das geschieht durch Diagonalisation der Wechselwirkungsmatrix A_{kj}^n. Bei der dafür notwendigen Variablentransformation wird auch der Operator der kinetischen Energie mittransformiert, muß aber in diesem Fall invariant bleiben, da es sich um eine zeitunabhängige Transformation im Ortsraum handelt, d. h. den Übergang zu einem neuen, gleichwertigen Koordinatensystem. Um das formal darzustellen, muß die kinetische Energie als ein Skalarprodukt angeschrieben werden. Dies ist beim einatomigen Gitter sofort möglich, beim mehratomigen Gitter dagegen kann der Operator der kinetischen Energie nicht unmittelbar als ein Skalarprodukt des Impulsoperators mit sich selbst im hochdimensionalen Konfigurationsraum gedeutet werden, da die verschiedenen Massen, die mit den einzelnen Freiheitsgraden verknüpft sind, diese Deutung verhindern. Da es sich bei Ionengittern um mehratomige Systeme handelt, müssen wir zunächst eine Vortransformation durchführen, welche die erwähnte Schwierigkeit beseitigt, und den invarianten Charakter der kinetischen Energie evident macht. Dazu setzen wir

$$\xi_k^n = M_k^{-1/2} \zeta_k^n, \tag{4.8}$$

wobei M_k die Masse des k-ten Ions sei. Die Gittermatrix A_{kj}^n geht bei der Transformation (4.8) in

$$\overline{A_{kj}^n} = A_{kj}^n M_k^{-1/2} M_j^{-1/2} \tag{4.9}$$

über (keine Summation über k, j!), wobei in der Komponentenschreibweise alle Indizes k, die zu einem Ion gehören, dasselbe M besitzen. Man überzeugt sich leicht, daß mit (4.8) die kinetische Energie invariant dargestellt werden kann.

Nunmehr können wir die $\overline{A}_{kj}^n$ diagonalisieren. Da die Theorie der Normalkoordinatentransformationen wohlbekannt ist, bringen wir sogleich die Ergebnisse: Es existiert eine orthogonale Transformation

$$\zeta_k^n = B_{kt}^n q_t^n, \tag{4.10}$$

bei deren Anwendung der Hamilton-Operator von (4.6) in die diagonalisierte Gestalt

$$H_g = \frac{1}{2} (p_t^n p_t^n + \omega_t^{n2} q_t^{n2}) + U_n(X_k^n) \tag{4.11}$$

umgeformt werden kann. Die p_t^n sind dabei die allgemeinen Impulskoordinaten, die zu den q_t^n kanonisch konjugiert sind.

Da die Transformation (4.10) sowie die zugehörigen Normalkoordinaten von der Matrix A_{kj}^n und den X_k^n abhängen, und diese sich wiederum in Abhängigkeit von der Störkonfiguration ändern, so ist zur Kennzeichnung überall der Index n angebracht worden. Daraus erkennt man, daß jeder Elektronenzustand und jede Störkonfiguration ihr eigenes System von Eigenschwingungen, d. h. Normalkoordinaten besitzt. Diese Systeme sind wegen der Verschiedenheit der Gittermatrizen im allgemeinen ebenfalls voneinander verschieden.

Für die nächsten Betrachtungen brauchen wir noch die Bedingung, die eine eindeutige Bestimmung der Transformationsmatrix gestattet. Diese lautet

$$\overline{A}_{kj}^n B_{jt}^n = \omega_t^{n2} B_{kt}^n \tag{4.12}$$

und ist eine Eigenwertgleichung. Hat man einmal die dieser Gleichung genügende Matrix B_{kt}^n gefunden, und die zugehörigen Eigenwerte ω_t^n bestimmt, so läßt der Hamilton-Operator (4.11) bei Anwendung auf eine Wellenfunktion sofort eine Lösung zu, die schon vom Strahlungsfeld aus § 5 bekannt ist. Das eigentliche Problem liegt daher bei der Lösung von (4.12) und ist von quantenmechanischen Betrachtungen vollständig unabhängig.

§ 34. Eigenschwingungen gestörter Kristallgitter

Nachdem in den vorangehenden Abschnitten Methoden zur Berechnung des gekoppelten Elektron-Gitter-Grundzustandes, und der Wellenfunktionen der Elektronen bei willkürlichen Gitterauslenkungen angegeben wurden, bleibt zur vollständigen Darstellung der Energiewerte und Eigenfunktionen des Kristalls als letztes Problem die Gitterdynamik zurück. Diese läßt sich nach § 33 auf ein klassisches Eigenwertproblem zurückführen: Die Bestimmung der Transformationsmatrix (4.10) und ihrer Eigenwerte aus der Gl. (4.12).

Wie immer gehen wir auch hier zur Lösung des Problems im gestörten Kristall vom idealen Kristallgitter aus. Diesmal handelt es sich aber nicht um die Berechnung statischer Verzerrungen zufolge eingesetzter Störungen, sondern es sollen die der statischen Störkonfiguration überlagerten Eigenschwingungen des Kristalls bestimmt werden. Trotz der Verschiedenheit der Problemstellungen kann man völlig analog zur Gitterstatik vorgehen, wenn man den Grundgedanken der Verwendung des idealen Kristalls bei der Berechnung gestörter Gitter, unabhängig von der Gitterstatik formuliert. Dieser Grundgedanke besteht in der *Abspaltung* der idealen Gitterreaktion von jener des gestörten Kristalls, und kann sowohl im statischen als auch im dynamischen Fall angewendet werden, wenn man ihn nur in einer dem jeweiligen Problem angepaßten Form ausdrückt. Im statischen Fall bestand diese Form in der Reziproktransformation R_{kj}, mit der die lineare ideale Gitterreaktion wegtransformiert wurde. Im dynamischen Fall wird es die Gesamtheit der Eigenschwingungen des idealen Kristalls sein, mit deren Hilfe wir Schlüsse auf das Eigenschwingungssystem eines gestörten Kristalls ziehen werden. Das wird noch genauer begründet. Die insoweit gültige Analogie des Vorgehens hat jedoch ihre Grenzen: Während im statischen Fall die Erzeugungsoperationen der Gitterstörungen ein angemessenes Einteilungsprinzip für die Untersuchungen der Störkonfigurationen bildeten, ist im dynamischen Fall nicht die Art der Erzeugung maßgebend, sondern die Intensität, mit welcher das ideale Gitter gestört wird. An Stelle der Einteilung in nulldimensionale und eindimensionale Störungen tritt hier also eine Einteilung in *starke* und *schwache* Störungen, die noch näher definiert werden wird. Und wie in der Gitterstatik die Methoden für nulldimensionale und eindimensionale Störungen verschieden sind, obwohl sie auf dasselbe Prinzip hinauslaufen, so unterscheiden sich auch die Methoden zur Ableitung der Eigenschwingungen beim stark und schwach gestörten Kristall. Auf jeden Fall aber brauchen wir, wenn wir den idealen Kristall abspalten wollen, die Gitterreaktion und das Eigenschwingungssystem dieses Kristalls. Die Gitterreaktion kann man aus den bisherigen Betrachtungen sofort angeben. In (2.22) hatten wir die Gitterreaktion des idealen Kristalls auf beliebige Kräfte k_k, und damit beliebige Auslenkungen aus den idealen Ruhelagen des Gitters abgeleitet. Verstehen wir in der Dynamik unter den Kräften k_k keine äußeren Kräfte, sondern gittereigene Trägheitskräfte, so sieht man, daß A'_{kj} aus (2.22) auch die Kopplungsmatrix der Gitterfreiheitsgrade für *Gitterschwingungen* des idealen Kristalls bildet. Ihre Diagonalisation, d. h. der Übergang zu ungekoppelten Oszillatoren, führt nach einer Transformation der Art (4.8) auf das Eigenwertproblem

$$\overline{A}'_{kj} B_{jt} = \omega_t^2 B_{kt}, \tag{4.13}$$

wobei die Matrix B_{kt} die *ideale* Gitterreaktionsmatrix auf Normalkoordinaten transformiert. Die Kenntnis dieser Matrix und der zugehörigen Eigenwerte setzen wir im folgenden voraus.

Bevor wir nun zur expliziten Behandlung der eben angegebenen Störmöglichkeiten übergehen, gestalten wir die abstrakte Matrixgleichung (4.12) noch physikalisch anschaulicher.

Da in Gl. (4.12) der Index t sozusagen als Parameter auftritt und die Lösungsmannigfaltigkeit von (4.12) beschreibt, so können wir (4.12) auch als Eigenvektorgleichung formulieren:

$$\overline{A}^n_{kj} \zeta^n_j = \omega^2 \zeta^n_k. \tag{4.14}$$

Die Lösungen von (4.14) sind die Vektoren $\zeta^n_{k(t)}$ und die Eigenwerte $\omega^{n2}_{(t)}$, wobei die Gesamtheit der Lösungen auf die Transformationsmatrix

$$B^n_{kt} \equiv \zeta^n_{k(t)} \tag{4.15}$$

führt.

Die Lösungsvektoren $\zeta^n_{k(t)}$ haben nun einen physikalisch leicht deutbaren Inhalt. Bei der vollständigen klassischen Integration erhalten wir nämlich als Bewegung der Gitterbausteine in reduzierten Koordinaten $\zeta^n_{k(t)} \exp \omega^n_{(t)} t$. Dies ist eine Eigenschwingung des gesamten Gitters mit der Frequenz $\omega^n_{(t)}$, wobei der j-te Gitterbaustein mit der Amplitude $\zeta^n_{j(t)}$ beteiligt ist. Die Eigenvektoren $\zeta^n_{j(t)}$ geben also eine anschauliche Aussage über die *räumliche* Intensität einer Eigenschwingung, d. h. über die Größe der Ausschwingung einzelner Gitteratome in Abhängigkeit von ihrem Ort. Über diese räumliche Verteilung der Intensität der Gitterschwingungen kann man sogleich eine qualitative Angabe machen. Beim idealen Kristall unterliegt die Gittermatrix A'_{kj}, welche sowohl die statische als auch die dynamische Reaktion des Kristalls bestimmt, der Translationsinvarianzforderung (3.8). Sie besagt, daß kein Gitterteilchen in seinen Reaktionskräften vor einem anderen ausgezeichnet ist. Als unmittelbare Folge ergibt sich, daß im idealen Kristall die Eigenschwingungen nur *ebene* Wellen sein können. Anders beim gestörten Kristall. Die Einführung einer Störung in das Gitter vernichtet jede Translationsinvarianz. Durch die Lokalisation der Störung wird das Gitter lokal gestört, und die Bindungskräfte der Teilchen in der Störung selbst und in ihrer Umgebung werden verändert. Dies wirkt sich nicht nur in Form von statischen Deformationen, d. h. Veränderungen der Ruhelagen gegenüber dem idealen Zustand aus, sondern offensichtlich werden auch die rücktreibenden Kräfte bei willkürlichen Auslenkungen der Teilchen aus ihren Ruhelagen in einer ebenfalls von der Störung lokal bedingten Weise verändert. In vollkommener Analogie zu den durch Gitterstörungen erzeugten lokalen statischen Deformationen wird man daher in der Gitterdynamik *lokale* Eigenschwingungen erwarten, die in engem Zusammenhang mit der Natur der eingesetzten Gitterstörung stehen werden. Auf diese Weise wird man erneut auf die Konzeption eines Störsystems geführt, die wir schon in § 8 benutzt hatten. Dort wurde die Störung durch Einsetzen und Vernichten von Gitterbausteinen erzeugt, und der Störoperator wird als ein diesem Vorgang korrespondierender Operator definiert. Obwohl es sich in der Dynamik sinngemäß wiederum um die Erzeugung eines Störsystems handelt, wird die zugehörige Definition in ihren Einzelheiten von der statischen Definition verschieden sein. Um eine solche Verschiedenheit grundsätzlich bejahen zu können, muß man sich nur überlegen, daß es sich um mathematische Definitionen handelt, die für das betreffende Problem am zweckmäßigsten gewählt werden können, ohne damit zu anderen Vorstellungen in Widerspruch zu geraten.

Neben den für das Störsystem charakteristischen lokalen Eigenschwingungen wird das Gitter natürlich trotz der Störung nahezu nichtlokalisierte Schwingungen aufweisen, die zu den gestörten Eigenschwingungen des idealen Kristalls korrespondieren. Rein qualitativ kann man also annehmen, daß sich zwei mehr oder weniger gut getrennte Gruppen von Eigenschwingungen ausbilden werden: solche, die zu dem eingesetzten Störsystem gehören, und für dieses charakteristisch sind, und andere, die der Bewegung der Gitterumgebung entsprechen. In diesem Sinn muß es das Ziel der Untersuchung sein, diese beiden Systeme mit Hilfe der Eigenvektoren des idealen Kristalls zu separieren, und damit einer Behandlung zugängig zu machen.

§ 35. Starke lokale Störungen

Um die dem Grundzustand überlagerten Eigenschwingungen eines gestörten Kristalls zu untersuchen, beginnen wir mit einem der in § 34 erwähnten Fälle, den starken lokalen Störungen. Eine genaue Definition dieses Begriffes werden wir erst am Schluß dieses Paragraphen geben können, nachdem wir die Gitterstörungen genauer analysiert haben. Qualitativ wird man bei einer starken lokalen Störung zunächst erwarten, daß im Innern dieser Störung die von ihr selbst bewirkten rücktreibenden Kräfte gegenüber Auslenkungen ξ_k^n die gewöhnliche Gitterreaktion weitaus übertreffen. Als Folge davon werden sich lokalisierte Schwingungen der Störkonfiguration ausbilden, wie wir schon in § 34 besprochen hatten. Andererseits wird das Gitter als Ganzes auch noch über den gesamten Kristall ausgebreitete Schwingungen aufweisen, die den durch die Störung modifizierten Eigenschwingungen des idealen Kristalls entsprechen. Gemäß § 34 werden wir versuchen, diese beiden verschiedenartigen Schwingungstypen voneinander zu trennen, und insbesondere den idealen Schwingungsanteil abszupalten. Dazu müssen wir den Begriff der lokalen Störung analysieren. Dies geschieht am besten an der Vorstellung eines in das Gitter eingebauten Störsystems. Als solches betrachten wir aber im Gegensatz zur Statik *nicht nur* die bei der statischen Erzeugungsmethode der Störung in das Gitter eingebrachten und vernichteten Teilchen, sondern eine Konfiguration, die in Wechselwirkung mit dem Gitter entstanden ist, sich aber trotzdem noch deutlich von ihrer weiteren Umgebung abhebt. Wir denken uns also das Störsystem als *deutlich abgehobenes* und *in sich stabiles* System gegenüber der Gitterumgebung definiert. Das Störsystem wird auf diese Weise gegen die Gitterumgebung räumlich abgegrenzt. Doch ist damit noch nicht die gesamte Störwirkung im Kristall erfaßt. Als Folge der Existenz eines solchen räumlich begrenzten „Störmoleküls" im Gitter, erstrecken sich weitreichende elektrische und elastische Felder durch den ganzen Kristall, die auch die Gitterumgebung des Störmoleküls noch stören. Wir müssen demnach zwischen der Störkonfiguration selbst und ihren Fernwirkungen im Gitter unterscheiden.

Um die in § 34 vorgeschlagene Separation in Störschwingungen und Schwingungen der Gitterumgebung durchführen zu können, müssen wir die vorangehenden Betrachtungen quantitativ formulieren. Wie in der Gitterstatik erzeugen wir daher die Störkonfiguration durch Einbau in das ideale Gitter. Im Gegensatz zur Statik aber erzeugen und vernichten wir dabei nicht nur die minimal notwendige Anzahl von Teilchen, sondern lassen uns von der Vorstellung des Störmoleküls leiten, die im vorangehenden qualitativ beschrieben wurde, und am Schluß auch quantitativ definiert wird. Für die folgenden Operationen brauchen wir diese quantitative Definition noch nicht. Da das Störmolekül ein in sich stabiles System sein soll, ist es auch ohne Kristallumgebung existenzfähig, und wir können uns einen Ausgangszustand denken, in dem ein freies Störmolekül und ein idealer Kristall vorhanden ist. Um nun das Störmolekül einzubauen, schneiden wir aus dem Kristall einen Hohlraum aus, d. h. wir vernichten die darin enthaltenen Gitterteilchen, wobei wir die Abzählung so einrichten, daß die Teilchen mit den Freiheitsgradnummern $1, \ldots, s$ vernichtet werden. In diesen Hohlraum setzen wir nun das Störmolekül. Da das Störmolekül keinesfalls die gleiche Anzahl von Teilchen enthalten muß, wie der entfernte Hohlraum, so benennen wir die eingesetzten Teilchen mit den Freiheitsgradnummern $-a, \ldots, s$, was einem Überschuß von $a + 1$ Teilchenfreiheitsgraden gegenüber dem Hohlraum entspricht. Den Fall geringerer Teilchenzahl behandeln wir später. Das freie Störsystem werde durch die Reaktionsmatrix

$$C^s_{kj} \qquad \begin{pmatrix} k = -a, \ldots, s \\ j = -a, \ldots, s \end{pmatrix} \tag{4.16}$$

charakterisiert, wobei die Freiheitsgrade k bzw. j über sämtliche Teilchen des Störmoleküls laufen.

Den Hohlraum im idealen Gitter bilden wir mathematisch, indem wir aus der idealen Gitterreaktionsmatrix $\bar{A}'_{kj}$ die Untermatrix

$$\bar{A}'_{kj} \qquad \begin{pmatrix} k = s+1, \ldots, N \\ j = s+1, \ldots, N \end{pmatrix} \tag{4.17}$$

herausschneiden. In ihr fehlen alle jene Elemente, die die Freiheitsgrade $k, j = 1, \ldots, s$ enthalten, d. h. diese Teilchen nehmen an den Reaktionen des Gitters nicht mehr teil, wodurch der Hohlraum definiert werden kann. Denken wir uns nun das in den Hohlraum eingesetzte Störmolekül zunächst noch ohne Wechselwirkung mit der Kristallumgebung, so lautet die Reaktionsmatrix dieses kombinierten Systems

$$A^h_{kj} + C^s_{kj} \qquad \begin{pmatrix} k = -a, \ldots, N \\ j = -a, \ldots, N \end{pmatrix}, \tag{4.18}$$

wobei wir die Reaktionsmatrix des Gitters mit Hohlraum (4.17), A^h_{kj} genannt, und durch Nullen auf die höhere Dimension ergänzt haben. Die gleiche Ergänzung wurde bei C^s_{kj} vorgenommen. Man erkennt leicht, daß in diesem System tatsächlich noch keine Kopplung zwischen Störmolekül und Gitterumgebung vorhanden ist, d. h. die Eigenschwingungen und Eigenwerte der beiden Untersysteme wie im völlig freien Fall reproduziert werden. Es ist aber klar, daß im wirklichen Kristall das Störmolekül an die Gitterumgebung gekoppelt ist, und daher mathematisch die Freiheitsgrade des Störmoleküls mit jenen der Gitterumgebung durch Kopplungsglieder verknüpft sind. Diesen zweiten Schritt vollziehen wir nun, indem wir eine Kopplungsmatrix C^f_{kj} einführen. Da mit dieser Kopplung die Verhältnisse im gestörten Kristall vollständig beschrieben werden können, muß also per definitionem gelten

$$\overline{A}^n_{kj} = A^h_{kj} + C^s_{kj} + C^f_{kj} \qquad \begin{pmatrix} k = -a, \ldots, N \\ j = -a, \ldots, N \end{pmatrix}. \tag{4.19}$$

Die Matrix C^f_{kj} entspricht mathematisch genau dem, was wir vorhin als Fernfeld gekennzeichnet haben. Das Störmolekül wird durch elektrische und elastische Kräfte bzw. Felder an die Umgebung angekoppelt. Die Fernfeldmatrix C^f_{kj} ist aber nun keineswegs allein auf die Kopplungen zwischen Störmolekülfreiheitsgraden und Hohlraumfreiheitsgraden beschränkt. Da die Anwesenheit des Störmoleküls die Gitterumgebung selbst durch Kräfte beeinflußt, können die daraus im umgebenden Gitter resultierenden Deformationen zu einer Veränderung der Bindungskräfte, und damit der rücktreibenden Kräfte zwischen den Gitterteilchen selbst führen. Auch diese Ergänzung der idealen Teilchenkopplung des Umgebungsgitters zu jener des durch das eingelagerte Störmolekül deformierten Umgebungsgitters, ist in C^f_{kj} enthalten. Umgekehrt übt auch die Gitterumgebung auf das Störmolekül zusätzliche Wirkungen aus, die im Innern des Moleküls zu Deformationen, und damit zu Veränderungen gegenüber den Kopplungen des freien Störmoleküls führen. Auch das ist in der Definition (4.19) von C^f_{kj} enthalten.

Mit der Zerlegung (4.19) ist es nunmehr möglich, die Intensität einer Störung quantitativ zu definieren. Wir nennen eine Störung dann stark, wenn das Verhältnis der Kopplungen äquivalenter Teilchen, d. h. durch Nachbarschaftsbeziehungen definierter Zusammenhänge, im freien Störmolekül und im idealen Kristall bedeutend größer als 1 wird, also $C^s_{kj}/\overline{A}'_{kj} \gg 1$ gilt. Diese Definition wird natürlich umgekehrt auch zur Abgrenzung des Störmoleküls dienen, dort wo dieses Verhältnis bedeutend größer als 1 ist, muß das Störmolekül lokalisiert sein. In gleicher Weise lassen sich mittlere und schwache Störungen definieren. Im vorausgesetzten Fall starker Kopplung sind die C^s_{kj} also groß gegenüber den $\overline{A}'_{kj}$. Wir können daher einen Faktor f vor die Matrix C^s_{kj} ziehen, so daß die darin verbleibenden Glieder die Größenordnung der idealen Gittermatrix aufweisen:

$$C^s_{kj} = f \cdot c^s_{kj}. \tag{4.20}$$

Setzen wir (4.20) in (4.19) und (4.19) in (4.14) ein, so entsteht aus (4.14) nach Division durch f die Gleichung

$$\left(c^s_{kj} + \frac{1}{f} A^h_{kj} + \frac{1}{f} C^f_{kj}\right) \zeta^n_j = \frac{\omega^2}{f} \zeta^n_k. \tag{4.21}$$

Die Fernfeldmatrix wird dabei als klein gegenüber den Kräften des Störmoleküls vorausgesetzt, da sie ja nur die gegenüber den inneren Kräften des Moleküls per definitionem schwächere Kopplung an die Umgebung, und durch Deformationen bedingte Ergänzungen im Molekül und Gitter liefern soll. Mit $\lambda = 1/f$ und $\omega'^2 = \lambda\,\omega^2$ hat man dann eine Form erreicht, an die sich weitere Aussagen knüpfen lassen.

Die in diesem Paragraphen gegebene Formulierung betont einen Umstand, auf den in der Gitterstatik kein besonderes Gewicht gelegt wurde: Dem idealen Gitter tritt das freie Störmolekül als gleichwertiger Bestandteil des gestörten Kristalls gegenüber. Obwohl auch in der Gitterstatik die Erzeugungsoperatoren für den Einbau einer Störung definiert wurden, beschäftigten wir uns vorwiegend mit der Reaktion des idealen Gitters auf die Störung, und die statischen Gleichgewichtsbedingungen (2.12) der Stöoperatoren selbst, in denen die gesonderte Existenz der Störung zum Ausdruck kam, wurden als bloße Nebenbedingungen aufgefaßt. Anders in der Dynamik: Hier haben wir von vornherein das freie Störmolekül und eine Separation von Störschwingungen und Umgebungsschwingungen ausdrücklich eingeführt. Will man eine solche Zerspaltung vornehmen, so wird man sinngemäß nicht nur das Spektrum des idealen Kristalls, sondern auch jenes des freien Störmoleküls als bekannt voraussetzen müssen, da beide Bestandteile gleichwertig in den gestörten Kristall eingehen. Deshalb stellen wir die Säkulargleichung des freien Störmoleküls

$$C^s_{kj}\,y_{j(\nu)} = \omega^{s2}_\nu\,y_{k(\nu)} \qquad \begin{pmatrix} k = -a, \ldots, s \\ \nu = -a, \ldots, s \end{pmatrix}. \tag{4.22}$$

auf, und setzen sie als gelöst voraus, d. h. wir nehmen die Eigenvektoren $y_{k(\nu)}$ und die Eigenwerte ω^{s2}_ν als bekannt an. Da es sich bei den Störmolekülen im allgemeinen um relativ einfache Gebilde handeln wird, ist diese Kenntnis auch praktisch erreichbar.

§ 36. Gestörte Eigenschwingungen des Zentrums

Da $\lambda < 1$ ist, und bei starken Störungen sogar bedeutend kleiner als 1 wird, legt die Gl. (4.21) nahe, die Eigenvektoren und Eigenwerte als Potenzreihen in λ anzuschreiben. Wir setzen

$$\zeta_k = \zeta_k^{(0)} + \lambda\,\zeta_k^{(1)} + \cdots \tag{4.23}$$

und

$$\omega'^2 = \mu^{(0)} + \lambda\,\mu^{(1)} + \cdots, \tag{4.24}$$

wobei wir die Indizierung, die die Nummer des Eigenvektors angibt, zuerst einmal weggelassen haben. Mit (4.23) und (4.24) lautet (4.21) nun

$$\begin{aligned}(c^s_{kj} + \lambda\,A^h_{kj} + \lambda\,C^f_{kj})\,(\zeta_j^{(0)} + \lambda\,\zeta_j^{(1)} + \cdots) = \\ = (\mu^{(0)} + \lambda\,\mu^{(1)} + \cdots)\,(\zeta_k^{(0)} + \lambda\,\zeta_k^{(1)} + \cdots),\end{aligned} \tag{4.25}$$

und ihre Lösung wird zu einem Problem der Störungsrechnung. Hier könnte man sofort die bekannten Ergebnisse anführen, wenn nicht eine in der lokalen Begrenzung des Störzentrums liegende Schwierigkeit auftreten würde.

Um bei einem Koeffizientenvergleich in (4.25) die $\mu^{(\alpha)}$ zu bestimmen, müssen wir von einem Basisvektorsystem nullter Ordnung ausgehen. Als solches kann nur das Basissystem der Eigenvektoren von C^s_{kj} verwendet werden. Wegen des geringeren Ranges von C^s_{kj} gegenüber der Matrix $\overline{A^n_{kj}}$ wird aber die von den Eigenvektoren von C^s_{kj} als Basis ausgehende Störungsrechnung kein vollständiges System von Eigenvektoren und Eigenwerten von $\overline{A^n_{kj}}$ liefern. Wir zeigen, daß gerade jene Vektoren, die den Freiheitsgraden des Störzentrums entsprechen, berechnet werden können. Die übrigen Eigenvektoren und Eigenwerte werden nach einer anderen Methode in § 27 abgeleitet.

Um unseren Beweis durchzuführen, ergänzen wir die Eigenvektoren des freien Störsystems auf die nullte Näherung des hochdimensionalen Problems (4.25) durch die Festsetzung

$$(\zeta^{(0)}_{-a(\nu)}, \ldots, \zeta^{(0)}_{N(\nu)}) = (y_{-a(\nu)}, \ldots, y_{s(\nu)}, 0, \ldots, 0) \quad (\nu = -a, \ldots, s) \tag{4.26}$$

und setzen mit diesen Vektoren die Störungsrechnung an. Da

$$c^s_{kj}\, y_{j(\nu)} = \lambda\, \omega^{s2}_\nu\, y_{k(\nu)} \tag{4.27}$$

gilt, erhält man aus der nullten Näherung

$$\mu^{(0)}_\nu = \lambda\, \omega^{s2}_\nu \tag{4.28}$$

Für die erste Näherung verwenden wir den Satz aus der Störungsrechnung, daß

$$\mu^{(1)}_\nu = A^h_{\nu\nu} + C^f_{\nu\nu} \tag{4.29}$$

sein muß. Nehmen wir an, daß die Bindungskräfte im Innern des Störmoleküls wegen ihrer Stärke beim Einsetzen in das Gitter nicht wesentlich verändert werden, so verschwindet C^f_{kj} für die Störmolekülfreiheitsgrade. Ebenso verschwindet nach Definition A^h_{kj} für diese Freiheitsgrade, so daß $\mu^{(1)}_\nu = 0$ wird. Daraus wird aber

$$\omega'^2_\nu = \mu^{(0)}_\nu + \lambda^2\, \mu^{(2)}_\nu + \cdots, \tag{4.30}$$

was nach (4.14) und (4.21) zur eigentlichen Eigenfrequenz von $\overline{A^n_{kj}}$

$$\omega^2_\nu = \omega^{s2}_\nu + \lambda\, \mu^{(2)}_\nu + \cdots \tag{4.31}$$

führt, wenn man die Definition von ω'^2 beachtet.

Das Gesamtsystem von Störung und Gitterumgebung reproduziert daher bei starker Verschiedenheit der Bindungskräfte die Schwingungen des freien Störsystems bis auf Glieder der Größenordnung λ. Eine genauere Analyse der zugehörigen Eigenvektoren zeigt, daß diese innerhalb der Störung ebenfalls reproduziert werden, und die durch die Kopplung an die Kristallumgebung erzeugte Schwingungsanregung im übrigen

Kristall näherungsweise wie $\exp(-\lambda r_s)$ im Vergleich zur Amplitude im Innern des Störsystems abfällt. r_s sei dabei der Abstand eines Aufpunktes der Kristallumgebung vom Mittelpunkt des Störmoleküls. Aus Raumgründen können wir darauf nicht näher eingehen, sondern verweisen auf E. Fues und H. Stumpf [1], wo die genaue Begründung zu finden ist.

§ 37. Verschiebung der Frequenzen der Gitterumgebung

Durch die Einführung der Eigenschwingungen des freien Störzentrums hatten wir zunächst die übrigen Kristallfreiheitsgrade ausgeschlossen, d. h. den durch die Störung modifizierten Anteil der idealen Gitterschwingungen vom Gesamtspektrum abgespalten. Um auch diese Eigenschwingungen und Eigenwerte des kombinierten Systems zu berechnen, verwenden wir die Möglichkeit einer Reduktion der Säkulargleichung, wenn bereits einige Eigenvektoren bekannt sind. Der Grad der Säkulargleichung läßt sich dann genau um die Zahl der bekannten Eigenvektoren erniedrigen. Da die Eigenvektoren des Störzentrums vollständig gegeben sind, bleibt gerade das Säkularproblem übrig, das die Freiheitsgrade der Gitterumgebung kennzeichnet. Wir führen die Rechnung in Potenzen bis auf λ, d. h. alle Glieder werden bei Multiplikationen, Inversenbildung von Matrizen usw. nur bis auf die Größenordnung λ angeschrieben.

Um die Reduktion vorzunehmen, machen wir von dem Satz Gebrauch, daß eine orthogonale Transformation die Eigenwerte einer Matrix nicht ändert. Sei S_{kt} eine solche orthogonale Matrix, so ergibt die transformierte Matrix des gestörten Gitters

$$S_{kt}^{-1}(c_{tm}^{s} + \lambda A_{tm}^{h} + \lambda C_{tm}^{f})\, S_{mj}, \tag{4.32}$$

also dieselben Eigenwerte wie (4.21). Daher können wir zur Lösung des Eigenwertproblems auch eine Transformierte (4.32) untersuchen. Von einer solchen Transformation ausgehend, kann man bereits bekannte Eigenvektoren abspalten. Wir bauen dabei die Transformationsmatrix durch die bekannten Eigenvektoren und einem dazu willkürlich gewählten, aber orthogonalen Satz von weiteren Vektoren auf. Für unseren Fall können wir zufolge § 36 jene Eigenvektoren als berechnet voraussetzen, die den Schwingungsformen des in das Gitter eingesetzten Störsystems entsprechen. Sie lauten in erster Näherung

$$\zeta_{kt} = y_{kt} + \lambda\, \zeta_{kt}^{(1)} \qquad \begin{pmatrix} t = -a, \ldots, s \\ k = -a, \ldots, N \end{pmatrix}. \tag{4.33}$$

Den Index t haben wir nunmehr an Stelle des Index ν eingeführt, weil wir die Gesamtheit der gestörten Eigenvektoren von C_{kj}^{s} als Elemente in der Transformationsmatrix S_{kt} verwenden wollen. Zu diesen Eigenvektoren suchen wir nun noch zusätzlich $(N - s)$ orthogonale Vektoren, die wir mit ζ'_{kt} $(t = s + 1, \ldots, N)$ bezeichnen, und bilden die Transformationsmatrix

$$S_{kt} = (y_{kt} + \lambda\, \zeta^{(1)}_{kt}, \zeta'_{kt}). \tag{4.34}$$

Diese Matrix kann man selbstverständlich nach λ entwickeln, und erhält

$$S_{kt} = S^{(0)}_{kt} + \lambda\, S^{(1)}_{kt}. \tag{4.35}$$

Es wird dabei zufolge der Forderung, daß S_{kt} eine orthogonale Matrix sein muß, $\zeta^{(0)\prime}_{kt} = \delta_{kt}$ $(t = s + 1, \ldots, N)$, was bedeutet, daß $S^{(0)}_{kt}$ bis auf die Vektoren y_{kt} eine Einheitsmatrix ist.

Von der mit (4.34) transformierten Gittermatrix (4.32) betrachten wir zunächst nur die Komponenten $k = -a, \ldots, N$, $j = -a, \ldots, s$. Diese entsprechen aber gerade dem Säkularproblem in § 36 und man erhält

$$\omega'^2_j\, \delta_{kj} \qquad \begin{pmatrix} k = -a, \ldots, N \\ j = -a, \ldots, s \end{pmatrix}. \tag{4.36}$$

Dieser Teil der Matrix (4.32) ist also durch die Transformation auf Diagonalform gebracht, und kann bei der Bildung der Säkulargleichung abgespalten werden. Er stellt den schon gelösten Teil der Hauptachsentransformation dar. Durch diese partielle Diagonalisation reduziert sich das Säkularproblem auf die Bestimmung der Eigenwerte und Eigenvektoren der Untermatrix $k, j = s + 1, \ldots, N$ von (4.32). Zu dieser Untermatrix trägt der Term

$$S^{-1}_{kt}\, c^s_{tm}\, S_{mj} \tag{4.37}$$

nichts bei, wie man leicht zufolge der speziellen Gestalt von c^s_{tm} feststellen kann.

Es bleibt also nur noch die Untersuchung des Terms

$$\lambda\, S^{-1}_{kt} (A^h_{tm} + C^f_{tm})\, S_{mj} \tag{4.38}$$

übrig $(k, j = s + 1, \ldots, N)$. Beachtet man, daß die Reziprokmatrix die Gestalt

$$S^{-1}_{kt} = S^{(0)-1}_{kt} + \lambda\, s^{(1)}_{kt} \tag{4.39}$$

auf Grund der Entwicklung (4.35) annehmen muß, so erhält man bei Einsetzen von (4.35) und (4.39) in (4.38) die Transformierte

$$\lambda (A^h_{kj} + C^f_{kj}) + \lambda^2 \Gamma_{kj} \tag{4.40}$$

wobei Γ_{kj} zur Abkürzung für alle mit λ^2 behafteten Elemente von (4.38) gesetzt ist. Man kann die Richtigkeit von (4.40) leicht nachprüfen, wenn man berücksichtigt, daß die Transformationsmatrix nullter Ordnung in (4.35) und (4.39) auf $(A^h_{tm} + C^f_{tm})$ keinen Einfluß ausüben kann, da $S^{(0)}_{kt}$ bzw. $S^{(0)-1}_{kt}$ nur dort ungleich der Einheitsmatrix ist, wo die zu transformierende Matrix verschwindet. Beachtet man noch die Definition des Eigenwertes ω'^2, so, folgt daraus für das Säkularproblem die Gleichung

$$|A^h_{kj} + C^f_{kj} + \lambda \Gamma_{kj} - \omega^2 \delta_{kj}| = 0. \tag{4.41}$$

Hervorzuheben ist dabei, daß in dieser Gleichung nur die Matrixelemente $k, j = s + 1, \ldots, N$ auftreten, da es sich um die Säkulardeterminante einer Untermatrix handelt, die durch die Transformation (4.34) noch nicht diagonalisiert worden war. Das Fehlen dieser Freiheitsgrade wirkt wie ein Loch im Gitter. Daraus folgt die anschauliche Aussage: Die restlichen Eigenwerte des Gitters mit Störzentrum unterscheiden sich in erster Näherung um Glieder von der Größenordnung λ von den Eigenwerten des Gitters, aus dem die Störstelle einfach ausgeschnitten ist. Der Einfluß des Fernfeldes C^f_{kj}, von dem zufolge der möglichen Beschränkung auf die Untermatrix $k, j = s + 1, \ldots, N$ in nullter Ordnung nur die durch das Störmolekül in der Gitterumgebung erzeugten *zusätzlichen* Kräfte zwischen den Gitterteilchen eingehen, wird dabei ebenfalls als eine sehr kleine Korrektur angesehen. Das ist im allgemeinen berechtigt, und kann durch Störungsrechnung zusammen mit den λ-Gliedern berücksichtigt werden. Als restliches Problem verbleibt also die Frage nach dem Spektrum des Gitters, in das ein Hohlraum eingeschnitten worden ist. Dieses Problem lösen wir nun mit Hilfe der Eigenschwingungen des idealen Gitters.

§ 38. Gitter mit Hohlraum

Zur Untersuchung der Eigenschwingungen gestörter Kristallgitter mußten wir in § 35 bei starken lokalen Störungen auf den Erzeugungsvorgang der Störung zurückgehen. Hierbei wurde der gestörte Kristall in ein freies Störmolekül und die Gitterumgebung zerlegt, wobei die Gitterumgebung durch einen idealen Kristall definiert wurde, in den an einer Stelle ein Hohlraum eingeschnitten wurde. Die Freiheitsgrade der daraus entfernten Teilchen wurden $1, \ldots, s$ genannt. Mathematisch hatten wir dazu die Matrix A^h_{kj} definiert, die durch eine Untermatrix von A'_{kj} gegeben wird

$$A^h_{kj} = \overline{A}'_{kj} \qquad \begin{pmatrix} k = s + 1, \ldots, N \\ j = s + 1, \ldots, N \end{pmatrix}. \tag{4.42}$$

Aus (4.42) sind die Freiheitsgrade $1, \ldots, s$ restlos entfernt. Die Matrix stellt also die Reaktion eines Kristalls dar, dem die Freiheitsgrade $1, \ldots, s$ fehlen. Dieser Kristallzustand ist nun insofern von Bedeutung, als nach § 37 die Frequenzen des gestörten Kristalls nur dann vollständig bestimmt werden können, wenn man die Eigenwerte und Eigenvektoren der Reaktionsmatrix des Gitters mit Hohlraum (4.42) kennt.

Zu deren Bestimmung werden wir die Kenntnis der Eigenschwingungen des idealen Kristalls verwenden.

Um dazu die Verbindung mit der *vollständigen* idealen Gittermatrix A'_{kj} herzustellen, können wir auch schreiben

$$A^h_{kj} = \overline{A}'_{kj} - A^d_{kj}, \tag{4.43}$$

wobei A^d_{kj} von der vollständigen idealen Gittermatrix abgezogen werden muß, um die Gittermatrix mit Hohlraum zu erhalten.

Da durch eine orthogonale Transformation die Eigenwerte von (4.43) nicht verändert werden, so sind alle zu (4.43) orthogonal transformierten Matrizen äquivalent, und wir können, falls es für uns nützlich ist, eine solche Transformation vornehmen, und die Eigenwerte der transformierten Matrix aufsuchen. Dies tun wir hier, indem wir (4.43) mit der Transformationsmatrix B_{jt} des idealen Gitters transformieren. Die transformierte Matrix lautet dann

$$B^{-1}_{hk}(\overline{A}'_{kj} - A^d_{kj})\, B_{jl}. \tag{4.44}$$

Beachten wir, daß die Transformationsmatrix aus Eigenvektoren aufgebaut ist, und die Beziehung (4.15) gilt, so wird

$$B^{-1}_{hk} = B_{kh} \equiv \zeta_{k(h)} \tag{4.45}$$

zufolge der Eigenschaften einer orthogonalen Matrix, und damit geht (4.44) über in

$$\zeta_{k(h)}\, \overline{A}'_{kj}\, \zeta_{j(l)} - \zeta_{k(h)}\, A^d_{kj}\, \zeta_{j(l)} \tag{4.46}$$

und führt unter Ausnutzung der Eigenwertgleichung für $\overline{A}'_{kj}$ auf das Säkularproblem

$$\left|\omega^2_h\, \delta_{hl} - \zeta_{k(h)}\, A^d_{kj}\, \zeta_{j(l)} - \Omega^2\, \delta_{hl}\right| = 0 \tag{4.47}$$

(4.47) zeigt deutlich, daß das Eigenschwingungsspektrum Ω^2_h des Gitters mit Hohlraum vom Eigenschwingungsspektrum ω^2_h des idealen Kristalls verschieden ausfallen wird. Man kann sich sogleich klar machen, welche Eigenfrequenzen ω^2_h von diesem Prozeß besonders stark betroffen sein werden. Beachtet man nämlich einserseits, daß der Hohlraum eine lokalisierte Störung ist, und andererseits, daß es sich bei den idealen Gitterschwingungen um ebene Wellen handelt, so werden alle jene Eigenschwingungen des Idealkristalls durch die Einführung des Hohlraums verändert werden, deren Wellenlängen in der Größenordnung des Hohlraums oder darunter liegen. Die anderen Eigenschwingungen aber, deren Wellenlängen bedeutend größer als die Abmessungen des Hohlraums sind, werden von der Existenz des Hohlraums nicht oder fast nicht beeinflußt werden. Sie gehen nahezu ungestört über den Hohlraum hinweg. Es sei dies für die Wellenlängen λ_h im Intervall $\lambda_{h_0} \leqq \lambda_h < \infty$ der Fall, wobei λ_{h_0} durch die Größe und Art des Hohlraums bestimmt werde. Die zu diesen Wellenlängen gehörigen Eigenfrequenzen ω_h^2 müssen dann im Intervall $\omega_{h_0}^2 \geqq \omega_h^2 \geq 0$ liegen, wobei $\omega_{h_0}^2$ die der Grenzwellenlänge λ_{h_0} zugeordnete Eigenfrequenz sei. Da diese Eigenfrequenzen nicht mehr durch den Hohlraum beeeinflußt werden sollen, müssen die Matrixelemente $\zeta_{k(h)} A_{kj}^d \zeta_{j(l)}$ für die Indexwerte im Intervall $0 \leq h \leq h_0$, l beliebig, verschwinden bzw. vernachlässigbar sein, wenn man die Abzählung der Eigenvektoren nach aufsteigenden Frequenzwerten einrichtet. Das Säkularproblem reduziert dann auf die Lösung der Unterdeterminante von (4.47) für die Indizes $l, h > h_0$. Dieser Umstand gestattet die Anwendung der Störungsrechnung. Beachtet man nämlich, daß $|\zeta_{h(l)}|$ proportional $N^{-1/2}$ ist, und nimmt ferner an, daß ein herausgegriffenes Gitterteilchen nur mit endlich vielen Nachbarn in dynamischer Wechselwirkung steht, so wird

$$|\zeta_{k(h)} A_{kj}^d \zeta_{j(e)}| \equiv a_{hj}^d \leq A N^{-1} \quad (h, l = 1 \ldots N), \tag{4.48}$$

wobei A eine obere Schranke in Abhängigkeit von der Zahl s der entfernten Teilchen darstellt, welche *nicht* von N abhängt. Bei festem s geht der Ausdruck daher für große N gegen Null, bzw. wird sehr klein. Ohne zunächst diese Abhängigkeit von N zu benutzen, wird man jedenfalls dann eine Störungsrechnung durchführen können, wenn

$$\omega_{h_0}^2 \gg A N^{-1} \tag{4.49}$$

ausfällt, da in der verbliebenen Säkulargleichung alle übrigen $\omega_h^2 > \omega_{h_0}^2$ sind. Die Möglichkeit der Störungsrechnung hängt also von A und N, und damit von der Größe der vorkommenden Hohlräume, den Werten der Gitterreaktionsmatrix und der Anzahl der im Idealkristall auftretenden Gitterteilchen ab. Es scheint dabei zunächst, als ob gerade die Wahl von N völlig willkürlich wäre, und demnach (4.49) stets erfüllt werden könne. Dem ist aber nicht so: in Kap. VII werden wir sehen, daß N bedingt durch die physikalischen Umstände, wohldefinierte Werte annehmen muß. An Hand dieser fixierten Werte von N kann man sich dann bei den vorkommenden Störungen, und damit Hohlräumen, in allen Einzelheiten klar machen, daß die Voraussetzung (4.49) erfüllbar ist. Wir wollen das nicht genauer ausführen. Jedenfalls kann man bei dem resultierenden Restproblem

$$|\omega_h^2 \delta_{hl} - a_{hj}^d - \Omega^2 \delta_{hj}| = 0 \quad (h, j > h_0) \tag{4.50}$$

immer die Störungsrechnung anwenden. Die Bestimmung der Eigenwerte und Eigenvektoren des Gitters mit Hohlraum ist daher ein mit bekannten Methoden lösbares Problem, so daß wir uns damit nicht weiter zu beschäftigen brauchen, und den Komplex der starken Störungen als vollständig analysiert abschließen können.

§ 39. Zentrenmodelle und ihre Eigenschwingungen

Nach den starken Störungen wollen wir jetzt die mittleren und schwachen Störungen eines Kristalls betrachten. Um eine Definition dieser Störungen geben zu können, bleiben wir zunächst bei der Zerlegung des gestörten Gitters in ein Störmolekül und die Gitterumgebung, wie wir es für die starken Störungen angenommen hatten. Wie in § 35 kann man auch hier das Verhältnis äquivalenter Kopplungsstärken im Störmolekül und im regulären Gitter $C^s_{kj}/\overline{A}'_{kj}$ zur Definition heranziehen. Um die schwachen und mittleren Störungen gegen die starken Störungen abzugrenzen, müssen wir den Gültigkeitsbereich der Rechnungen für starke Störungen untersuchen, d. h. jenen Bereich, den der Parameter λ bei den in § 36 und § 37 unternommenen Rechnungen durchlaufen darf, ohne daß die Konvergenz der Entwicklungen gefährdet wird. Da es sich bei den Reihenentwicklungen um geometrische Reihen handelt, so muß λ mindestens kleiner als 1 sein. Um eine sichere Konvergenz zu erzwingen, fordern wir daher $\lambda \leqslant 1/2$, was auf $C^s_{kj}/\overline{A}'_{kj} \geqslant 2$ führt. In diesem Bereich können wir also mit den Methoden der starken Störungen rechnen. Wird $\lambda > 1/2$, so sind wir im Bereich der mittleren und schwachen Störungen angelangt. In diesem Bereich ist es nicht mehr besonders sinnvoll, die Zerlegung des gestörten Kristalls in ein Störmolekül und die Kristallumgebung vorzunehmen. Das Störmolekül unterscheidet sich zu wenig von seiner Umgebung. Wir gehen daher auf die Reaktionsmatrix $\overline{A^n_{kj}}$ des gestörten Kristalls zurück und zerlegen sie in

$$\overline{A^n_{kj}} = \overline{A}'_{kj} + C^n_{kj}, \tag{4.51}$$

d. h. in die ideale Gitterreaktion und eine überlagerte Störung C^n_{kj}. Da bei einer gedachten Zerlegung in Störmolekül und Gitterumgebung im vorausgesetzten Fall nach unserer Definition $\lambda > 1/2$ wäre, so folgt daraus wegen $\overline{A^n_{kj}} \approx C^s_{kj}$ im Bereich des Störmoleküls, daß $(\overline{A}'_{kj} + C^n_{kj})/\overline{A}'_{kj} < 2$ ausfallen muß, und daher $C^n_{kj}/\overline{A}'_{kj} < 1$ sein wird. Da die C^n_{kj} auf jeden Fall zumindest auf großen Teilen des Kristallrandes gegen Null gehen, und im wesentlichen nur am Störzentrum selbst bedeutendere Werte annehmen werden, so hat man ein ganz ähnliches Problem wie bei der Diagonalisation von (4.43) vorliegen. Wie dort wird man daher (4.51) mit dem Eigenschwingungssystem des idealen Kristalls transformieren, und das transformierte Säkularproblem lösen. Dies geschieht mit der gleichen Argumentation wie in § 38, so daß wir nichts Neues hinzuzufügen brauchen. Damit schließen sich die Möglichkeiten den Einfluß mittlerer und schwacher Störungen auf das Kristallgitter zu erfassen, kontinuierlich an die Methoden zur Berechnung starker

Störungen an, und wir können das Spektrum und die Eigenvektoren der Eigenwertgleichung (4.12) für beliebige Störungen aufsuchen.

Es bleibt noch eine Bemerkung zu den Teilchenzahlen. Bei den starken Störungen hatten wir stets vorausgesetzt, daß im Störmolekül die gleiche oder eine größere Anzahl von Teilchen vorhanden ist, wie im ausgeschnittenen Gitterbereich. Nach den durchgeführten Erörterungen bietet es keine Schwierigkeit, auch den Fall einer kleineren Teilchenzahl gegenüber der Teilchenzahl im ausgeschnittenen Hohlraum zu behandeln, so daß wir auf eine explizite Darstellung verzichten.

Mit den hier entwickelten Methoden läßt sich die Normalkoordinatentransformation auch im gestörten Gitter ausführen, und wir können die Eigenfrequenzen des diagonalisierten Hamilton-Operators (4.11) für die Gitterbewegung als bekannt voraussetzen. Es ist jedoch interessant, sich von vornherein qualitativ zu überlegen, welchen Einfluß die verschiedenen Störzentrenmodelle auf die Bildung von neuen Eigenschwingungen ausüben. Dazu ist nach dem gesagten notwendig, einen Vergleich der Bindungskräfte im Zentrum und seiner Umgebung anzustellen. Die einfachsten Modelle bilden die nulldimensionalen Störstellen. Bei ihnen werden Teilchen aus dem Kristall entfernt und andere Teilchen neu eingesetzt. Das Entfernen allein, das im Kristall nur Lücken schafft, und auf die in § 38 besprochene Theorie des Gitterhohlraums führt, wird keine besonders starke Veränderung der Bindungskräfte hervorrufen, da der Wegfall weniger Teilchen die Stabilität des Gitters nicht wesentlich beeinträchtigt. Lücken und ihre Assoziationen werden daher das Frequenzspektrum nur wenig beeinflussen. Anders wird es, wenn Fremdteilchen in den Kristall eingesetzt werden oder kristalleigene Teilchen auf Zwischengitterplätzen sitzen. Hier zeigen schon stark vereinfachte Rechnungen, daß die Bindungskräfte erheblich anders als im idealen Kristall sein können. Da es sich um reduzierte Kräfte handelt, bei denen zufolge der Transformation (4.8) auch die Massen eingehen, bilden nicht nur die Verquetschungen des idealen Gitters, sondern auch die Massenunterschiede eingesetzter Fremdatome gegenüber regulären Gitterteilchen eine Quelle von neuen Eigenfrequenzen. Abgesehen von Fremdionen auf regulären Gitterplätzen, deren Massen gleich oder größer als jene der regulären Gitterteilchen sind, werden leichtere Fremdionen auf Gitterplätzen, und Ionen auf Zwischengitterplätzen im allgemeinen zu ausgeprägten Störeigenfrequenzen des Kristalls führen, die außerhalb des Kontinuums der regulären Gitterschwingungen liegen. Dasselbe gilt für Versetzungen, deren relativ starke Verzerrungen im Kern zu einer ebenso starken Veränderung der Bindungskräfte führen, und damit zu neuen Eigenfrequenzen Anlaß geben. Hat man es also mit solchen Zentrenmodellen zu tun, so ist es unbedingt nötig, zur Ableitung der Eigenfunktionen zunächst die Eigenschwingungen gründlich zu untersuchen.

Andererseits wird man oftmals bei Lücken und Fremdionen auf Gitterplätzen auf eine Berücksichtigung der Störeinflüsse überhaupt verzichten können. Das werden wir im folgenden noch diskutieren.

§ 40. Energieniveaus des Gesamtkristalls

Mit der Untersuchung der Eigenfrequenzen im gestörten Gitter haben wir den letzten notwendigen Schritt zur Darstellung der Eigenfunktionen und Energieeigenwerte des Gesamtkristalls bei adiabatischer Kopplung von Elektronen und Atomkernen, sowie bei harmonischer Näherung in der Gitterbewegung, vollzogen. Die Wellenfunktionen und Energieeigenwerte lassen sich nun unmittelbar angeben. Dazu setzen wir die Eigenwertgleichung (4.12) als gelöst voraus, und wenden uns dem transformierten HAMILTON-Operator des Gitters (4.11) zu. Da die Transformation (4.10) jetzt tatsächlich vorgenommen werden kann, sind seine Eigenwerte bekannt, und damit lassen sich auch die Eigenfunktionen sofort angeben. Diese Eigenfunktionen sind ein Produkt der Wellenfunktionen der in (4.11) enthaltenen ungekoppelten Oszillatoren. Wir können also

$$\varphi_m^n \equiv \Phi_{1l_1^n}(q_1^n) \ldots \Phi_{Nl_N^n}(q_N^n) \tag{4.52}$$

setzen, was aussagt, daß mit der Transformation des HAMILTON-Operators von (4.6) auf (4.11) gleichzeitig auch die zugehörigen Eigenfunktionen als Skalare transformiert werden. Man ersieht, daß zur eindeutigen Charakterisierung des Gitterzustandes die Indizes der Einoszillatorenfunktionen verwendet werden müssen, und zwar der erste Index als Kennzahl der Eigenschwingung, wobei es ebensoviele Eigenschwingungen wie Freiheitsgrade gibt. Der zweite Index l_k dient zur Kennzeichnung des Anregungszustandes des k-ten Oszillators. Da aber die Schwingungsformen und Eigenfrequenzen wegen der vom Gitterstörzustand n abhängigen Normalkoordinatentransformation ebenfalls von n abhängen, müssen die Oszillatorenquantenzahlen n noch als oberen Index mitführen. Der Einfachheit halber haben wir hier als Freiheitsgrade die Zahl N der idealen Gitterkonfiguration gewählt. Das ist selbstverständlich nicht als Einschränkung aufzufassen.

Die gleiche Normalkoordinatentransformation, die die Gitterbewegung diagonalisiert, transformiert auch die elektronischen Wellenfunkionen $\psi_n(x_i, X_k^n, \xi_k^n)$ in $\psi_n(x_i, X_k^n, q_k^n)$, so daß die Gesamtwellenfunktion des Kristalls (1.5) jetzt lautet

$$\Psi_{nm} \equiv \psi_n(x_i, X_k^n, q_k^n)\, \Phi_{1l_1^n}(q_1^n) \ldots \Phi_{Nl_N^n}(q_N^n). \tag{4.53}$$

Der Energiewert des Gesamtkristalls bei adiabatischer Kopplung und harmonischer Näherung der Gitterbewegung folgt aus (4.6) und läßt sich nach der Normalkoordinatentransformation des zugehörigen HAMIL-

TON-Operators auf (4.11) sofort angeben. Setzt man $m = l_1^n, \ldots, l_N^n$, so wird

$$E^n_{l_1^n,\ldots,l_N^n} = U_n(X_k^n) + h\,\omega_t^n\, l_t^n + E_0 \tag{4.54}$$

(keine Summation über n!), wobei E_0 wie in § 5 die Nullpunktsenergie der Oszillatoren bedeute. (4.54) zeigt sehr anschaulich den statischen und dynamischen Anteil der Gitterenergie. Das erste Glied gibt die Gitterenergie für $T = 0$ wieder, die weiteren Glieder aber hängen von den überlagerten Oszillatoren ab und bilden die dem Grundzustand überlagerte Schwingungsenergie. (4.54) ist die allgemeinste Darstellung der Energie des Gesamtkristalls. Diese Energieformel ist von großer Wichtigkeit, und wir werden später viel Gebrauch von ihr machen.

Kapitel V.

Zeitabhängige Übergänge

§ 41. Übergänge im Gesamtsystem

In den vorangehenden Kapiteln wurden Methoden zur Berechnung der Gesamtkristallwellenfunktionen bei adiabatischer Elektron-Gitterkopplung angegeben. Wir können daher diese Funktionen für das Weitere als bekannt voraussetzen. Für die theoretische Deutung der Ionenkristallexperimente ist ihre Kenntnis jedoch nur von partiellem Wert. Um dies einzusehen, erinnern wir an die einleitenden Abschnitte, in denen jedes Experiment als Wechselwirkung eines Meßsystems mit einem Beobachtungssystem geschildert wurde. Da die Wechselwirkung nur durch eine Energieübertragung stattfinden kann, so wird der Kristall als angenommenes Beobachtungsobjekt energetisch gestört, und dadurch gezwungen, Übergänge zwischen seinen Eigenzuständen auszuführen. Diese Übergänge bilden das eigentliche Thema des Vergleichs von Experiment und Theorie. Um zu einer mathematischen Formulierung solcher Übergänge zu kommen, genügt es nicht, den ungestörten Kristall zu betrachten, vielmehr muß die Störung, d. h. die Wechselwirkung mit der Umgebung, als wesentliches Element in die Theorie aufgenommen werden. Das hatten wir in § 3 durch die Wahl eines HAMILTON-Operators H für ein übergeordnetes Gesamtsystem ausgedrückt, welches neben dem Kristall als wichtigstes weiteres Teil- und zugleich Meßsystem das elektromagnetische Feld enthält. Bezogen auf dieses Gesamtsystem sind die Zustände des Kristalls unter dem Einfluß der Kopplung an die übrigen Teilsysteme nicht mehr stationär. Zusätzlich zu dieser Instationarität zufolge von Wechselwirkungen mit kristallfremden Teilsystemen, wurde der Kristall selbst in zwei Teilsysteme zerlegt, zwischen denen ebenfalls Wechselwirkungen vorhanden sind, die Übergänge erzwingen. Die Wellenfunktionen der ungekoppelten Teilsysteme (1.3) sind daher keine Lösungen von (1.2). Lösungen von (1.2) erhält man nur, wenn man die zufolge der gegenseitigen Kopplung bedingte zeitliche Instationarität der Zustände der Teilsysteme berücksichtigt, und für Ψ eine Wellenfunktion der Art

$$\Psi = C_{nmb}(t)\,\Psi_{nmb} \tag{5.1}$$

ansetzt, wobei nach (1.3) der Kristallanteil von Ψ_{nmb} durch die Wellenfunktionen (1.5) bzw. (4.52) und (4.53) dargestellt wird, der Strahlungsfeldanteil dagegen durch die Wellenfunktionen (1.10). Definiert man als Energie der ungekoppelten Teilsysteme den Ausdruck

$$E^n_{mb} = E^n_m + E_b \tag{5.2}$$

und substituiert ihn in den zeitabhängigen Entwicklungsamplituden $C_{nmb}(t)$ durch die Vorschrift

$$C_{nmb}(t) = c_{nmb}(t) \exp\left(-\frac{i}{h} E^n_{mb}\, t\right), \tag{5.3}$$

so charakterisieren die $c_{nmb}(t)$ das eigentlich zeitabhängige Verhalten der Teilsysteme, aus dem die zeitperiodischen Anteile abgespalten sind. Zur Berechnung dieser Ampituden setzt man (5.3) in (5.1) und (5.1) in (1.2) ein, und bildet bezüglich des Funktionensystems (1.3) die Erwartungswerte von (1.2). Es entstehen dann die Gleichungen

$$\dot{c}_{nmb} = -\frac{i}{h} H^p_{nmb,plb'}\, c_{plb'} \exp \frac{i}{h} (E^p_{lb'} - E^n_{mb})\, t \tag{5.4}$$

zur Berechnung der Übergangsamplituden $c_{nmb}(t)$. Das Matrixelement in (5.4) ist dabei durch

$$H^p_{nmb,plb'} \equiv \int \Psi^*_{nmb}\, H^p\, \Psi_{plb'}\, d\tau \tag{5.5}$$

definiert.

Berücksichtigt man die Gln. (1.6), (1.11) und (4.7) bei der Anwendung von H auf (5.1), so folgt daraus, daß

$$H^p = H^t + H^n + H^u \tag{5.6}$$

sein muß. Hierbei sind, wie schon erwähnt, in H^t die nichtadiabatischen Kristallwechselwirkungen, in H^n die anharmonischen Glieder der Gittergleichungen für den Elektronenzustand n, und in H^u die übrigen Umgebungseinflüsse auf den Kristall, sowie seine Kopplung an das Strahlungsfeld enthalten.

Die Gln. (5.4) wurden unter der Voraussetzung eines orthogonalen normierten Funktionensatzes abgeleitet. Daß diese Voraussetzung zu Recht besteht, sieht man auf folgende Weise ein: In $\Psi_{nmb} \equiv \psi_n \overset{n}{\varphi_m} \varphi_b$ sind zunächst alle verschiedenen φ_b untereinander orthogonal, wie man leicht aus (1.10) entnehmen kann. Für ein fixiertes n sind ferner die verschiedenen φ_m^n untereinander orthogonal, was aus (4.52) folgt. Für verschiedene n dagegen sind die $\psi_n(x_i\, X_k)$ untereinander für beliebige Parameterwerte X_k orthogonal bzw. können orthogonalisiert werden, sofern nur die Störkonfiguration festgehalten wird. Bei festgehaltener Störkonfiguration stammen dann die ψ_n nämlich alle aus ein und derselben SCHRÖDINGER-Gleichung, die für verschiedene Parameter X_k jeweils orthogonale Funktionensysteme liefert. Da die Entwicklung (5.1) jeweils nur für eine bestimmte Störkonfiguration angeschrieben wird, d. h. die Kennzahl der Störkonfiguration ein Parameter ist, reichen die erwähnten Eigenschaften aus, um die Orthogonalität der Ψ_{nmb} zu garantieren. Auf eine Modifikation der Entwicklung (5.1), bei der auch verschiedenartige Störkonfigurationen zugelassen werden, gehen wir in den folgenden Paragraphen noch näher ein. Schließlich sei noch bemerkt, daß die φ_m^n für verschiedene n *nicht* untereinander orthogonal sind. Das beeinflußt die Orthogonalität der Ψ_{nmb} nicht, ist aber für die Ausrechnung von Matrixelementen wesentlich, und wird noch genauer diskutiert werden.

§ 42. Übergangsmatrixelemente

Bevor wir auf die grundsätzlichen Probleme der Übergänge im Gesamtsystem eingehen, untersuchen wir zuerst eine naheliegende Frage, die sich unmittelbar aus den Entwicklungen des vorangehenden Paragraphen ergibt. Dies betrifft die Deutung der Übergangselemente (5.5). In ihnen sind die Wellenfunktionen für zwei verschiedene Zustände n, m, b und p, l, b' des Gesamtsystems enthalten, und die Integration erstreckt sich sowohl über die Elektronenfreiheitsgrade, als auch über die Gitterfreiheitsgrade, sowie über die Oszillatorenkoordinaten des Lichtquantenfeldes. Diese Integrale sind nun keiner direkten Auswertung zugängig; vielmehr bedürfen sie einer besonderen Untersuchung, um die Integration prinzipiell möglich zu machen. Man erkennt das, wenn man die in (5.5) verwendeten Wellenfunktionen genauer betrachtet. Sie bestehen nach (1.3) und (1.5) aus dem Produkt der Wellenfunktion der Elektronen ψ_n in adiabatischer Kopplung an das Gitter, der Kernwellenfunktion φ_m^n und der Strahlungsfeldfunktion φ_b. Analoges gilt für den p, l, b'-Zustand. Im Laufe unserer Ableitung der Kristallwellenfunktionen wurden nun für jeden einzelnen Zustand n Normalkoordinaten q_k^n für das Gitter eingeführt, die im allgemeinen verschieden sein können, und daher prinzipiell als verschieden angenommen werden müssen. Damit sind die Koordinaten von φ_m^n durch die q_k^n, jene von φ_l^p aber durch die q_k^p gegeben, und es fragt sich, wie man über diese beiden verschiedenen Sätze von Normalkoordinaten die Integration auszuführen hat. Um dies zu beantworten, denken wir uns einen beliebigen Operator $F(x_i, X_k, q_\varkappa)$, der alle vorhandenen Freiheitsgrade des Gesamtsystems enthalten darf. Mit ihm bilden wir ein allgemeines Matrixelement (5.5), zerlegen aber den Prozeß in zwei Stufen, was wegen der Unabhängigkeit der Integrationen möglich ist. In der ersten integrieren wir über die Elektronenfreiheitsgrade und die Lichtquantenkoordinaten, wobei sich

$$F_{nb,pb'}(X_k, q_k^n, q_k^p) \equiv \int \psi_n^* \varphi_b^* F \psi_p \varphi_{b'} d\tau_{i\varkappa} \tag{5.7}$$

ergibt, da bereits in den Elektronenwellenfunktionen ψ_n und ψ_p die Normalkoordinaten q_k^n und q_k^p enthalten sind. Die Indizes i, $\varkappa$ am infinitesimalen Volumelement deuten die Beschränkung der Integration auf den Elektronen-Lichtquantenraum an. In der zweiten Stufe integrieren wir über sämtliche Kernkoordinaten X_k und erhalten damit das endgültige Matrixelement

$$F_{nmb,plb'} \equiv \int \varphi_m^{n*} F_{nb,pb'} \varphi_l^p d\tau_k \tag{5.8}$$

wenn wir im Stande sind, der gemischten Integration einen Sinn zu unterlegen.

Im allgemeinen Fall wäre nämlich ein Integral mit einem Integrationsraum über die X_k und völlig anderen Variablen q_k^n bzw. q_k^p vollständig sinnlos, wenn diese Variablen wirklich voneinander unabhängig wären. Dies ist aber hier nicht der Fall. Vielmehr sind die Variablen q_k^n, q_k^p und X_k durch Transformationen untereinander verknüpft, und wir müssen uns nur auf eine Variablenart festlegen, um die übrigen Variablen mit Hilfe dieser Transformationen zu entfernen. Damit können wir dem Integral (5.8) sofort einen Sinn geben. Wendet man die Beziehung (2.1) das eine Mal auf den Zustand n, das andere Mal auf den Zustand p an und benutzt die Identität $X_k \equiv X_k$, so folgt daraus

$$\xi_k^p = \xi_k^n + (X_k^n - X_k^p). \tag{5.9}$$

Einsetzen der Normalkoordinatentransformationen (4.8) und (4.10) für den Zustand n bzw. p ergibt dann aus (5.9) die Beziehung

$$q_t^p = U_{ts}^{pn} q_s^n + a_t^{pn}, \tag{5.10}$$

wobei wir abkürzend die Substitution

$$U_{ts}^{pn} = B_{tk}^{p-1} B_{ks}^n \tag{5.11}$$

und

$$a_t^{pn} = B_{tk}^{p-1} M_k^{1/2} (X_k^n - X_k^p) \tag{5.12}$$

vorgenommen haben.

Die Transformationsmatrix (5.11) ist eine orthogonale Matrix, da sie aus einem Produkt orthogonaler Matrizen aufgebaut ist. a_t^{pn} tritt als Nullpunktsverschiebung der Oszillatoren beim Übergang vom Zustand n in den Zustand p auf, und spiegelt den Umstand wider, daß für $X_k^n \neq X_k^p$,

d. h. verschiedene Gitterruhelagen im n-ten und p-ten Zustand, auch die Normalkoordinaten nicht auf denselben Punkt im hochdimensionalen Kernkonfigurationsraum bezogen sind, und daher neben einer orthogonalen Transformation noch zusätzlich eine Translation mitmachen müssen. a_t^{pn} ist dabei eine Fourier-Zerlegung der Gitterverschiebungen $(X_k^n - X_k^p)$ nach dem Eigenvektorsystem der q_k^p, wie man aus (5.12) ersieht. Für praktische Fälle ist gerade dieser Translationsanteil interessant, da er mit der Umpolarisation des Gitters beim Übergang von einem Zustand in einen anderen zusammenhängt. Neben den Beziehungen zwischen den q_k^p und den q_k^n kann man auch mit (2.1), (4.8) und (4.10) die X_k durch die q_k^p bzw. q_k^n und umgekehrt ausdrücken. Da dies auf ein bloßes Einsetzen von Transformationen in (2.1) hinausläuft, führen wir das nicht explizit aus. Dagegen verdient ein anderer Umstand besondere Aufmerksamkeit: In der Vektorquantenzahl n und p ist neben den verschiedenartigen Elektronenzuständen auch die Art der Störkonfiguration einbegriffen. Nun hatten wir bei der Erzeugung sowohl von nulldimensionalen, als auch von eindimensionalen Störkonfigurationen gesehen, daß die Teilchenzahlen verändert werden können. Das bedeutet, daß zu den idealen Freiheitsgraden des Gitters $X_1, \ldots, X_N$ noch Freiheitsgrade hinzugefügt oder weggenommen werden können. Hat man nun zwei verschiedene Konfigurationen n und p, so ist die vorangehende Betrachtung dann und nur dann durchführbar, wenn die Konfiguration n die gleichen Gitterfreiheitsgrade wie die Konfiguration p enthält. Nur dann kann man nämlich die auf (5.9) führende Identität $X_k \equiv X_k$ für alle Freiheitsgrade anschreiben. Daraus folgt die Regel: Übergänge zwischen verschiedenen Störkonfigurationen n und p sind dann und nur dann möglich, wenn die Gitterfreiheitsgrade der Konfiguration n die *gleichen* wie jene der Konfiguration p sind. Das besagt, daß die Zahl der Gitterteilchen bei Übergängen erhalten bleiben muß. Damit hat man die gewünschte Modifikation der Entwicklung (5.1). In ihr können alle jene Störkonfigurationen auftreten, welche die gleiche Anzahl von Kernfreiheitsgraden aufweisen. Die zugehörigen Elektronenfunktionen sind in diesem Fall immer noch orthogonal, weil sich die Orthogonalität auf den gleichen Satz von Parametern bezieht. Unter den angegebenen Einschränkungen sind die X_k, q_k^n und q_k^p dann drei gleichwertige Variablensysteme, die in umkehrbar eindeutiger Beziehung zueinander stehen. Jedes System kann daher gleichwertig zur Integration in (5.8) herangezogen werden. Es erweist sich am praktischsten, nicht über die X_k zu integrieren, sondern über eines der q-Systeme. Wir wählen das q_k^n-System. Dann wird aus (5.8)

$$F_{nmb,plb'} \equiv \int \varphi_m^{n*}(q_k^n)\, F_{nb,pb'}(q_k^n)\, \varphi_l^p(U_{kt}^{pn}\, q_t^n + a_k^{pn})\, dq_1^n \ldots dq_N^n, \quad (5.13)$$

wobei wir unter $F_{nb,pb'}$ die auf die q_k^n Transformierte von (5.7) verstehen wollen. Der Einfachheit halber wurde hier die Anzahl der Freiheitsgrade des idealen Gitters angenommen.

Beim Übergang von der X_k-Integration zur q_k^n-Integration in (5.8) erhält das allgemeine infinitesimale Volumelement des Integrationsraumes $dq_1^n \ldots dq_N^n$ keinen Wichtungsfaktor, wie man zunächst zufolge der insgesamt nichtorthogonalen Transformation (4.8) und (4.10) annehmen könnte. Dieser Wichtungsfaktor tritt zwar auf, hebt sich aber gegen jenen weg, der bei der Gitterwellenfunktion $\varphi_m^n(X_k)$ entsteht, wenn man zufolge der Transformation (4.8) und (4.10) ihre Normierung vom X_k-Raum auf den q_k^n-Raum bzw. q_k^p-Raum überträgt. Darauf können wir aus Raumgründen nicht eingehen.

§ 43. Definition von Störoperatoren

Am Gleichungssystem (5.4) erkennt man, daß die Übergänge durch die Wahl des Störoperators H^p bestimmt werden. Da aus den Übergängen aber die theoretischen Aussagen über die Beobachtungsergebnisse abgeleitet werden, so hängen diese Aussagen ebenfalls von der Wahl des Störoperators H^p ab. Damit wird klar, daß bei der Untersuchung der zeitabhängigen Prozesse die Rechtfertigung der Störoperatoren ein grundlegendes Problem ist, und daß Störoperatoren *nicht* auf dem Wege einer willkürlichen Definition in die Theorie eingeführt werden dürfen. Ein solches Element der Willkür stünde im Widerspruch zur Forderung einer vollständigen Deduktion. Eine geschlossene Theorie muß ganz bestimmte Störoperatoren liefern, welche, wie wir noch sehen werden, in enger Beziehung zu den experimentellen Anordnungen stehen, und damit zu den Forderungen nach Information, die man an die Theorie stellt. Als erste notwendige Aufgabe in der Dynamik muß also die Begründung und genaue Definition der Störungen angesehen werden, die man im Falle des Kristallproblems zu verwenden hat, u. a. insbesondere jener Störungen, die durch unsere anfänglichen Annahmen mathematisch verursacht wurden. Das wollen wir jetzt im einzelnen erörtern.

Dazu erinnern wir an das Wesen jeder Beobachtung: sie stört das beobachtete System, und erzeugt Übergänge. Da Übergänge mathematisch durch Störoperatoren beschrieben werden, können wir durch das Studium eines Beobachtungsvorganges Rückschlüsse auf die Art der Störung ziehen. Um das zunächst ganz allgemein zu verfolgen, gehen wir von irgendeinem quantenmechanischen System aus. Sein Hamilton-Operator werde allgemein H genannt. Wir denken dabei zunächst noch nicht an einen Kristall und das Strahlungsfeld, sondern um die Untersuchung möglichst eindringlich zu machen, wollen wir unter H ein sehr kompliziertes und ausgedehntes System verstehen, also z. B. das ganze

Laboratorium usw. An einem solchen Riesensystem erkennt man sehr deutlich die Wirkung einer Beobachtung: Diese besteht sicher *nicht* in der Messung der Gesamtenergie oder einer anderen Gesamtgröße dieses Systems. Vielmehr wird aus dem Gesamtsystem ein Untersystem durch Messung ausgesondert, dessen Meßgrößen durch die Einwirkung der Apparatur zu Eigenwerten der Messung werden. Der Wunsch nach Information bezieht sich also auf die Schaffung von Untersystemen durch die Messung, deren Eigenwerte man kennenlernen will. Wir weisen darauf hin, daß der Wunsch nach Information zwar einen willkürlichen Akt des Beobachters darstellt, für die Theorie aber, nachdem er einmal experimentell fixiert ist, in keiner Weise mehr willkürlich aufgefaßt werden kann, da die Theorie ja gerade das vorgelegte Experiment deuten soll. Der Information entspricht mathematisch ein Operator, den wir mit B bezeichnen. Gemessen werden kann bei der Information nur jener Teil H_B des Gesamtsystems H, welcher mit B vertauschbar ist. Es muß demnach gelten

$$H_B\, B = B\, H_B \tag{5.14}$$

mit

$$H = H_B + H^p. \tag{5.15}$$

Die Zertrennung von H in einen mit B vertauschbaren Anteil H_B, und einen mit B nicht vertauschbaren Teil H^p zeigt, daß der Rest H^p des Gesamtsystems H auf das Teilsystem H_B als Störung wirkt. Zufolge dieser Störung aus dem Restsystem wird man daher mittels der Meßapparatur Übergänge zwischen den Eigenwerten von H_B feststellen. Oder die Beobachtung liefert ein zeitabhängiges Meßergebnis, weil die Art des Beobachtungseingriffes die Störungen an H_B gewissermaßen hervorruft. Die Meßapparatur selbst ist natürlich in H^p enthalten. Damit ist eine allgemeine Beschreibung der Aussonderung eines Teilsystems aus einem Gesamtsystem durch eine Meßapparatur gegeben. Diese Beschreibung trifft selbstverständlich auch auf den Fall eines Kristalls zu. Auch bei ihm muß man fragen, was die Meßeinrichtung aussondert. Damit werden wir uns in den folgenden Paragraphen beschäftigen. Zuvor knüpfen wir noch einige Bemerkungen an. Mit der Zerlegung (5.8) und der Forderung (5.7) hat man nämlich bei vorgegebenem B noch keineswegs eine eindeutige Definition von H_B erreicht. Im allgemeinen wird es nämlich nicht ein einziges H_B geben, welches mit B vertauschbar ist, sondern man wird aus H eine ganze Anzahl H^i_B aussondern können, welche die Forderung

$$H^i_B\, B = B\, H^i_B \tag{5.16}$$

erfüllen. Es entsteht dann die Frage, welches der H^i_B zu verwenden ist. Dafür gibt es eine einfache Antwort. Als erste Forderung ist zu stellen:

Der gewählte Operator H_B^i muß ein stabiles Teilsystem ergeben. Liefert nämlich H_B^i keine, oder physikalisch unsinnige Eigenwerte, so ist das Teilsystem nicht stabil.

Zweitens aber folgt: Der Operator H_B^m, der tatsächlich ausgewählt wird, muß ein Maximaloperator sein, in dem Sinne, daß er die größte Anzahl von Wechselwirkungen, die noch mit B vertauschbar sind, in sich vereinigt. In H_B^m müssen also alle weiteren H_B^i enthalten sein.

Die Bedeutung der zweiten Forderung wird offenbar, wenn wir H_B^m nach einem der restlichen H_B^i zerlegen

$$H_B^m = H_B^i + H' \tag{5.17}$$

Würde man nun H_B^i als durch die Messung ausgesondertes Teilsystem definieren, so müßte, da H_B^m vollständig in H enthalten ist, der Anteil H' zu H^p gerechnet werden. Da H' aber zufolge (5.17) auch mit B vertauschbar ist, würde im Verlauf der Ableitung der Beobachtungswerte, die in bezug auf B bewegungskonstante Größe H' in die irreversible Störungsrechnung des ensembles einbezogen werden, und dort ebenfalls Übergänge hervorrufen. Diese irreversiblen Übergänge würden erfolgen, obwohl H' eine Bewegungskonstante beim Meßvorgang ist. Daraus ergibt sich, daß H_B^i nicht gewählt werden darf. Die angegebenen Forderungen genügen, um H_B^m eindeutig festzulegen. Das werden wir speziell am Kristallproblem nachweisen.

Die bisherigen Betrachtungen beschäftigen sich ausschließlich mit der Frage, welchen Einfluß eine einzige Art von Experimenten mit einem einzigen Operator der Information B auf die Formulierung der zugehörigen Theorie ausübt. Im allgemeinen wird man sich jedoch, insbesondere bei komplizierteren Theorien, nicht damit zufrieden geben, nur eine einzige Art von Experimenten theoretisch zu deuten, sondern man wird mit ein und derselben Theorie viele verschiedenartige Experimente beschreiben wollen, und zudem ist in der Regel ein Experiment auch nicht nur durch eine einzige Information, sondern durch mehrere charakterisiert, die alle von der Theorie verlangt werden. Nachdem aus der Quantenmechanik wohlbekannt ist, daß sich gewisse Beobachtungen gegenseitig ausschließen, so erhebt sich sofort die Frage nach einem Kriterium, welches festzustellen gestattet, ob die verlangte simultane Beschreibung von verschiedenartigen Experimenten möglich ist oder nicht. Da die Theorie vollständig dem Experiment korrespondiert, so beinhaltet die Möglichkeit einer gemeinsamen theoretischen Beschreibung, daß die zugehörigen Experimente sich gegenseitig nicht ausschließen, d. h. im Prinzip gleichzeitig vorgenommen werden könnten. Bezeichnen wir die für die verschiedenartigen Experimente charakteristischen Informationen mit B_v, so liefert die Quantenmechanik die Bedingung, daß sämtliche B_v miteinander vertauschbar sein müssen

$$B_v B_{v'} = B_{v'} B_v, \tag{5.18}$$

damit die Messungen untereinander verträglich sind. Eine Theorie kann also mit der Definition ihrer Störoperatoren nur für eine solche Reihe von Experimenten simultane Beschreibungen liefern, deren Informationsoperatoren untereinander verträglich sind. Analog zum Fall eines Informationsoperators wird man dann als Teilsysteme jene Systeme definieren, deren HAMILTON-Operatoren mit sämtlichen B_v vertauschbar sind, wobei auch hier die Systeme für sich stabil sein müssen. Ebenso wird bei mehreren Möglichkeiten ein Maximaloperator ausgewählt, der alle übrigen Systemoperatoren in sich enthält. Mit diesen Andeutungen wollen wir uns hier begnügen, und die Probleme am Kristall praktisch behandeln.

§ 44. Begründung der adiabatischen Kopplung

In § 43 hatten wir gezeigt, daß durch die Art der Messung aus einem Gesamtsystem ein Untersystem ausgeblendet wird, und die restliche Umgebung nunmehr als Störung auf dieses Untersystem einwirkt. Dieses Prinzip müssen wir vordringlich zunächst auf jene Annahmen anwenden, die bereits in den vorangehenden Kapiteln eingeführt wurden, und die gesamte Theorie durchziehen. Ihre bis jetzt verschobene Rechtfertigung soll nun erfolgen. Da nach § 43 diese Rechtfertigung eng mit der jeweiligen Beobachtungsanordnung verknüpft ist, müssen wir also festlegen, welche Informationen das Experiment bzw. die zugehörige Theorie über den Kristall liefern soll. Einem solchen Unternehmen steht zunächst die Vielfalt der experimentellen Möglichkeiten entgegen. Es wäre nicht sinnvoll alle diese Möglichkeiten einzeln zu diskutieren; vielmehr wird man nach *Standard*-Informationen suchen, welche die äußere Vielfalt auf theoretisch bedeutungsvolle Inhalte reduzieren. Derartige Standard-Informationen werden durch Elementarprozesse gebildet, aus denen alle anderen Prozesse zusammengesetzt sind. Man findet sie, wenn man nach dem Inhalt einer Information überhaupt fragt. Nach § 1 wird dieser Inhalt durch die zahlenmäßige Angabe des Austausches von gewissen Meßgrößen, wie Energie, Ladung, Masse usw. zwischen Meßsystem und Beobachtungssystem festgelegt. Bei den Ionenkristallen werden vor allem Energie, Ladungs- und Massenaustauschexperimente angestellt. Man kann dabei zwei große Gruppen unterscheiden: Die Emissions- und Absorptionsphänomene, und die Transportphänomene. Emissionen und Absorptionen betreffen allein die Energieaufnahme durch Strahlung, die Transportphänomene dagegen Energie-, Massen- und Ladungstransport zwischen Kristall und Meßsystem, wobei Energie ohne Zuhilfenahme des Strahlungsfeldes transportiert wird. Der Impulstransport spielt meßtechnisch keine große Rolle. In diesem Paragraphen beschäftigen wir uns zunächst mit der Energieemission und -absorption. Diese läßt sich auf die Wechselwirkung elektromagnetischer Felder mit dem Kristall zurückführen, und die Elementarvorgänge bestehen in der Absorption und Emission von Lichtquanten durch den Kristall. Es genügt einen der beiden Elementarprozesse als Standardmeßanordnung einzuführen, da der andere jeweils die Umkehrung des gerade betrachteten ist, und keine neuen Gesichtspunkte mehr erbringt. Wir wählen die Absorptionsmessung. Um aus ihr einen Schluß auf die quantenmechanische Zerlegung des Gesamtsystems ziehen zu können, müssen wir die Beobachtungsverhältnisse genauer beschreiben. In unserem Fall wird der Kristall zwischen einer Lichtquelle und einem Spektrometer aufgestellt, das mit einem Intensitätsmesser gekoppelt ist. Auf diese Weise wird die Absorption von Energie aus einem in den Kristall eingestrahlten elektromagnetischen Feld gemessen. Die Meßanordnung beinhaltet dabei notwendig zwei verschiedene Arten von Informationen: einmal muß man die Energie des freien Strahlungsfeldes kennen, d. h. man muß wissen, welche Lichtquanten im elektromagnetischen Meßfeld enthalten sind, zum andern erhält man durch die Absorption eine Information über den Betrag der aufgenommenen Energie, und damit die Energieniveaus im Kristall, zwischen welchen der Kristall als Folge der Wechselwirkung mit dem Meßfeld Übergänge ausführt. Da das Meßfeld willkürlich ein- und ausschaltbar ist, d. h. der Kristall auch im Dunkeln existiert, wird man die Wechselwirkung des Kristalls mit dem elektromagnetischen Feld als Störung betrachten. Eine konsequente quantenmechanische Theorie verlangt dann sofort, daß nicht nur die quantenhafte Wechselwirkung zweier Systeme, sondern auch die ungestörten Systeme selbst im Hamilton-Operator, d. h. im Gesamtsystem enthalten sind, was den Operator des Gesamtsystems (1.1) ergibt. Seine Zerlegung kann nun nach § 43 streng gerechtfertigt werden. Man sieht, daß die erste Forderung nach Stabilität der Teilsysteme von (1.1) erfüllt ist. Sowohl das freie Strahlungsfeld, als auch der freie Kristall sind für sich stabil. Neben der Stabilitätsforderung müssen diese beiden Teilsysteme nach § 43 noch Maximaloperatoren in bezug auf die Vertauschbarkeit mit der Information sein. Diese zerfällt hier, wie schon erwähnt, in zwei Teilinformationen, die Energie des freien Strahlungsfeldes, und die vom Kristall aufgenommenen Energien. Während man in bezug auf die Energie des freien Strahlungsfeldes die Maximaleigenschaft der Zerlegung (1.1) leicht erkennt, ist die Information über die vom Kristall aufgenommene Energie noch nicht hinreichend definiert, und wir müssen uns mit ihr eingehender beschäftigen. Um sie zu analysieren, müssen wir beachten, daß der Kristall aus zwei Arten von Teilchen besteht, den Elektronen und den Atomkernen. Argumentieren wir zunächst rein klassisch, so wird ein in den Kristall eingestrahltes elektromagnetisches Feld die Elektronen zufolge ihrer weitaus geringeren Trägheit viel schneller in Bewegung setzen als die Kerne, d. h. die Elektronen werden schon mit dem Strahlungsfeld reagieren, während der Zustand der Kerne praktisch noch unverändert ist. Im Sinne der Quantenmechanik erfolgt diese Reaktion durch momentane Übergänge von einem Niveau zu einem andern, wobei die Kerne ihre Lagen nicht verändern. Man wird also Übergänge von $U_n(X_k^n)$ nach $U_p(X_k^n)$ zu erwarten haben, wo U_n die Elektronenenergie im n-ten Zustand in Abhängigkeit von den Gitterruhelagen X_k^n ist, und U_p die Elektronenenergie im p-ten Zustand, bei unveränderten Kernlagen. Voraussetzung für die quantenmechanische Analogie zum klassischen Fall ist allerdings, daß zufolge der diskreten Energieniveaus der Elektronen eine Lichtquantenenergie vorhanden ist, welche bei der Absorption den Energiesatz erfüllen kann. Verzichtet man zunächst auf die Möglichkeit von elektromagnetischen Gitteranregungen, so sieht man jedenfalls, daß die Information über die aufgenommenen Energien unmittelbar auf die Angabe von Elektronenenergiedifferenzen hinausläuft, welche für fixierte Kernruhelagen gelten. Damit hat man für den zweiten Fall der Information einer optischen Meßanordnung auch den Operator der Information gefunden. Dieser ist keinesfalls mit dem Gesamtkristalloperator vertauschbar. Vielmehr führt die Forderung nach Vertauschbarkeit dieses Operators mit den Teilsystemen gerade auf die adiabatische Kopplung (1.7) im Kristall. Die adiabatische Kopplung ergibt als Teilsystem das Elektronensystem bei fixierten Kernen, d. h. bei Kernkoordinaten, die als Parameterwerte gedacht sind. Daß quantenmechanisch die Kerne selbst nicht eindeutig festgelegt werden können, sondern nur durch Kernwellenfunktionen $\varphi_m^n(X_k)$ in ihrer statistischen Verteilung bekannt sind, ist in diesem Zusammenhang unerheblich.

Die zwei Arten von Information, die bei einem optischen Experiment auftreten, ergeben also nicht nur die Zerlegung des Gesamtsystems in (1.1) mit den zugehörigen Wellenfunktionen (1.3), sondern sie erzwingen auch den Ansatz der adiabatischen Kopplung der Elektronen und Gitterkerne mit den Beziehungen (1.5), (1.6), (1.7) und (1.8). Damit können wir die in Kap. I eingeführten hypothetischen Ansätze als streng theoretisch begründet ansehen, für den Fall, daß die Theorie Aussagen über Prozesse liefern soll, die mit den genannten Elementarprozessen zusammenhängen.

Es bleibt noch die vorhin ausgeschlossene Möglichkeit der direkten Gitteranregungen. Bei ihnen reagieren aus energetischen Gründen die Gitterbausteine als Ganzes, d. h. die Elektronen treten nur kollektiv im Gesamtpotential des Gitters in Erscheinung. Die Information führt dabei zu den Energiedifferenzen der Gitterschwingungszustände, und ist mit den Elektroneninformationen *nicht* vertauschbar. Optische Elektronenmessungen und Gittermessungen sind also nicht gleichzeitig miteinander ausführbar. Dies hindert uns aber nicht, die Theorie auch auf diese Art von Experimenten einzurichten, da wir beim Kristall über *zwei* Teilsysteme verfügen, und die beiden Teilsysteme unabhängige Informationen ergeben. Das Verbot der Gleichzeitigkeit drückt sich dann nur in einer Nebenbedingung aus: Die Übergangswahrscheinlichkeiten lassen keine *simultanen* Elektronen- und Gitteranregungen zu, bei denen beide Teilchenarten direkt durch das Meßfeld beeinflußt werden. Ansonsten kann man aber aus den Kernanregungen keine über die bisherigen Ergebnisse hinausreichenden Aussagen gewinnen, wenn man den Prozeß nur vom energetischen Standpunkt betrachtet.

§ 45. Anharmonische Gitterwechselwirkungen

In § 44 haben wir gezeigt, daß die erste Gruppe von Elementarprozessen die Zerlegung des Gesamtsystems in Kristall und Strahlungsfeld, sowie die Einführung der adiabatischen Kopplung erzwingt, wenn man die in diesen Elementarprozessen ablaufenden Energieabsorptionen und -emissionen theoretisch verfolgen will. Jetzt wenden wir uns der zweiten Gruppe von Experimenten, den Transportphänomenen zu, und untersuchen, welche Konsequenzen aus ihnen für die theoretische Formulierung entspringen.

Transportiert wird im Kristall Energie, Ladung und Masse. Der Transport von Energie bildet den Inhalt von Wärmeleitfähigkeitsexperimenten, jener von Ladung entspricht der elektrischen Leitfähigkeit, und der Massentransport schließlich ist mit der Leitfähigkeit verknüpft, da die wandernden Ladungen an materielle Teilchen gebunden sind. Die Teilchenwanderung kommt aber auch ohne Ladungstransport vor, wenn elektrisch neutrale Teilchen im Kristall diffundieren oder durch elastische Spannungsfelder zur Wanderung gezwungen werden. Die zu diesen Experimenten gehörigen Informationen sind die Teilchenzahlen und Energiedichten am Rand des Kristalls. Sie sind, wenn man endlich ausgedehnte Kristalle verwendet, mit der adiabatischen Kopplung verträglich, liefern aber keine neuen Einsichten obwohl mit der Verträglichkeit zu unseren Ansätzen natürlich zugleich bewiesen ist, daß die Theorie die Transportphänomene simultan mit den Absorptions- und Emissionsphänomenen zu beschreiben vermag.

Einen weiteren Hinweis für die Definition von Störoperatoren bekommen wir jedoch, wenn man den bisher vernachlässigten Impulstransport beachtet. Dieser ist mit allen Transportphänomenen verknüpft, obwohl er experimentell meistens gar nicht mitgemessen wird.

Für die Zwecke einer weiteren Erhellung der Theorie können wir ihn aber aufgreifen. Wir betrachten dabei zunächst den Impulstransport durch das Kristallgitter. Mit ihm beweisen wir nämlich, daß die Entwicklungsglieder der Gitterenergie $U_n(X_k)$ von höherer als zweiter Ordnung als Störglieder betrachtet werden müssen. Um den zugehörigen Elementarprozeß zu beschreiben, erinnern wir, daß an Stelle des Impulses bei freien Teilchen, im Kristallgitter die Ausbreitungsvektoren von Gitterschwingungen treten. Diese kennzeichnen im Gitter den Impulstransport. Wir können uns nun auf den Standpunkt stellen, auch diese Ausbreitungsvektoren als Informationsgrößen von der Theorie zu fordern. Um die aus dieser Forderung resultierenden Konsequenzen für die Theorie anzugeben, bedienen wir uns wieder einer Standardmeßanordnung. Diese besteht nicht in einem Wärmeleitfähigkeitsexperiment, da dort ja doch nur Mittelwerte auftreten, sondern in einem Experiment, bei welchem die Ausbreitungsvektoren als mikroskopische Information auftreten. Das geschieht auf indirekte Weise.

Ein Probeteilchen, dessen Energie und Ausbreitungsvektor vorgegeben sind, wird in den Kristall eingeschossen, und nach der Reaktion mit dem Kristallgitter wieder aufgefangen, wobei Energie und Ausbreitungsvektor erneut gemessen werden. Das Teilchen, welches ein Elektron, Neutron oder Photon usw. sein kann, verändert durch die Reaktion mit dem Gitter seine Energie und seinen Ausbreitungsvektor. Da für das freie Teilchen ein Erhaltungssatz dieser Größen besteht, muß im Falle einer Reaktion dieses Teilchens mit dem Kristall, der Kristall die Differenzbeträge der Energie und des Ausbreitungsvektors vor und nach dem Stoß aufgenommen haben. Damit hat man durch das Experiment eine indirekte Information über Energiedifferenzen und Differenzen von Gitterausbreitungsvektoren. Will man deren Aufnahme theoretisch beschreiben, so muß sowohl ein Gitterausbreitungsvektor, als auch die Energie mit dem Operator der Gitterbewegung vertauschbar sein. Charakteristisch für die Kenntnis des Gitterausbreitungsvektors $\mathfrak{k}$ ist in der ebenen Wellendarstellung eines idealen Kristallgitters die Phononenquantenzahl $l_{\mathfrak{k}}$ der ebenen Welle, die zu diesem Ausbreitungsvektor gehört. Da diese Zahl einen Eigenwert der Messung darstellt, so kann nur jener Teil von H als ungestörtes Untersystem gewählt werden, der mit diesem Eigenwert vertauschbar ist. Der Rest muß als Störung betrachtet werden. Die Forderung zeichnet im vorliegenden Fall eindeutig den quadratischen Teil des Gesamtoperators der Gitterbewegung aus, so daß die anharmonischen Glieder zu Störoperatoren werden. Diese Diskussion ist zunächst auf den idealen Kristall begrenzt. Doch übernehmen wir sie auch für den gestörten Kristall. Dort kann nur noch ein Teil der Gitterschwingungen einen Ausbreitungsvektor besitzen. Der Rest der Störschwingungen läßt sich dadurch nicht charakterisieren. Da aber selbst dieser Bruchteil von Eigenschwingungen nur dann entstehen kann, wenn sämtliche harmonischen Schwingungen eingeführt worden sind, so bleibt auch hier die Notwendigkeit bestehen, die Gesamtheit der quadratischen Glieder in das Teilsystem einzubeziehen, die Glieder höherer Ordnung aber auch hier als Störung zu betrachten. Der Störoperator hat dann die spezielle Gestalt

$$H^n = A^n_{kjl}\, \xi^n_k\, \xi^n_j\, \xi^n_l + \cdots, \tag{5.19}$$

die sofort aus der Entwicklung (4.4) als Fortsetzung folgt. Damit ist auch die Einführung der harmonischen Gitterwellenfunktionen zufolge des Impulstransportes begründet.

Den Impulstransport durch Elektronen werden wir erst später in § 62 diskutieren.

§ 46. Elektronenträgheitsglieder

Nachdem wir in den vorangehenden Paragraphen gezeigt haben, daß die von der Theorie geforderte Beschreibung von Standardexperimenten notwendig auf den schon früher angenommenen Aufbau des Gesamtsystems aus gewissen Teilsystemen führt, wollen wir uns jetzt der analytischen Form der aus diesen Ansätzen resultierenden Störoperatoren H^t, H^u und H^n zuwenden. H^n wurde bereits in § 45 angegeben, und wir brauchen uns nicht mehr damit zu beschäftigen. Wir beginnen daher mit H^t. Da H^t aus der speziellen Form des Ansatzes (1.3) und (1.5) resultiert, läßt sich dieser Störoperator *nicht* unabhängig vom Basissystem schreiben, sondern muß sogleich auf (1.3) und (1.5) bezogen werden, was auf die Matrixdarstellung (5.5) führt. Aus (1.6) folgt mit der Kristallwellenfunktion (1.5), daß H^t aus zwei Termen besteht. Der erste lautet bis auf Konstanten

$$\int \psi^*_n\, \varphi^{n*}_m\, \varphi^*_b\, P_k\, \psi_p\, P_k\, \varphi^p_l\, \varphi_{b'}\, d\tau, \tag{5.20}$$

wobei die P_k die Impulsoperatoren des Gitters seien, und nur auf die unmittelbar nachfolgende Funktion wirken sollen. In (5.20) kann man die Integration über die Elektronenfreiheitsgrade unabhängig von der Integration über die Gitter- und Lichtquantenfreiheitsgrade vornehmen. Wegen der Normierung der Elektronenwellenfunktionen

$$\int \psi^*_n(x_i, X_k)\, \psi_p(x_i, X_k)\, d\tau_i = \delta_{np} \tag{5.21}$$

für beliebige Parameter X_k folgt, daß bei *reellen* Wellenfunktionen ψ_n der Operator P_k auf (5.21) angewendet

$$\int \psi^*_n(x_i, X_k)\, P_k\, \psi_p(x_i, X_k)\, d\tau_i = 0. \tag{5.22}$$

ergibt. Das Matrixelement (5.20) muß daraufhin verschwinden. Von Stasiw[65] wurde zuerst darauf aufmerksam gemacht, daß man stets einen

[65] O. Stasiw: s. Fußnote 3, S. 1.

solchen vollständigen Satz reeller Funktionen annehmen und damit das Verschwinden von (5.20) erzwingen kann. Wir schließen uns dieser Voraussetzung an. Der Störoperator reduziert sich damit auf den zweiten aus (1.6) folgenden Term

$$H^t_{nmb,plb'} = \int \psi_n^* \varphi_m^{n*} (H_k \psi_p) \varphi_l^p \, d\tau_{ik} \, \delta_{bb'}, \tag{5.23}$$

wobei H_k der Operator der kinetischen Energie der Kerne ist. Über die Strahlungsfeldfunktionen wurde bereits integriert, da der Störoperator nicht auf sie einwirkt. Sie ergeben den Faktor $\delta_{bb'}$ und zeigen, daß die nichtadiabatischen Störungen im Kristall den Zustand des Lichtquantenfeldes *nicht* verändern. Die durch (5.23) bewirkten Übergänge können also nur den Kristall allein betreffen, ohne Energieabgabe in das Strahlungsfeld. In diesem Sinne können die stationären Zustände der adiabatischen Kopplung sich durch nur dem Kristall selbst zugehörige Wechselwirkungen ineinander verwandeln. Zugleich unterliegt diese Verwandlung einer zusätzlichen Einschränkung: Da es sich um innere Wechselwirkungen des Kristalls handelt, bleibt die Energie des Gesamtkristalls, d. h. der beiden adiabatischen Teilsysteme und der zusätzlichen Wechselwirkungsenergie zwischen ihnen, erhalten. Es kann also nur ein Energieaustausch zwischen den Teilsystemen stattfinden, der diesen Erhaltungssatz nicht verletzt.

Die Matrixelemente (5.23) nennen wir Elektronenträgheitsglieder. Der Name entsteht aus der Eigenart der adiabatischen Kopplung. In ihr sind die Elektronen an die augenblicklichen Lagen der Kerne gekoppelt. Setzen sich nun die Kerne in Bewegung, so tritt eine Beschleunigung der Anziehungszentren der Elektronen auf, der diese wegen ihrer mechanischen Trägheit nicht sofort folgen können. Die Verzögerung wird um so größer sein, je größer die Beschleunigung der Kerne ist. Da eine solche Verzögerung gegenüber der Kernbewegung aber den Übergang in einen anderen adiabatischen Zustand erzwingen muß, weil die Elektronen bei gleichbleibendem Zustand per definitionem sofort folgen müßten, so muß ein Störoperator vorhanden sein, der in Abhängigkeit von der Beschleunigung diese Übergänge veranlaßt. Er wird durch (5.23) gegeben. Man sieht das leicht ein, wenn man bedenkt, daß es sich beim Gitter um periodische Bewegungen der Kerne handelt. Bei periodischen Bewegungen aber ist die kinetische Energie proportional der Beschleunigung, so daß (5.23) mit seinem auf die Elektronenfunktionen wirkenden H_k tatsächlich die beschleunigungsabhängige Störung darstellt.

§ 47. Kristallwechselwirkung mit elektromagnetischen Feldern

Der noch zur Diskussion verbleibende Störoperator H^u enthält neben der Kopplung des Kristalls an das Strahlungsfeld noch andere Störeinflüsse, die aus der Umgebung auf den Kristall einwirken können. Zu den wichtigsten äußeren Störungen, die neben den elektromagnetischen Feldern auftreten können, zählen mechanische Zug- und Druckbeanspruchungen, Temperatureinflüsse, sowie statische elektrische Felder. Da die Temperatur statistisch durch Besetzungszahlen von Energieniveaus definiert werden kann, fällt ihre Einwirkung als direkte Störung heraus. Sie kann in der ensemble Statistik als Anfangswertproblem oder als Energiequelle eingeführt werden, und bedarf daher keiner weiteren explizit quantenmechanischen Beschreibung. Die mechanischen Beanspruchungen des Kristalls können wir summarisch als den Einfluß starker lokaler elektrischer Felder an den Grenzen des Kristalls auffassen, so daß sich die gesamte Störwirkung der Umwelt auf die Wechselwirkung des Kristalls mit elektromagnetischen Feldern beschränkt, in denen als Grenzfall die statischen Felder eingeschlossen sind. Diese Felder beschreiben wir durch ein zeitunabhängiges skalares elektrisches Potential $V(x)$, und durch ein Vektorpotential, das wir in einen zeitunabhängigen Anteil $\mathfrak{A}_0(x)$ und einen zeitabhängigen Anteil $\mathfrak{A}(x, t)$ zerlegen, wobei x in beiden Potentialen ein allgemeiner Raumvektor sei. $\mathfrak{A}(x, t)$ sei das Vektorpotential des reinen Strahlungsfeldes, wogegen die zeitunabhängigen Potentiale etwa vorhandene statische elektrische und magnetische Felder angeben sollen. Diese Form des Ansatzes ist nicht die allgemeinste Lösung, welche die MAXWELL-Gleichungen bei nichtverschwindenden Ladungs- und Stromdichten aufweisen, jedoch genügt sie, um die wesentlichen Experimente, die an Kristallen ausgeführt werden, mathematisch zu erfassen. Im Sinne von DIRAC—NEUMANN transformieren wir nun das reine Strahlungsfeld auf die Oszillatordarstellung durch eine Entwicklung

$$\mathfrak{A}(x, t) = q_\varkappa \mathfrak{A}_\varkappa(x), \tag{5.24}$$

wobei die $\mathfrak{A}_\varkappa(x)$ ein orthogonales Funktionensystem ebener transversaler Wellen sind, das wir für die weiteren Rechnungen nicht explizit anzugeben brauchen. Nach DIRAC-NEUMANN[66] und KRAMERS[67] lautet dann die Wechselwirkung eines solchen Feldes mit den Kristallpartikeln in nichtrelativistischer Näherung bis zu Gliedern erster Ordnung in $1/c$

$$H^u = \sum_i e_i V(x_i) + \tag{5.25}$$

$$\sum_i \frac{e_i}{2mc}\{[\mathfrak{p}_i \mathfrak{A}_0(x_i)] + [\mathfrak{A}_0(x_i)\,\mathfrak{p}_i] + 2h\,i\,\mathfrak{s}_i\cdot[\mathfrak{p}_i \times \mathfrak{A}_0(x_i)]\}$$

$$\sum_{i,\varkappa} \frac{e_i}{mc} q_\varkappa \{[\mathfrak{A}_\varkappa(x_i)\,\mathfrak{p}_i] - 2h\,i\,\mathfrak{s}_i\cdot[\mathfrak{p}_i \times \mathfrak{A}_\varkappa(x_i)]\} + \cdots.$$

---

[66] J. v. NEUMANN: s. Fußnote 52, S. 16.

[67] H. A. KRAMERS: s. Fußnote 59, S. 52.

Die explizit angeschriebenen Terme enthalten die Wechselwirkung der Kristallelektronen mit dem Gesamtfeld. Die Punkte deuten an, daß für die Gitterkerne die analogen Ausdrücke anzusetzen sind. Das erste Glied gibt die Wechselwirkung der Elektronen mit dem von außen angelegten statischen Feld wieder. Das zweite Glied die Bahn und Spin-Kopplung der Elektronen an das statische Magnetfeld. In der Spin-Kopplung darf dabei der Impulsoperator p_i nur auf das Vektorpotential wirken. Das dritte Glied schließlich enthält die Wechselwirkung der Elektronen mit dem Strahlungsfeld. Auch hier soll im Vektorprodukt p_i nur auf das Vektorpotential allein wirken.

Bildet man aus den Gitterkernen und inneren Elektronen komplexe Teilchen, so treten deren Freiheitsgrade, sofern sie geladen sind, in der Wechselwirkung mit dem elektromagnetischen Feld auf, wogegen die Freiheitsgrade der sie konstituierenden Teilchen aus der Rechnung verschwinden. Damit wird dann von inneren Anregungen der Ionen selbst abgesehen. Wenn wir uns einmal entschlossen haben, gewisse Teilchenkomplexe durch Ersatzpotentiale zu Ionen zusammenzufassen, so sollen diese nurmehr als Ganzes an den Reaktionen teilnehmen. Da uns die Definition dieser Teilchenkomplexe am Anfang freisteht, bedeutet diese Annahme keine Einschränkung der Allgemeinheit.

§ 48. Strahlende und strahlungslose Elektronenübergänge

In den vorangehenden Paragraphen hatten wir die aus einigen Standardexperimenten für die Theorie resultierenden Störoperatoren mathematisch analysiert und ihre Berechtigung bewiesen. Es ist jedoch auch interessant vom idealisierten Standpunkt der elementaren Austauschprozesse abzugehen, und die aus der vorliegenden Formulierung entspringenden Vorgänge in ihrer Wirkung auf die Gitterteilchen einzeln kennenzulernen.

Wir beginnen bei den Elektronen. Ein Prozeß soll dann ein Elektronenübergang genannt werden, wenn sich die Elektronenquantenzahl n verändert. Die Definition des Elektronenübergangs schließt nicht aus, daß gleichzeitig eine Änderung der Gitterquantenzahlen und Lichtquantenzahlen erfolgt. Diese Änderung liefert uns sogar das Einteilungsprinzip: Prozesse, bei denen Lichtquanten emittiert oder absorbiert werden, d. h. bei denen sich die Lichtquantenzahlen ändern, nennen wir strahlende Prozesse, im andern Fall, wenn der Elektronenübergang bei konstanter Lichtquantenzahl verläuft, haben wir einen strahlungslosen Übergang vor uns. Die strahlenden Prozesse sind dem Experiment direkt zugänglich. Sie ergeben Emissions- und Absorptionsbanden, auf die wir unser Standardexperiment bezogen haben. Strahlungslose Prozesse dagegen können nur indirekt verfolgt werden, weil hier wegen der Konstanz des Lichtquantenfeldes nichts außerhalb des Kristalls verändert wird, was einer Beobachtung zugängig wäre. In Verknüpfung mit strahlenden Elektronenübergängen oder mit Leitfähigkeitsmessungen werden die strahlungslosen Übergänge aber in der Energiebilanz und im Abklingen von Strömen nachweisbar. Sie sind dafür verantwortlich, daß der Kristall irreversibel Energien aufnimmt, und durch Umwandlung in Wärme eine direkte Abgabe verhindert. Besonders bei den strahlungslosen Prozessen ist die Mitwirkung des Gitters unbedingt erforderlich, da sonst der Energiesatz für den Gesamtkristall nicht erfüllt werden könnte. Aber auch bei den strahlenden Prozessen beteiligt sich das Gitter, was die Breite der Absorptions- und Emissionsbanden, die weit über die natürliche Linienbreite hinausgeht, beweist. Die Gitterquantenzahlen werden sich also bei Elektronenübergängen in den meisten Fällen mit verändern.

Als Ursache der strahlenden Übergänge muß natürlich die Kopplung der Elektronen an das Strahlungsfeld angesehen werden. In dieser Kopplung hat man nach (5.25) zwei Anteile zu unterscheiden: einer führt auf die gewöhnlichen optischen Übergänge, die mit der Ladung des Elektrons zusammenhängen, der andere Anteil aber ergibt die Spinresonanzen. Bei ihm erzwingt ein elektromagnetisches Wechselfeld Übergänge zwischen aufgespaltenen Spinniveaus, die durch die Wechselwirkung mit einem statischen Magnetfeld erzeugt werden. Die Wechselwirkung mit dem statischen Magnetfeld ist ebenfalls in (5.25) enthalten. Im Gegensatz zu den strahlenden Übergängen müssen die strahlungslosen Übergänge mit jenen Störungen verknüpft sein, die nicht aus der Kopplung an das Strahlungsfeld stammen. Das sind zunächst die Elektronenträgheitsglieder (5.23), dann aber auch die statischen elektrischen Felder, die in (5.25) ebenfalls aufgenommen wurden. Die Trägheitsglieder bilden den eigentlichen regulären Mechanismus der strahlungslosen Prozesse, da sie ohne äußere Einwirkung immer im Kristall wirken, und jedesmal dann in Erscheinung treten, wenn der Kristall auf eine beliebige Weise elektronisch angeregt wurde. Diese Glieder sind für den strahlungslosen Einfang von Elektronen an Gitterstörungen verantwortlich, und bewirken die Rekombination von Elektron-Loch-Paaren, ohne Aussendung eines Lichtquants in den Außenraum. Sie bewirken aber auch die Bremsung im Gitter wandernder Elektronen, was in § 62 noch ausführlich dargestellt werden wird. Die willkürlich ein- und ausschaltbaren statischen elektrischen Felder ergeben die Feldionisation gebundener Elektronen, und selbstverständlich die Elektronenleitfähigkeit von Elektronen im Leitungsband des Kristalls. In beiden Fällen nehmen die Elektronen Energie aus dem äußeren Feld auf, ohne daß die Energieaufnahme mit der Absorption von Lichtquanten verbunden ist. Wir können daher auch diese Prozesse als strahlungslose Prozesse bezeichnen. Mit dieser Aufzählung hat man die wichtigsten Übergangsmöglichkeiten für Elektronen erfaßt. Sie erscheinen als nicht besonders zahlreich. Für den praktischen Vergleich mit dem so vielfältigen experimentellen Material muß man jedoch bedenken, daß die eigentliche Vielfalt durch die Gitterkonfigurationen und verschiedenen Modelle, und nicht durch die in ihnen ablaufenden Elementarprozesse geliefert wird.

§ 49. Optische und thermische Gitterprozesse

Als nächstes wenden wir uns den Gitterprozessen zu. Sie wird man sinngemäß als Prozesse definieren, bei denen sich die Gitterquantenzahlen ändern können, die Elektronenquantenzahlen aber stets konstant bleiben. Auch hier schließt die Definition der Gitterübergänge nicht aus, daß die Lichtquantenzahlen sich ebenfalls verändern können, und liefert daher wie bei den Elektronenübergängen das Einteilungsprinzip in strahlende und strahlungslose Gitterübergänge. Allerdings werden wir für die strahlungslosen Übergänge hier eine andere Bezeichnung einführen. Daß es Gitterübergänge gibt, bei denen die Elektronenquantenzahlen konstant bleiben, läßt sich leicht aus der mathematischen Darstellung der Übergangselemente (5.5) ablesen. Enthalten nämlich die darin auftretenden Störoperatoren die Elektronenkoordinaten nicht, so kann wegen der adiabatischen Zerlegung (1.5) und der Orthogonalitätsrelation (5.21) für die Elektronenfunktionen die Integration über die Elektronenfreiheitsgrade unabhängig von den übrigen Freiheitsgraden vorgenommen werden, und führt zu der Aussage, daß für diese Operatoren nur Übergänge möglich sind, wenn n konstant bleibt. Derartige Operatoren enthält zunächst einmal die Wechselwirkung des Gitters mit dem Strahlungsfeld. Die in (5.25) nicht angeschriebenen, zu den Elektronen analogen Kopplungsglieder des Gitters an das Strahlungsfeld, hängen nur von den Gitterkoordinaten und den Strahlungsfeldkoordinaten ab. Sie er geben also die strahlenden Übergänge, die man als Gitterabsorptions- und Gitteremissionsbanden direkt optisch beobachten kann. Sind die Störschwingungen des gestörten Gitters optisch aktiv, so können auch einzelne Absorptions- und Emissionslinien gefunden werden, die dann einen unmittelbaren Nachweis der Realität gestörter Eigenschwingungen abgeben. Daneben sind wie bei den Elektronen auch Spinresonanzen möglich, die von der Kopplung der Kernspins an das Strahlungsfeld herrühren. Diese sind aber innerhalb der Kristalltheorie von nicht so großer Bedeutung.

Weitaus wichtiger als die optischen Übergänge ist eine Klasse von strahlungslosen Übergängen, die durch die anharmonischen Gitterwechselwirkungen gebildet werden. In ihnen sind nur die Kernkoordinaten allein im Störoperator enthalten, und es müssen die Elektronen-

und die Lichtquantenzahlen konstant bleiben. Diese Glieder verursachen die Wärmeleitfähigkeit. Hat nämlich ein Oszillator einen Energiebetrag, der vom thermischen Gleichgewicht der übrigen Oszillatoren abweicht, so bewirken die Matrixelemente der anharmonischen Gitterwechselwirkung einseitige Übergänge, die den Oszillator zwingen, seine gegenüber dem thermischen Gleichgewicht überschüssige Energie an die Umgebung, d. h. die übrigen Gitteroszillatoren abzugeben. Im thermischen Gleichgewicht selbst finden andauernde Austauschprozesse statt, die aber im Mittel zu keiner energetischen Bereicherung irgendeines Gitteroszillators führen. Für uns besonders interessant sind an diesen Prozessen nicht die Quantenübergänge im regulären Gitter, sondern die Frage der Energiedissipation aus Störschwingungen. Diese Frage spielt für die modellmäßige Anwendung der Theorie eine bedeutende Rolle. Es wird sich nämlich zeigen, daß man das Gitter nicht immer als ein homogenes Wärmereservoir betrachten kann, für das sich bei allen Prozessen eine gleichmäßige mittlere Temperatur T, und damit ein mittlerer Energieinhalt der Oszillatoren definieren ließe. Vielmehr finden allgemeine Übergänge über thermische Nichtgleichgewichtszustände von Gitteroszillatoren, insbesondere von Störschwingungen statt. Hierbei ist dann notwendig, auch das Maß der Energiedissipation aus der angeregten Schwingung in die Umgebung anzugeben, und als konkurrierenden Prozeß in die Rechnung einzubeziehen, da die anderen Übergänge selbstverständlich von der Größe der Abweichung gegenüber dem thermischen Gleichgewicht abhängen werden. Das alles wird durch die anharmonischen Glieder geliefert. Wir werden bei der Besprechung von Modellen noch näher darauf eingehen.

§ 50. Bewegung und Umwandlung von Gitterstörungen

Bei der anschaulichen Interpretation der von den verschiedenen Störoperatoren auf die Gitterbausteine ausgeübten Wirkungen, hatten wir die strahlenden und strahlungslosen Übergänge der Elektronen, sowie die thermische Dissipation und die optischen Prozesse im Gitter erwähnt. Unter den strahlungslosen Übergängen der Elektronen sind auch jene enthalten, die durch statische elektrische Felder veranlaßt, auf die Elektronenleitfähigkeit führen. In diesem Fall wandern die Elektronen unter dem Einfluß des äußeren Feldes im Gitter, und transportieren lokalisiert zugleich Ladung. Es ist bekannt, daß für derartige Ladungstransportphänomene in Kristallen nicht nur die Elektronen, sondern auch die Ionen, d. h. die schweren Gitterbausteine selbst, in Frage kommen. Grundsätzlich muß man daher die Bewegung sowohl von Elektronen als auch von Gitterionen berücksichtigen. Beobachtbare Unterschiede werden nur dadurch bewirkt, daß die einzelnen Teilchen verschiedenartige Beweglichkeit besitzen, für die ihre Bindung im Gesamtgitter verantwortlich ist. Elektronen in inneren Schalen können schlecht von ihren Kernen weggerissen werden, Elektronen im Leitungsband dagegen vermögen fast wie freie Teilchen dem angelegten Feld zu folgen. Ihre Bindung an die Gitterbausteine ist gering. In gleicher Weise können Gitterionen stark oder schwach an den gesamten Gitterkomplex gebunden sein. Bei Ionen auf regulären Gitterplätzen ist die Bindung so groß, daß sie im allgemeinen nicht durch elektrische Felder zur Wanderung gebracht werden können. Dagegen sind Ionen, die Gitterstörungen konstituieren, oftmals viel schwächer an den Gesamtverband des Gitters gebunden, und können leichter durch Störungen in Bewegung gesetzt werden. Die dafür notwendigen Kräfte müssen aber nicht unbedingt von den anfangs genannten elektrischen Feldern herrühren; vielmehr können auch an den Kristall angelegte mechanische Spannungen sowie Temperaturstöße, d. h. Stöße gittereigener Teilchen, sowie Stöße gitterfremder Teilchen die Bewegung erzwingen. Allen durch solche Kräfte hervorgerufenen Bewegungen ist jedenfalls eines gemeinsam: sie verlaufen aperiodisch. Während aber theoretisch diese Aperiodizität für Elektronen schon im allgemeinen Rahmen der bisherigen Betrachtungen enthalten ist — man braucht nur zu Wellenpaketen überzugehen —, haben wir für das Gitter bis jetzt *nur* periodische Bewegungen betrachtet. Will man also die Bewegungen von Ionen, d. h. die Ladungs- und Massentransporte, die durch Ionen hervorgerufen werden, in die Theorie aufnehmen, so müssen wir die Theorie in geeigneter Weise erweitern, um auch aperiodische Vorgänge erfassen zu können. Entsprechend unserer vorangehenden Bemerkung beziehen wir uns dabei auf die oftmals leichter beweglichen Gitterstörungen; der Fall der Bewegung gittereigener Ionen kann dann analog behandelt werden, hat jedoch keine unabhängige Bedeutung, da ein Verlassen des Gitterplatzes sofort zu einer Störkonfiguration führt.

Die notwendige Erweiterung besteht, wie wir sogleich sehen werden, nicht in einer Umbildung des formalen Aufbaues der Theorie, sondern nur in der Angabe einer Modellvorstellung über den Bewegungsmechanismus, welcher dann ohne Änderung mit den bisher entwickelten Methoden mathematisch behandelt werden kann. Um diese Modellvorstellung zu entwickeln, erinnern wir an den grundsätzlichen Unterschied in der quantenmechanischen Bewegung freier und gebundener Teilchen. Die Bewegung freier Teilchen verläuft in vollständiger Korrespondenz zur klassischen Mechanik, jene der gebundenen Teilchen dagegen zeigt das eigentlich quantenmechanische Phänomen der Sprünge von einem stationären Zustand in einen andern. Übertragen auf die Bewegung von Ionen werden daher die freien Ionen zufolge ihrer großen Masse angenähert klassische Bahnen kontinuierlich durchlaufen, im gebundenen

Zustand dagegen die quantenmechanischen Sprünge ausführen. Eine solche Bindung stellt z. B. der Gleichgewichtszustand einer Gitterstörung im Kristall dar. Diese ist nicht an beliebigen Orten im Gitter stabil, sondern wird durch die Gitterkräfte auf ganz bestimmte Orte im Gitter gedrängt, die zu minimaler Gitterenergie führen. In unmittelbarer Nachbarschaft dieser Minimallagen hat man für die Gitterstörung und das übrige Gitter überall eine höhere Gesamtenergie, und erhält so einen Bindungszustand der Gitterstörung an die Minimallagen. Um diese können dann die in Kap. IV diskutierten Gitterschwingungen, und insbesondere die Störschwingungen stattfinden. Wirken nun von außen Kräfte auf die Störung ein, so ist es möglich, daß diese bei einer Ausschwingung aus ihren Ruhelagen über den Potentialberg hinweggehoben wird, und in einen neuen stabilen Zustand an benachbarter Stelle übergeht. Neben dem Schwingungsübergang kann auch noch der quantenmechanische Tunneleffekt eintreten, so daß über die gesamte Zustandsskala des kombinierten Gitter-Störsystems Übergangsmöglichkeiten in neue Gleichgewichtszustände bestehen. Da das Gitter in Abhängigkeit vom Lokalisationsort der Störung lokalisierte Deformationen aufweist, müssen beim Übergang von einem Gleichgewichtszustand in einen andern gleichzeitig Umlagerungen in der Gitterumgebung stattfinden, was beim Sprung zur Abstrahlung von Schallwellen führt, da der Umlagerungsvorgang dynamisch verläuft. Der Bewegungsmechanismus erleidet dadurch eine Dämpfung. Daß ein solches Sprungbild der Bewegung von Gitterstörungen mit unseren Ansätzen erfaßt werden kann, erkennt man sofort, wenn man bedenkt, daß die Quantenzahl n ein Vektor ist. Er enthält als Quantenzahlkomponenten zunächst die Art der Gitterstörung, dann aber auch den Elektronenzustand der Störung und ihrer Umgebung. Nach unserer Ausführungen müssen nun zu diesen Komponenten noch weitere hinzugefügt werden, die den Ort der Gitterstörung im Kristall festlegen. Damit hat man zugleich das allgemeine Schema gefunden, nach dem Übergänge zwischen verschiedenen Gleichgewichtslagen der Störungen beschrieben werden können: Bei allgemeinen quantenmechanischen Prozessen werden nicht nur die Elektronen-Gitterschwingungs- und Lichtquantenzahlen variiert, sondern es werden auch variable Kennzahlen für Gleichgewichtszustände zugelassen. Die Sprünge, welche eine Bewegung hervorrufen, sind also formal *gleichwertig* zu jenen Quantensprüngen, bei denen die Gitterstörung an ihrem Ort verbleibt. Bezieht sich der Quantenzahlenvektor $\mathfrak{n}$ auf eine Gitterstörung an einem bestimmten Ort im Gitter, den wir der Einfachheit halber durch den Schwerpunkt der Störung $\mathfrak{S}_0$ kennzeichnen wollen, und ist dieselbe Gitterstörung auch an anderen Orten stabil, wobei sich der Quantenzahlenvektor $\mathfrak{p}$ z. B. auf den Schwerpunkt mit dem Wert $\mathfrak{S}_1$ beziehen möge, so ergeben die für diese Übergänge verantwortlichen thermischen und elektrischen Störungen die Übergangsmatrixelemente $H^n_{nmb,plb'}$ bzw. $H^u_{nmb,plb'}$. Wie bei gleichbleibenden Orten, so muß auch im Fall einer Ortsveränderung in den Matrixelementen der Übergang von einem Eigenschwingungssystem q^n_k in ein anderes Eigenschwingungssystem q^v_k vollzogen werden. Die hierüber in § 42 angestellten Untersuchungen haben auch in diesem Fall ihre volle Gültigkeit. Daß es sich diesmal um ganze Gittervektoren handelt, um die sich die Ruhelagen der Störkonfigurationen unterscheiden, spielt formal gar keine Rolle. Die einzige mathematische Voraussetzung ist die *Erhaltung* der Freiheitsgrade. Die Erhaltung der Freiheitsgrade kann, nachdem einmal die Gitterstörung erzeugt worden ist, aber mathematisch ohne weiteres gewährleistet werden, wenn man sich nur an das anschauliche Bild des Springens der Gitterbausteine hält. Die der Störkonfiguration zugehörigen numerierten Teilchen tauchen nach dem Sprung an einer anderen Stelle im Gitter mit denselben Nummern wieder auf: Die Freiheitsgrade sind die gleichen geblieben, geändert haben sich nur die Kopplungen der Freiheitsgrade untereinander. Hierin liegt auch die Aussage begründet, daß bei der Wanderung einer Gitterstörung die Teilchenzahlen im Kristall nicht geändert werden. Andererseits weist diese Betrachtung auch über den Wanderungsprozeß hinaus. Der Sprung kann in solcher Weise erfolgen, daß die Bausteine der Gitterstörung in einer anderen Anordnung einen Gleichgewichtszustand finden als jene, von der sie ausgegangen sind. Man hat dann das Phänomen der *Umwandlung* von Gitterstörungen vor sich. Das mathematische System der Transformation zwischen Eigenschwingungszuständen umfaßt also die gesamten Übergänge zwischen äquivalenten Formen, die allein durch den Satz der Teilchenerhaltung begrenzt und unterscheidbar sind. Mit diesen Betrachtungen ist demnach erwiesen, daß die Theorie auch den Komplex der Transportphänomene von Gitterstörungen vollständig beinhaltet.

Es bleibt noch eine Bemerkung zum Dämpfungsmechanismus. Dieser wird durch keine zusätzlichen Betrachtungen eingeführt, sondern ist in den Auswahlregeln verborgen, welche die Übergangsmatrixelemente automatisch mitliefern. Der Vorgang der Dämpfung verläuft dabei vollständig analog zur Schwingungsanregung bei Elektronenübergängen: in beiden Fällen werden neben dem eigentlichen Sprungvorgang des betrachteten Objektes noch Phononen in die Gitterumgebung emittiert.

§ 51. Coulomb-Übergänge

Sowohl in der klassischen Mechanik als auch in der Quantenmechanik ist es bekanntlich schwierig die Wechselwirkungen zwischen mehreren Teilchen exakt in den Lösungsmethoden des Mehrteilchenproblems zu berücksichtigen. Dieser Schwierigkeit begegnet man auch bei einer Kristalltheorie. Jedoch gestatten die regelmäßige Anordnung der Gitterbausteine im Kristallgitter, sowie die den Ruhelagen überlagerten Eigenschwingungen das Mehrteilchenproblem zumindest für die schweren Teilchen des Kristalls zu lösen. Das hatten wir in den vorangehenden Kapiteln ausführlich dargestellt. Anders steht es mit den Elektronen. Sofern diese nicht kollektiv mit den schweren Gitterbausteinen zu komplexen Teilchen zusammengefaßt sind, gibt es für sie keinerlei Möglichkeit einer festen Anordnung, die eine Einbeziehung ihrer Wechselwirkungen in die Rechnung erleichtern würde. Man kann sich daher die Frage stellen, ob die Coulombschen Wechselwirkungskräfte der explizit quantenmechanisch beschriebenen Elektronen ebenfalls als Störung betrachtet werden sollen, die zeitabhängige Übergänge hervorruft, oder ob man ihre direkte Aufnahme in die Lösung des Mehrelektronenproblems verlangen muß. Wir werden zeigen, daß es hierauf vom theoretischen Standpunkt allein keine eindeutige Antwort gibt, sondern daß es wiederum vom Informationsgehalt des Experiments abhängt, welchen Lösungsansatz wir verwenden müssen. Dazu untersuchen wir als Beispiel den einfachsten Fall eines Zweielektronensystems im Gitter. Dieses System kann man sich an eine Gitterstörung gebunden denken. Um auch hier einfach zu bleiben, wählen wir ein F'-Zentrum. Sind beide Elektronen in einer Anionenlücke eingefangen, so kann man durch Einstrahlung von Photonen das Spektrum eines solchen Zweielektronensystems experimentell ermitteln. Obwohl die Reaktion jeweils nur an einem Elektron stattfindet, bewirkt die direkte Coulomb-Kopplung der Elektronen sowie ihre Ununterscheidbarkeit, daß man bei diesen Messungen stets nur die Eigenwerte des gesamten Systems mißt. Eine theoretische Beschreibung dieser Experimente muß also die Wechselwirkung der Elektronen direkt in die Wellenfunktion aufnehmen, und darf sie nicht als Störung einführen. Dies gilt aber nur solange, als beim Anregungsprozeß keine Ionisation des Zentrums eintritt, und eines der beiden Elektronen aus dem Zentrum ins Leitungsband übergeht. Geschieht das nämlich, so hat man ein F-Zentrum und ein Leitungsbandelektron im Kristall, und zum Nachweis dieser Situation kann man zwei verschiedenartige Experimente vornehmen, indem man einmal den Impuls des Leitungsbandelektrons mißt, zum andern aber die Energiestufen des in der Lücke zurückgebliebenen F-Zentren-Elektrons. Bei einer solchen Impulsmessung wird nun durch die Meßapparatur *nicht* das Zweielektronensystem ausgeblendet, sondern der Impuls des Leitungsbandelektrons allein. Das zweite explizit beschriebene Elektron im F-Zentrum wirkt dabei als Störung auf die Impulsmessung. Das gleiche gilt für die Energiemessung des gebundenen Elektrons. Die zwei simultanen Messungen beziehen sich also auf zwei getrennte Teilchen, d. h. zwei Einteilchensysteme, und nicht auf ein Zweiteilchensystem als Ganzes. Das ursprüngliche Zweiteilchensystem wird durch den Meßprozeß in zwei Einteilchensysteme zerlegt. Will man diese Art von Information in die Theorie einbauen, so muß auch theoretisch das Zweiteilchensystem in zwei Einteilchensysteme aufgelöst werden, und aus diesen muß sich nachfolgend die Lösung des Gesamtsystems zusammensetzen. Die Theorie muß also in der Einteilchendarstellung formuliert werden. In diesem Fall aber wird die im Zweiteilchensystem enthaltene COULOMBsche Wechselwirkung zwischen den Elektronen zu einer Störkraft, die zu Übergängen zwischen den Einteilchenzuständen Anlaß gibt.

Ähnlich liegt der Sachverhalt bei zwei an verschiedenen Gitterstörungen lokalisierten Elektronen. Es läßt sich eine Meßapparatur angeben, bei der die Elektronen als an den beiden verschiedenen Gitterstörungen lokalisierte Teilchen festgestellt werden können. Auch als Folge dieser zusätzlichen Information werden die COULOMBschen Kräfte zu Störkräften, die Übergänge in den Einteilchenzuständen erzwingen. Das allgemeine Prinzip liegt demnach darin, daß es möglich ist, durch Zusatzinformationen eine Verteilung der Elektronen auf Einelektronenzustände festzulegen. Die Zerlegung nach Einelektronenzuständen bezieht sich natürlich nicht auf die Identifikation der Elektronen selbst, sondern auf die Aussage, daß aus einem Mehrteilchensystem unter bestimmten Umständen Einteilchenmeßgrößen ausgeblendet werden können. In dieser Darstellung erscheinen die COULOMBschen Wechselwirkungen dann als Störoperatoren. Man erkennt daher, daß es nicht gelingt, die COULOMBschen Kräfte als ausschließlich systemeigene oder ausschließliche Störkräfte zu betrachten. Vielmehr hängt es an dem Maß der zusätzlichen Information, in welche Kategorie diese Wechselwirkungen eingereiht werden müssen. Die Entscheidung darüber muß also in jedem speziellen Fall gesondert getroffen werden.

Zum Abschluß dieses Paragraphen geben wir noch die Übergangsmatrixelemente an, die durch die COULOMBschen Kräfte entstehen, wenn man das Mehrteilchensystem in Einteilchensysteme aufspaltet. Wir beschränken uns auch hier auf ein Zweielektronensystem, da bei mehr als zwei Elektronen die Betrachtungen ganz analog verlaufen. Die Wellenfunktion des Zweiteilchensystems wird dann aus dem Satz von Produktfunktionen

$$\psi_n = \psi_{n_1}(x_1, X_k)\, \psi_{n_2}(x_2, X_k) \tag{5.26}$$

aufgebaut, wobei die Quantenzahl n durch den Vektor n_1, n_2 gegeben sei, und n_1 sowie n_2 die Einteilchenquantenzahlen darstellen. Hierbei wurde von der Ununterscheidbarkeit der Teilchen abgesehen. In bezug auf diese Funktionen lautet das Matrixelement der COULOMBschen Störung

$$H^c_{nmb,plb'} = \int \psi_n^* \, \varphi_m^{n*} \frac{e^2}{|\mathfrak{r}_1 - \mathfrak{r}_2|} \psi_p \, \varphi_l^p \, d\tau \, \delta_{bb'}. \tag{5.27}$$

Da in dem Störoperator die Lichtquantenfreiheitsgrade nicht vorkommen, kann die Integration über die zugehörigen Wellenfunktionen sogleich ausgeführt werden, und ergibt die Konstanz der Lichtquantenzahlen bei COULOMB-Übergängen. Diese sind also kristalleigene Prozesse und verlaufen strahlungslos, d. h. unter Energieerhaltung im Gesamtkristall.

§ 52. Spin-Relaxationszeiten

Zum Abschluß dieses Kapitels wenden wir uns noch den Spin-Kopplungen und den aus ihnen resultierenden Störoperatoren zu. Als Spinträger, an denen die Experimente angestellt werden, kommen vor allem die Störelektronen in Betracht. Deren Spins sind untereinander und mit den Spins der Kristallumgebung sowie mit den magnetischen Bahnmomenten der Elektronen gekoppelt. Außerdem besteht eine Kopplung an das elektromagnetische Feld, welche experimentell für die Spinresonanzen ausgenutzt wird. Damit haben wir uns schon in § 48 beschäftigt. Zur Diskussion verbleibt hier also nur die Kopplung an die Umgebung. Diese ist nicht nur bei der Absolutbestimmung der Energieeigenwerte der Elektronengleichung von Bedeutung, sondern sie hat auch Einfluß auf die Linienbreiten der Resonanzabsorption. Im Gegensatz zu den optischen Anregungen werden nämlich die bei einem Wechsel der Spinorientierung auftretenden Polarisationseffekte im Gitter so minimal, daß keine Phononenabstrahlung stattfindet. Die Linienbreite der Spin-Resonanzabsorption wird demnach *nur* durch die endliche Lebensdauer des angeregten Spinzustands hervorgerufen. Für eine endliche Lebensdauer ist dabei einerseits wiederum die Kopplung an das elektromagnetische Feld verantwortlich, welche erzwungene und spontane Übergänge in den Grundzustand ermöglicht, zum andern aber ist ein Spinzustand durch die Kopplung an die Umgebung mit den thermischen Prozessen in dieser Umgebung verknüpft. Das erkennt man sofort, wenn man den Erzeugungsoperator (2.80) einer nulldimensionalen Gitterstörung betrachtet, in dem sämtliche expliziten Elektronen enthalten sind. Selbst bei unpolarisierbaren und spinlosen Gitterionen, wie sie der Einfachheit halber für (2.80) vorausgesetzt wurden, ist der Spin der expliziten Elektronen durch die Wechselwirkung mit dem elektrischen Feld der Gitterumgebung an diese gekoppelt. Das ist im fünften und sechsten Glied in (2.80) enthalten. Im allgemeinen hat man natürlich keine Spin-Kopplung an das elektrische Feld. Der Effekt wird jedoch sofort verständlich, wenn man daran denkt, daß die Elektronen sich in Bewegung befinden. Für einen im Ruhesystem des Elektrons befindlichen Beobachter hat das sonst statische elektrische Gitterfeld jetzt auch eine magnetische Komponente bekommen, und genau diese ist an den Spin gekoppelt. Um den daraus folgenden Störoperator für Spinübergänge abzuleiten, denken wir uns den Kristall zunächst ohne äußeres Magnetfeld. Dann wird sich durch die Wechselwirkung zwischen Elektronen und Gitter, an der neben den Ladungen der Teilchen auch deren Spin beteiligt ist, eine bestimmte Energie $U_n(X_k)$ herausbilden, welche ein wohldefiniertes Eigenschwingungssystem zur Folge hat. Schaltet man nun ein äußeres Magnetfeld ein, so muß dieses Magnetfeld wegen seiner willkürlichen Ein- und Ausschaltbarkeit als Störung betrachtet werden. Als Folge dieser Störung adaptieren sich die Spins der Elektronen an dieses Feld. Wegen der Kopplung an das Gitter entsteht aber gleichzeitig damit eine andere Wechselwirkungsenergie der Elektronenspins mit dem Gitter. Bezeichnen wir diese mit U_n^h, so muß neben dem äußeren Magnetfeld U_n^h ebenfalls als Störung betrachtet werden, da es eine unmittelbare Folge des angelegten Magnetfeldes ist. Berücksichtigt man nun, daß diese Änderung der Wechselwirkungsenergie zwischen Elektronenspins und Gitterumgebung von den Gitterkoordinaten abhängig ist, so daß

$$U_n^h = U_n^h(X_k^n) + u_{nk}^h \xi_k^n + \cdots \tag{5.28}$$

bei einer Entwicklung um X_k^n gilt, so ergibt sich ein Störoperator, der von den Elektronenspins und den Gitterkoordinaten abhängt. Bei Einführung dieses Operators in die zeitabhängige Störungsrechnung liefert das Glied nullter Ordnung einen zusätzlichen Beitrag zum ZEEMAN-Effekt, der durch die direkte Kopplung der Spins an das Magnetfeld entsteht, und die magnetische Aufspaltung der ursprünglich entarteten Niveaus bewirkt. Die Glieder höherer Ordnung aber verursachen Übergänge, bei denen Phononen emittiert oder absorbiert werden, und gleichzeitig dabei eine Spinumpolung erfolgt. Im Gegensatz zu den thermischen Gliedern (5.19), bei denen der Phononenaustausch den Energie- *und* Impulserhaltungssatz für die beteiligten Schallquanten erfüllen muß, kann bei den hier auftretenden Gitterstößen Energie zur Spinumpolung frei werden, so daß für das Schallquantensystem allein nur der Impulssatz erfüllt werden muß. Durch unelastische Stöße kann also hier vom Gitter Energie in das Elektronensystem übertragen werden. Mit diesem Störbeitrag der Spin-Gitter-Kopplung können wir das Kapitel über Störoperatoren abschließen, die hierin aufgeführten Störungen gestatten eine vollständige theoretische Behandlung der bei Ionenkristallen üblichen Experimente. Bevor wir uns aber der weiteren Untersuchung dieser zeitabhängigen Übergänge in der gesamten Theorie zuwenden, behandeln wir im nächsten Kapitel noch ein vereinfachtes Ionenkristallmodell, das in der Natur häufig als näherungsweise realisiert angenommen werden kann, und eine besonders elegante Berechnung der Wellenfunktion des Gesamtkristalls sowie der Übergangsmatrixelemente gestattet.

Kapitel VI

Vereinfachtes dynamisches Kristallmodell

§ 53. Das Kristallmodell

Auf dem Wege von der mikroskopischen Theorie bis zu jenen theoretischen Aussagen, die mit experimentellen Ergebnissen verglichen werden können, liegt nur noch die Thermodynamik vor uns, d. h. eine Untersuchung über das statistische Zusammenwirken vieler, nahezu unabhängiger, in einem makroskopischen Kristall gleichzeitig ablaufender Elementarprozesse. Bevor wir uns aber in den Kap. VII und VIII diesen statistischen Untersuchungen zuwenden, betrachten wir die Theorie der Einzelprozesse im Hinblick auf ihre praktische Anwendung noch etwas genauer. Unter diesem Gesichtspunkt wird man bemerken, daß bei den Rechnungen der vorangehenden Kapitel die Reduktion eines Problems von vielen Variablen auf wenige Variable als systematisches Prinzip angewendet wurde, um neben der exakten Deduktion auch die praktische Auswertung des mathematischen Kalküls zu ermöglichen. Diese Reduktion wurde mit verschiedenartigen, dem jeweiligen Problem angepaßten Methoden durchgeführt. So wurden in der Statik die weitreichenden elastischen Felder der idealen Gitterreaktion vom allgemeinen Gleichgewichtsproblem abgespalten, und dadurch eine große Anzahl von Variablen aus den statischen Gleichgewichtsbedingungen eliminiert. In gleicher Weise wurde es durch Anwendung der Variationsrechnung möglich, bei der Berechnung von Elektronenwellenfunktionen die Zahl der Parameter willkürlich zu variieren, und damit durch passende Wahl der Vergleichsfunktion stark herabzudrücken. In der Dynamik wurde dieses Prinzip nur auf die Berechnung der Eigenschwingungen des Realkristalls angewendet, wobei der ideale Gitterschwingungsanteil vom Gesamtproblem abgespalten, und so die Zahl der Freiheitsgrade reduziert wurde. Die weiteren Rechnungen in der Elektron-Gitter-Dynamik gestatten bereits ohne Anwendung dieses Prinzips eine praktische Auswertung. Obzwar also in der Dynamik ohne Variablenreduktion bereits numerische Ergebnisse gewonnen werden können, liegt es doch nahe die Variablenreduktion diesmal nicht zur prinzipiellen Lösung, wohl aber zur *Vereinfachung* des Kalküls zu benutzen. Daß dies nicht ohne weitere Zusatzannahmen gelingt, ist offensichtlich, da die bisherigen Rechnungen die Dynamik in voller Allgemeinheit erfassen. Da es sich hier aber um physikalische Vorgänge handelt, sind derartige Zusatzannahmen durchaus diskutabel, wenn man sie nur *physikalisch* rechtfertigen kann, d. h. wenn man zeigen kann, daß die dem Kristall zusätzlich auferlegten Bedingungen, und damit postulierten Eigenschaften, in der Natur realisiert werden. In diesem Sinne kann man verschiedene Modelle postulieren, welche von einem stark vereinfachten Kristall bis zu den allgemeinsten Möglichkeiten aufsteigen, und im Maß schwindender Einfachheit einen entsprechend größeren Aufwand in der Behandlung fordern. Da es sich ausschließlich um die Elektron-Gitter-Dynamik handelt, werden unsere Modelle auch nur Postulate über die dynamischen Eigenschaften des Kristalls enthalten, wogegen die statischen Probleme grundsätzlich und in voller Allgemeinheit nach den Untersuchungen der vorangehenden Kapitel als gelöst betrachtet werden können. Demgemäß setzen wir für unser Modell immer die Kenntnis der statischen Gitterkonfiguration X_k^n und der zugehörigen Elektronenwellenfunktion $\psi_n(x_i, X_k^n)$ voraus. Im folgenden werden wir eines dieser Modelle als Beispiel behandeln und zeigen, welche Vereinfachungen die verschiedenen Modellannahmen mit sich bringen. Die Anwendbarkeit dieses Modells kann natürlich nicht allgemein bewiesen werden, sondern man muß sie am speziellen Fall auf ihre Berechtigung prüfen. Da uns aber in einer allgemeinen theoretischen Untersuchung das Kriterium des speziellen Falles nicht zur Verfügung steht, geben wir ein mehr theoretisch orientiertes Argument für die Gültigkeit unseres Modells: Das Modell muß zumindest die im vorangehenden Kapitel geschilderten Fundamentalprozesse enthalten. Abweichungen von den realen Umständen werden also nur im numerischen Ergebnis, aber nicht in der grundsätzlichen Formulierung zugelassen. Um ein solches Modell einzuführen, erinnern wir an einige Ergebnisse aus Kap. IV. Dort hatten wir gezeigt, daß das Schwingungsspektrum des Realkristalls aus den eigentlichen Störeigenschwingungen und den Eigenschwingungen der Gitterumgebung besteht, aus welcher die Störung herausgeschnitten ist. Sofern es sich nicht um eine besonders großräumige Störung handelt, wird man daher voraussetzen, daß der Realkristall näherungsweise das Schwingungsspektrum des idealen Kristalls reproduziert, wozu als Ausdruck der eingebauten Störung dann aber noch die Eigenschwingungen der Störung hinzukommen, die im Außenraum exponentiell abklingen. Bezeichnen wir die Eigenschwingungen des regulären Kristalls mit $\zeta_{k,g}^z$, wobei g den Ausbreitungsvektor der ebenen Wellen und z den Index des jeweiligen Zweiges, d. h. der akustischen und optischen Zweige darstellt, so wird also

$$\zeta_{k,t}^n \approx (\zeta_{k,g}^z, \zeta_{k,s}^n), \tag{6.1}$$

d. h. das Schwingungsspektrum des gestörten Kristalls zerfällt in die idealen Gitterschwingungen, und einen Rest von Störschwingungen, die mit dem Index s bezeichnet sind. In dieser Darstellung ist demnach nur noch ein Teil der Schwingungen vom Elektronenzustand abhängig, nämlich die Störschwingungen $\zeta_{k,s}^n$. Die Eigenschwingungen des idealen Kristalls $\zeta_{k,g}^z$ können per definitionem nicht vom Elektronenzustand n

abhängig sein. Um das Problem noch weiter zu vereinfachen, nehmen wir nunmehr an, daß für eine Reihe von Elektronenzuständen die Störschwingungen nahezu gleich ausfallen, d. h. daß ein Wechsel zwischen zwei derartigen Zuständen die Störeigenschwingungen nicht wesentlich verändert. Ein solcher Fall ist bei den relativ schwachen Bindungsenergien der meisten Störelektronen im Gitter durchaus denkbar. Hier postulieren wir seine Gültigkeit und untersuchen die daraus resultierenden Ergebnisse. Sind p und n die Quantenzahlenvektoren zweier solcher Zustände, so folgt, wenn die Störschwingungen unverändert bleiben, daß das gesamte Schwingungsspektrum des Kristalls ungeändert bleibt, d. h. daß gilt

$$\zeta_{k,t}^{n} \equiv \zeta_{k,t}^{p}. \tag{6.2}$$

Die Reproduktion des idealen Spektrums im Kristall legt noch eine andere Vereinfachung nahe: Häufig ist der longitudinale optische Zweig fast entartet. Theoretisch wird man daher die vollständige Entartung postulieren, was auch noch durch Gründe unterstützt wird, die an anderer Stelle aufgeführt werden.

Das endgültige Kristallmodell enthält also ein vom Elektronenzustand unabhängiges Schwingungsspektrum mit idealen Gitterschwingungen und Gitterstörschwingungen. Ferner wird der longitudinale optische Zweig als energetisch entartet angenommen. Mit diesem Kristallmodell kann man alle im Kap. V genannten Elementarprozesse vollständig behandeln. Wie spezielle Rechnungen zeigen, sind in einzelnen Fällen die Voraussetzungen außerordentlich gut erfüllt, so daß man Ergebnisse erhält, deren Abweichung vom wirklichen Kristallmodell experimentell nicht mehr nachgeprüft werden kann.

Um die Rechnungen kurz und durchsichtig zu gestalten, fügen wir noch zwei theoretische Annahmen hinzu. Diese haben nichts mit dem Kristallmodell zu tun, sondern nur mit seiner mathematischen Behandlung. Sie sind demnach nicht typisch für das Modell, sondern sollen nur in einfacher Weise den mathematischen Kalkül demonstrieren. Als erste Zusatzannahme lassen wir bei den Rechnungen nur einparametrige Wellenfunktionen zu und beschränken uns ferner auf ein Störelektron. Die Wellenfunktionen lauten dann $\psi_n(x, \beta^n(X_k))$, wenn x der Repräsentant der Freiheitsgrade eines Elektrons ist. Beide Einschränkungen sind mathematisch unerheblich. Sie lassen sich ohne prinzipielle Schwierigkeit beseitigen, wenn man etwas längere Rechnungen durchzuführen gewillt ist.

§ 54. Franck-Condon-Integrale

Wie schon früher bemerkt, umfaßt die Dynamik des Kristalls sowohl die dynamische Elektron-Gitter-Kopplung, als auch die Bildung der Übergangsmatrixelemente. Ein auf die Dynamik bezogenes Modell wird demnach für beide Probleme von Bedeutung sein. Wir untersuchen hier zunächst die Auswirkung des in § 53 postulierten Modells auf die Matrixelemente (5.8). In dieser Form sind die allgemeinen Matrixelemente (5.5) schon auf die Untersuchung der speziell von den Gitterwellenfunktionen abhängigen Integrationen vorbereitet. Wie eine Betrachtung von (5.8) zeigt, wird diese Integration im allgemeinen Fall nicht einfach sein, da eine große Anzahl von Normalkoordinaten zugleich im Integranden auftritt. Um den Einfluß des Modells auf diese Integrale gut verfolgen zu können, gehen wir von der allgemeinen Gitterwellenfunktion φ_m^n zur Oszillatorendarstellung (4.52) über. Das Matrixelement (5.8) lautet dann

$$F_{nmb,plb'} = \int \Phi^*_{1 l_1^n}(q_1^n) \ldots \Phi^*_{N l_N^n}(q_N^n)\, F_{nb,pb'}\, \Phi_{1 l_1^p}(q_1^p) \ldots \Phi_{N l_N^p}(q_N^p)\, d\tau . \tag{6.3}$$

Um dieses Matrixelement auswerten zu können, verfahren wir vollkommen analog zu § 42, spezialisieren aber jetzt auf unsern Modellfall. Für die Integration von (6.3) müssen die q_k^p durch die q_k^n bzw. umgekehrt ausgedrückt werden. Das ergibt die Bedingung (5.10). Die Transformationsmatrix zwischen den Normalkoordinatensätzen wird durch (5.11) gegeben. Beachtet man, daß die in (5.11) auftretende Matrix B_{kt}^n bzw. B_{kt}^p nach (4.15) durch die Eigenvektoren gebildet wird, so folgt angewendet auf den Spezialfall (6.2), daß U_{ts}^{pn} eine Einheitsmatrix werden muß, und man in unserem Modell die Beziehung

$$q_t^p = q_t^n + a_t^{pn} \tag{6.4}$$

erhält, d. h. daß sämtliche Normalkoordinaten für die Elektronenzustände n und p nur durch Nullpunktsverschiebungen getrennt sind. Anschaulich bedeutet dies, daß unser Modell zwar eine Änderung der Eigenschwingungen ausschließt, daß aber beim Übergang des Elektrons vom Zustand n in den Zustand p durchaus *statische* Gitterverrückungen entstehen können. Die Gleichheit der Eigenschwingungen in verschiedenen Elektronenzuständen bedeutet also *keinesfalls*, daß das explizite Elektron vom Gitter vollständig abgekoppelt ist. Nur die dynamischen Reaktionen des Gitters in beiden Elektronenzuständen sind näherungsweise gleich, die statischen Gleichgewichtszustände, die natürlich unter Mitwirkung des Elektrons zustande kommen, aber verschieden. Den Zusammenhang der Nullpunktsverschiebungen a_t^{pn} im abstrakten Normalkoordinatenraum mit den realen Änderungen der Gleichgewichtslagen im Gitter gibt (5.12). Da B_{kt}^{n-1} zufolge seiner Definition (4.15) bekannt ist, können die a_t^{pn} berechnet werden. Wir geben aber später eine einfachere Methode zur Berechnung der Nullpunktsverschiebungen an, die direkt auf das vorgelegte Modell Bezug nimmt.

Die Substitution von (6.4) in (6.3) nehmen wir in zwei Schritten vor. Zuerst verwenden wir (6.4) dazu, das Matrixelement (5.7) auf eine einzige Variablenart, nämlich die q_t^n umzuschreiben. Wir haben dann wie in (5.13) $F_{nb,pb'}(q_k^n)$ im Integranden von (6.3) stehen. Da die Eigenschwingungen nur kleine Auslenkungen aus den Ruhelagen sein sollen, kann man sicher $F_{nb,pb'}$ in eine Reihe nach den q_k^n entwickeln und sich mit wenigen Gliedern dieser Reihe begnügen. Es wird

$$F_{nb,pb'}(q_k^n) = F_{nb,pb'}(0) + F_{nb,pb'}^k\, q_k^n + \cdots. \tag{6.5}$$

Damit kann man (6.3) in eine nullte, erste, usw. Näherung zerlegen. Beschränkt man sich auf die nullte Näherung und substituiert (6.4) in den Gitterwellenfunktionen von (6.3), so geht (6.3) über in

$$F_{nmb,plb'} = F_{nb,pb'}(0)\, F_{l_1^n l_1^n}(a_1^{pn}) \ldots F_{l_N^n l_N^p}(a_N^{pn}), \tag{6.6}$$

wobei zur Abkürzung

$$F_{l_j^n l_j^p}(a_j^{pn}) \equiv \int \Phi^*_{jl_j^n}(q_j^n)\, \Phi_{jl_j^p}(q_j^n + a_j^{pn})\, dq_j \tag{6.7}$$

gesetzt wurde. Die zunächst in (6.3) nicht separable Integration über den gesamten Normalkoordinatenraum zerfällt also in unabhängige Integrationen über die einzelnen Normalkoordinaten. (6.7) sind die sog. Franck-Condon-Integrale. Diese lassen sich exakt berechnen. Wir können hierauf nicht weiter eingehen und verweisen auf die Literatur, insbesondere die Arbeit von M. Wagner [*17*], in der erstmals die Integrale für beliebig große a_t^{pn} streng integriert wurden. Ebenso gehen wir auf die weiteren Glieder der Entwicklung nicht ein. Wir weisen nur darauf hin, daß die Glieder erster Ordnung ebenfalls noch vollständig separabel sind und sich mit der Wagnerschen Methode streng berechnen lassen. Die Glieder höherer Ordnung liefern keine separierbaren Integrationen mehr. Das aber hat keine besondere Bedeutung, da in den meisten Fällen die Glieder nullter und erster Ordnung vollständig ausreichen.

Durch die Darstellung (6.4) haben wir mit unserem Kristallmodell also einen ersten Erfolg erzielt, indem sich ganz allgemein die Integrabilität des Gitteranteils der Matrixelemente nachweisen ließ. Die weitere Frage besteht nun darin, ob das Modell auch über die a_t^{pn} eine Aussage gestattet. Dazu müssen wir zu den Wellenfunktionen übergehen.

§ 55. Polaronenkopplung an Normalkoordinaten

In § 54 konnten wir das allgemeine Übergangsmatrixelement (5.5) zufolge unseres Modells in nullter und erster Näherung in ein Produkt aufspalten, dessen einzelne Faktoren (6.7) exakt berechnet werden können, wenn die Nullpunktsverschiebungen a_k^{pn} bekannt sind. Als weiteres Problem verbleibt dann noch die Produktbildung selbst, da im Produkt (6.7) genau so viele Faktoren wie Gitteroszillatoren auftreten, d. h. eine sehr große Anzahl. Obwohl m. E. Produkte dieser Art für optische Übergangsmatrizen bzw. — Wahrscheinlichkeiten von S. J. PEKAR[68], K. HUANG und A. RHYS[69] und M. WAGNER [*17*] berechnet werden konnten, wird man bei der Berechnung anderer Prozesse gezwungen, auch hier das Prinzip der Variablen-Reduktion anzuwenden und die Zahl der Faktoren zu verringern. Das gelingt dann, wenn man nachweisen kann, daß einige der a_t^{pn} verschwinden. Die zugehörigen Faktoren nehmen dann, wie aus (6.7) ersichtlich ist, den Wert $\delta(l_j^n, l_j^p)$, d. h. 1 oder 0 an, und bilden damit für die Produktbildung kein Problem mehr. Mit dieser Methode ist also die Zahl der Faktoren reduzibel geworden. Da die a_t^{pn} durch Elektronenübergänge erzeugt werden, wird ihr Wert also mit der Elektron-Gitter-Kopplung zusammenhängen, und man wird insbesondere erwarten, daß sich aus der Art dieser Kopplung Schlüsse auf den Wert der a_t^{pn} ziehen lassen. Wir müssen uns daher mit der dynamischen Elektron-Gitter-Kopplung für unser vorgegebenes Modell beschäftigen. Dazu dient folgende Überlegung: Wie wir gesehen haben, müssen zur Lösung der Gittergleichungen (4.6) Normalkoordinaten eingeführt werden. Dabei wird die Elektronenwellenfunktion ψ_n mittransformiert, und die Kopplung der Elektronen geht von jener an die kartesischen Auslenkungen der Ionen ξ_k^n in eine Kopplung an die Normalkoordinaten q_k^n über. Nach der Transformation ist demnach die Funktion bzw. die Bewegung des Elektrons an die Eigenschwingungen des Gitters gekoppelt, d. h. an Kollektivbewegungen. Es liegt nun die Vermutung nahe, daß im Gegensatz zu der von der Entfernung abhängigen direkten COULOMBschen Kopplung an die Freiheitsgrade ξ_k^n, bei der sich keine Vernachlässigung anbietet, die Kopplungsstärken des Elektrons an die Kollektivbewegungen des Gitters *sehr* unterschiedlich sind. D. h., daß es bevorzugt mit dem Elektron in Wechselwirkung stehende Gitterschwingungen gibt, und andere, deren Wechselwirkung mit dem Elektron außerordentlich schwach ist. Diese zweite Art wird man daher zu vernachlässigen bestrebt sein, um auf diese Weise die Zahl der explizit in den Elektronenfunktionen auftretenden Gitterfreiheitsgrade zu reduzieren, und damit auch einige der a_t^{pn} möglicherweise zu Null zu machen.

Wir müssen bei dieser ganzen Betrachtung allerdings beachten, daß die Gitterschwingungen im allgemeinen überhaupt erst durch direkte Mitwirkung des Elektronenpotentials zustande kommen. D. h. in voller Allgemeinheit muß zuerst die kartesische Elektron-Gitter-Kopplung berechnet und aus ihr die Gitterenergie $U_n(X_k)$ gebildet werden. Ihre Normalkoordinatendarstellung ermöglicht dann auch die Transformation der Elektronenfunktion. Genau diesen Weg erspart uns das postulierte Modell, indem wir von einem von den Elektronenzuständen unab-

[68] S. J. PEKAR: s. Fußnote 28, S. 9.

[69] K. HUANG u. A. RHYS: s. Fußnote 29, S. 9.

hängigen Eigenschwingungssystem ausgehen. Wir können dann die Elektronenwellenfunktionen sofort auf dieses Eigenschwingungssystem transformieren und das System gewissermaßen als eine nullte Näherung betrachten, die allein aus Ersatzpotentialen berechnet wurde. Die Aussage unseres Modells besteht nun darin, daß diese nullte Näherung *hinreichend* ist, d. h., daß wir uns mit ihrer Angabe und der nachfolgenden Kopplung der Elektronen an dieses System begnügen können, ohne weitere Iterationen vornehmen zu müssen.

Da wir im Gitter nach (6.1) die idealen Gitterschwingungen sowie zusätzliche Störschwingungen voraussetzen, zerfällt die Kopplung des expliziten Modellelektrons in eine Kopplung an das System der ungestörten Gitterschwingungen sowie in eine Kopplung an die Störschwingungen. Da sich die Eigenschwingungen aber linear überlagern, können für kleine Auslenkungen die Störeigenschwingungen und die ungestörten Gittereigenschwingungen unabhängig voneinander in ihrer Kopplung an die Elektronen untersucht werden, so daß wir ohne spezielle Annahmen über Gitterstörungen und deren Störeigenschwingungen zunächst die Elektronenkopplung an die idealen Eigenschwingungen des Gitters allein behandeln können. Dazu genügt ein einziges Elektron, das wir als Überschußelektron explizit quantenmechanisch in einen sonst ungestörten Kristall einsetzen. Der ideale Kristall selbst wird durch Ersatzpotentiale beschrieben, wie wir das in Kap. II eingeführt hatten. Da das Elektron mit den Gitterbausteinen nur in elektrischer Wechselwirkung steht, lautet seine Wechselwirkungsenergie mit dem Kristall

$$Q_p(x, X_k) \equiv \sum_k \frac{e\, e_k}{|\mathfrak{r} - \mathfrak{X}_k|}, \tag{6.8}$$

wenn ein unpolarisierbares Kristallgitter vorausgesetzt wird. Dem Störoperator (6.8), der diesmal nur ein Überschußelektron beschreibt, haben wir den Index p zugeordnet, da es sich um das bekannte und vielfach untersuchte Polaronenproblem handelt. Wir wollen hier indessen dieses Problem nicht wie üblich nach seinen Energiezuständen genauer untersuchen, sondern nur die dynamische Elektron-Gitter-Kopplung betrachten. Dazu brauchen wir die adiabatische Gesamtenergie U_n für einen beliebigen, aber fest gewählten Quantenzustand n des Polarons. Diese Energie entsteht aus dem Hamilton-Operator H_0 des Elektron-Gittersystems durch Erwartungswertbildung mit der elektronischen Wellenfunktion. Spezialisiert man den Hamilton-Operator der allgemeinen Formel (2.70) auf den Fall des Polarons an, so erhält man[70]

$$H_0 = H_e + \overline{P}(X_k) + P_i + \frac{1}{n^2} Q_p, \tag{6.9}$$

[70] Der Strich an H_e wurde hier gegenüber (2.70) weggelassen, weil er zur Unterscheidung überflüssig ist. Die Zahl der expliziten Elektronen ist hier festgelegt: H_e ist die kinetische Energie des Überschußelektrons.

wobei wegen der rein elektrischen Wechselwirkung des Elektrons mit dem Gitter Q_n^m verschwindet und $Q_p \equiv Q_n^e$ gesetzt wurde. In (6.9) ist jetzt auch die Elektronenpolarisation des Grundgitters berücksichtigt. Nun kann man aus (6.9) mit den Polaronenwellenfunktionen die adiabatischen Gesamtenergien bilden. Der Einfachheit halber beschränken wir uns, wie in § 53 verabredet, auf eine Polaronenwellenfunktion mit einem Variationsparameter β^n. Dies ist durchaus berechtigt, wenn die Vergleichsfunktion eine dem Problem angepaßte Form besitzt. Der Fall mehrerer Parameter kann analog behandelt werden. Auf ihn gehen wir aber aus Raumgründen nicht ein.

Die Vergleichsfunktion sei also $\psi_n(x, \beta^n(X_k))$; bei der Erwartungswertbildung mit dieser Funktion über (6.9) wird der Ausdruck eine Funktion der X_k und von β^n allein, und die resultierende Elektronen-Gitterenergie lautet

$$U_n = H_e(\beta^n) + \overline{P}(X_k) + P_i + \frac{1}{n^2} Q_p(\beta^n, X_k). \tag{6.10}$$

Da unsere Untersuchungen nur die dynamische Elektron-Gitter-Kopplung betreffen, denken wir uns die tatsächlich leicht berechenbaren Grundkonfigurationen des Polarons für seine Quantenzustände bereits vorgegeben und wählen die n-ten Konfiguration aus. Das sind die Gitterruhelagen X_k^n in diesem Zustand und die Wellenfunktion ψ_n an diesen Stellen.

Nun zerlegen wir die Kernkoordinaten X_k nach (2.1) in die Gitterruhelagen X_k^n und die darüber gelagerten willkürlichen Auslenkungen ξ_k^n. Für die richtige Wellenfunktion des Polarons muß dann die Minimalbedingung (2.46) erfüllt sein, d. h. die Entwicklung (4.2) dieser Bedingung muß für beliebige ξ_k^n verschwinden. Wir machen darauf aufmerksam, daß die Entwicklung nach den ξ_k^n nicht mit der Minimalbedingung (2.46) vertauschbar ist, da die Variationsparameter selbst von den ξ_k^n abhängen. Die Variation muß also zuerst ausgeführt werden. Da die statische Lösung als bekannt vorausgesetzt wird, ist das Verschwinden des Gliedes nullter Ordnung in (4.2) für das Polaron gewährleistet. Die Glieder erster Ordnung in den ξ_k^n ergeben die Bedingungen (4.3) zur Berechnung der linearen kartesischen Kopplungskonstanten des Elektrons an das Gitter. Da wir Transformationen im Gitterkoordinatenraum ausführen wollen, ist es angebracht, die Bedingungen (4.3) als Invarianten zu schreiben. Das geschieht durch skalare Multiplikation mit dem hochdimensionalen Verschiebungsvektor ξ_k^n. Für das Polaron lauten nach dieser Multiplikation die Bedingungen (4.3) dann

$$\frac{1}{n^2} \frac{\partial}{\partial \beta^n} \frac{\partial}{\partial X_k} Q_p \xi_k^n + \frac{\partial^2}{\partial \beta^{n2}} \left(H_e + \frac{1}{n^2} Q_p\right) \beta_k^n \xi_k^n = 0, \tag{6.11}$$

wobei die Ableitungen von Q_p und H_e an den Stellen $X_k = X_k^n$ zu nehmen sind. Die β_k^n sind nach (4.1) die linearen Entwicklungskoeffizienten von β^n.

Die *dynamische* Einwirkung der Elektronenpolarisationsenergie wurde in (6.11) vernachlässigt. Sie kann bei genauerer Rechnung ohne Schwierigkeit mit einbezogen werden. Beachtet man die willkürliche Variabilität der ξ_k^n, so erhält man aus (6.11) die Bedingungen (4.3) zurück. (6.11) und (4.3) sind also äquivalente Formen.

Während nun in Kap. IV die gesamte Rechnung zur Bestimmung der Variationsparameter $\beta_l^n(X_k)$ zuerst im kartesischen Konfigurationsraum der Gitterkoordinaten ausgeführt werden mußte, um überhaupt die Gitterenergie U_n und die Eigenschwingungen abzuleiten, können wir hier, wie schon erwähnt, von unserem Modell Gebrauch machen, und sogleich auf den als bekannt vorausgesetzten Eigenschwingungssatz (6.1) transformieren. Da beim Polaron keine neuen Gitterfreiheitsgrade hinzukommen, werden auch keine eigentlichen Störschwingungen entstehen, und man wird nur ein sehr schwach gestörtes reguläres Spektrum vor sich haben, das wir näherungsweise mit dem Eigenschwingungsspektrum und -system des idealen Kristalls identifizieren können. Demgemäß läßt sich bei einer Transformation auf dieses System eine beliebige Auslenkung ξ_k^n darstellen durch

$$\xi_k^n = M_k^{-1/2}\, \zeta_{k,g}^z\, q_{z,g}, \tag{6.12}$$

wenn man (4.8), (4.10) und (4.15) berücksichtigt.

Setzt man (6.12) in (6.11) ein, so kann man zeigen, daß im ersten Term die Summen über die akustischen Zweige und den transversalen optischen Zweig der Eigenschwingungen herausfallen. Das wurde von S. I. Pekar[71] im Kontinuum durchgeführt. Der Beweis verläuft im diskreten Gitter analog, so daß wir nicht weiter darauf einzugehen brauchen.

Der erste Term in (6.11) kann demnach durch

$$\frac{1}{n^2}\frac{\partial}{\partial\beta^n}\frac{\partial}{\partial X_k} Q_p\, M_k^{-1/2}\, \zeta_{k,g}^z\, q_{z,g} \equiv a_g^l(\beta^n)\, q_{l,g} \tag{6.13}$$

beschrieben werden, wobei der Index l den longitudinalen optischen Zweig andeuten soll. Die Koeffizienten der Entwicklung (6.13) sind entsprechend ihrer Herkunft aus der Entwicklung (6.11) von den Variationsparametern β^n an den Stellen $X_k = X_k^n$ abhängig. Hier haben wir abkürzend $\beta^n \equiv \beta^n(X_k^n)$ gesetzt.

Die zweite Summe in (6.11) zerfällt ebenfalls in zwei Invarianten. Der erste Faktor wird von der Transformation (6.12) überhaupt nicht berührt, der zweite geht in $\beta_{z,g}^n\, q_{z,g}$ über, wobei die $\beta_{z,g}^n$ die Entwicklungskoeffizienten erster Ordnung von $\beta^n(X_k)$ nach den $q_{z,g}$ sind. Einsetzen dieser Invariante und der Entwicklung (6.13) in (6.11) zeigt: Das Elektron ist *nur* an die longitudinalen optischen Schwingungen gekoppelt. Die Kopplungskoeffizienten $\beta_{z,g}^n$ für transversale und für akustische Schwingungen müssen verschwinden. Der Schluß kann wie in Kap. IV

[71] S. J. Pekar: s. Fußnote 28, S. 9.

durch Koeffizientenvergleich zufolge der willkürlich variablen $q_{z,g}$ gezogen werden. Wir haben damit also auf Grund unseres Modells eine erste Reduktion bei der dynamischen Elektron-Gitter-Kopplung erreicht. Wir führen aber diese durch Koeffizientenvergleich leicht folgende Aussage gar nicht explizit aus, da wir sogleich eine weitere Transformation vornehmen, welche von unserer Modellannahme der verschwindenden Dispersion im longitudinalen optischen Zweig ausgeht. Zufolge dieser Annahme ist nämlich jedes System q_i', welches durch eine orthogonale Transformation aus den $q_{l,g}$ hervorgeht, mit diesen gleichberechtigt. Insbesondere kann man eine solche Transformation vornehmen

$$q_i' = T_{ig}\, q_{l,g}, \tag{6.14}$$

bei welcher die rechte Seite von (6.13) übergeht in

$$a_g^l(\beta^n)\, q_{l,g} = a_1(\beta^n)\, q_1'. \tag{6.15}$$

Um die Möglichkeit einer solchen Transformation einzusehen, erinnern wir daran, daß der Vektor (6.13) stets als einer der Basisvektoren eines zu dem $q_{l,g}$-System gedrehten orthogonalen Basissystems aufgefaßt werden kann. Das führt genau auf die immer lösbare Darstellung (6.15). Die übrigen Zweige der Gitterschwingungen werden bei der Transformation (6.14) identisch in sich selbst transformiert. Wenn man dieselben Argumente bezüglich der Invarianz des zweiten Terms von (6.11) auch für diese Transformation anwendet, so erhält man schließlich aus (6.11)

$$a_1(\beta^n)\, q_1' + \frac{\partial^2}{\partial \beta^{n2}}\left(H_e + \frac{1}{n^2}\, Q_p\right) \beta_i^{n\prime} q_i' = 0\,, \tag{6.16}$$

wobei wir im zweiten Term die übrigen Zweige gar nicht explizit angeschrieben haben, weil sie herausfallen werden. Beachtet man weiter, daß zufolge der willkürlichen Variabilität der ξ_k^n die $q_{z,g}$ und damit auch die q_i' willkürlich variabel sind, so folgt, daß (6.16) dann und nur dann erfüllt sein kann, wenn die Koeffizienten dieses Linearausdruckes in den Variablen q_i' einzeln verschwinden. Das liefert

$$\beta_1^{n\prime} = a_1(\beta^n) \left[\frac{\partial^2}{\partial \beta^{n2}}\left(H_e + \frac{1}{n^2}\, Q_p\right)\right]^{-1} \tag{6.17}$$

sowie

$$\beta_i^{n\prime} = 0 \qquad (i = 2, \ldots). \tag{6.18}$$

In (6.17) müssen sämtliche Werte an den Stellen β^n genommen werden, wie aus (4.2) folgt.

Die Gln. (6.17) und (6.18) entsprechen den allgemeinen Bedingungen (4.3). Man sieht, daß der Fall einer Polaronenkopplung bei verschwindender Dispersion im longitudinalen optischen Zweig auf eine ungeheuer einfache Darstellung der Wellenfunktion führt. Es wird

$$\psi_n(x, \beta^n(X_k)) \equiv \psi_n(x, \beta^n(X_k^n) + \beta_1^{n\prime}\, q_1'), \tag{6.19}$$

also eine Wellenfunktion, in der nur eine einzige Normalkoordinate explizit vorkommt. Damit haben wir beim Polaron unser Ziel erreicht: Durch geeignete Transformationen ist es gelungen, die Zahl der explizit in der Wellenfunktion der Elektronen auftretenden Normalkoordinaten außerordentlich zu reduzieren.

§ 56. Die Kopplungskonstante

In § 55 wurde gezeigt, in welch einfacher Weise sich die Normalkoordinatenkopplung des Polarons an das Gitter gestalten läßt, wenn man entsprechend unserer Modellvorstellung als Gittereigenschwingungen das System der Eigenschwingungen des Idealkristalls ansetzt, und zusätzlich die Entartung des longitudinalen optischen Zweigs annimmt. Von den Kopplungskonstanten $\beta_i^{n'}$ der Elektronenwellenfunktion an die Normalkoordinaten ist schließlich nur $\beta_1^{n'} \neq 0$, und alle andern verschwinden. Um jedoch nicht nur die einfache Gestalt der Kopplung, sondern auch den numerischen Wert der Kopplungskonstanten $\beta_1^{n'}$ zu erhalten, muß die Transformierte $a_1(\beta^n)$ aus (6.15) bekannt sein. Das in § 55 zur theoretischen Erkundung verwendete Verfahren zweier aufeinander folgender Orthogonaltransformationen ist natürlich viel zu umständlich, als daß es für die praktische Rechnung in Frage käme. Wir geben daher hier einen direkten Weg zur Berechnung von a_1 und damit nach (6.17) zugleich von $\beta_1^{n'}$ an, da die übrigen Größen in (6.17) bekannt sind. Es wird hierzu nur die Kenntnis der *statischen* Grundkonfiguration vorausgesetzt, was ja die Grundlage aller dynamischen Untersuchungen bildet.

Um also a_1 direkt zu erhalten, gehen wir zu (6.13) zurück, und schreiben diesen Ausdruck mit Hilfe der Transformation (6.14) von der $q_{z,g}$-Darstellung auf die q_i'-Darstellung um. Unter Berücksichtigung von (6.15) entsteht dann

$$\frac{1}{n^2} \frac{\partial}{\partial \beta^n} \frac{\partial}{\partial X_k} Q_p M_k^{-1/2} \zeta'_{k,i} q'_i = a_1(\beta^n) q'_1 \tag{6.20}$$

was mit der Substitution

$$\zeta'_{k,i} = \zeta^l_{k,g} T^{-1}_{gi}. \tag{6.21}$$

und (6.14), (6.15) sich als äquivalent zu (6.13) erweist. Hierbei wurden in (6.21) die übrigen Zweige der Gitterschwingungen weggelassen, da diese nach unserer Bemerkung in § 55 mit Ausnahme des longitudinalen optischen Zweigs in der Entwicklung (6.20) herausfallen.

(6.21) ist die zu (6.14) korrespondierende Transformation der Eigenvektoren, und man kann (6.20) als eine Zerlegung des ersten Terms aus (6.11) nach dem neuen Eigenvektorsystem (6.21) auffassen. Um die abstrakte Möglichkeit einer Transformation (6.14) bzw. (6.21) mit dem

Ergebnis (6.15) bzw. (6.20) für die Berechnung von a_1 zu realisieren, definieren wir einen Vektor $\zeta''_{k,1}$ durch die Vorschrift

$$\frac{1}{n^2}\frac{\partial}{\partial X_k} Q_p M_k^{-1/2} \equiv \gamma_1 \zeta''_{k,1} \tag{6.22}$$

(keine Summation über k!).

Die Ableitung von Q_p im hochdimensionalen Gitterkoordinatenraum ist dabei an den Stellen X_k^n und β^n zu nehmen, d. h. es ist der Gradient des Erwartungswertes von Q_p für die statische Grundkonfiguration zu bilden. Das läßt sich mit Hilfe von (6.8) bei vorgegebener Vergleichsfunktion ψ_n für den statischen Zustand sofort durchführen. Der in (6.22) definierte Vektor ist allein durch optische Eigenschwingungen darstellbar, wie man aus der Entwicklung (6.13) unmittelbar erschließen kann. γ_1 ist die Normierungskonstante, da der Betrag von $\zeta''_{k,1}$ den Wert 1 haben soll. Auch die Normierungskonstante ist aus

$$\gamma_1^2 = \sum_k \frac{1}{n^4}\left(\frac{\partial}{\partial X_k} Q_p\right)^2 M_k^{-1} \tag{6.23}$$

praktisch berechenbar.

Zu (6.22) denken wir uns noch ein hypothetisches orthogonales System von weiteren Vektoren $\zeta''_{k,i}$ $(i = 2, \ldots)$ hinzugefügt, so daß ein den longitudinalen optischen Eigenschwingungen äquivalentes Basissystem $\zeta''_{k,i}$ entsteht.

Nun folgt unsere Behauptung: Das System der $\zeta''_{k,i}$ ist das gesuchte System (6.21), welches die einfache Kopplungsform (6.20) bzw. (6.17) und (6.18) hervorruft.

Um dies zu beweisen, setzen wir der Behauptung entsprechend

$$\zeta''_{k,i} \equiv \zeta'_{k,i}. \tag{6.24}$$

Dann kann man (6.20) durch Einsetzen von (6.24) und (6.22) in

$$\left(\frac{\partial}{\partial \beta^n}\gamma_1 \zeta''_{k,1}\right)\zeta''_{k,i} q'_i \equiv a_1 q'_1 \tag{6.25}$$

umformen. Beachtet man weiter die aus den Orthogonalitäts- und Normierungseigenschaften der Basisvektoren folgenden Relationen

$$\left(\frac{\partial}{\partial \beta^n}\gamma_1 \zeta''_{k,1}\right)\zeta''_{k,1} = \frac{\partial}{\partial \beta^n}\gamma_1 \tag{6.26}$$

und

$$\left(\frac{\partial}{\partial \beta^n}\gamma_1 \zeta''_{k,1}\right)\zeta''_{k,i} = -\left(\frac{\partial}{\partial \beta^n}\zeta''_{k,i}\right)\gamma_1 \zeta''_{k,1} = 0 \tag{6.27}$$

$(i = 2, \ldots)$, wobei angenommen wird, daß die übrigen zu $\zeta''_{k,1}$ orthogonalen Eigenvektoren $\zeta''_{k,i}$ nur von β^n abhängig sind, und sich bei einer Variation dieses Wertes nur unwesentlich ändern, so folgt bei Einsetzen von (6.27) und (6.26) in (6.25), daß

$$a_1(\beta^n) \equiv \frac{\partial}{\partial \beta^n}\gamma_1 \tag{6.28}$$

wird. Damit kann die Kopplungskonstante $\beta_1^{n\prime}$ ohne explizite Angabe der Transformation (6.14) *sowie* der longitudinalen optischen Eigenvektoren ausgerechnet werden. Es fragt sich, warum wir gerade die Definition (6.22) für den Eigenvektoransatz verwendet haben. Dies werden wir später bei der Untersuchung der Energiewerte begründen können.

§ 57. Einparametrige Vergleichsfunktionen

In § 55 hatten wir darauf hingewiesen, daß sich die Kopplung eines Elektrons an die verschiedenen Eigenschwingungen in linearer Näherung getrennt untersuchen läßt, und daher in unserem Modell die Gesamtkopplung des Elektrons mit dem Gitter durch eine additive Überlagerung der Kopplungen an die einzelnen Normalschwingungen aufgebaut werden kann. Da das Schwingungsspektrum des gestörten Kristalls in ein näherungsweise ideales Schwingungsspektrum des ungestörten Kristalls und in eine Reihe von Störschwingungen zerfällt, hatten wir uns die Additivität zunutze gemacht, um zunächst die Elektronenkopplung an die idealen Gitterschwingungen zu untersuchen, und auf eine einfache Form zu bringen. Dazu hatten wir den einfachsten Fall einer Kristallstörung, ein Überschußelektron, verwendet. Es bleibt noch die Aufgabe, die Kopplung an die Störschwingungen zu untersuchen. Diese entstehen nur, wenn man eine allgemeinere Gitterstörung als das Polaron zuläßt. Wir kehren hiermit also zum allgemeinsten Fall einer Gitterstörung zurück, die durch das Störpotential $Q_n(x, X_k, X_\mu)$ gekennzeichnet werden soll. Im Gegensatz zum Polaron treten hier zu den Freiheitsgraden des idealen Gitters X_k noch die Freiheitsgrade X_μ von eingebauten Störteilchen auf, doch ist dieser Gegensatz nicht durchweg für die allgemeine Gitterstörung charakteristisch, wie das Beispiel der Versetzungen beweist, bei denen keine Teilchenerzeugungen im Gitter stattfinden. Das eigentliche Charakteristikum kann also nur im Index n enthalten sein, welcher auf die für die Störung charakteristische Grundkonfiguration X_k^n und ψ_n hinweist, sowie auf den in unserem Modell postulierten Satz von Eigenschwingungen (6.1). In diesem Sinne können sowohl die nulldimensionalen als auch die eindimensionalen Gitterstörungen vollkommen gleichwertig behandelt werden.

Wie beim Polaronenfall beschränken wir uns auf ein einziges Elektron, und einen einzigen Variationsparameter $\beta^n(X_k)$ in der Vergleichsfunktion, wobei der Index k in β^n auch die Störfreiheitsgrade durchlaufen soll. Eine so geübte Beschränkung ermöglicht eine sehr einfache Darstellung. Die daraus gewonnenen Erkenntnisse lassen sich ohne weiteres auf den Mehrelektronen- und Mehrparameterfall übertragen.

Nun gehen wir ganz analog zum Polaronenfall vor. Der Hamilton-Operator des vorgelegten Problems ist vollständig analog zu (6.9) gebaut.

Man muß nur an Stelle von Q_p den allgemeineren Störoperator Q_n sinngemäß einführen. Mit der elektronischen Vergleichsfunktion kann man U_n bilden, und erhält unter Trennung von Q_n in einen mechanischen Anteil Q_n^m und einen elektrischen Anteil Q_n^e dann den Ausdruck

$$U_n = H_e(\beta^n) + \frac{1}{n^2} Q_n^e(\beta^n, X_k, X_\mu) + \overline{P}(X_k) + P_i + Q_n^m(X_k, X_\mu). \quad (6.29)$$

Variation dieser Energie nach β^n führt auf eine zu (6.11) analoge Gleichung, wenn man nach den ξ_k^n entwickelt, und nur die Glieder erster Ordnung in den ξ_k^n anschreibt:

$$\frac{1}{n^2}\frac{\partial}{\partial\beta^n}\left(\frac{\partial}{\partial X_k} Q_n^e\, \xi_k^n + \frac{\partial}{\partial X_\mu} Q_n^e\, \xi_\mu^n\right) + \frac{\partial^2}{\partial\beta^{n2}}\left(H_e + \frac{1}{n^2} Q_n^e\right)\beta_k^n\, \xi_k^n = 0. \quad (6.30)$$

Im letzten Term läuft die Summation dabei über sämtliche Freiheitsgrade des gestörten Gitters. In (6.30) ist nurmehr der elektrische Anteil Q_n^e von Q_n enthalten, da der mechanische Anteil Q_n^m nicht von der Elektronenwellenfunktion abhängt, und daher bei der Differentiation nach β^n wegfällt. Ebenso wurde die dynamische Einwirkung der Elektronenstörpolarisation vernachlässigt.

Jetzt nehmen wir die Normalkoordinatentransformation vor. Die erste Transformation wird mit (6.1) durchgeführt und lautet

$$\xi_k^n = M_k^{-1/2}\,(\zeta_{k,g}^l\, q_{l,g} + \zeta_{k,s}^n\, q_s^n). \quad (6.31)$$

In (6.31) haben wir sogleich die akustischen Zweige, und den transversalen optischen Zweig unterdrückt, da diese zufolge der gleichen Argumente wie beim Polaron nicht mit dem Elektron gekoppelt sind. Dieser ersten Transformation schließen wir eine zweite Transformation an, bei der allein der longitudinale optische Zweig transformiert wird. Da wir dies beim Polaron eingehend diskutiert haben, können wir uns hier kurz fassen. Wir erhalten nach Ausführung der zweiten Transformation

$$\xi_k^n = M_k^{-1/2}\,(\zeta_{k,i}^{n'}\, q_i^{n'} + \zeta_{k,s}^n\, q_s^n). \quad (6.32)$$

als Darstellung der kartesischen Auslenkungen. Um den einzigen Eigenvektor des transformierten Systems, den wir explizit benötigen, zu definieren, müssen wir den elektrischen Anteil des Erzeugungsoperators der Störung Q_n^e zerlegen. Wir setzen

$$Q_n^e \equiv Q_{n1}^e(\beta^n, X_k, X_\mu) + Q_{n2}^e(X_k, X_\mu). \quad (6.33)$$

Q_{n1}^e enthält die Wechselwirkungen des Störstellenelektrons mit den regulären und durch die Störung hinzugefügten Gitterbausteinen, Q_{n2}^e aber die elektrischen Wechselwirkungen der Gitterbausteine der Störung untereinander und mit ihrer Gitterumgebung.

Nun definieren wir

$$\frac{1}{n^2}\frac{\partial}{\partial X_k} Q_{n1}^e\, M_k^{-1/2} \equiv \gamma_1^n\, \zeta_{k,1}^{n'} \quad (6.34)$$

(keine Summation über k!) ($k = 1 \ldots N$).

Zufolge der Definition (6.33) wird (6.34) vollständig identisch mit (6.22), da bei der Differentiation nach X_k aus Q^e_{n1} die Wechselwirkungen mit den irregulären Gitterbausteinen herausfallen. Die Identität bezieht sich dabei allerdings nur auf die funktionale Gestalt des Vektors (6.34); die jeweils zugrunde liegende statische Konfiguration X^n_k und ψ_n, mit welcher der Erwartungswert des Vektors gebildet wird, ist natürlich von Fall zu Fall verschieden!

Zu (6.34) kann man jetzt wie beim Polaron weitere orthogonale Vektoren suchen, und ein zum longitudinalen optischen System äquivalentes System $\zeta^{n'}_{k,i}$ bilden. Geht man dann mit der so definierten Transformation (6.32) in (6.30) ein, so kann man die analogen Umformungen zu (6.25), (6.26) und (6.27) ausführen. Da neben den Normalschwingungen $\zeta^{n'}_{k,i}$ jetzt noch die Störschwingungen $\zeta^n_{k,s}$ vorhanden sind, muß man in den Formeln (6.27) berücksichtigen, daß die Störschwingungen zu dem longitudinalen System $\zeta^l_{k,g}$ und damit auch zu jedem daraus durch orthogonale Transformation hervorgehenden System orthogonal sind. Der letzte Term in (6.30) wird als Invariante transformiert.

Da die $q^{n'}_i$ und die q^n_s willkürlich variable Größen sind, müssen in der transformierten Linearform (6.30) die mit ihnen verknüpften Koeffizienten einzeln zu Null werden. Das liefert dann die Kopplungskonstanten

$$\beta^{n'}_1 = \frac{\partial}{\partial \beta^n} \gamma^n_1 \left[\frac{\partial^2}{\partial \beta^{n2}}\left(H_e + \frac{1}{n^2} Q^e_n\right)\right]^{-1} \tag{6.35}$$

sowie

$$\beta^n_s = \frac{1}{n^2} \frac{\partial}{\partial \beta^n} \frac{\partial}{\partial X_\mu} Q^e_n \, M_\mu^{-1/2} \zeta^n_{\mu,s} \left[\frac{\partial^2}{\partial \beta^{n2}}\left(H_e + \frac{1}{n^2} Q^e_n\right)\right]^{-1}. \tag{6.36}$$

Alle anderen $\beta^{n'}_i$ verschwinden. Bei der Ableitung von (6.36) muß man beachten, daß zufolge (6.34) $\zeta^{n'}_{\mu i} = 0$ ist, und der erste Term in (6.30) wegen der Orthogonalität der Eigenschwingungen überhaupt wegfällt. Die Kopplungskonstanten der Störschwingungen hängen deshalb nur von den Störschwingungen allein ab, was natürlich zu erwarten war. Dieses Ergebnis ist jedoch nur solange gültig, als im gestörten Gitter der *vollständige* Satz der idealen Eigenschwingungen reproduziert wird. Ist dies nicht der Fall, so kann der Vektor (6.34) durch das nur teilweise reproduzierte ideale Schwingungssystem allein nicht dargestellt werden. Da nur der im gestörten Gitter reproduzierte Teil der longitudinalen optischen Schwingungen wegen ihrer Entartung für eine Transformation (6.14) überhaupt in Frage kommt, bildet (6.34) auch keinen Basisvektor eines zu diesem Teil äquivalenten Systems. Um auch hier eine Vereinfachung zu erreichen, muß man den nicht darstellbaren Teil von (6.34) aus der Definition abspalten und nach Störschwingungen zerlegen. Der weitere Vorgang verläuft zu den vorangehenden Betrachtungen völlig analog, so daß wir aus Raumgründen auf eine explizite Beschreibung verzichten.

Insgesamt kann man also auch hier eine außerordentliche Vereinfachung der dynamischen Elektron-Gitter-Kopplung erreichen, wie (6.35) und (6.36) zeigen. Die Wellenfunktion lautet dann

$$\psi_n(x, \beta^n(X_k)) \equiv \psi_n(x, \beta^n(X_k) + \beta_1^{n'} q_1^{n'} + \beta_s^n q_s^n). \qquad (6.37)$$

Zusätzlich zu der Kopplung des Elektrons an die Normalkoordinate $q_1^{n'}$, welche die gesamte Abhängigkeit des Elektrons von den idealen Gitterschwingungen enthält, treten für den Fall einer allgemeinen Gitterstörung noch die Kopplungen an die Störeigenschwingungen hinzu. Das war zu erwarten: Da die Störeigenschwingungen nicht energetisch entartet sind, können sie nicht durch eine Transformation analog zu jener im longitudinalen optischen Zweig auf ein passendes Basissystem bezogen werden. Daher tauchen in (6.37) genau soviele Kopplungsglieder auf, wie Störschwingungen vorhanden sind. Das schließt nicht aus, daß praktisch einige Kopplungskonstanten klein werden, und man deshalb die Kopplungen an diese Schwingungen vernachlässigen kann; jedoch ist dies nicht allgemein theoretisch abzuleiten, und man kann daher keine weiteren Vereinfachungen vornehmen.

§ 58. Sätze einparametriger Funktionen

Bis jetzt hatten wir in unseren Rechnungen den Zustandindex n zwar als willkürlich wählbar, aber doch fixiert betrachtet. Wir konnten dann einen der möglichen Quantenzustände des Störelektrons herausgreifen, und die zugehörige Wellenfunktion in einfacher Weise an das Gitter koppeln. Für den Vergleich der Theorie mit dem Experiment sind die bisherigen Betrachtungen jedoch unvollständig: Experimente werden theoretisch durch Übergänge zwischen Kristallzuständen beschrieben, und erfordern daher die Kenntnis mehrerer Wellenfunktionen zugleich. Die einfache Darstellung der Elektron-Gitter-Kopplung ist also nur dann von einer praktischen Bedeutung, wenn sie sich auf *mehrere* Wellenfunktionen *zugleich* ausdehnen läßt. Um die Problematik dieser simultanen Vereinfachungen mehrerer Wellenfunktionen zu verstehen, erinnern wir nur an die Voraussetzungen (6.2) unseres Modells, d. h. die Annahme eines einheitlichen Eigenschwingungssystems für eine ganze Reihe von Elektronenzuständen. Aus ihr konnten die für das Modell charakteristischen Beziehungen (6.4) abgeleitet werden. Betrachtet man andererseits die Kopplung der Elektronenfunktionen an das Gitter in § 57, so wurden durch Transformation des ursprünglichen einheitlichen Eigenvektorsystems (6.1) neue Eigenvektoren $\zeta_{k,i}^{n'}$ verwendet, die wie (6.34) zeigt, voneinander *verschieden* sind. Q_{n1}^e hängt nämlich von der Zustandsfunktion ψ_n ab; diese aber ist für verschiedene Zustände verschieden, und daher sind auch die Eigenvektoren, die zur einfachen Darstellung (6.37) führen, verschieden. Die Einfachheit der Darstellung scheint also die Gleichheit der zur Entwicklung im longitudinalen optischen Zweig verwendeten Eigenvektorsysteme auszuschließen. Um hier einen Kompromiß zu finden, nehmen wir an, daß insgesamt h verschiedene Zustände simultan in den Übergangsrechnungen auftreten, und dabei auf ein gleiches Eigenvektorsystem mit möglichst einfacher Darstellung bezogen werden sollen. Für jeden einzelnen Zustand n wäre es am besten, wenn (6.34) verwendet werden könnte. Der Indexvektor n durchläuft dabei die in Frage kommenden Elektronenzustände $1, \ldots, h$. Da auf diese Weise aber jetzt gleichzeitig h Vektoren (6.34) als Basisvektoren in *einem* zu dem $\zeta^l_{k,g}$-System transformierten System auftauchen sollen, so wird man im einfachsten Fall diesen Bedingungen nur dadurch gerecht, daß man zu ihrer Darstellung h orthogonale Vektoren $\zeta_{k,1}, \ldots, \zeta_{k,h}$ verwendet, die durch

$$\frac{1}{n^2}\frac{\partial}{\partial X_k} Q^e_{n1}\, M_k^{-1/2} = \sum_{j=1}^{h} \gamma_{nj}\, \zeta_{k,j} \qquad (n = 1, \ldots, h) \tag{6.38}$$

mit den Bedingungen (6.34) verknüpft sind. Dazu wählt man dann weitere orthogonale Vektoren $\zeta_{k,j}$ $(j = h + 1, \ldots)$, bis man ein den longitudinalen optischen Schwingungen vollständig äquivalentes Eigenvektorsystem beieinander hat. Nun gelten die im vorangehenden angestellten Betrachtungen ganz analog für diesen Fall. Man erhält dann die Kopplungskonstanten

$$\beta^n_j = \frac{\partial}{\partial \beta^n}\gamma_{nj}\left[\frac{\partial^2}{\partial \beta^{n2}}\left(H_e + \frac{1}{n^2}Q^e_n\right)\right]^{-1} \begin{pmatrix} j = 1, \ldots, h \\ n = 1, \ldots, h \end{pmatrix}, \tag{6.39}$$

die übrigen β^n_j $(j = h + 1, \ldots)$ verschwinden wieder. Für die β^n_s gelten weiterhin die Formeln (6.36). Mit (6.39) hat man für h Funktionen die Minimalzahl von jeweils h nichtverschwindenden Kopplungskonstanten einer Elektron-Gitter-Kopplung in einem bestimmten Zustand erreicht. Diese wird dadurch erforderlich, daß die h Bedingungen (6.38) mindestens h unabhängige Vektoren zur Darstellung verlangen. Eine Vereinfachung tritt nur dann ein, wenn die Vektorbedingungen (6.38) teilweise untereinander orthogonal sind. Dann können auch von den in (6.39) enthaltenen Kopplungskonstanten noch weitere verschwinden. Da dies jedoch nicht allgemein vorausgesetzt werden kann, verzichten wir auf eine Diskussion dieser Möglichkeit. Die h Wellenfunktionen haben dann die Gestalt

$$\psi_n \equiv \psi_n(x, \beta^n(X^n_k) + \beta^n_j\, q^n_j + \beta^n_s\, q^n_s) \tag{6.40}$$

und sind demnach auf ein gemeinsames System von Eigenschwingungen bezogen. Trotzdem sind aber die Normalkoordinaten noch vom Zustand n abhängig, was durch den Index n an den q^n_j und q^n_s angedeutet wird. Diese stehen nämlich bei gleichen Eigenschwingungen untereinander in der Beziehung (6.4).

§ 59. Direkte Bestimmung der Nullpunktsverschiebungen

Die Untersuchung der dynamischen Elektron-Gitter-Kopplung im Rahmen des postulierten Modells wurde nicht allein ausgeführt, um die einfache Form dieser Kopplung in den Elektronenfunktionen aufzuzeigen, sondern sie ist vor allem im Hinblick auf die mathematische Formulierung der Übergänge von Bedeutung, die zu Beginn dieses Kapitels schon behandelt wurden. Dort konnten die Übergangsmatrizen als Folge des Modells bereits auf Produkte reduziert werden, deren einzelne Faktoren exakt berechenbar sind. Jedem Gitteroszillator ist dabei ein Faktor zugeordnet. Insbesondere wird ein Faktor dieses Produkts gleich 1 oder 0, wenn die zugehörige Nullpunktsverschiebung des Oszillators beim Übergang zwischen zwei Zuständen verschwindet. Diese Beziehung kann man zu einer Reduktion der im Produkt enthaltenen Faktoren ausnutzen, wenn von vornherein bekannt ist, daß einige der a_t^{pn} verschwinden müssen. In § 54 blieb offen, welche Folgen die Annahmen unseres Modells in diesem Fall nach sich ziehen. Da die Nullpunktsverschiebungen eng mit den elektrostatischen Umlagerungen des Gitters bei Elektronenübergängen, und damit mit den Elektronenfunktionen selbst, zusammenhängen müssen, hatten wir daraufhin im Modell zunächst die Elektron-Gitter-Kopplung untersucht. Mit diesen Vorbereitungen können wir jetzt auch Aussagen über die a_t^{np} machen, indem wir sie nicht nach (5.12) berechnen, sondern eine direkte Methode zu ihrer Bestimmung angeben, die allerdings nur für das vorliegende Modell anwendbar ist. Dazu gehen wir von der Energie U_n in (6.29) aus. In ihr zerlegen wir den direkt vom Elektron abhängigen Energieanteil in statische und dynamische Glieder, indem wir die Kernkoordinaten X_k nach (2.1) durch die Gitterruhelagen X_k^n und die darüber gelagerten willkürlichen Auslenkungen ξ_k^n darstellen, und danach eine Reihenentwicklung nach den ξ_k^n vornehmen. Die Reihenentwicklung braucht *nur* lineare Glieder in ξ_k^n zu enthalten, da die quadratischen Glieder und die Glieder höherer Ordnung den Einfluß des Elektronenzustands auf die Eigenschwingungen wiedergeben, der nach unseren Modellvoraussetzungen vernachlässigbar ist. Damit lassen sich vom Modell her die linearen Kopplungen (6.30) und (6.11) streng begründen, da man nur lineare Kopplungskonstanten im vorgelegten Modell überhaupt verwenden darf. Die Entwicklung von (6.29) ergibt nun

$$U_n = u(\beta^n, X_k^n) + f_k^n \xi_k^n + V(X_k, X_\mu), \tag{6.41}$$

wobei wir sogleich der Einfachheit halber einige Glieder zusammengefaßt haben. Das erste Glied enthält die kinetische Energie des Elektrons und seine Wechselwirkungsenergie mit dem Gitter, einschließlich der von ihm erzeugten Elektronenpolarisation für den *statischen* Gleichgewichtszustand. Es ist also das Glied nullter Ordnung in der Entwicklung nach den ξ_k^n. Das zweite Glied stellt die lineare Kopplung des Elektrons bei Auslenkungen der Gitterionen aus den Gitterruhelagen dar, und das dritte Glied schließlich ist der Energieanteil des gestörten Kristalls, der durch Ersatzpotentiale beschrieben wird. Die explizite Form dieser Terme kann man durch Vergleich mit (6.29) leicht feststellen. Wir geben sie jedoch nicht an, sondern gehen sogleich zu dem Satz von Normalkoordinaten q_j^n und q_s^n über, in denen die Wellenfunktionen in der einfachen Form (6.40) darstellbar sind. Bei dieser Transformation geht (6.41) über in

$$U_n = u(\beta^n, X_k^n) + f_k^{n\prime}\, q_k^n + V(X_k, X_\mu), \tag{6.42}$$

wobei der Index k im zweiten Glied sämtliche Eigenschwingungsnummern durchlaufen soll, und man für die Transformierten $f_k^{n\prime}$ die Werte

$$f_j^{n\prime} = \frac{\partial}{\partial \beta^n}\Big(H_e + \frac{1}{n^2} Q_{n1}^e\Big)\beta_j^n + \gamma_{nj} \quad (j = 1, \ldots, h) \tag{6.43}$$

sowie

$$f_s^{n\prime} = \frac{\partial}{\partial \beta^n}\Big(H_e + \frac{1}{n^2} Q_{n1}^e\Big)\beta_s^n + \frac{1}{n^2}\frac{\partial}{\partial X_\mu} Q_{n1}^e\, M_\mu^{-1/2}\, \zeta_{\mu,s} \tag{6.44}$$

erhält, wie man durch Einsetzen der Eigenschwingungen (6.38) in (6.41) und Berücksichtigung von $\beta_j^n = 0$ für $j > h$ feststellt. Alle übrigen $f_k^{n\prime}$ verschwinden.

Daraus folgt das erwartete Ergebnis: In der adiabatischen Gesamtenergie (6.42) treten nur solche Kopplungen des Elektrons an das Gitter auf, die auch in den Elektronenwellenfunktionen (6.40) enthalten sind. Insgesamt hat man also h reguläre Gitterkopplungen, sowie die Störschwingungskopplungen s in den h Funktionen (6.40), zwischen denen die Übergänge stattfinden, und damit in den zugehörigen Energien. (6.42) denken wir uns nun für die in Frage kommenden Zustände n und p angegeben. Um nun die a_i^{pn} direkt, d. h. aus der Energieformel (6.42) zu berechnen, beachten wir, daß andererseits gelten muß

$$U_n \equiv U_n(X_k^n) + \frac{1}{2}\,\omega_k^2\, q_k^{n2} \tag{6.45}$$

wenn man U_n nach (4.11) vollständig auf Normalkoordinaten transformiert. Bei den Eigenfrequenzen ω_k haben wir den Index n weggelassen, da diese in unserem Modell vom Elektronenzustand unabhängig sind. Da $V(X_k, X_\mu)$ ebenfalls vom Elektronenzustand vollständig unabhängig ist, folgt durch Vergleich mit den Energien (6.42) für die Zustände n und p, daß bei einer Transformation auf Normalkoordinaten V die Gestalt

$$V(X_k, X_\mu) \equiv V_n^0 - f_k^{n\prime}\, q_k^n + \frac{1}{2}\,\omega_k^2\, q_k^{n2} \tag{6.46}$$

bzw.

$$V(X_k, X_\mu) \equiv V_p^0 - f_k^{p\prime}\, q_k^p + \frac{1}{2}\,\omega_k^2\, q_k^{p2} \tag{6.47}$$

annehmen muß. Da V hierbei in vom Elektronenzustand abhängigen Koordinaten entwickelt wird, sind auch die Koeffizienten dieser Entwicklung vom Elektronenzustand abhängig. Dies ändert aber nichts an dem Sachverhalt, daß V eine Invariante gegenüber dem Elektronenzustand ist. Durch Vergleich von (6.46) und (6.47) findet man daher bei Einsetzen der Beziehungen (6.4) für die Normalkoordinaten daß

$$V_p^0 - f_k^{p\prime} a_k^{np} + \frac{1}{2} \omega_k^2 a_k^{np2} = V_n^0 \tag{6.48}$$

sowie

$$a_k^{pn} = \frac{1}{\omega_k^2} (f_k^{n\prime} - f_k^{p\prime}) \tag{6.49}$$

gelten muß.

Da sämtliche $f_k^{n\prime}$, $f_k^{p\prime}$ für $(k = h + 1, \ldots)$ verschwinden und nur die Kopplungskonstanten (6.43) und (6.44) ungleich Null sind, hat man also das Ergebnis, daß genau so viele Nullpunktsverschiebungen zu Null werden, wie Kopplungskonstanten verschwinden. Da die Zahl der Kopplungskonstanten (6.43) und (6.44) sehr klein ist, reduziert sich in der Faktordarstellung der Übergangsmatrizen das Produkt auf eine ebenso kleine Zahl von Faktoren. Damit ist gezeigt, daß in unserem Modell nicht nur die Elektron-Gitter-Kopplung sehr einfach wird, sondern auch die Übergangsmatrizen eine außerordentlich einfache Form annehmen.

Zusammenfassend kann also die Dynamik mit einer sehr geringen Anzahl von Eigenschwingungen durchgeführt werden. Die restlichen Eigenschwingungen nehmen an den Elektron-Gitter-Prozessen überhaupt nicht teil, da mit den verschwindenden Nullpunktsverschiebungen die Auswahlregeln der Integrale (6.7) die Konstanz der zugehörigen Oszillatorenzustände bei Elektron-Gitter-Übergängen erzwingen. Eine weitere Vereinfachung folgt ferner daraus, daß nur die gestörten Eigenschwingungen explizit bekannt sein müssen, dagegen von den übrigen Eigenschwingungen die Kenntnis der Entartung des longitudinalen optischen Zweigs hinreicht, um die Rechnungen durchzuführen. Man wird demnach nicht in langwierige Rechnungen mit der großen Zahl der idealen Gitterschwingungen verwickelt, sondern kann auf Grund der Entartung die notwendigen Eigenvektoren definitorisch wie z. B. in (6.38) festlegen.

§ 60. Energiedifferenzen

Zur Untersuchung von Störeinflüssen auf ein vorgegebenes System gehört schließlich noch die Frage, welche Energien bei einem Übergang umgesetzt werden. In den Übergangselementen des zeitabhängigen Systems (5.4), das derartige Übergänge mathematisch beschreibt, treten dabei die Differenzen zwischen den Gesamtenergien E_{mb}^n des Systems (1.3) auf, d. h. Energien des Kristalls samt Strahlungsfeld.

Da die Energiezustände des Strahlungsfeldes nach (5.2) additiv mit jenen des Kristalls zu den Gesamtenergien zusammengesetzt werden, können sowohl die Energien als auch die Energiedifferenzen dieser beiden Teilsysteme unabhängig voneinander studiert werden. Insbesondere geht es in diesem Fall um den Einfluß des Kristallmodells auf die Formulierung der Energiedifferenzen des Kristalls, und wir werden daher diese Differenzen unabhängig vom Gesamtsystem (1.3) allein betrachten.

Die Zustände des Kristalls können ganz allgemein durch die Quantenzahlen $n, l_1^n, \ldots, l_N^n$ bzw. $p, l_1^p, \ldots, l_N^p$ charakterisiert werden, s. (4.54), doch setzen wir abkürzend dafür n, m bzw. p, l, und erhalten als Differenz zweier in (4.54) angegebener Gesamtkristallenergien

$$E_m^n - E_l^p = U_n(X_k^n) - U_p(X_k^p) + \hbar\,\omega_k(l_k^n - l_k^p). \tag{6.50}$$

In dieser allgemeinen Form sind sämtliche Größen berechenbar. Also die statischen Energien U_n bzw. U_p sowie die Frequenzen der Gittereigenschwingungen. Die Quantenzahlen l_k^n bzw. l_k^p dagegen sind frei variabel, weil ja gerade sie neben den Elektronenzuständen n und p die Mannigfaltigkeit der möglichen Quantenzustände darstellen. Trotzdem ist bei Übergängen zufolge einer Störwirkung die Zahl der auftretenden Kombinationen beschränkt: die Matrixelemente erzwingen Auswahlregeln, welche die Mannigfaltigkeit der tatsächlich für Übergänge zugelassenen Quantenzahlenkombinationen stark herabsetzt. Da die Matrixelemente von den Kristallwellenfunktionen abhängen, sind sie und mit ihnen die Auswahlregeln vom gewählten Kristallmodell abhängig. Sind aber einmal die Kristallwellenfunktionen bekannt, und die auf den Kristall einwirkenden Störungen definiert, so sind die Auswahlregeln eine mathematische Konsequenz der Berechnung der Übergangsmatrixelemente (5.5). In diesem Sinne sind die Auswahlregeln kein unabhängiger Bestandteil der Theorie, sondern folgen in jedem speziellen Fall aus der Kenntnis der Wellenfunktionen. Sie bedürfen daher auch keiner von den Wellenfunktionen getrennten Diskussion, jedoch kann es beim einzelnen Beispiel sehr wichtig und interessant sein, ihren Einfluß zu verfolgen. Dies trifft auf das in diesem Kapitel behandelte Modell zu. Die in dessen mathematischer Formulierung bereits ablesbaren Auswahlregeln gestatten eine sehr anschauliche Deutung eines Elektronenüberganges, die wir jetzt diskutieren wollen. Dazu setzen wir (6.46) in (6.42) ein. Durch Vergleich mit (6.45) erkennt man, daß

$$U_n(X_k^n) = u(\beta^n, X_k^n) + V_n^0 \tag{6.51}$$

werden muß. Eine analoge Formel kann für den p-Zustand abgeleitet werden. Andererseits besteht zwischen V_n^0 und V_p^0 die Relation (6.48).

Berücksichtigen wir diese, so geht (6.50) über in

$$E_m^n - E_l^p = u(\beta^n, X_k^n) - u(\beta^p, X_k^p) - f_k^{p\prime} a_k^{pn} + \frac{1}{2}\,\omega_k^2\, a_k^{pn2} + h\,\omega_k (l_k^n - l_k^p). \tag{6.52}$$

Beachtet man nun, daß die ersten zwei Terme in (6.42) die kinetische Energie und die Bindungsenergie des Elektrons für beliebige Auslenkungen q_k^n wiedergeben, und überträgt dies sinngemäß auf den p-Zustand, so erhält man die Beziehung

$$u(\beta^p(q_k^p), q_k^p) \equiv u(\beta^p, X_k^p) + f_k^{p\prime}\, q_k^p. \tag{6.53}$$

Hierbei wurde die linke Seite sogleich in ihrer funktionellen Abhängigkeit von den q_k^p angeschrieben. (6.53) kann man nun weiter umformen, wenn man für q_k^p den speziellen Wert a_k^{pn} einsetzt. Dieser Wert entspricht nach (6.4) dem Wert $q_k^n = 0$, und damit nach (4.10), (4.8) und (2.1) dem Wert $X_k = X_k^n$. Man gelangt so zu

$$u(\beta^p(X_k^n), X_k^n) \equiv u(\beta^p(a_k^{pn}), a_k^{pn}), \tag{6.54}$$

und durch Substitution in (6.52) zu der Energiedifferenz

$$E_m^n - E_l^p = u(\beta^n, X_k^n) - u(\beta^p(X_k^n), X_k^n) + \frac{1}{2}\,\omega_k^2\, a_k^{pn2} + h\,\omega_k (l_k^n - l_k^p). \tag{6.55}$$

Dieses Ergebnis läßt eine sehr anschauliche Deutung zu. Setzt man nämlich aus Gründen der Einfachheit zunächst alle l_k^n gleich Null, was bedeutet, daß im Ausgangszustand n vor dem Übergang die Gittertemperatur $T = 0$ herrscht, so wird im Mittel die potentielle Energie der Gitterverschiebung beim Übergang von n nach p gleich der vom Gitter aufgenommenen Schwingungsenergie sein. Es wird also gelten

$$\frac{1}{2}\,\omega_k^2\, a_k^{pn2} = h\,\omega_k\, l_k^p. \tag{6.56}$$

Die linke Seite ist dabei nach (6.45) die potentielle Energie der Umpolarisation des Gitters beim Elektronensprung.

Mit (6.56) nehmen wir qualitativ eine Auswahlregel voraus, die sich streng mit den Franck-Condon-Integralen (6.7) berechnen lassen muß. Dies wird durch die exakten Rechnungen bestätigt, wobei natürlich im Gegensatz zu unserer Annahme (6.56) noch eine Streuung um den klassischen Wert stattfindet. Für die anschauliche Interpretation der Energieformel (6.55) genügt aber bereits die qualitative Auswahlregel (6.56). Setzt man sie in (6.55) ein, so geht dieser Ausdruck über in

$$E_m^n - E_l^p = u(\beta^n, X_k^n) - u(\beta^p(X_k^n), X_k^n). \tag{6.57}$$

Dies besagt: Die frei werdende Energie bei einem Elektronenübergang wird durch die Differenz der Bindungsenergien des Ausgangs- und des

Zielzustandes bei festgehaltenen Kernen gegeben. Diese Aussage entspricht einer Verallgemeinerung des optischen FRANCK-CONDON-Prinzips. Bei beliebigen Störungen erfolgt der Elektronenübergang so schnell, daß die Kerne dabei praktisch an ihren Plätzen bleiben. Die Sprungenergie bei festgehaltenen Kernen wird frei. Die nachfolgenden Umlagerungen des gesamten Gitters unter dem Einfluß der neuen Elektronenfunktion tragen zur frei werdenden Energie nichts bei. Sie sind kristalleigene Prozesse, bei denen vom Kristall weder Energie aufgenommen, noch abgegeben wird. Die hier über den Umweg bereits als bekannt vorausgesetzter Auswahlregeln abgeleitete Aussage ist aber keineswegs überraschend. Sie ist vielmehr nur eine allgemeine Konsequenz der adiabatischen Kopplung, deren Verwendung wir in § 44 ausführlich begründet haben. Geht man von der klassischen, bzw. Mittelwertsformel (6.56) zur direkten Berechnung der Auswahlregeln mittels FRANCK-CONDON-Integrale über, so bedeutet dies physikalisch, daß man der statistischen Verteilung der Atomkerne bzw. Gitterionen Rechnung trägt. Da dann die Kernlagen X_k nicht mehr exakt festgelegt sind, so tritt bei momentanen Elektronenübergängen eine Streuung der Energiemission bzw. -absorption um den Mittelwert (6.57) auf, welche die statistische Verteilung der Kernruhelagen widerspiegelt.

§ 61. Energiebilanz bei elektronisch polarisierbarem Gitter

Im vorangehenden Paragraphen hatten wir das aus der adiabatischen Kopplung folgende FRANCK-CONDON-Prinzip an Hand der Energiebilanz diskutiert. Es ergab sich, daß die Elektronenübergänge gegenüber der Kernbewegung sehr schnell erfolgen, und die Kerne daher während des Übergangs ihre Lagen *nicht* verändern. Diese Aussage ist solange zufriedenstellend, als es sich um ein elektronisch unpolarisierbares Gitter handelt. Läßt man jedoch auch eine elektronische Polarisation im Gitter zu, so entsteht sofort die Frage nach dem Einfluß dieser Polarisation auf die Übergänge und die zugehörige Energiebilanz. Zur Antwort muß man auf mehreren Ebenen der Theorie argumentieren, da wir verschiedene Beschreibungsarten der Elektronenpolarisation des Gitters kennengelernt haben. Verwendet man die quantenmechanische Beschreibung, so hat man ein quantenmechanisches Vielteilchenproblem vor sich, dessen Statik und Dynamik eindeutig aus den Rechnungen der Kap. III und IV ableitbar sind und zu wohldefinierten Energien des Gesamtkristalls führen. Solange man diese strenge Methode beibehält, ist kein Zweifel über die Ausdeutung des FRANCK-CONDON-Prinzips möglich, weil die Elektronenpolarisation explizit in den Wellenfunktionen des Mehrteilchenproblems enthalten ist. Der Übergang findet in diesem Falle bei fixierten Kernen von einem Mehrteilchenzustand zu einem anderen statt.

Jedoch zerstört die formal einwandfreie Formulierung den anschaulichen Charakter der Aussage. Hinter dem Begriff der Mehrteilchenfunktion verbirgt sich ein kompliziertes Wechselspiel der einzelnen Elektronen, dessen Ergebnis qualitativ nicht vorweggenommen werden kann. Anders steht es mit der klassischen Beschreibung der Elektronenpolarisation durch Dipolmomente oder durch Abschirmungszahlen. Für beide Arten können anschauliche Aussagen abgeleitet werden, die ein übereinstimmendes Ergebnis liefern.

In diesem Kapitel haben wir *nur* Abschirmungszahlen für die Elektronenpolarisation verwendet. Die Energiedifferenzen (6.57) müssen daher auch Aussagen über die Wirkung der Elektronenpolarisation zulassen. Um sie abzuleiten, stellen wir uns ein spezielles Beispiel vor: In einem Gitter sei eine Überschußladung als Störzentrum eingelagert, und wir betrachten ein Störzentrenelektron in seiner Wechselwirkung mit diesem Zentrum. Unter dem Zustand n wollen wir dabei einen vollionisierten Zustand verstehen, bei dem sich das Elektron im Leitungsband befinde. Da das Elektron in diesem Zustand wegen seiner gleichmäßigen statistischen Verteilung auf das Gitter vernachlässigbare elektrische Wirkungen ausübt, wird die Grundkonfiguration X_k^n des Gitters in diesem Zustand allein durch das Störzentrum bestimmt. Dessen Feld wird wegen der fehlenden Elektronenwirkung des expliziten Elektrons, vom Gitter um den vollen elektrostatischen Betrag abgeschirmt, wobei die Abschirmung einerseits durch die Ionenlagen, zum andern durch die Elektronenpolarisation bewirkt wird. Nach (6.57) findet nun der Übergang in eine neue Wellenfunktion bei starrem Gitter statt. D. h. in einen Zustand, bei dem das Feld des Störzentrums immer noch durch die Ionenpolarisation abgeschirmt ist. Andererseits aber ist im Ansatz (6.29) die elektrische Wechselwirkung zwischen Elektron und Störzentrum grundsätzlich durch die Elektronenpolarisation abgeschirmt, so daß man also insgesamt einen Übergang in einen Zustand p vor sich hat, bei dem die Umgebungskonfiguration der Ionen und der Elektronenpolarisation vollständig jener des Ausgangszustandes gleicht. Der Übergang findet also bei starrer Elektronen- und Ionenpolarisation statt. Das ist zunächst erstaunlich, da man eine trägheitslose Kopplung zwischen Störelektron und Elektronenpolarisation erwarten muß, was dem Ergebnis der Starrheit von Ionen- *und* Elektronenzustand der Umgebung beim Übergang zu widersprechen scheint. Um den Sinn dieser Aussage zu verstehen, behandeln wir dieses Problem noch einmal vom atomistischen Standpunkt, indem wir klassische Dipole in das Gitter als Repräsentanten der Elektronenpolarisation einführen, welche trägheitslos an das explizit quantenmechanisch beschriebene Elektron gekoppelt sind. Der HAMILTON-Operator H der adiabatischen Kopplung hängt dann nicht nur von den Koordinaten x des expliziten Elektrons und von den Kernkoordinaten X_k ab, sondern auch von den Komponenten der elektronischen Dipolmomente m_j. Die Energie des ruhenden Gitters ist demnach von den Kernlagen, der gewählten Elektronenfunktion, und der Elektronenpolarisation abhängig. Wir schreiben für sie

$$U_n[\beta^n(X_k, m_j), X_k, m_j], \tag{6.58}$$

wobei wir durch die explizite Angabe der funktionellen Abhängigkeit des Variationsparameters β^n darauf hinweisen wollen, daß dieser nunmehr neben den X_k auch von den m_j abhängig geworden ist. Für einen Zustand n hat man dann nicht nur bestimmte Kernruhelagen X_k^n, sondern auch bestimmte Dipolmomente m_j^n im energetischen Gleichgewicht. Es entsteht also die Energie der Grundkonfiguration

$$U_n[\beta^n(X_k^n, m_j^n), X_k^n, m_j^n]. \tag{6.59}$$

Die Mitwirkung der Elektronenpolarisation in der Dynamik ist kollektiv in den Eigenschwingungen berücksichtigt.

Beim Übergang in einen neuen Elektronenzustand p kann man nun gedanklich folgende Trennung vornehmen: Die expliziten Elektronen gehen bei festgehaltenen m_j^n und X_k^n in die neue Wellenfunktion ψ_p über. Diese Funktion ist ein Zwischenzustand und ergibt sich aus der Minimalforderung an die Gitterenergie bei *festgehaltener* Elektronen- und Gitterpolarisation. Das ergibt

$$U_p[\beta^p(X_k^n, m_j^n), X_k^n, m_j^n]. \tag{6.60}$$

Danach läßt man zuerst die Elektronenpolarisation los. Diese setzt sich mit ψ_p ins Gleichgewicht. Dabei wird keine Energie dem Kristall zugeführt, und auch keine vom Kristall abgegeben. Es findet ein kristalleigener Vorgang statt. Es muß also der Energiewert konstant bleiben. Die Elektronenpolarisation, die sich bei immer noch festgehaltenem Gitter auf diese Funktion einspielt, werde m_j' genannt. Bei diesem Prozeß verändert sich natürlich auch die Wellenfunktion selbst durch die Rückwirkung der Polarisationsänderung, was in der Abhängigkeit des Variationsparameters β^p von den m_j zum Ausdruck kommt. Es gilt daher

$$U_p[\beta^p(X_k^n, m_j'), X_k^n, m_j'] = U_p[\beta^p(X_k^n, m_j^n), X_k^n, m_j^n] \tag{6.61}$$

als Zeichen der Kristallenergieerhaltung bei diesem Prozeß. In (6.61) ist zugleich die adiabatische Kopplung der Elektronenpolarisation an das Störelektron enthalten, da die Dipole trägheitslos folgen, d. h. keine kinetische Energie beim Einpendeln der Elektronenpolarisation auf den Zustand p auftritt.

Als zweiten Schritt befreien wir das Gitter aus seiner Fixierung, das sich nun in Form von Gitterschwingungen dem veränderten Elektronenzustand anpaßt. Man erhält also jetzt eine Gesamtenergie

$$E_l^p = U_p[\beta^p(X_k^p, m_j^p), X_k^p, m_j^p] + h\,\omega_k\, l_k^p. \tag{6.62}$$

Hierbei ist m_j^p im Gleichgewichtszustand des p-ten Zustandes natürlich von m_j' verschieden, da sich inzwischen ja das Gitter bewegt hat, und die Elektronenpolarisation auch von der Gitterkonfiguration abhängt.

Für uns sind wieder die Differenzen interessant. Nehmen wir an, daß im Ausgangszustand n keine Gitterschwingungen vorhanden sind, und verzichten wir auf die Berücksichtigung der Nullpunktsenergien wie in (6.62), weil diese aus den Differenzen herausfallen, so ist

$$E_0^n = U_n[\beta^n(X_k^n, m_j^n), X_k^n, m_j^n] \tag{6.63}$$

die Energie des Ausgangszustandes, und man erkennt, daß sich die Differenz von (6.63) und (6.62) in der Form

$$\begin{aligned} E_0^n - E_l^p &= U_n[\beta^n(X_k^n, m_j^n), X_k^n, m_j^n] - U_p[\beta^p(X_k^n, m_j'), X_k^n, m_j'] \\ &+ U_p[\beta^p(X_k^n, m_j'), X_k^n, m_j'] - U_p[\beta^p(X_k^p, m_j^p), X_k^p, m_j^p] - h\,\omega_k\, l_k^p \end{aligned} \tag{6.64}$$

schreiben läßt.

Beachtet man, daß das erste Glied in der zweiten Zeile die Gitterenergie im p-ten Zustand für die Kernlagen $X_k = X_k^n$ ist, weil sich in ihm sowohl die Elektronenfunktion als auch die Elektronenpolarisation auf diesen Zustand eingespielt haben, so ist die Differenz der ersten zwei Glieder der zweiten Zeile die potentielle Gitterenergie, die beim Übergang frei wird. Sie hebt sich also gegen die gewonnene Schwingungsenergie weg. In der ersten Zeile aber kann man an Stelle des letzten Terms (6.61) substituieren, so daß man

$$E_0^n - E_l^p = U_n[\beta^n(X_k^n, m_j^n), X_k^n, m_j^n] - U_p[\beta^p(X_k^n, m_j^n), X_k^n, m_j^n] \tag{6.65}$$

erhält. Damit hat man mit der klassischen Behandlung der Elektronenpolarisation dasselbe Ergebnis wie bei der Anwendung von Abschirmungszahlen erreicht. In beiden Fällen findet der Übergang bei festgehaltener Ionen- *und* Elektronenpolarisation statt, wie die Indizes in (6.65) beweisen. Im Unterschied zu den Abschirmungszahlen gestattet diese Methode aber einen Einblick in den atomistischen Mechanismus. Insbesondere erkennt man, warum trotz der trägheitslosen Verknüpfung des expliziten Elektrons mit den kollektiven Polarisationselektronen beim Sprung die Elektronenpolarisation starr bleibt: Zufolge der Energiegleichheit (6.61) des starren und des trägheitslos aufeinander eingespielten Zustandes, sind diese beiden Zustände vom Standpunkt der Beobachtung äquivalent, da man nur die nach außen dringenden Energiedifferenzen messen kann. Die Terminologie der starren Elektronenpolarisation beim

Übergang ist demnach nur eine formale Darstellung, die leicht zu fassen ist, aber sachlich nichts an der trägheitslosen Verknüpfung zwischen Elektron und Elektronenpolarisation ändert. Die frei werdende Energiedifferenz kann demnach sowohl bei Gittern ohne Elektronenpolarisation als auch bei Gittern mit Elektronenpolarisation aus der Differenz der Elektron-Gitter-Energien bei festgehaltener *Gesamtpolarisation* des Ausgangszustandes berechnet werden. Wie schon betont, haben jedoch die Energiedifferenzen (6.57) und (6.65) nur einen informativen Wert, da sie bei exakter Rechnung durch die im Kalkül implizit mitgeführten Auswahlregeln ersetzt werden.

§ 62. Elektronische Leitfähigkeit

Das Modell dieses Kapitels veranlaßt uns auch, das in § 45 aufgeschobene Problem der elektronischen Leitfähigkeit aufzugreifen. Wie wir gesehen haben, ist die vorliegende Ionenkristalltheorie vor allem auf der Energiemessung elektronischer Zustände aufgebaut. Im Gegensatz dazu existiert aber eine metallische Leitfähigkeitstheorie, welche wesentlich vom Impulsbegriff ausgeht. Es fragt sich nun, ob diese beiden Darstellungen miteinander verträglich sind, d. h. ob die adiabatische Kopplung eine Berechnung der elektronischen Leitfähigkeit ausschließt oder nicht. Die Antwort kann durch eine Untersuchung mit Hilfe der Betrachtungen dieses Kapitels leicht gegeben werden. Bevor wir uns der metallischen Leitfähigkeitstheorie zuwenden, stellen wir die Theorie der Leitfähigkeit vom Standpunkt der adiabatischen Kopplung dar, wie sie im § 50 schon kurz gestreift wurde. Um das für uns wesentliche besser hervortreten zu lassen, verzichten wir für den elementaren Vorgang der Leitfähigkeit auf alle äußeren Apparaturen, und stellen uns vor, daß die Leitfähigkeit durch einen Ladungsausgleich inhomogener Ladungsverteilungen im Kristall hervorgerufen wird. Diese Inhomogenität der Ladungsverteilung wird durch *Lokalisation* von Ladungen im Gitter, d. h. also von Elektronen oder Gitterstörungen, bewirkt. Die dabei entstehenden inneren elektrischen Felder verursachen die Wanderung der Teilchen. Das haben wir in § 50 besonders ausführlich für Gitterstörungen dargestellt. Hier interessieren uns nur die Elektronen. Sollen diese sowohl lokalisiert als auch wanderungsfähig sein, so dürfen sie nicht an Gitterstörungen gebunden sein, sondern müssen sich im Leitungsband befinden; dort ist ihre Wanderungsfähigkeit garantiert, und ihre Lokalisation kann durch die Bildung eines Wellenpakets erreicht werden, wie in § 50 erwähnt wurde. Die Bewegung des Wellenpaketes unter dem Einfluß der elektrischen Felder und der kristalleigenen Kräfte liefert dann einen elektrischen Strom, und damit die Leitfähigkeit. Da die

Bewegung des Wellenpaketes sinnvoll nur durch die Schwerpunktsbewegung dieses Paketes beschrieben werden kann, erhält man über das Wellenpaket *gemittelte* Impulsaussagen. Da neben den äußeren oder inneren elektrischen Feldern auch noch die Elektronenträgheitsglieder als Störung auf die Elektronen einwirken, entsteht ein Widerstand bei der Bewegung des Wellenpaketes, welches durch „unelastische" Stöße mit dem Gitter abgebremst wird. Diese Stöße werden durch Trägheitsglieder bewirkt und bilden den Elementarprozeß der Leitfähigkeit von Elektronen im Gitter. Die Leitfähigkeit wird also in der adiabatischen Kopplung durch mittlere Strom- und Impulswerte beschrieben. Diese sind demnach *keine* Bewegungskonstanten der Wellenfunktionen. Da aber kein Experiment bekannt ist, bei welchem etwa der Impuls eines Elektrons im Gitter als Bewegungskonstante festgestellt wird, sondern experimentell nur Mittelwerte gemessen werden, scheint diese Darstellung nicht nur hinreichend zur Deutung der Experimente, sondern auch *angepaßt* zu sein. Nichtsdestoweniger steht dieser Beschreibung durch Wellenpakete in der adiabatischen Kopplung eine gänzlich anders geartete Theorie der Leitfähigkeit gegenüber, die vor allem bei Metallen häufig gebraucht wird. Diese Theorie beschreibt den mikroskopischen Prozeß der Leitfähigkeit durch COMPTON-Stöße zwischen Elektronen und Gitterschallquanten. Um einen solchen COMPTON-Stoß überhaupt formulieren zu können, müssen die Elektronenimpulse, bzw. im Gitter die Ausbreitungsvektoren, Quantenzahlen der Elektronenwellenfunktionen sein. Das gelingt nur, wenn man die Kopplung der Elektronen an das Gitter, auf die Wechselwirkung mit dem ruhenden idealen Kristallgitter beschränkt, d. h. auf die Gitterlagen $X_k = X_k^0$, und den Rest der Gitterbewegung als Störung einführt. Die Elektronenwellenfunktionen lauten also dann $\psi_n(x_i, X_0^k)$ und die zugehörige Energie $U_n(X_k^0)$. Damit ist offensichtlich die Mitwirkung der Elektronen bei der Bildung der Gitterdynamik *ausgeschlossen*, und man muß ein von den Elektronen unabhängiges Gitterschwingungssystem vorgeben. Die Kopplung dieses Systems an die Wellenfunktionen liefert dann die Elektron-Gitter-Streuprozesse. Dies zeigt, daß man nur unter Verzicht auf die Mitwirkung der Elektronen bei der Bildung der Gittereigenschwingungen zu einem Modell kommen kann, in dem Impulse bzw. Ausbreitungsvektoren Quantenzahlen, d. h. Bewegungskonstanten sind. Die Theorie der Wellenpakete ist also die allgemeinere Theorie, welche für den Spezialfall von den Elektronen unabhängiger Gitterschwingungen auf die metallische Leitfähigkeitstheorie führen muß. Nun haben wir gerade in diesem Kapitel das vereinfachte Modell eines Kristallgitters behandelt, in dem die Gittereigenschwingungen von den Elektronen ebenfalls unabhängig sind. In diesem Modell muß daher eine Beziehung zur metallischen Leitfähigkeitstheorie aufzufinden sein. Insbesondere müssen zwischen den

Elektronenträgheitsgliedern (5.20) und (5.23), welche den Widerstand in der adiabatischen Kopplung erzeugen, und den Störoperatoren der metallischen Leitfähigkeitstheorie Äquivalenzen bestehen. Geht man zu komplexen Elektronenfunktionen über, so verschwindet das Trägheitsglied (5.20) nicht mehr und G. M. ZIMAN[72] und A. HAUG[73] konnten zeigen, daß in der linearen Kopplung (6.41) zwischen Elektronen und Gitterschwingungen die Trägheitsglieder (5.20) und (5.23) mit den Störoperatoren der Metalltheorie übereinstimmen. Diese Übereinstimmung gilt jedoch *nur* unter ganz speziellen Umständen. Diese verlangen, daß nicht nur die Eigenschwingungen in allen Elektronenzuständen gleich sein müssen, was auf (6.4) führt, sondern daß auch die Nullpunktsverschiebungen a_k^{np} sämtlich verschwinden müssen. Irrtümlicherweise wird aber auch z. T. in der Literatur angenommen, daß die erwähnte Übereinstimmung die allgemeine Äquivalenz der adiabatischen Kopplung mit dem Metallansatz beinhaltet[74]. Dies ist *nicht* der Fall. Vielmehr müssen für die Äquivalenz die genannten sehr speziellen Bedingungen erfüllt sein, worauf wir nochmals hinweisen wollen. Ist dies der Fall, so kann man auch für dieses Modell die metallische Leitfähigkeitstheorie verwenden. Bei Nichterfüllung aber bleibt für ein allgemeineres Modell nur die Wellenpaketformulierung übrig, welche vollständig innerhalb der adiabatischen Kopplung durchführbar ist.

Kapitel VII

Ensemble-Statistik

§ 63. Statistische Gesamtheiten

Bereits im ersten Kapitel haben wir darauf hingewiesen, daß experimentelle Beobachtungen durch die Wechselwirkung eines Meßsystems mit einem Beobachtungssystem zustande kommen, wobei quantenmechanisch im Beobachtungssystem Übergänge induziert werden. Um experimentell nachprüfbare Aussagen abzuleiten, muß man daher theoretisch die zeitabhängigen Übergänge in einem Beobachtungssystem studieren. Da diese Übergänge aber von der Art der experimentellen Anordnung, d. h. von der physikalischen Struktur des Beobachtungssystems und des Meßsystems abhängen, muß die zugehörige Theorie den experimentellen Problemstellungen angepaßt werden. Es müssen also die theoretischen Möglichkeiten mit den experimentellen Anordnungen verglichen, und jene Möglichkeiten ausgeschlossen werden, die in keiner

---

[72] J. M. ZIMAN: Proc. Cambr. Phil. Soc. **51**, 4, 707 (1955).

[73] A. HAUG: Z. f. Phys. **146**, 75 (1956).

[74] A. HAUG: Zufolge einer falsch angesetzten Orthogonalitätsrelation s. Fußnote 73, Gl. (13).

Beziehung zum realen Experiment stehen. Das hatten wir in Kap. V bei der Definition von Störoperatoren durchgeführt. Bei ihnen betraf dieser Vergleich vor allem die Art der *äußeren* Einwirkung auf das Beobachtungsobjekt, was dann zur Definition der auf den Ionenkristall wirkenden Störoperatoren führte. In diesem Kapitel nun beschäftigen wir uns mit der physikalischen Struktur des Beobachtungssystems selbst, d. h. mit den Konsequenzen, die der *innere* Aufbau des Beobachtungsobjekts für die theoretische Formulierung mit sich bringt. Hierbei meinen wir aber nicht jene Angaben über die Art der in den Realkristall eingebauten Störungen, über das Grundgitter usw., die eine experimentelle Anordnung definieren, und zu speziellen Rechnungen Anlaß geben, sondern einen allen Experimenten eigenen, grundsätzlichen Zug dieser Anordnungen, der deshalb auch in voller Allgemeingültigkeit verfolgt werden kann.

Um ihn zu erfassen, erinnern wir an die in § 1 gegebene Vorstellung eines Realkristalls. Dieser wurde als ein kristallines Medium definiert, in dem ein Störzentrengas eingelagert ist. Führt man nun Experimente irgendwelcher Art an den Störzentren des Kristalls aus, so werden zwar an jedem einzelnen Störzentrum die in Kap. V besprochenen atomistischen Prozesse ablaufen, nach außen aber wird auf der Ebene einer makroskopischen Beobachtung nur die summarische Wirkung vieler gleichartiger, gleichzeitig stattfindender Prozesse in Erscheinung treten, d. h. meßbar sein. Die eigentliche Beobachtung nimmt daher nicht den einzelnen Störzentrenprozeß individuell auf, sondern mittelt über viele gleichartige, gleichzeitige Prozesse. Damit aber, daß bei einem Realkristall nicht eine einzige Störung reagiert, sondern eine Vielzahl von im Kristall enthaltenen Störungen, erhält man ein *statistisches ensemble*. In ihm ist die Zuordnung der Elementarprozesse zu bestimmten Störzentren nicht mehr möglich. Das ensemble gestattet keine Aussage über derartige Zuordnungen, d. h. die physikalische Struktur des Beobachtungsobjektes verhindert die individuelle Beobachtung einzelner Störzentrenprozesse. Nun hatten wir in den bisherigen Kapiteln nur einzelne Störzentren und die an ihnen ablaufende Prozesse betrachtet. Untersucht man allein deren Übergänge, so wird man keine zum realen Experiment korrespondierenden Aussagen erhalten. Es ist daher klar, daß die Theorie dem ensemble-Charakter gerecht werden muß, da ihre Aussagen ja mit ensemble-Beobachtungen verglichen werden sollen. Wir werden daher die Wirkung des ensembles mathematisch verfolgen, und die Theorie in eine solche Form bringen, in der die Beobachtungsgrößen sich nurmehr auf das ensemble beziehen. Man sieht also, daß die mikrophysikalische Begründung von Experimenten bei der Untersuchung makroskopischer Realkristalle Methoden verlangt, die über die Quantenmechanik selbst hinausgehen. Die gewöhnliche Quantenmechanik reicht nur bei einfachsten Experimenten zur direkten Beschreibung der Messungen aus. Bei komplizierteren Experimenten, wie sie z. B. die Realkristallexperimente darstellen, muß der statistische Überbau des ensembles beachtet und in die Rechnung einbezogen werden. Dabei muß man den Realkristall in statistische Grundkomplexe zerspalten, aus denen sich das ensemble zusammensetzt, und in welchen die mikroskopischen Elementarprozesse ablaufen. Im Unterschied zum klassischen ensemble sind dabei aber bereits die mikroskopischen Prozesse statistischer Natur. Es entsteht auf diese Weise eine Thermodynamik statistischer Grundeinheiten. Als Problem verbleibt, wie man den makroskopischen Realkristall als Repräsentant eines ensembles modellmäßig darstellen soll, um den tatsächlichen Gegebenheiten gerecht zu werden. Wie in der klassischen Theorie gehen wir dazu von der Forderung aus, daß die Objekte der Statistik näherungsweise voneinander unabhängig sein müssen, um der statistisch vorausgesetzten vollständigen Unabhängigkeit praktisch nahezukommen. In der Gastheorie sind solche unabhängigen Systeme die Atome und Moleküle des Gases. Übertragen auf die Vorstellung des Störzentrengases im Realkristall, wären dann die einzelnen Störungen die unabhängigen Systeme, wobei jeder Störung ein von der Konzentration abhängiges Volumen V, der Mikroblock, zur Verfügung steht. Doch läßt sich die Analogie zur Gastheorie nicht vollständig durchführen. Im Gegensatz zur Gastheorie ist nämlich zwischen Störstelle und Volumen, das in diesem Fall materiell ausgefüllt ist, eine starke Wechselwirkung vorhanden. Wir können also nicht die einzelnen Störungen isoliert betrachten, sondern müssen ihre materielle Umgebung sogleich mit einbeziehen. Daher treffen wir die Entscheidung: Grundelemente, über die die thermodynamischen statistischen Prozesse im Realkristall ablaufen, sind die *Zustände* des *Gesamtsystems* der *Elektronen* und *Kerne* im *Mikroblock*. Der Mikroblock wird dabei als das mittlere Volumen definiert, in dessen Mittelpunkt jeweils ein Störzentrum sitzt, wobei die räumliche Summe aller Mikroblöcke das gesamte Kristallvolumen ohne Überschneidung ausfüllt. Zufolge der materiellen Berührung der Mikroblöcke im Kristall wird die Annahme der statistischen Unabhängigkeit nicht so gut gewährleistet sein wie bei Gasen geringer Dichte. Die Korrelation der Ereignisse in den einzelnen ensemble-Grundeinheiten wird daher eine weitaus größere Rolle spielen als beim Gas. Es ist deshalb notwendig, die Wechselwirkung zwischen den Mikroblöcken als wesentlichen Bestandteil in die Theorie aufzunehmen. Jedoch gehen wir stufenweise vor. Zunächst untersuchen wir das ensemble unabhängiger Mikroblöcke. Der Kristall wird dann zwar räumlich durch aneinandergesetzte Mikroblöcke aufgebaut, aber die in den Störstellen ablaufenden Reaktionen werden als unabhängig voneinander angesehen. Einer besonderen Bemerkung bedürfen noch die eindimensionalen Störungen. Für sie kann man keinen Mikroblock definieren, sondern muß zu einem Mikrozylinder übergehen, in dessen Achse die eindimensionale Störung verläuft. Der Kristall wird dann aus Mikrozylindern zusammengesetzt. Im übrigen gelten aber alle Betrachtungen für eindimensionale Störungen genau so wie für nulldimensionale Störungen.

Das Konzept des Mikroblockes ist in den vorangehenden Kapiteln bereits indirekt vorbereitet worden. Dort hatten wir der Einfachheit halber stets eine einzige Störung in einem sehr großen Kristallblock betrachtet, und ihre statische und dynamische Konfiguration berechnet. Diese Rechnungen müssen für die Zwecke der Statistik nur unmerklich modifiziert werden. Durch den Zusammenbau zum Realkristall nimmt der Kristallblock ein endliches Volumen an, und wird zum Mikroblock. Im Kristall hat ein solcher Block aber keine freien Ränder, sondern die benachbarten Mikroblöcke zwingen ihm Randbedingungen auf. Da bei den experimentell üblichen Konzentrationen aber die Mikroblöcke, verglichen mit der atomaren Ausdehnung der Störstelle, immer noch sehr groß sind, beeinflussen diese Randbedingungen das im Mikroblock ablaufende Geschehen nur schwach, so daß man die Randbedingungen in erster Näherung vernachlässigen kann. Sie können aber auch, falls notwendig, unschwer in die Rechnungen der vorangehenden Kapitel aufgenommen werden. Damit erkennt man, daß bei der Bildung des ensembles alle in den vorangehenden Kapiteln abgeleiteten Aussagen über Wellenfunktionen, Übergangsmatrixelemente usw. unmittelbar *einen* Mikroblock betreffen, wenn man das Volumen V dieses Blocks fixiert hat. Diese Rechnungen liefern also die Elementarprozesse im einzelnen ensemble-Mitglied, die nun zu Aussagen über das gesamte ensemble zusammengefaßt werden müssen.

Bis jetzt haben wir uns nur mit der ensemble-Darstellung des Realkristalls befaßt. Nun hatten wir aber in (1.1) nicht nur den Kristall, sondern auch das Strahlungsfeld in das Gesamtsystem (1.1) aufgenommen, und die gesamten Rechnungen sind wegen der engen Verknüpfung von Kristall und Strahlungsfeld stets auf das Gesamtsystem bezogen. Dessen Zustände werden nach (1.3) durch die wechselwirkungsfreien Zustände des Kristalls und des Strahlungsfeldes gegeben. Eine Begründung dieses Ansatzes haben wir bereits in Kap. V geliefert. Hier brauchen wir nur festzustellen, daß die Zustände des Kristalls und des Strahlungsfeldes sich ungestört überlagern, so daß man sowohl für den Kristall als auch für das Strahlungsfeld ensemble-Grundeinheiten unabhängig definieren kann, welche sich dann zur ensemble-Grundeinheit des Gesamtsystems zusammensetzen lassen. Da die Kristalleinheit bereits definiert ist, bleibt nur noch das Strahlungsfeld übrig. Für dieses sind die statistischen Prozesse besonders einfach zu fassen, wenn man inkohärentes Licht voraussetzt. Die Lichtquanten sind dann vollständig unabhängig voneinander und überlagern sich ohne gegenseitige Beeinflussung. Man kann dann jedem Mikroblock einen unendlich ausgedehnten Raum mit einer bestimmten Anzahl von Lichtquanten zuordnen. Da die zu verschiedenen Mikroblöcken gehörigen Lichtquantenräume sich gegenseitig ohne Störung durchdringen können, lassen sie sich auf einen einzigen unendlich ausgedehnten Raum projizieren, in welchem die zu verschiedenen Mikroblöcken gehörigen Lichtquanten sich ohne gegenseitige Störung überlagern. Das ergibt den Realkristall mit seiner Umgebung als statistisches ensemble.

Zur Begründung der vorausgesetzten Inkohärenz des Lichtes im ensemble können mehrere Überlegungen geltend gemacht werden. Zunächst handelt es sich bei den meisten experimentellen Anordnungen um ausgedehnte Lichtquellen, von deren endlich großer Leuchtfläche inkohärentes Licht ausgeht. Zum andern liegen die Gründe für die Phasenstreuung der Lichtwellen im Kristall selbst. Dieser hat, als ein ensemble aufgefaßt, die Mikroblöcke in einer bestimmten räumlichen Anordnung, die durch das überschneidungsfreie Zusammensetzen der Mikroblöcke bedingt wird. Da die Wechselwirkung eines Mikroblocks mit dem elektrischen Feld vom Ort abhängt, an dem sich der Mikroblock befindet, verändert sich die Phase des Lichtes, selbst wenn es sonst kohärent ist, von einem Mikroblock zum andern. Da es aber nur auf diese Relativbeziehung der Lichtwellenphase zum zugehörigen Mikroblock ankommt, kann man auch dieses Verhalten als inkohärent in bezug auf die Statistik des ensembles ansprechen. Aus Raumgründen können wir aber auf diese Fragen nicht näher eingehen.

§ 64. Meßbarkeit der Anfangswerte

In § 63 haben wir gezeigt, daß die in den vorangehenden Kapiteln ausführlich diskutierten Wellenfunktionen Ψ_{nmb} die Zustände eines einzelnen ensemble-Mitglieds beschreiben. Um die zwischen diesen Zuständen ablaufenden Übergänge des ensembles zu erfassen, müssen wir uns zunächst mit der Übergangskinetik des einzelnen ensemble-Mitglieds beschäftigen. Sie wurde in § 41 mit den Gln. (5.4) für eine allgemeine Störung mit dem Störoperator H^p formuliert. Bei der Auswertung jener Gleichungen lassen wir uns von der Vorstellung leiten, daß die ursprünglich stationären Zustände Ψ_{nmb} durch die Störung instationär werden. In erster Näherung setzen wir daher in (5.4) auf der rechten Seite die stationären Zustände ein, und erhalten daraufhin durch Integration die zeitliche Änderung der Besetzungsamplituden. Diese Näherung ist jedoch nur für kleine Zeiten gültig. Wir werden im folgenden aber zeigen, daß wir trotzdem allein aus dieser Näherung für das *ensemble* strenge Bewegungsgesetze ableiten können. Hier gehen wir jedoch noch nicht darauf ein, sondern untersuchen zunächst nur die Anfangsbesetzung, die wir auf der rechten Seite von (5.4) einsetzen wollen. Sie ist der theoretische Ausdruck der experimentellen Situation, bei der am Beginn der zeitlichen Entwicklung eines Systemzustandes ein Anfangswert steht, von dem aus die Entwicklung beginnt. Die Beobachtung des reaktionskinetischen Verhaltens eines Systems setzt also eine Anfangsinformation voraus. Diese Anfangsinformation legt in ihrer Art das weitere Verhalten des Systems entscheidend fest. Man braucht sich nur daran zu erinnern, daß auch die Anfangsinformation eine Messung sein muß, die einen Eingriff in das Beobachtungssystem bedeutet, und daher das Beobachtungssystem stört. Der Effekt dieser Störung muß in der Anfangsinformation berücksichtigt werden, und ist von ziemlicher theoretischer Bedeutung, wie wir bald sehen werden.

Um das Wesen der Anfangsinformation quantitativ zu fassen, denken wir uns einen einfachen reaktionskinetischen Vorgang, der in einem Kristall ablaufen soll. Dazu können wir z. B. einen Ionenkristall mit F-Zentren dotiert annehmen. Bevor überhaupt eine Einwirkung auf den Kristall stattfindet, können wir uns alle Zentren im Grundzustand denken. Dieser Zustand ist für die Reaktionskinetik uninteressant, weil er ohne Eingriff von außen völlig stationär ist, und daher einen reaktionskinetischen Ausnahmefall darstellt. Interessant wird es erst, wenn der Kristall durch Einstrahlung von Licht innerhalb des Wellenbereiches der sog. F-Bande in einen angeregten Zustand versetzt wird. Diese Einstrahlung von Licht ist nun die Erzeugung des reaktionskinetischen *Anfangszustandes*, von dem aus reaktionskinetische Sekundärprozesse ausgehen. In diesem Zusammenhang gehen wir jetzt aber nicht auf die Sekundärprozesse ein, sondern wichtig ist für uns nur die Frage, was man mit der meßtechnischen Operation der Einstrahlung dem Kristall als Anfangsbedingung aufzwingt. Hierzu steht uns als Informationsquelle die Absorptionsbande zur Verfügung. Da sie durch den ganzen Realkristall erzeugt wird, ist sie eine ensemble-Information. Nichtsdestoweniger lassen sich aber aus ihr auch Schlüsse auf das Einzelsystem ziehen. Um dies durchzuführen, müssen wir die Absorptionsbande allerdings sehr genau betrachten. Wir denken uns einen Spektralapparat außerordentlich hohen Auflösungsvermögens, wobei das Problem seiner praktischen Realisierung keinen Einfluß auf unsere Überlegungen ausübt. Mit diesem Apparat wird die Bande in ein Linienspektrum aufgelöst, in welchem jede Linie eine endliche Breite besitzt. Die einzelne Linie entspricht dabei der Anregung eines bestimmten Kristallniveaus. Die endliche Linienbreite aber rührt daher, daß die Absorption in einem Niveau nicht exakt Lichtquanten einer einzigen Frequenz erfordert, sondern daß die Energie der Lichtquanten streut. Hieraus kann man eine wichtige Einsicht für den Prozeß im Einzelsystem ableiten. Aus theoretischen

Untersuchungen ist bekannt, daß im nichtrelativistischen Bereich nur jeweils *ein* Lichtquant von einem quantenmechanischen System absorbiert oder emittiert werden kann. Wird der Kristall als ein ensemble aufgefaßt, dessen Objekte die Mikroblöcke mit ihren F-Zentren sind, so absorbiert daher der einzelne Mikroblock jeweils höchstens ein Lichtquant, und wird dadurch in einen angeregten Zustand versetzt. Da die absorbierten Lichtquanten *energetisch streuen*, so bedeutet dies, daß auch die Anregungsenergien der Mikroblöcke gestreut sind. Dies ist bekanntlich eine Folge der Instabilität des Anregungszustandes. Für uns ist aber von Bedeutung, daß die erste Meßoperation, die Anfangsmessung, den Kristall in eine *gefilterte* Gesamtheit in bezug auf die Energien seiner Mikroblöcke zerlegt. Jeder Mikroblock hat nach der Anregung eine bestimmte Energiemenge aufgenommen, und damit ein bestimmtes energetisches Anregungsniveau erreicht, das aber zufolge der Streuung vom idealen Anregungswert verschieden ist[75]. Diese Streuungen der absorbierten Lichtquanten, die bei derartigen Anregungen auftreten, sind natürlich bei allen Linien der Absorptionsbande vorhanden und treten auch bei andersartiger Form der Anregung auf. Ebensowenig ist die Existenz der Linienbreiten allein auf F-Zentren beschränkt. Man kann sich daher vom F-Zentren-Beispiel freimachen, indem man ganz allgemein feststellt: Bei Anregungen des Kristalls von einem Niveau in ein anderes tritt stets eine energetische Streuung der Anregungsenergie auf. In diese Aussage sind grundsätzlich auch nichtelektrische Anregungen eingeschlossen, da theoretisch kein Anlaß zu einer Sonderstellung der elektromagnetischen Anregungen besteht. In allen Fällen einer Anregung wird daher der einzelne Mikroblock stets einen wohldefinierten Energiebetrag aufnehmen, aber die Energiebeträge selbst werden von Mikroblock zu Mikroblock verschieden sein, d. h. um ein Niveau streuen. Man wird also bei einem Übergang zwischen den Kristallniveaus n, m und p, l nicht die ideale Energiedifferenz $(E_m^n - E_l^p)$ erhalten, sondern einen gestreuten Wert $(E_m^n - E_l^p + \Delta E)$, wobei ΔE die Streuenergie ist, die durch die Wechselwirkung des Mikroblocks mit der Störung bzw. dem Meßfeld zum idealen Wert der Anregungsenergie hinzukommt. Ganz allgemein kann man daraus nur folgern, daß die Energiezustände der Mikroblöcke nicht mehr durch das ideale Spektrum gegeben sein können,

---

[75] Wir weisen darauf hin, daß die eben erwähnte Fixierung der Streuenergie nur für den *Einzelprozeß* Gültigkeit hat. Würde ein Mikroblock viele Lichtquanten nacheinander absorbieren, indem er nach jeder Absorption in den Ausgangszustand zurückkehrte und erneut angeregt werden könnte, so müßten die nacheinander absorbierten Lichtquanten die gleiche Streuung aufweisen, wie die gleichzeitig an vielen gleichartigen Mikroblöcken in jeweils nur einem Absorptionsakt aufgenommenen Lichtquanten. Dies ist die Gleichheit des räumlichen und zeitlichen ensembles gleichartiger Systeme unter gleichen Bedingungen.

sondern daß ein Mikroblock im Zustand n, m die Energie

$$E_m^n + E_\varrho \tag{7.1}$$

besitzen muß, wobei E_ϱ dann die individuell von Mikroblock zu Mikroblock verschiedene Energieschwankung im Zustand n, m ist. E_ϱ selbst kann experimentell nicht am einzelnen Mikroblock festgelegt werden. Es genügt uns aber zu wissen, daß beim einzelnen Mikroblock nur ein ganz bestimmtes E_ϱ vorhanden sein kann, auch wenn wir seinen speziellen Wert nicht kennen. Später werden wir die Verteilung der E_ϱ auf viele Mikroblöcke theoretisch ableiten. Vorläufig aber können wir uns mit der Feststellung (7.1) begnügen. Aus ihr folgt, daß der Mikroblock in einem ganz bestimmten Zustand n, m bzw. in der Indizierung für (5.4) p, l ist, d. h. daß es sich um eine energetisch gefilterte Gesamtheit handelt, die der Anfangsinformation zugrunde liegt.

Zu der Anfangsinformation über den Kristall kann man auch noch eine Anfangsinformation über den energetischen Zustand des Lichtquantenfeldes gewinnen, indem man eine Intensitätsmessung des Strahlungsfeldes ausführt[76]. Beide Operationen sind simultane Vorgänge, d. h. sie sind miteinander verträglich. Damit kann man den Zustand eines ensemble-Mitglieds des *Gesamtsystems* durch die Anfangsinformation als fixiert ansehen. Betrachtet man nun den Anfangszustand in nullter Näherung als einen stationären Zustand, so erhält man für das einzelne ensemble-Mitglied, d. h. den Mikroblock und das zugehörige Lichtquantenfeld, die Besetzungsamplitude

$$C_{plb'}^{(0)h}(t) = \exp\left\{-\frac{i}{\hbar}\left[(E_l^p + E_{b'} + E_\varrho)\,t + \delta_\nu\right]\right\}, \tag{7.2}$$

wenn sich im h-ten ensemble-Mitglied der Mikroblock im Zustand p, l und das Strahlungsfeld im Zustand b' befindet. Alle übrigen Amplituden verschwinden für dieses energetisch gefilterte System d. h. $C_{nmb}^{(0)h}(t) = 0$ für $nmb \neq plb'$. In (7.2) wurde noch eine unbekannte Phase δ_ν hinzugefügt, da bei der energetischen Filterung nur die Beträge der Besetzungsamplituden, aber nicht ihre Phasen festgelegt werden. Man kann sogar allgemein zeigen[77], daß der Betrag und die Phase komplementäre Größen sind, in dem Sinne, daß die genaue Kenntnis der einen Größe eine etwa gewonnene Kenntnis der anderen vollständig zerstört. Daher müssen bei fixierten Beträgen der Amplituden, d. h. fixierten Energiezuständen, die Phasen über das gesamte ensemble Gleichverteilung aufweisen.

[76] Da die Energiewerte des Lichtquantenfeldes beliebig nahe benachbart gedacht werden können, braucht man für dieses System keine Steuerenergien anzugeben. Jeder Energiewert trifft in der Grenze einen Eigenwert des Systems. Die Streuenergie E_ϱ hat daher nur für *diskrete* Niveaus, wie z. B. beim Kristall, Bedeutung, wo $E_l^p + E_\varrho$ kein Eigenwert des ungestörten Kristalls ist.

[77] N. G. van Kampen: Physica **20**, 603 (1954).

Obwohl direkt aus der Absorptionsbande nur ensemble Informationen hervorgehen, sieht man zusammenfassend, daß durch zusätzliche Betrachtungen ein gewisses Maß an Information über das Einzelsystem gewonnen werden kann. Insbesondere die Tatsache der energetischen Filterung sowie der Energiestreuung bei der Anregung. Aus diesen Informationen allein wurde (7.2) abgeleitet.

§ 65. Integraldarstellung der Amplitudengleichungen

In den beiden vorangehenden Paragraphen haben wir nachgewiesen, daß sich die reaktionskinetischen Amplitudengleichungen (5.4) auf die Übergänge in *einem* ensemble-Mitglied beziehen. Da diese Übergänge aber nicht individuell beobachtbar sind, weil ein ganzes ensemble zugleich auf die Störungen reagiert, muß die Reaktionskinetik auf beobachtbare ensemble-Größen umgeschrieben werden. Jedoch kann dies nicht direkt an den Gln. (5,4) durchgeführt werden, weil in ihnen die zeitlichen Differentialquotienten der Amplituden C_{nmb} auftreten, die sich mit den beobachtbaren ensemble-Größen nicht direkt verknüpfen lassen. Auf Einzelheiten gehen wir aus Raumgründen dabei nicht ein. Um diese Schwierigkeit zu umgehen, benötigen wir eine Integraldarstellung der Gln. (5.4), welche nur für beliebig kleine Zeiten gültig sein muß. Diese folgt aus der Vorstellung, daß die ursprünglich stationären Zustände des Systems durch die Störungen instationär werden, und man daher zur Berechnung ihrer Veränderungen vom stationären Zustand ausgehen kann. Zufolge der Anfangsinformation erhält man als Amplituden der in nullter Näherung stationären Zustände des Gesamtsystems die Werte (7.2) für das h-te ensemble-Mitglied. Vergleicht man (7.2) mit (5.3) so folgt daraus

$$c_{plb'}^{(0)h}(t) = \exp\left\{-\frac{i}{h}(E_\varrho t + \delta_\nu)\right\}. \tag{7.3}$$

und $C_{nmb}^{(0)h}(t) = 0$ für $nmb \neq plb'$, worauf Einsetzen in der rechten Seite von (5.4) mit nachfolgender Integration die Beziehung

$$c_{nmb}^{(1)h}(t) = U_{nmb,plb'}^{p}(t, E_\varrho) \exp - \frac{i}{h} \delta_\nu \tag{7.4}$$

ergibt. Dabei wurde (7.5)

$$U_{nmb,plb'}^{p}(t,E_\varrho) \equiv \delta_{nmb,plb'} - H_{nmb,\,plb'}^{p} \left(\frac{1 - \exp\left[-\frac{i}{h}(E_{lb'}^{p} - E_{mb}^{n} + E_\varrho)t\right]}{E_{lb'}^{p} - E_{mb}^{n} + E_\varrho} \right)$$

substituiert und die Integration so eingerichtet, daß für $t = 0$ alle $c_{nmb}^{(1)h}(0)$ verschwinden, mit Ausnahme von $c_{plb'}^{(1)h}(0)$, welches gleich $\exp - i/h\, \delta_\nu$ wird. Auch in der ersten Näherung ist damit die Anfangsbedingung eines energetisch gefilterten Zustands für den h-ten Mikroblock gewährleistet, wenn man $t = 0$ als Anfangszeit definiert. (7.4) wird dann für $t = 0$ zur Identität. Dies besagt, daß sich zu diesem Zeitpunkt der Ausgangszustand noch nicht geändert hat, d. h. daß die Rechnung bei $t = 0$ beginnt. (7.4) läßt sich auch als eine Transformation zwischen den Besetzungsamplituden $c^{(1)h}_{nmb}(t)$ zur Zeit $t = 0$ und zur Zeit t interpretieren. Die Transformationsmatrix (7.5) ist aber nur für sehr kleine Zeiten t gültig, da für größere Werte von t die angesetzte Näherung überschritten wird. Mit (7.4) ist jedoch eine exakte Integraldarstellung erreicht, wenn man sich auf infinitesimale Zeiten t beschränkt, d. h. solche Werte von t, die gegen den Beginn der Rechnung konvergieren. Genau diese infinitesimale Transformation aber wird bei den folgenden Entwicklungen gebraucht.

§ 66. Ensemble-Mittelung

Nach den Vorbereitungen der vorangehenden Paragraphen können wir nun die reaktionskinetischen Gesetze zwischen den eigentlichen Beobachtungsgrößen formulieren. Als ersten Schritt müssen wir dabei von den nicht meßbaren Amplituden C_{nmb} zu den meßbaren Wahrscheinlichkeitsdichten übergehen. Diese lauten für ein einzelnes ensemble-Mitglied

$$P^h_{nmb}(t) = C^{h*}_{nmb}(t)\, C^h_{nmb}(t). \tag{7.6}$$

Mit ihrer Hilfe kann das quantenmechanische Verhalten eines einzelnen Systems unter dem Einfluß von Störungen vollständig beschrieben werden. Da wir es aber zufolge der speziellen experimentellen Umstände nicht mit einem einzelnen System, sondern mit einem ensemble zu tun haben, sind in diesem Fall die Größen (7.6) nicht selbst beobachtbar, sondern es wird nur das Mittel

$$\overline{P_{nmb}(t)} = \frac{1}{M} \sum_h C^{h*}_{nmb}(t)\, C^h_{nmb}(t) \tag{7.7}$$

der Besetzungswahrscheinlichkeit des nmb-ten Zustandes über das ensemble meßbar. Der Index h läuft dabei über die M ensemble-Mitglieder. Die gemittelten Besetzungswahrscheinlichkeiten (7.7) sind also die eigentlichen Beobachtungsgrößen des makroskopischen Realkristalls. Mit ihnen müssen alle beobachtbaren Aussagen formuliert werden, insbesondere ihre aus (7.4) ableitbare zeitliche Veränderung. Um diese zeitliche Veränderung angeben zu können, erinnern wir uns daran, daß durch die Anfangsinformation das Mikroblock-ensemble in eine energetisch gefilterte Gesamtheit zerlegt wurde. Die Übergänge eines einzelnen Mikroblocks werden dann durch (7.4) beschrieben. Da zufolge (5.3) aus (7.6)

$$P^h_{nmb}(t) = c^{h*}_{nmb}(t)\, c^h_{nmb}(t) \tag{7.8}$$

folgt, können wir unmittelbar (7.4) in (7.8) einsetzen, und erhalten für das h-te ensemble-Mitglied

$$P^h_{nmb}(t) = |\, U^p_{nmb,plb'}(t, E_\varrho)\,|^2, \tag{7.9}$$

wobei zufolge der energetischen Filterung ein ganz bestimmter Ausgangszustand plb' und eine ganz bestimmte Schwankungsenergie E_ϱ vorliegt, wogegen die unbekannte Phase sich heraushebt. Bei der Summation über das ensemble, d. h. den Index h, ergibt sich daraufhin

$$\overline{P_{nmb}(t)} = \frac{1}{M} \sum_{plb',\varrho} |U^p_{nmb,plb'}(t, E_\varrho)|^2 \, s_{plb'}(E_\varrho). \tag{7.10}$$

Hierbei wurde mit $s_{plb'}(E_\varrho)$ die Zahl der ensemble-Mitglieder bezeichnet, welche sich anfänglich im Zustand plb' mit der Schwankungsenergie E_ϱ befinden[78]. Der gesamte Bereich dieser Streuenergie werde dabei durch eine — hier aus Gründen der Einfachheit diskret angesetzte — Energieskala $E_1, E_2, \ldots$ gegeben.

Andererseits aber erhält man für den Anfangszustand, d. h. die Besetzung zur Zeit $t = 0$ aus (7.10) bei Berücksichtigung von (7.5) den Mittelwert

$$\overline{P_{plb'}(0)} = \frac{1}{M} \sum_{\varrho} s_{plb'}(E_\varrho) \tag{7.11}$$

als Besetzungswahrscheinlichkeit des Zustandes plb' im ensemble. Die Richtigkeit dieser Beziehung kann man sofort einsehen, wenn man bedenkt, daß $s_{plb'}(E_\varrho)$ die Zahl der ensemble-Mitglieder im Zustand plb' mit der Streuenergie E_ϱ sein soll. Summation über E_ϱ führt dann auf die Zahl der ensemble-Systeme, die sich unabhängig von dem Wert der Streuenergie überhaupt im Niveau plb' befinden.

Geht man mit (7.11) in (7.10) ein, so kann man diese Gleichungen auch in der folgenden Form schreiben

$$\overline{P_{nmb}(t)} = \sum_{plb',\varrho} |U^p_{nmb,plb'}(t, E_\varrho)|^2 \, s^n_{plb'}(E_\varrho) \, \overline{P_{plb'}(0)}, \tag{7.12}$$

wobei die Summationen über plb' laufen, und die normierte Funktion

$$s^n_{plb'}(E_\varrho) \equiv \frac{s_{plb'}(E_\varrho)}{\sum_\varrho s_{plb'}(E_\varrho)} \tag{7.13}$$

eingeführt wurde. Ihr Summenwert bei Summation über sämtliche Energiewerte E_ϱ ist gleich 1. Die physikalische Bedeutung dieser Funktion wird in den folgenden Paragraphen noch erörtert werden.

Mit (7.12) ist es nahezu gelungen aus den mikroskopischen Relationen für das einzelne ensemble-Mitglied (7.4) Beziehungen abzuleiten, die nur noch für ensemble Größen gelten, d. h. aus denen alle unbeobachtbaren Größen eliminiert sind. Die makroskopisch beobachtbaren mittleren Besetzungswahrscheinlichkeiten $\overline{P_{nmb}}$ des ensembles sind durch eine lineare

---

[78] Die energetische Filterung bewirkt zwar, daß der einzelne Mikroblock einen wohldefinierten Energiezustand aufweist, aber sie schließt selbstverständlich keinesfalls eine Variation dieser Zustände von Mikroblock zu Mikroblock im ensemble aus. D. h. im allgemeinen Fall befinden sich die Mikroblöcke im ensemble in voneinander verschiedenen Zuständen!

Transformation zwischen den Zeitpunkten t und $t = 0$ miteinander verknüpft. Man hat also ein integrales Bewegungsgesetz für das ensemble erhalten. Einer endgültigen Auswertung steht allein entgegen, daß die Transformation (7.12) nur für kleine Zeitintervalle exakt gültig ist, und daß in der Transformationsmatrix neben bekannten Anteilen, wie (7.5), die noch nicht angebbare Funktion $s^n_{plb'}$ vorkommt. Mit diesen Problemen werden wir uns deshalb noch auseinander setzen müssen.

§ 67. Reaktionskinetische Gleichungen

Mit der linearen Transformation (7.12) haben wir eine Beziehung gefunden, die direkt die zeitliche Veränderung von Beobachtungsgrößen des ensembles beschreibt. Jedoch ist diese Beschreibung nur für kleine Zeitintervalle vom Ausgangszustand aus gültig. Um von dieser Einschränkung freizukommen, liegt es nahe, die integrale Formulierung (7.12) auszunutzen, und im Grenzübergang eine differentielle Beziehung daraus abzuleiten. In dieser wird dann ein Zustandsvektor des ensembles mit seiner Ableitung gesetzmäßig verbunden, und man gelangt damit zu einem System von Differentialgleichungen, welches die Veränderungen der Besetzungswahrscheinlichkeiten zufolge irgendwelcher Störungen über beliebige Zeiten hinweg zu verfolgen gestattet. Im Verlauf dieser Operationen wird es auch möglich sein, die physikalische Bedeutung der Funktion $s^n_{plb'}$ aufzuklären und damit die Funktion berechenbar zu machen.

Verwendet man nun die Beziehung (7.12) zur Ableitung einer differentiellen Beziehung zwischen den Komponenten des ensemble-Besetzungsvektors $\overline{P_{nmb}}$, und nimmt gedanklich das Ergebnis vorweg, so wird man aus (7.12) allein nur eine differentielle Beziehung für einen einzigen Zeitpunkt, nämlich für $t = 0$ gewinnen können. Damit ist natürlich noch kein System von Differentialgleichungen entstanden. Um dieses zu erhalten, müssen wir eine Eigenschaft der Gln. (7.12) benutzen, die wir bisher noch nicht erwähnt haben. Die Gln. (7.12) sind nämlich gegenüber Zeitdilatationen invariant. Dies erkennt man, wenn man beachtet, daß (7.5) nur von der Relativdifferenz zwischen Ausgangszustand und Endzustand $\Delta t = (t' - t)$ abhängig ist, da die Matrixelemente $H^p_{nmb,plb'}$ von der „absoluten“ Zeit des äußeren Bezugssystems bei den von uns gewählten Störungen nicht abhängen, und daher nur die Differenz zwischen beiden Zuständen bei der Integration von (5.4) eingeht. Damit kann man (7.12) allgemein als eine lineare Beziehung der Besetzungsvektoren für die Zeiten t' und t beschreiben. Sie lautet dann

$$\overline{P_{nmb}(t')} = \sum_{plb',\varrho} W_{nmb,plb'} \left[(t' - t), E_\varrho\right] s^n_{plb'}(E_\varrho) \overline{P_{plb'}(t)}. \quad (7.14)$$

Unter $s^n_{plb'}(E_\varrho)$ verstehen wir dabei die auf den Zeitpunkt t bezogene Verteilung (7.13), und zur Abkürzung wurde in (7.14) der Ausdruck

$$W_{nmb,plb'}[(t'-t), E_\varrho] \equiv |U^p_{nmb,plb'}[(t'-t), E_\varrho]|^2 \tag{7.15}$$

substituiert.

Um nun die differentielle Formulierung zu gewinnen, fassen wir die Gln. (7.14) formal als ein System[79]

$$\overline{P_{nmb}(t')} = W_{nmb,plb'}(t'-t)\,\overline{P_{plb'}(t)} \tag{7.16}$$

auf, bei dem die Summation über ϱ implizit in der Transformationsmatrix enthalten sei. Bei sehr kleinen Zeitdifferenzen kann man dann die integrale Übergangswahrscheinlichkeit in eine Potenzreihe nach $(t'-t)$ entwickeln, und erhält

$$W_{nmb,plb'}(t'-t) \equiv W^0_{nmb,plb'} + W^1_{nmb,plb'} \cdot (t'-t) + \cdots. \tag{7.17}$$

Durch Einsetzen in (7.16) erkennt man, daß

$$W^0_{nmb,plb'} = \delta_{nmb,plb'} \tag{7.18}$$

sein muß. (7.17) nennen wir die integrale Übergangswahrscheinlichkeit, weil vermittels der Transformation (7.16) in einem endlichen Zeitintervall Besetzungswahrscheinlichkeit von einem Zustand plb' in andere Zustände nmb übergeht. Von den integralen Übergängen kann man mit Hilfe der Entwicklung (7.17) zu den differentiellen Änderungen übergehen. Addiert man auf beiden Seiten von (7.16) $-P_{nmb}(t)$, setzt (7.17) in (7.16) ein, und dividiert die ganze Gleichung durch $(t'-t)$, so entsteht beim Grenzübergang $t' \to t$ die Relation

$$\overline{\dot{P}_{nmb}(t)} = W^1_{nmb,plb'}\,\overline{P_{plb'}(t)}. \tag{7.19}$$

Der Punkt bedeute die zeitliche Ableitung. Da der Zeitpunkt t willkürlich wählbar ist, und $W^1_{nmb,plb'}$ nicht mehr von der Zeit abhängt, haben wir ein System von Differentialgleichungen gewonnen, welches für alle Zeiten Gültigkeit besitzt, und die Veränderung der Besetzungswahrscheinlichkeiten unter dem Einfluß von Störungen zu verfolgen gestattet. Die in (7.19) auftretenden $W^1_{nmb,plb'}$ sind in analoger Weise zu (7.16) als differentielle Übergangswahrscheinlichkeiten anzusprechen, da sie dieselbe Funktion wie in (7.16) ausüben. Der einzige Unterschied besteht darin, daß in (7.16) einmal integrale Zeiträume, d. h. endliche Zeiten für die Übertragung von Besetzungswahrscheinlichkeiten beansprucht werden, in (7.19) aber nur unendlich kleine Zeitintervalle zugelassen sind.

Mit den Gln. (7.19) hat man jedoch nur auf formale Weise das Ziel einer differentiellen Beschreibung erreicht: Als Problem verbleibt die

---

[79] Über die gleichlautenden Indizes $p\,l\,b'$ der rechten Seite von (7.16) wird summiert! Summationskonvention!

Rechtfertigung der Entwicklung (7.17) und ihre praktische Berechnung aus den vorangehenden Definitionen. In diesem Sinne ist (7.18) nicht als Ergebnis, sondern als notwendige Bedingung aufzufassen. Man verifiziert aber leicht, daß diese Bedingung von der tatsächlichen Entwicklung (7.14) erfüllt wird, wenn man beachtet, daß diese im Grenzübergang $t' \to t$ zufolge (7.5) zur Identität führt. Durch Vergleich mit (7.14) ergibt sich ferner, daß die differentielle Übergangswahrscheinlichkeit durch

$$W^1_{nmb,plb'} = \frac{d}{dt} \sum_{\varrho} W_{nmb,plb'}[(t'-t), E_\varrho]\, s^n_{plb'}(E_\varrho)_{/t'=t} \qquad (7.20)$$

ausgedrückt werden muß.

Die höheren Glieder der Entwicklung (7.17) benötigen wir nicht mehr, da sie beim Grenzübergang verschwinden.

Als Aufgabe verbleibt daher die Berechnung von (7.20).

§ 68. Superposition der Übergänge

Das Ziel der Formulierung der Reaktionskinetik in Beobachtungsgrößen, d. h. ensemble-Meßwerten, ist dann erreicht, wenn es gelingt die Definition der differentiellen Übergangswahrscheinlichkeiten (7.20) für die im Gesamtsystem auftretenden Störungen auszuwerten. Wie überall, müssen wir auch hier bei der Vielfalt der Störungen einen systematischen Standpunkt einnehmen. Dieser wird durch folgenden Umstand nahegelegt: Bei der Definition von (7.20) wirkt *nicht* die Gesamtheit der möglichen Ausgangszustände mit, sondern man kann *einen* willkürlich wählbaren, aber dann bestimmten Ausgangszustand herausgreifen, und die von ihm aus zulässigen Übergänge in andere Zustände untersuchen. Die gesamte Mannigfaltigkeit der Übergänge entsteht dann durch *Superposition* von gewichteten Ausgangszuständen, wie man es am besten in der integralen Formulierung (7.16) erkennt. Die Übergangswahrscheinlichkeiten werden also durch Übergänge von einem einzigen Zustand in die übrigen Zustände des Spektrums definiert. Demzufolge beziehen sich auch die Funktionen $s^n_{plb'}(E_\varrho)$ auf die Besetzung eines *einzigen* Ausgangszustandes, den wir der Einfachheit halber ebenfalls mit plb' bezeichnen.

Die durch das Superpositionsprinzip bedingte Verwendung eines fixierten Ausgangszustandes zur Berechnung der Übergangswahrscheinlichkeit erlaubt sogleich eine systematische Einteilung der Übergänge in zwei Klassen: Jene, bei denen der Zustand des Strahlungsfeldes unverändert bleibt, und sich nur die Mikroblock Quantenzahlen ändern, und andere, bei denen sich auch der Zustand des Strahlungsfeldes ändert. Diese Einteilung in strahlungslose und strahlende Übergänge hatten wir schon in Kap. V benutzt. Hier dient sie uns als systematisches Prinzip zur Berechnung der Übergangswahrscheinlichkeiten, wie wir sogleich sehen werden. Faßt man nämlich diese Einteilung in ihrer analytischen Form, so ergibt sich, daß der allgemeinst mögliche Störoperator, welcher alle in Kap. V aufgeführten Störungen in sich enthält, die Gestalt hat

$$H^p \equiv h_0(x_i, X_k) + q_\varkappa h_\varkappa(x_i, X_k), \qquad (7.21)$$

wobei insbesondere die Störoperatoren (5.19), (5.23), (5.25), (5.27) und (5.28) darin enthalten sein sollen.

Bildet man nun mit dem Störoperator (7.21) die in (7.16) enthaltenen integralen Übergangswahrscheinlichkeiten $W_{nmb,plb'}(t'-t)$, so sieht man, daß diese zufolge der Definitionen (7.5), (7.14) und (7.15) proportional zu $(H^p_{nmb,plb'})^2$ sein müssen. Da in H^p aber additiv die Störoperatoren für die strahlungslosen *und* die strahlenden Übergänge enthalten sind, scheint es zunächst, als ob bei der Quadratbildung die strahlungslosen und strahlenden Anteile der Übergänge vermischt würden. Das geschieht aber nicht. Beachtet man nämlich, daß strahlende Übergangselemente dann und nur dann ungleich Null sind, wenn die Lichtquantenzahlen des Ausgangs- und Endzustandes verschieden sind, d. h. $b \neq b'$ ist, dagegen strahlungslose Übergänge nur für $b = b'$ ungleich Null werden, für $b \neq b'$ aber verschwinden, so erkennt man, daß eine additive Zerlegung von $(H^p_{nmb,plb'})^2$ und damit auch der Übergangswahrscheinlichkeiten $W_{nmb,plb'}(t'-t)$ in strahlende und strahlungslose Anteile möglich ist. Die Übergangswahrscheinlichkeiten lassen sich dann in der Form

$$W_{nmb,plb'}(t'-t) = W^s_{nmb,plb'}(t'-t) + W^k_{n\text{-}nb,plb'}(t'-t) \qquad (7.22)$$

schreiben. Der Index s bedeutet dabei, daß W^s allein mit dem Störoperator $q_\varkappa h_\varkappa$ gebildet wurde, wogegen sich der Index k auf die Bildung einer Übergangswahrscheinlichkeit aus h_0 bezieht. Die Zerlegung der integralen Übergangswahrscheinlichkeiten bewirkt natürlich zufolge (7.20) eine gleichgeartete Zerlegung der differentiellen Übergangswahrscheinlichkeiten, so daß wir diese für strahlende und strahlungslose Übergänge getrennt berechnen können.

§ 69. Optische Übergangswahrscheinlichkeiten

Wie wir am Schluß dieses Kapitels sehen werden, ist die Berechnung der optischen Übergangswahrscheinlichkeiten einfacher als jene der strahlungslosen. Wir beginnen daher die Untersuchung bei den strahlenden Übergängen. Zufolge des in § 68 bewiesenen Superpositionsprinzips genügt es dabei, die Übergänge in andere Zustände von einem beliebigen Anfangszustand aus zu betrachten. Als solchen wählen wir sogleich den allgemeinst möglichen Zustand des Gesamtsystems, bei welchem der Mikroblock durch die fixierten Quantenzahlen p, l charakterisiert sei, und im Strahlungsfeld $b'_1, \ldots, b'_L$ Lichtquanten der L Strahlungsfeldoszillatoren vorhanden seien, was die explizite Indizierung

$$p\,l\,b' \equiv p, l, b'_1, \ldots, b'_L \tag{7.23}$$

ergibt.

Nach § 68 ist in dem allgemeinen Störoperator (7.21) die Summe $q_\varkappa h_\varkappa$ für optische Übergänge innerhalb des Gesamtsystems verantwortlich. Bildet man nun mit den Wellenfunktionen des Gesamtsystems (1.3) nach der Vorschrift (5.5) die Übergangsmatrixelemente von $q_\varkappa h_\varkappa$, so entsteht

$$(q_\varkappa h_\varkappa)_{nmb,plb'} = \sum_\varkappa (h_\varkappa)_{nm,pl}\,(q_\varkappa)_{b,b'}\,. \tag{7.24}$$

Das allgemeine Matrixelement läßt sich also in einen Mikroblockanteil und einen Strahlungsfeldanteil aufspalten, wobei die Integrationen über die zugehörigen Freiheitsgrade voneinander unabhängig sind. Der Mikroblockanteil $(h_\varkappa)_{nm,pl}$ kann bei bekannten Wellenfunktionen des Mikroblocks, sowohl grundsätzlich als auch praktisch berechnet werden. Da in den vorangehenden Kapiteln diese Wellenfunktionen ausführlich untersucht worden sind, können wir den Mikroblockanteil im folgenden als bekannt voraussetzen. Wir müssen uns daher nur noch mit dem Strahlungsfeldanteil beschäftigen. Dazu greifen wir eine beliebige Strahlungsfeldkoordinate $q_\varkappa$ heraus, und bilden mit den Wellenfunktionen des Strahlungsfelds (1.10) das allgemeine Matrixelement $(q_\varkappa)_{b,b'}$. Man erhält zufolge der Normierung und Orthogonalität der Oszillatorenfunktionen den Ausdruck

$$(q_\varkappa)_{b,b'} = (q_\varkappa)_{b_\varkappa, b'_\varkappa}\,\delta^\varkappa_{b,b'}\,, \tag{7.25}$$

wobei der Index $\varkappa$ an der δ-Funktion andeuten soll, daß in den hochdimensionalen Indizes $b\,(= b_1, \ldots, b_L)$ und $b'\,(= b'_1, \ldots, b'_L)$ die Quantenzahl $b_\varkappa$ bzw. $b'_\varkappa$ *ausgelassen* werden soll. Die Berechnung des allgemeinen Matrixelements (7.25) zeigt also, daß der Störoperator $q_\varkappa h_\varkappa$ nur Übergänge zuläßt, bei denen jeweils nur ein *einziger* Strahlungsfeldoszillator seinen Quantenzustand ändert, während alle übrigen Strahlungsfeldoszillatoren ihren Quantenzustand beibehalten. Setzte man nämlich für b einen Zustand ein, der sich um mehr als eine Quantenzahl von b' unterscheidet, so würden alle $\delta^\varkappa$-Funktionen verschwinden, was unsere Behauptung beweist. Die durch (7.24) verursachten Übergänge können demnach von (7.23) ausgehend nur auf Endzustände der Art

$$n\,m\,b \equiv n, m, b'_1, \ldots, b_\varkappa, \ldots, b'_L \tag{7.26}$$

führen, wobei jeweils nur eine Quantenzahl $b_\varkappa$ von $b'_\varkappa$ verschieden sein darf. Da die zugehörigen Übergangswahrscheinlichkeiten für beliebige $\varkappa$-Werte in gleicher Weise berechnet werden, genügt es, wenn wir unter den möglichen Übergängen von (7.23) nach (7.26) einen beliebigen, aber für das Folgende fixiert gedachten $\varkappa$-Wert auswählen. Für diesen Übergang reduziert sich zufolge der speziellen Gestalt von (7.25) das allgemeine Matrixelement (7.24) auf

$$(q_\varkappa h_\varkappa)_{nmb,plb'} = (h_\varkappa)_{nm,pl}\,(q_\varkappa)_{b_\varkappa,b'_\varkappa}\,\delta^{\varkappa}_{b,b'} \tag{7.27}$$

Betrachtet man das in (7.27) enthaltene Einoszillatoren-Übergangsmatrixelement genauer, so stellt man fest, daß nur zwei Prozesse möglich sind: entweder wird ein Lichtquanten absorbiert oder es wird emittiert. Im ersten Fall muß $b_\varkappa = b'_\varkappa - 1$ gelten, im zweiten dagegen $b_\varkappa = b'_\varkappa + 1$ gesetzt werden. Die quantitative Diskussion dieser Möglichkeiten an Hand der Übergangsmatrizen ist wohlbekannt, so daß wir sie hier übergehen können, und die Übergangsmatrizen für das Folgende als numerisch verfügbare Größen ansehen werden. Da die Übergangswahrscheinlichkeiten für beliebige Übergänge nach § 67 aber formal durch den gleichen Ausdruck gegeben werden, ist es nicht nötig sich auf einen der beiden Prozesse zu spezialisieren. Wir können vielmehr den allgemeinen Wert sofort anschreiben. Wir müssen dazu nur das Matrixelement (7.27) in (7.5) einsetzen, und (7.14), (7.15) berücksichtigen. Dann erhalten wir zunächst als integrale Übergangswahrscheinlichkeit

$$W^s_{nmb,plb'}(t'-t) = \sum_\varrho (h_\varkappa)^2_{nm,pl}\,(q_\varkappa)^2_{b,b'}\,D[(t'-t),E_\varrho]\,s^n_{plb'}(E_\varrho), \tag{7.28}$$

wenn man zur Abkürzung (7.25) benutzt. Die Summation läuft dabei über die Streuenergien E_ϱ, und die Funktion D in (7.28) ist definiert durch

$$D[(t'-t),E_\varrho] \equiv \left|\frac{1-\exp-\frac{i}{\hbar}(E^p_{lb'}-E^n_{mb}+E_\varrho)(t'-t)}{(E^p_{lb'}-E^n_{mb}+E_\varrho)}\right|^2. \tag{7.29}$$

Als Grundproblem verbleibt die Summation über E_ϱ. Sie kann nur vorgenommen werden, wenn man sich über den funktionellen Charakter von $s^n_{plb'}$ im klaren ist. Um ihn aufzuklären, erinnern wir uns an die Definition von $s_{plb'}(E_\varrho)$. Diese Funktion gibt die Zahl der ensemble-Mitglieder im Zustand plb' mit der Streuenergie E_ϱ an. Da $s^n_{plb'}$ in (7.13) über die Energieskala der Streuenergien E_ϱ *normiert* ist, stellt es eine Wahrscheinlichkeitsverteilung der Streuenergie jener ensemble-Mitglieder dar, die sich im Zustand plb' befinden. Spezialisiert man sich auf einen fixierten Zustand, wie bei der Definition der Übergangswahrscheinlichkeiten, so sind in ihm sämtliche ensemble-Mitglieder enthalten, und $s^n_{plb'}$ ergibt in diesem Fall die Verteilungsfunktion der Streuenergie für das ganze ensemble. Da die Energiestreuung nur bei einem diskreten Spektrum auftritt, welches allein der Mikroblock besitzt, so hat man also schließlich in $s^n_{plb'}$ die Verteilungsfunktion der Streuenergie des einzelnen Mikroblocks vor sich. Seine Energieniveaus müssen bei reaktionskinetischen Prozessen auf jeden Fall eine *endliche* Energiestreuung aufweisen, was wir in § 70 quantitativ nachweisen werden. $s^n_{plb'}$ ist daher eine Funktion, welche über ein *endliches* Intervall der Streuenergien von Null verschieden sein muß. Diese Information ist für die Ausführung der Summation über E_ϱ hinreichend. Wir gehen dazu von der bisher diskret angesetzten Reihe der Streuenergien E_ϱ zu einer kontinuierlichen Verteilung über, wie sie auch der physikalischen Realität entspricht. Die zu $s^n_{plb'}$ korrespondierende Verteilungsfunktion im Kontinuum werde $\sigma^n_{plb'}(E)$ genannt, und die Summe in (7.28) geht in ein Integral über die Streuenergie E über. Dieses brauchen wir aber nicht anzuschreiben: Die Funktion (7.29) wirkt nämlich in Abhängigkeit von $E_\varrho \equiv E$ wie eine δ-Funktion welche im Werte

$$E^0_\varrho = E^n_{mb} - E^p_{lb'} \tag{7.30}$$

auf der E-Skala zentriert ist. D. h. es ist

$$D[(t'-t), E] \approx \delta\left[\frac{1}{\hbar}(t'-t)(E - E^0_\varrho)\right]\frac{(t'-t)^2}{\hbar^2}. \tag{7.31}$$

Auf die zur Ableitung der Formel (7.31) notwendigen elementaren Überlegungen können wir aus Raumgründen hier nicht eingehen.

Beachtet man nun, daß die Streufunktion $\sigma^n_{plb'}$ zufolge ihrer Normierung und endlichen Ausdehnung überall nur endliche Werte annehmen kann (und im allgemeinen sogar stetig sein wird), so liefert Anwendung der Rechenregeln von P. M. A. Dirac[80] für die δ-Funktion bei Integration über E die integrale Übergangswahrscheinlichkeit

$$W^s_{nmb,plb'}(t'-t) = \frac{1}{\hbar}(h_\varkappa)^2_{nm,pl}\,(q_\varkappa)^2_{b,b'}\,\sigma^n_{plb'}(E^0_\varrho)\,(t'-t) \tag{7.32}$$

und daraus folgt sofort nach (7.20)

$$W^{1s}_{nmb,plb'} = \frac{1}{\hbar}(h_\varkappa)^2_{nm,pl}(q_\varkappa)^2_{b,b'}\,\sigma^n_{plb'}(E^0_\varrho). \tag{7.33}$$

Die differentielle Übergangswahrscheinlichkeit läßt sich also im optischen Fall sinnvoll definieren. Ihr Wert hängt von dem Wert der Streufunktion $\sigma^n_{plb'}$ an der Stelle $E = E^0_\varrho$ ab. Diese Größe wird aber durch die Relation (7.30) definiert, die wie ein Erhaltungssatz aussieht. Das führt uns sogleich auf das Problem einer wichtigen Auswahlregel: Da das quantenmechanische Gesamtsystem (1.1) ein abgeschlossenes System ist, in welchem die Absorption oder Emission eines Lichtquants ein *systemeigener* Vorgang ist, so muß für das Gesamtsystem der *Energieerhaltungssatz* gelten. Die Übergangswahrscheinlichkeiten müssen demnach diesen Erhaltungssatz mitliefern, weil sonst keine Möglichkeit besteht, ihn direkt aus der Theorie zeitabhängiger Übergänge abzuleiten.

---

[80] P. M. A. Dirac: Principles of Quantum mechanics, 3. Aufl., Oxford: Clarendon Press 1947.

Zur Untersuchung dieser Frage müssen wir eine Fallunterscheidung durchführen, welche sich darauf bezieht, daß der Kristall beim Übergang von pl nach nm in ein höheres oder in ein niedrigeres Energieniveau übergehen, d. h. $E^n_m > E^p_l$ oder $E^n_m < E^p_l$ gelten kann. Da die Untersuchung in beiden Fällen gleich verläuft, brauchen wir nur einen Fall explizit zu behandeln, und wählen dafür $E^n_m > E^p_l$. In diesem Fall nimmt der Kristall beim Übergang Energie *auf* und es muß sich daher um einen Absorptionsprozeß handeln, bei dem der Kristall durch ein absorbiertes Lichtquant angeregt wird. Formal wissen wir vorläufig davon aber noch nichts, und betrachten zunächst die Absorption und Emission beim Lichtquantenfeld als gleichwertige Übergangsmöglichkeiten. Bei der Absorption wird ein Lichtquant der Frequenz $\omega_\varkappa$ vernichtet, d. h. es wird $b_\varkappa = b'_\varkappa - 1$, bei der Emission dagegen entsteht ein Lichtquant der Frequenz $\omega_\varkappa$, d. h. wir erhalten $b_\varkappa = b'_\varkappa + 1$. Die Energiedifferenzen der zugehörigen Zustände des Gesamtsystems (7.23) und (7.26) ergeben zufolge (5.2) und (1.12) den Ausdruck

$$E^n_{mb} - E^p_{lb'} = E^n_m - E^p_l \pm h\,\omega_\varkappa, \tag{7.34}$$

wobei das Plus-Zeichen für die Emission, das Minus-Zeichen für die Absorption eines Lichtquants gesetzt wird. Zusammen mit (7.30) kann man dafür schreiben

$$\omega_\varkappa = \pm \frac{1}{h}(E^n_m - E^p_l - E^0_\varrho), \tag{7.35}$$

wobei jetzt umgekehrt das Plus-Zeichen für die Absorption und das Minus-Zeichen für die Emission gilt. Nun muß $\omega_\varkappa$ als Frequenz immer eine positive Größe sein. Das bedeutet, daß in unserem Fall, d. h. $E^n_m > E^p_l$ für eine Emission $E^0_\varrho > E^n_m - E^p_l$ ausfallen muß, und damit E^0_ϱ beliebig groß werden kann, da wir die Differenz der Kristallenergien nicht beschränkt hatten. Andererseits zeigt aber (7.1), daß E_ε die *Abweichung* vom idealen Wert E^n_m bzw. E^p_l darstellt, welche nur relativ kleiner Werte fähig ist, wie wir bald sehen werden. Daraus folgt, daß für den speziellen Streuwert $E_\varrho = E^0_\varrho$ die Bedingung $E^0_\varrho > E^n_m - E^p_l$ im allgemeinen *nicht* erfüllbar ist, und eine Emission daher unterbleibt. Quantitativ wird dies dadurch sichtbar, daß $\sigma^n_{plb'}$ für ein großes E^0_ϱ verschwindet, und damit auch die Übergangswahrscheinlichkeit (7.33) zu Null wird. Es bleibt also für den Fall $E^n_m > E^p_l$ *nur* die Absorption übrig. Für sie kann man (7.35) in der Form

$$\omega_\varkappa = \omega_{nm,pl} - \frac{1}{h} E^0_\varrho \tag{7.36}$$

anschreiben, wenn man unter $\omega_{nm,pl}$ die „klassische" Absorptionsfrequenz versteht, welche durch den Ausdruck $1/h\,(E^n_m - E^p_l)$ gegeben wird. (7.36) stellt den Energiesatz in erweiterter Form dar. Neben die ideale Absorptionsfrequenz tritt noch ein Schwankungswert $1/h\,E^0_\varrho$. Dies besagt, daß eine beliebig von $\omega_{nm,pl}$ verschiedene Frequenz $\omega_{\varkappa}$ absorbiert werden kann, *wenn* im Mikroblock eine hinreichend große Energiestreuung vorhanden ist. Der Energiesatz ist dann für Lichtquant, ideale Kristallenergiedifferenz *und* Schwankungsenergie erfüllt. Wir werden diesen Umstand in allen Einzelheiten in § 72 diskutieren.

Die Bilanz (7.36) macht aber keine Aussage darüber, ob die Streuenergie E_{ϱ}^{0} *tatsächlich* aufgebracht werden kann. Diese Aussage ist in $\sigma_{plb'}^{n}$ enthalten. $\sigma_{plb'}^{n}(E_{\varrho}^{0})$ gibt die Wahrscheinlichkeitsverteilung für die Streuenergien, d. h. die relative Häufigkeit für das Auftreten einer Streuenergie E_{ϱ}^{0} unter den Mikroblöcken. Die Energieerhaltung ist aber kein statistischer Vorgang, wie man im Zusammenhang mit $\sigma_{plb'}^{n}$ annehmen könnte. Vielmehr ist bei jedem Absorptionsvorgang der Energiesatz nach (7.36) *streng* erfüllt, nur die relative Häufigkeit, mit der die Mikroblöcke in einem solchen Zustand anzutreffen sind, ist verschieden je nach dem Wert von E_{ϱ}^{0}. Da diese relative Häufigkeit, d. h. also $\sigma_{plb'}^{n}$, um den Schwankungswert $E_{\varrho} = 0$ *konzentriert* ist, ist der Übergang für die ideale Frequenz $\omega_{nm,pl}$ weitaus wahrscheinlicher als für andere Frequenzen. Immerhin besteht auch noch eine endliche Wahrscheinlichkeit Streuwerte $E_{\varrho} \neq 0$ unter den Mikroblöcken anzutreffen, und damit eine Möglichkeit der Absorption für Frequenzen $\omega_{\varkappa}$, welche von $\omega_{nm,pl}$ verschieden sind. Das macht sich experimentell in der *Linienbreite* bemerkbar. Die Übergangswahrscheinlichkeiten (7.33) enthalten also die theoretische Darstellung der Linienbreiten. Allerdings muß zu ihrer expliziten Angabe $\sigma_{plb'}^{n}$ bekannt sein. Das werden wir erst im nächsten Paragraphen behandeln.

Hier begnügen wir uns mit einem summarischen Verfahren, welches die Übergangswahrscheinlichkeit über die ganze Linienbreite hinweg anzugeben gestattet. Wir beziehen uns dabei auf die gewöhnlich realisierte experimentelle Situation, bei der über ein ganzes Frequenzintervall $(\omega < \omega_{\varkappa} < \omega + \Delta\omega)$ Licht von homogener Intensität eingestrahlt wird. Natürlich nehmen wir dabei an, daß dieses Intervall auch die ideale Frequenz $\omega_{nm,pl}$ enthalte, und seine Breite weitaus größer sei, als die natürliche Linienbreite. Ein solcher Zustand wird dann durch die Quantenzahlen

$$p\,l\,b' \equiv p, l, 0, \ldots, 0, J, \ldots, J, 0, \ldots, 0 \tag{7.37}$$

beschrieben, wobei wegen der vorausgesetzten Homogenität der Einstrahlung alle von Null verschiedenen Quantenzahlen der Strahlungsfeldoszillatoren den gleichen Wert $b_{\varkappa}' = J$ besitzen müssen. Die gesamte Absorptionswahrscheinlichkeit des Kristalls entsteht dadurch, daß ein jeder Oszillator des Lichtbündels ein Quant an den Kristall, d. h. das Mikroblock-ensemble abgeben kann. Die Absorptionswahrscheinlichkeit muß sich demnach aus der Summe aller Einzelübergänge innerhalb des Frequenzintervalls $(\omega, \omega + \Delta\omega)$ zusammensetzen. Da die Einzelübergänge durch (7.33) beschrieben werden, erhält man also hier

$$W^a_{nm,pl}(J) = \sum_{\omega < \omega_\varkappa < \omega + \Delta\omega} W^{1s}_{nmb,plb'} \qquad (7.38)$$

als totale differentielle Absorptionswahrscheinlichkeit.

Trägt man (7.33) in (7.38) ein, so entsteht

$$W^a_{nm,pl}(J) = \sum_{\omega < \omega_\varkappa < \omega + \Delta\omega} \frac{1}{\hbar} (h_\varkappa)^2_{nm,pl} (q_\varkappa)^2_{b,b'} \, \sigma^n_{plb'}(E^0_\varrho). \qquad (7.39)$$

In jedem einzelnen Summanden von (7.39) tritt dabei die gleiche Streufunktion $\sigma^n_{plb'}$ auf, da der angenommene Ausgangszustand (7.37) überall derselbe ist. Diesen Umstand können wir für die weitere Auswertung benutzen. Substituiert man zunächst an Stelle von E^0_ϱ den Ausdruck (7.30) und (7.34) für die Absorption, so geht (7.39) über in

$$W^a_{nm,pl}(J) = \sum_{\omega < \omega_\varkappa < \omega + \Delta\omega} \frac{1}{\hbar} (h_\varkappa)^2_{nm,pl} (q_\varkappa)^2_{b,b'} \, \sigma^n_{plb'}(E^n_m - E^p_l - \hbar\,\omega_\varkappa). \qquad (7.40)$$

In dieser Formel kann man die Summation über $\omega_\varkappa$ aber durch eine Integration ersetzen, wenn man annimmt, daß die Frequenzen $\omega_\varkappa$ hinreichend dicht beieinander liegen. Dieser Annahme stellt sich *kein* Hindernis entgegen. Die Dichtefunktion, die man dann einführen muß, lautet wegen der Entartung der Lichtquantenfrequenzen in bezug auf den Raum der Ausbreitungsvektoren

$$\varrho(\omega) = \frac{\omega^2}{\pi^2 c^3} \qquad (7.41)$$

Setzt man ferner voraus, daß die Linienbreitenfunktion $\sigma^n_{plb'}$ gegenüber den anderen von ω abhängigen Anteilen stark veränderlich ist, so kann man diese Anteile im Maximum der Linienbreitenfunktion entwickeln, die Glieder nullter Ordnung vor das Integral ziehen, und sich mit dieser Näherung begnügen. Man erhält dann

$$W^a_{nm,pl}(J) = \frac{\omega^2}{\pi^2 \hbar^2 c^3} (h_\varkappa)^2_{nm,pl} \, (q_\varkappa)^2_{J-1,J} \Big|_{\omega = \omega_{nm,pl}} \qquad (7.42)$$

wenn man beachtet, daß die Integration von $\sigma^n_{plb'}$ über die ω-Skala den Wert $1/\hbar$ liefert, weil diese Funktion über der E-Skala auf 1 normiert ist. Damit hat man die totale Absorptionswahrscheinlichkeit für eine Absorptionslinie des Kristalls direkt berechnet, und zugleich die vorläufig noch nicht im einzelnen bekannte Streufunktion eliminiert.

Ähnliche Rechnungen wie für die Absorptionswahrscheinlichkeiten kann man auch für die Emissionswahrscheinlichkeiten durchführen, die wir jedoch aus Raumgründen unterdrücken, da sie keine neuen Gesichtspunkte gegenüber unseren hier angestellten Überlegungen ergeben. Wir können daher die Theorie der optischen Übergänge als abgeschlossen ansehen, möchten aber noch darauf hinweisen, daß in diesem Paragraphen nur *Nicht*-Diagonalelemente $W^{1s}_{nmb,plb'}$ berechnet wurden. Für die weiteren Rechnungen werden aber auch die Diagonalelemente benötigt. Ihre Angabe und Untersuchung verschieben wir jedoch auf § 79, wo zugleich ersichtlich wird, in welchem Sinne die Diagonalelemente für die Reaktionskinetik bedeutsam sind.

§ 70. Linienbreiten

Nachdem wir uns mit den optischen Übergangswahrscheinlichkeiten im vorangehenden Paragraphen ausführlich beschäftigt haben, verbleiben als zweite Klasse nur noch die strahlungslosen Übergänge. Im Gegensatz zu den strahlenden Übergängen muß man aber hier die Verteilungsfunktion der Streuenergien $\sigma^n_{plb'}$ explizit angeben, wenn man eine praktisch auswertbare Aussage erzielen will. Man erkennt leicht, woraus die Notwendigkeit für die explizite Angabe von $\sigma^n_{plb'}$ entspringt. Bei den optischen Übergängen hatten wir zunächst die Absorption eines beliebigen, aber fixierten Lichtquants durch den Kristall betrachtet. Die diesen Einzelübergang mit fest vorgeschriebener Energiebilanz (7.36) charakterisierende Übergangswahrscheinlichkeit (7.33) war noch von der Streufunktion $\sigma^n_{plb'}$ abhängig. Diese Abhängigkeit konnte erst durch die Berechnung der totalen Übergangswahrscheinlichkeit für einen Strahlenergetisch verteilter Photonen beseitigt werden. Nur durch eine Summation über energetisch dicht liegende variable Übergangsmöglichkeiten läßt sich demnach $\sigma^n_{plb'}$ eliminieren. Während nun im optischen Fall vorwiegend energetisch gemischtes Licht bei den Experimenten verwendet wird, und die totale Übergangswahrscheinlichkeit (7.42) dadurch experimentell gerechtfertigt ist, handelt es sich bei kristalleigenen Prozessen ohne Beteiligung des Lichtquantenfeldes stets um Einzelübergänge, welche in keiner Weise zu energetisch variablen Bündeln umgedeutet werden können. Die Berechnung von $\sigma^n_{plb'}$ ist demnach hier unumgänglich. Um sie durchzuführen, verweisen wir auf § 64. Dort hatten wir gezeigt, daß die Wechselwirkung eines quantenmechanischen Systems mit einem Meßinstrument die Stationarität der Zustände zerstört, und daß gleichzeitig zufolge des energetischen Eingriffes durch das Meßinstrument eine Energieunschärfe der ursprünglich scharfen stationären Energiewerte eintritt. Die Messung *zerstört* also die Eigenwerte. Man braucht nur die Messung als einen störenden Eingriff in das System zu charakterisieren, um zu erkennen, daß jede Art von Störung, gleichgültig, ob sie zur Messung benutzt wird oder nicht, die Stationarität der Zustände aufhebt, und damit zu Energiestreuungen der ursprünglichen Energiewerte Anlaß gibt. Wie man sich ganz allgemein vorstellen kann, wird diese Energiestreuung mit der Stärke der Störung zusammenhängen, d. h. sie wird ihr in einer noch genauer zu definierenden Weise proportional sein. Andererseits erzwingt eine Störung Übergänge zwischen stationären Zuständen, d. h. sie zwingt das quantenmechanische System seinen ursprünglichen Zustand, den es beim Einschalten der Störung gerade einnahm, zu verlassen. Auch hier ist klar, daß die Stärke der Störung und die Besetzungszeit im ursprünglichen Zustand umgekehrt proportional sein müssen, da die Besetzungszeit im Ausgangsniveau um so kleiner sein wird, je größer die Störung ist. Daraus folgt unmittelbar, daß die Besetzungszeit Δt, d. h. die zeitliche Differenz zwischen Einschalten der Störung und Verlassen des Ausgangszustandes, umgekehrt proportional zur Energiestreuung unter dem Einfluß der Störung sein muß. Das führt auf die quantenmechanische Unschärferelation

$$\Delta E\, \Delta t \geqslant h. \tag{7.43}$$

Eine genaue quantitative Fassung dieser Unschärfebeziehung erhält man, wenn man bedenkt, daß die Besetzungsamplituden $C_{nmb}(t)$ ein Maß für die Besetzungszeit quantenmechanischer Zustände sind, d. h. Amplituden, aus denen statistische Informationen über die Besetzungszeiten abgeleitet werden können. Da es sich bei (7.43) um eine Beziehung zwischen kanonisch konjugierten Variablen handelt, so wird man in voller Analogie zu den bekannten Orts-Impulsbeziehungen annehmen, daß nicht nur für eine der beiden Größen, nämlich die Besetzungszeit t, eine Amplitude existiert, sondern auch die Energiestreuung durch eine quantenmechanische Amplitude beschrieben wird, d. h. daß neben der Besetzungsamplitude $C_{nmb}(t)$ auch eine komplementäre Streuenergieamplitude $\varepsilon_{nmb}(t)$ existiert. Bekanntlich sind derartige komplementäre Amplituden durch eine FOURIER-Transformation miteinander verknüpft, so daß man aus

$$\varepsilon_{plb'}(E) = \int c_{plb'}(t) \exp \frac{i}{\hbar} (E\, t)\, dt, \tag{7.44}$$

die Energieverteilung der Streuenergie um den stationären Energiewert $E^p_{lb'}$ berechnen kann, wenn $c_{plb'}(t)$ bekannt ist. Der Einfachheit halber haben wir dabei den stationären Energiewert aus $C_{plb'}(t)$ bereits abgespalten, was auf $c_{plb'}(t)$ in (7.44) führt. Das ist jedoch nur ein mathematischer Vorgang, der keine grundsätzliche, sondern nur eine praktische Bedeutung hat. Er bezieht die Schwankungsenergien auf das Niveau $E = 0$.

(7.44) ist der quantitative Ausdruck der Unschärferelation (7.43). Wir verwenden ihn zur Ableitung der Streuenergieamplituden, und damit natürlich von $\sigma^n_{plb'}(E)$, müssen aber zu diesem Zweck zunächst die $c_{plb'}(t)$ angeben. Da sich die Anregungen nach § 68 superponieren lassen, kann man zur Bestimmung der Energiestreuung von der Standardanregung (7.3) ausgehen. Im Gegensatz zu (7.4) genügt es nun aber nicht mehr, für $c_{plb'}(t')$ eine nullte bzw. erste Näherung anzugeben, sondern es muß die gesamte Zeitabhängigkeit bekannt sein. Dazu müßte allgemein das System (5.4) vollständig integriert werden, da die Veränderungen der Besetzungsamplituden $c_{nmb}(t')$ untereinander verkoppelt sind, und eine einzelne Amplitude $c_{plb'}(t')$ nicht unabhängig von den anderen berechnet werden kann. Eine solche Integration ist theoretisch zwar möglich, praktisch aber nicht auswertbar. Jedoch konnte W. HEITLER[81] unabhängig von der direkten Berechnung der übrigen Amplituden zeigen, daß $c_{plb'}(t)$ in jedem Fall näherungsweise die Gestalt

$$\begin{aligned} c_{plb'}(t') &= \exp - \gamma(t' - t) \quad \text{für} \quad t' \geqslant t \\ c_{plb'}(t') &= 0 \qquad\qquad\qquad\quad \text{für} \quad t' < t \end{aligned} \tag{7.45}$$

annehmen muß, wenn man den Ausgangszustand (7.3) auf den Zeitpunkt t bezieht, und die unerhebliche komplexe Phase wegläßt. Die Konstante γ ist dabei noch nicht bestimmt und hängt von den jeweiligen Störoperatoren ab. Wir werden sie im nächsten Paragraphen angeben.

Die FOURIER-Umkehrung nach (7.44) liefert

$$\varepsilon_{plb'}(E) = \frac{1}{2\pi} \frac{1}{(-\gamma h + i E)} \,. \tag{7.46}$$

Da die Besetzungszeit Amplitude (7.45) nicht auf der Zeitskala normiert ist, ist auch die Energiestreuamplitude (7.46) nicht auf der kanonisch konjugierten Energieskala normiert. Wir denken uns die Normierung an (7.46) nunmehr vollzogen. Dann wird die Wahrscheinlichkeitsverteilung für die Energiestreuung im plb'-ten Niveau

$$\sigma^n_{plb'}(E) = \varepsilon^{n*}_{plb'}(E)\, \varepsilon^n_{plb'}(E) \,, \tag{7.47}$$

wobei $\varepsilon^n_{plb'}$ die normierte Amplitude sei. Mit (7.46) folgt daraus dann endgültig

$$\sigma^n_{plb'}(E) = \frac{1}{\pi} \frac{\gamma h}{(\gamma h)^2 + E^2} \,. \tag{7.48}$$

Mit dieser Funktion können wir jetzt die strahlungslosen Übergangswahrscheinlichkeiten berechnen. In gleicher Weise werden uns aber auch die optischen Absorptionen für einzelne Frequenzen zugängig. Es muß nur noch die Konstante γ bestimmt werden.

§ 71. Wahrscheinlichkeit strahlungsloser Übergänge im diskreten Spektrum

Bei den strahlungslosen Übergängen kommen, wie (7.21) zeigt, die Koordinaten des Strahlungsfeldes im Störoperator nicht vor. Demzufolge ist das allgemeine Übergangsmatrixelement (7.22) dann und nur dann

---

[81] W. HEITLER: The Quantum theory of radiation, 3. Aufl., London: Oxford Press 1954.

von Null verschieden, wenn der Zustand des Strahlungsfeldes konstant bleibt. Die strahlungslosen Übergänge sind also kristalleigene Prozesse, bei denen keine beobachtbaren Reaktionen nach außen dringen. Sie können nur indirekt durch die Quantenausbeute, Leitfähigkeit usw. gemessen werden. Zufolge der Konstanz des Strahlungsfeldzustandes und damit seiner Energien, ist die Ausgangsquantenzahl des Strahlungsfeldes b' gleich der Quantenzahl des Zielzustandes b und damit reduziert sich die stationäre Energiedifferenz zwischen einem Ausgangszustand $E^p_{lb'}$ des Gesamtsystems und einem Endzustand $E^n_{mb'}$ bei strahlungslosen Übergängen auf

$$E^p_{lb'} - E^n_{mb'} = E^p_l - E^n_m, \tag{7.49}$$

d. h. die Energiedifferenz wird allein durch die Veränderung des Mikroblockzustandes bestritten.

Mit genau den gleichen Substitutionen und Argumenten wie in § 69 gelangt man auch hier unter der Annahme der Matrixelemente (7.21) und der Energiedifferenzen (7.49) zu einer differentiellen Übergangswahrscheinlichkeit, die durch

$$W^{1k}_{nmb,plb'} = \frac{1}{\hbar} (h_0)^2_{nm,pl}\, \delta_{bb'}\, \sigma^n_{plb'}(E^{0'}_\varrho) \tag{7.50}$$

gegeben wird. Hierbei ist $E^{0'}_\varrho$ durch

$$E^{0'}_\varrho = E^n_m - E^p_l \tag{7.51}$$

definiert.

Diesmal gelingt es aber nicht, durch nachfolgende Summation über viele Übergänge die Funktion $\sigma^n_{plb'}$ zu eliminieren. Da der Mikroblock ein endliches Volumen hat, entstehen in ihm im allgemeinen weder dicht liegende Elektronenspektren, noch dicht liegende Gitterspektren. Man hat es also beim Kristallspektrum mit einem System von diskreten Niveaus zu tun. Infolgedessen kann man nicht durch Betrachtung eines benachbarten Übergangs von E^p_l nach $E^{n'}_{m'}$ ein $E^{0''}_\varrho$ erzeugen, das beliebig dicht an $E^{0'}_\varrho$ gelegen ist. Das aber ist neben der Breite des Übergangsbündels eine der Voraussetzungen, unter denen über das Bündel integriert und die Berechnung von $\sigma^n_{plb'}$ umgangen werden kann. Man sieht also hier sehr deutlich die Notwendigkeit, die zur Auswertung der differentiellen Übergangswahrscheinlichkeit (7.50) für den *Einzelübergang* führt.

Nach § 70 ist $\sigma^n_{plb'}$ bekannt. Man muß nur noch die unbekannte Abklingkonstante γ berechnen. Dann hat man das Ziel, die Übergangswahrscheinlichkeiten im diskreten Spektrum abzuleiten, erreicht. Wir gehen dazu auf folgende Weise vor: Das Abklingen eines Zustandes nach der Formel (7.45) wird als ensemble-Prozeß betrachtet, wobei zum Zeitpunkt t alle Systeme im Zustand plb' mit Sicherheit anzutreffen seien. Dies ist keine Aussage über einen experimentellen Meßvorgang, sondern zufolge des Superpositionsprinzips eine widerspruchsfrei mögliche Hypothese zur Berechnung von Übergangswahrscheinlichkeiten. In diesem Zeitpunkt ist daher

$$\overline{P_{plb'}(t)} = \delta_{nmb,plb'} \tag{7.52}$$

nach (7.45) und (7.8), (7.6) und (7.7). Ferner folgt nach den gleichen Beziehungen der ensemble-Besetzungswahrscheinlichkeiten zu den Amplituden (7.45) der Wert von $\overline{P}_{plb'}$ zu einem beliebigen Zeitpunkt $t' \geqslant t$ als

$$\overline{P_{plb'}(t')} = \exp - 2\gamma(t' - t). \tag{7.53}$$

Setzt man dies in die integrale Relation (7.16) zusammen mit (7.52) ein, so folgt als integrale Übergangswahrscheinlichkeit bzw. in diesem Fall als integrale Abklingwahrscheinlichkeit

$$|W_{plb',\,plb'}(t' - t) = \exp - 2\gamma(t' - t) \tag{7.54}$$

und damit unmittelbar

$$W^1_{plb',plb'} = - 2\gamma \tag{7.55}$$

als differentielle Abklingwahrscheinlichkeit. Da die Besetzungswahrscheinlichkeiten über die Zustandsskala des Gesamtsystems normiert sind d. h.

$$\sum_{nmb} \overline{P_{nmb}(t')} = 1 \tag{7.56}$$

für alle t gilt, so erhält man unmittelbar aus der Anfangsbedingung (7.52) die allgemein gültige Beziehung

$$\sum_{nmb} W_{nmb,plb'}(t' - t) = 1 \tag{7.57}$$

für beliebige t'. Bei einer Potenzentwicklung nach $(t' - t)$ müssen daher sämtliche Koeffizienten verschwinden. Dies führt für die Glieder erster Ordnung auf

$$\sum_{\substack{nmb \\ \neq plb'}} W^1_{nmb,plb'} + W^1_{plb',plb'} = 0. \tag{7.58}$$

Setzt man nun (7.55) in (7.48) und (7.48) in (7.50) ein, und berücksichtigt, daß in (7.50) der Energiewert in der Streufunktion gleich $E^{0\prime}_{\varrho}$ sein muß, so erhält man

$$W^{1k}_{nmb,plb'} = -\frac{2}{\pi}(h_0)^2_{nm,pl}\,\delta_{bb'}\frac{W^1_{plb',plb'}}{(W^1_{plb',plb'}h)^2 + 4(E^n_m - E^p_l)^2}. \tag{7.59}$$

Man erkennt, daß (7.59) noch nicht die endgültige Übergangswahrscheinlichkeit darstellt, da sie an die Abklingwahrscheinlichkeit $W^1_{plb',plb'}$ auf der rechten Seite von (7.59) rückgekoppelt ist. Das ist ein Ausdruck dafür, daß die Energiestreuung, die ja zur Form (7.59) führt, von dieser Abklingwahrscheinlichkeit abhängt. Da andererseits zufolge der Erhaltung der Besetzungswahrscheinlichkeit das Abklingen und die Übergänge nach (7.58) miteinander im Gleichgewicht stehen, so sind in der Form (7.59) die strahlungslosen Übergänge an ihren eigenen Gesamtwert *rückgekoppelt*. Sind außerdem noch andere Übergänge möglich, so bestimmen auch diese die Linienbreite und erscheinen daher über (7.58) in der Formel für die strahlungslosen Übergänge.

Das sieht man am besten, wenn man mit Hilfe der Relation (7.22), welche gleichermaßen auch für differentielle Übergangswahrscheinlichkeiten gilt, die Abklingwahrscheinlichkeit $W^1_{plb',plb'}$ in einen strahlenden und einen strahlungslosen Anteil zerlegt. Man erhält

$$W^1_{plb',plb'} = W^{1s}_{plbl',plb'} + W^{1k}_{plb',plb'}\,. \tag{7.60}$$

Die strahlungslosen Übergänge (7.59) hängen daher zufolge (7.60) von der *gesamten* strahlungslosen und strahlenden Übergangswahrscheinlichkeit aus einem Zustand plb' in beliebige andere Zustände ab.

Bei der Auswertung dieser Rückkopplung kann man zwei Fälle unterscheiden. Treten die strahlungslosen Übergänge gegenüber den strahlenden Übergängen nur schwach in Erscheinung, was in der Summe in (7.58) bedeutet, daß man die strahlungslosen Übergangswahrscheinlichkeiten gegenüber den strahlenden vernachlässigen kann, so wird der Wert der Abklingwahrscheinlichkeit näherungsweise durch die optischen Summanden der Summe (7.58) gegeben. Zufolge (7.55) rührt die Energiestreuung dann allein von den strahlenden Übergängen her. Man kann dann diesen Streuparameter γ in (7.59) einsetzen, und hat direkt die differentielle Übergangswahrscheinlichkeit erhalten. Die Rückkopplung an die strahlungslosen Übergänge ist hier aufgehoben, weil sie in der Linienbreite durch andere viel stärkere Störungen verdrängt wird. Bei gleichen oder größeren Werten der strahlungslosen Übergangswahrscheinlichkeiten gegenüber den optischen wird die Linienbreite entweder allein oder wesentlich mit bestimmt von den strahlungslosen Prozessen, und (7.59) ist ein echtes zufolge (7.58) rückgekoppeltes Gleichungssystem, aus welchem die $W^{1k}_{nmb,plb'}$ erst berechnet werden müssen. Dies kann praktisch durch ein Iterationsverfahren in einfacher Weise bewältigt werden, indem man zunächst nur einen Übergang zuläßt, für den die Differenz (7.51) am kleinsten ausfällt, und dann sukzessive die anderen Übergänge mit einbezieht. Da das Verfahren aber von der Energieskala und den Übergangsmatrixelementen spezieller Modelle abhängt, gehen wir hier der Kürze halber nicht darauf ein.

Die zur Berechnung der strahlungslosen Übergangswahrscheinlichkeiten gegebene Fallunterscheidung setzt streng genommen die Kenntnis dieser Größen voraus, die eigentlich erst abgeleitet werden sollen. Man braucht aber den anfänglichen Vergleich nicht vollständig streng zu führen, sondern es genügen für eine solche Fallunterscheidung meistens bereits qualitative Angaben, die man aus den Matrixelementen, Energiedifferenzen usw. erschließen kann.

§ 72. Quantenmechanische Energieerhaltung

Obwohl die Gln. (7.58) und (7.59) noch nicht vollständig aufgelöst sind, kann man an ihnen bereits einen eigenartigen Umstand feststellen: Offensichtlich erhält man strahlungslose Übergangswahrscheinlichkeiten auch für den Fall $(E_m^n - E_l^p) \neq 0$. Da bei den strahlungslosen Übergängen der Zustand des Strahlungsfeldes konstant bleibt, können sich diese Prozesse nur im Kristall abspielen, und man wird für sie die Energieerhaltung der Kristallenergie allein erwarten. Die ebengenannte Feststellung widerspricht aber zunächst vollkommen dem gewohnten Energieerhaltungssatz, demzufolge man nur solche Übergänge zulassen würde, für die $E_m^n = E_l^p$ streng erfüllt ist. Um diesen Widerspruch aufzulösen, muß man berücksichtigen, daß die Energien E_m^n bzw. E_l^p *nicht* die Energien des gesamten Kristalls darstellen, sondern nur die Energie von Elektronen und Gitter in adiabatischer Kopplung beinhalten. E_m^n ist also die Energie von zwei Teilsystemen. Schließen wir zuerst alle äußeren Störwirkungen aus und denken uns nur kristalleigene Glieder als Störungen zugelassen, so muß für diese Störungen gelten: Die Gesamtenergie des Kristalls bleibt bei strahlungslosen Übergängen zufolge kristalleigener Störglieder erhalten.

Da E_m^n nicht die Energie des Gesamtkristalls darstellt, so muß in die Energiebilanz noch die kristalleigene Störenergie aufgenommen werden. Der Energieinhalt des Gesamtkristalls ist dann zusammengesetzt aus der Energie der Teilsysteme und der Störenergie. Nennen wir die letztere im Zustand n, m der Teilsysteme $E_m^n(s)$, so muß

$$E_{nm}^k = E_m^n + E_m^n(s) \tag{7.61}$$

gelten. Da die Gesamtenergie nach Definition der Zerlegung *kein* Eigenwert mehr ist, so wird zwar E_m^n fixierbar, und damit meßbar, aber E_{nm}^k und damit $E_m^n(s)$ unterliegt statistischen Schwankungen. Trotzdem gilt natürlich im Einzelfall, bei dem ja immer ein Wert von E_{nm}^k vorhanden sein muß, daß bei Übergängen der Energiesatz

$$E_{nm}^k = E_{pl}^k, \tag{7.62}$$

erfüllt ist, was mit (7.61) und der dazu analogen Formel für den Zustand pl

$$E_m^n - E_l^p = - E_m^n(s) + E_l^p(s) \tag{7.63}$$

ergibt. Man ersieht daraus sofort, daß die Forderung $E_m^n = E_l^p$ als Ausdruck der Energieerhaltung nicht gerechtfertigt ist. Diese Forderung würde eine Energieerhaltung der Teilsysteme bedeuten, die nicht vorausgesetzt werden kann. Der tatsächliche Energieerhaltungssatz wird durch (7.63) gegeben, und zeigt, daß bei derartigen Übergängen die Energiedifferenz der *Teilsysteme* allein durchaus von Null verschieden sein kann.

An diese Überlegungen kann man sofort eine Interpretation der Linienbreite anknüpfen. Da nämlich nur die Energie der adiabatischen Teilsysteme ein meßbarer Eigenwert ist, die Gesamtenergie des Kristalls bei den vorgenommenen Experimenten und ihrer korrespondierenden theoretischen Beschreibung aber *keinen* Eigenwert bildet, so wird diese Gesamtenergie statistische Schwankungen erleiden, d. h. bei einem ensemble von Mikroblock zu Mikroblock einen anderen Wert besitzen, obwohl sich alle Mikroblöcke z. B. im gleichen Zustand n, m befinden. Der Eigenwert der Teilsysteme garantiert daher nicht jenen des Gesamtsystems, sondern schließt ihn, zumindest hier, aus. Es läßt sich deshalb für die Gesamtenergie bzw. die Energiedifferenz zwischen Gesamtenergie und E_m^n nur eine statistische Verteilungsfunktion angeben, welche eine mittlere relative Häufigkeit für das Auftreten gewisser Differenzwerte liefert. Diese Verteilungsfunktion muß natürlich mit der Störung verknüpft sein, welche das Teilsystem zum Gesamtsystem ergänzt. Diese Beziehung zwischen Verteilung der Energie und Störung kann man aus der Dynamik gewinnen. Da als Folge der Störung nämlich gleichzeitig mit der Schwankung der Gesamtenergie auch die Zustände der Teilsysteme instationär werden, kann man zufolge der Unschärferelation aus der Instationarität eines Zustandes auf die zugehörige Energieschwankung schließen. Das wurde in (7.44) durchgeführt. Beide Verteilungen, jene der Besetzungszeit und jene der Energieschwankung, sind dann nur gleichwertige Darstellungen des Umstandes, daß man aus gewissen, hier experimentell bedingten, Gründen nicht die Gesamtenergie des Systems angibt. Nach diesen Erörterungen kann man verstehen, daß die Linienbreitenfunktion $\sigma_{plb'}^n(E)$ wegen der Nichtmeßbarkeit der Gesamtenergie die zugehörigen Energieschwankungen beschreibt, d. h. daß gilt

$$E_{pl}^k = E_l^p + E\,. \tag{7.64}$$

Die Schwankungen E in (7.64) sind dabei nicht im Sinne eines Eigenwertes zu verstehen, da sie *keine* Bewegungskonstante sind. Solange man die E_m^n bzw. E_l^p zu Eigenwerten macht, d. h. die Mikroblöcke nach diesem Merkmal filtert, besitzen die E nur eine statistische Verteilung, und nur mit ihr allein können quantenmechanische Aussagen abgeleitet werden. Damit hat man die strenge quantenmechanische Interpretation der Formel (7.63) gewonnen. Dort treten allerdings die Differenzen zwischen zwei Schwankungsenergien in verschiedenen Zuständen auf, aber daß diese ungleich Null sein können, wenn sie für die beiden Zustände einzeln ungleich Null sind, ist offenkundig. Man sieht daher, daß gerade *wegen* der Energieerhaltung im Gesamtsystem $(E_m^n - E_l^p)$ im allgemeinen von Null verschieden sein muß. Die Linienbreitenfunktion ist also der Repräsentant der Energieerhaltung, wenn die Gesamtenergie *keine* Bewegungskonstante ist.

Dieselben für den Kristall allein angestellten Betrachtungen gelten nun auch für die Wechselwirkung zwischen Kristall und Strahlungsfeld. Hier treten als Teilsysteme der Kristall in adiabatischer Kopplung und das Strahlungsfeld auf. Diese werden diagonalisiert, d. h. nehmen Eigenwerte an, aber die Wechselwirkungsenergie zwischen ihnen wird als Störung eingeführt. Wieder wird dadurch die Gesamtenergie ihres Eigenwertcharakters beraubt und unterliegt Schwankungen. Daher fordert die Erhaltung der Gesamtenergie nicht den „klassischen" Wert (7.35), sondern läßt den allgemeineren Prozeß (7.36) zu. Da die Argumentation vollständig wie beim Kristall allein verläuft, begnügen wir uns mit diesen Andeutungen.

Kapitel VIII

Reaktionskinetik

§ 73. Mittlere Besetzungszahlen

Die vorangehenden Paragraphen bilden ein geschlossenes Ganzes. In ihnen wird der Übergang von der quantenmechanischen Statistik zur thermodynamischen ensemble-Statistik der Besetzungswahrscheinlichkeiten vollzogen. Mit der Angabe der differentiellen Übergangswahrscheinlichkeiten für strahlende und strahlungslose Prozesse gibt das System (7.19) nach einer Integration Auskunft über das Verhalten des Kristalls unter dem Einfluß aller aufgezählten Störungen. Jedoch genügt das System (7.19) nur in einer abstrakten Weise der Forderung, direkte Beobachtungsgrößen zu liefern. Die einzelnen $\overline{P_{nmb}(t)}$ werden zwar prinzipiell in der Quantentheorie als meßbar angesehen, aber die Praxis ist weit davon entfernt von diesen prinzipiellen Möglichkeiten Gebrauch zu machen. Daß die prinzipiell vorhandenen Meßmöglichkeiten im tatsächlichen Experiment nicht ausgenutzt werden, hängt mit den technischen Schwierigkeiten zusammen, die sich einem solchen Unternehmen entgegenstellen. Diese technischen Schwierigkeiten, die eine völlständige Ausnutzung der Informationsmöglichkeiten verhindern, spiegeln sich theoretisch im Problem der Auswertung der Gl. (7.19) wider. Da es genau so viele Gln. (7.19) wie Niveaus des Gesamtsystems, d. h. des Kristalls und des Strahlungsfeldes gibt, so sieht man, daß es sich hier in jedem Fall um abzählbar unendlich viele Gleichungen handeln muß. D. h. man hat zunächst bei voller Ausnutzung aller Informationsmöglichkeiten ein praktisch nicht integrables Problem erhalten. Die große Anzahl der Gleichungen verhindert ihre Integration. In vollkommener Korrespondenz zu dem experimentell Realisierbarem wird man daher versuchen, in (7.19) überflüssige Informationen auszuschließen, und diese Gleichungen durch geeignete Umformungen auf eine mathematisch erträgliche Anzahl, und ein physikalisch sinnvolles Bild zurückzuführen. Das geschieht durch den Übergang zu *mittleren* Quantenzahlen in der Reaktionskinetik. Die Zustände des Gesamtsystems werden dabei nicht mehr durch die Besetzungswahrscheinlichkeiten beschrieben, sondern durch über das ensemble gemittelte Schallquantenzahlen $\overline{l_k^n}$, Lichtquantenzahlen $\overline{b}_\varkappa$ und Elektronenbesetzungszahlen $\overline{n}_n$, deren Angabe einen mittleren Zustand des ensembles eindeutig festlegt.

Bekanntlich arbeitet bereits die phänomenologische Phosphor- und Halbleitertheorie mit einem Teil dieser Größen, nämlich den mittleren Elektronenbesetzungszahlen $\overline{n}_n$. Der Unterschied zu diesen Rechnungen und unserem Vorgehen besteht darin, daß hier die Gleichungen für die mittleren Quantenzahlen streng aus den allgemeinen reaktionskinetischen Gln. (7.19) folgen müssen, wogegen sie in der phänomenologischen Theorie in vollem Umfang postuliert werden. Bei diesen Postulaten wurden bisher weder die Lichtquantenzahlen noch die Schallquantenzahlen berücksichtigt, wogegen bei unserer Ableitung nicht nur Gleichungen für die mittleren Elektronenbesetzungszahlen von Kristallniveaus folgen, sondern gekoppelt damit auch Gleichungen für die mittleren Schall- und Lichtquantenzahlen auftreten. Die phänomenologischen Theorien werden auf diese Weise in ihrer Beschränkung als ein — nicht immer hinreichender — Spezialfall abgeleitet.

Im folgenden geben wir die Definitionen, die auf die mittleren Quantenzahlen führen. Wir müssen dazu zunächst die Zustände des Gesamtsystems (1.3) in angepaßter Form indizieren. Das geschieht, indem wir sowohl im Strahlungsfeld nach § 5, als auch bei den Gitterschwingungen nach § 40 zu Einoszillatorenindizes übergehen. Die Gesamtquantenzahlen eines Zustandes lauten dann

$$n\,m\,b = n, l_1^n, \ldots, l_N^n, b_1, \ldots, b_L. \tag{8.1}$$

Die l_k^n sind die Quantenzahlen des k-ten Oszillators der Gitterschwingungen im n-ten Elektronenzustand. Die Lichtquantenzahlen $b_\varkappa$ sind im Gegensatz zu den Schallquanten nicht vom Elektronenzustand n abhängig, und daher fehlt bei ihnen der Index n. Durchläuft jede Oszillatorenquantenzahl des Licht- und Schallquantenfeldes für sich die Werte 0,1, ... und variiert man dann noch die Elektronenzustandszahl n, so ergeben die hierbei möglichen Kombinationen in (8.1) die vollständige Mannigfaltigkeit der Zustände (1.3) des Gesamtsystems von Kristall und Strahlungsfeld. Mit dieser Indizierung kann man sofort die formale Definition der mittleren Quantenzahlen anschreiben. Es ist jedoch nützlich, sich zuvor den anschaulichen Inhalt einer solchen Definition zu vergegenwärtigen. Dieser folgt aus einer Analyse der Meßmöglichkeiten am Kristall und Strahlungsfeld. Derartige Analysen hatten wir in Kap. V bereits mit den dort definierten Standard-Meßanordnungen ausgeführt. Jedoch beschränkten sich die Untersuchungen auf das Problem, in welcher Weise die Meßanordnung eine Aufteilung des Gesamtsystems in Teilsysteme erzwingt, wobei der zeitliche Ablauf irgendwelcher Messungen noch keine Rolle spielte. Im Unterschied dazu soll hier im Sinne der reaktionskinetischen Vorgänge nun auch die Zeitabhängigkeit der Messungen berücksichtigt werden. Die dabei auftretenden Komplikationen scheinen zunächst sehr groß, da kontinuierlich über längere Zeitspannen ausgeführte Beobachtungen im allgemeinen schwieriger zu bewältigen sind als Einzelmessungen zu einem bestimmten Zeitpunkt t, und die grundsätzlichen Möglichkeiten zeitabhängiger Messungen daher schwerer zu beurteilen sind als jene zeitunabhängiger Einzelmessungen. Man kann sich jedoch leicht aus der Verlegenheit ziehen, wenn man ein grundlegendes Postulat der Quantenmechanik beachtet. Dieses lautet: Die mittleren zeitabhängigen Besetzungswahrscheinlichkeiten eines ensembles sind *reproduzierbare* Größen. Führt man eine Relativzeit t ein, welche vom Beginn eines Experiments an gemessen wird, so besagt die Reproduzierbarkeit, daß die Wiederholung eines Experiments für gleiche Relativzeiten t dieselben statistischen Aussagen für das ensemble liefern muß. Das ist der bekannte Übergang von der klassischen Determiniertheit zur statistischen Determiniertheit. Diese Aussage gestattet sofort, die Analyse der zeitabhängigen Meßmöglichkeiten auf jene der zeitunabhängigen Meßmöglichkeiten zu reduzieren. Man führt wiederholt ein reproduzierbares zeitabhängiges Experiment durch, und bricht es zu verschiedenen Relativzeitpunkten $t_\alpha(\alpha = 1, \ldots)$ ab, indem man jeweils in t_α eine Einzelmessung ausführt. Die Gesamtheit dieser Einzelmessungen an den verschiedenen Zeitpunkten t_α kann dann wegen der Reproduzierbarkeit auch als zeitabhängige Meßreihe eines einzigen, fortlaufend zeitlich registrierten Experiments aufgefaßt werden. Damit ist aber die erwähnte Reduktion durchgeführt. Für die weitere Analyse müssen wir daher nur die Meßmöglichkeiten einer Einzelmessung studieren. Der einzige gegenüber Kap. V jetzt noch vorhandene Unterschied besteht darin, daß wir es nicht wie in Kap. V mit einem Einzelsystem zu tun haben, sondern daß die Messungen am ensemble ausgeführt werden müssen. Entsprechend unserer bisher verwendeten Mikroblock-Konzeption stellt der makroskopische Realkristall samt dem Strahlungsfeld ein solches ensemble dar, so daß unsere Frage also die maximalen Meßmöglichkeiten einer Einzelmessung am makroskopischen Realkristall samt Strahlungsfeld betrifft. Theoretisch behauptet die zu (8.1) gehörige mittlere Besetzungswahrscheinlichkeit $\overline{P_{n,l_1^n,\ldots,b_L}(t)}$, daß man zu einem bestimmten Zeitpunkt t (welcher hier unerheblich ist) mit eben diesem Wert den Elektronenzustand n antrifft, wenn das Schallquantenfeld die Quantenzahlen $l_1^n, \ldots, l_N^n$ und das Lichtquantenfeld die Quantenzahlen $b_1, \ldots, b_L$ besitzt. Das ist eine korrelierte Aussage über den Zustand der Elektronen, sowie der Schall- und Lichtquanten, wobei der Zustand eines der Einzelsysteme jeweils nur in Hinblick auf den Zustand der übrigen Einzelsysteme festgelegt ist. Die mittlere Besetzungswahrscheinlichkeit ergibt also eine detaillierte statistische Information über den Zustand des Gesamtsystems. Zum Vergleich mit den tatsächlich realisierbaren Meßmöglichkeiten betrachten wir zunächst die Elektronen und das Lichtquantenfeld, ohne uns um die Schallquanten zu kümmern. Die für diese beiden Systeme im Sinne der Theorie zu stellende Frage lautet dann: Läßt sich eine direkte Korrelation zwischen Elektronenzuständen und Lichtquantenzuständen experimentell verifizieren? Notwendig wären hierzu zwei Messungen, nämlich eine, welche den Elektronenzustand festlegt, und eine zweite für das Lichtquantenfeld. Derartige unabhängige Messungen sind z. B. beim Compton-Effekt durchführbar, bei dem neben den Lichtquanten auch die Elektronen selbst, und damit deren Zustände registriert werden können. Jedoch handelt es sich hierbei um freie bzw. freigesetzte Elektronen. Im Falle eines Kristalls dagegen, bei dem während eines optischen Experiments die Elektronen nur von einem gebundenen Zustand in einen anderen gebundenen Zustand übergehen, ist diese Elektronenmessung weitaus schwieriger. Natürlich kann man auch im Kristall z. B. durch Photostrommessungen und magnetische Resonanzen eine vom Lichtquantenfeld getrennte Bestimmung der Besetzung von Elektronenzuständen durchführen, aber die notwendige eindeutige Zuordnung der Messungen zu jenen am Lichtquantenfeld ist nicht mehr in dem Maße möglich, wie das beim Compton-Effekt geschieht. Man ist beim Kristall niemals sicher wie eine solche Zuordnung im einzelnen aussehen muß, da im Kristall so gut wie keine Einzelsprünge zu erreichen sind, sondern immer das gesamte ensemble mit allen Elektronen und allen möglichen Niveaus reagiert. Mit guter Näherung wird man daher feststellen können, daß im Kristall die eindeutige Korrelation zwischen Elektronenzuständen und Lichtquantenzuständen experimentell *nicht* verifizierbar ist. Ebensowenig wurden bisher bei Kristallexperimenten die direkten Korrelationen der emittierten und absorbierten Lichtquanten gemessen. Was man mißt, sind bestenfalls die mittleren Wahrscheinlichkeiten $\overline{P_n}(t)$ für die Besetzung von Elektronenzuständen allein, d. h. ohne Korrelation an das Lichtquantenfeld, sowie eine mittlere Zahl von Lichtquanten $\overline{b_\varkappa}(t)$ für eine bestimmte Frequenz $\omega_\varkappa$. Noch viel schlechter steht es um die Schallquanten. Bei ihnen ist sogar die direkte experimentelle Bestimmung mittlerer Schallquantenzahlen $\overline{l_j^n}(t)$ in weitem Umfange unmöglich, und wird nur für stationäre Zustände durch Temperatur- und Wärmeleitfähigkeitsmessungen angenähert ausführbar. Nichtsdestoweniger benutzen wir auch diese Zahlen in unserem Konzept, da sie auf jeden Fall eher zuviel als zuwenig Information liefern. Zusammenfassend ergibt sich daher, daß die aus der Theorie ableitbaren primären P-Informationen vom experimentellen Standpunkt völlig sinnlos sind, weil man sie nicht nachprüfen kann. Im Sinne unserer anfänglich erwähnten Reduktion des Informationsgehaltes wird man daher nur solche Auskünfte über das Gesamtsystem anstreben, welche eine weit geringere Information beinhalten, dafür aber experimentell realisierbar sind. Das sind die bereits erwähnten mittleren Quantenzahlen. Damit man einen Zusammenhang mit der allgemeinen Reaktionskinetik (7.19) gewinnt, müssen diese mittleren Quantenzahlen einerseits aus den allgemeinen Besetzungswahrscheinlichkeiten $\overline{P_{n,l_1^n,\ldots,b_L}(t)}$ abgeleitet bzw. definiert werden, zum anderen wird diese Reduktion natürlich aber erst dann wirksam, wenn es uns gelingt, auch das System (7.19) auf sie umzuschreiben.

Wir beschäftigen uns zunächst mit der Definition. Verwendet man dazu (was wir nicht explizit ausführen wollen) die allgemeinst denkbaren P-Verteilungen, so hängen die mittleren Lichtquantenzahlen noch vom Elektronenzustand n ab, d. h. sind mit den Elektronenzuständen korreliert. Solche Zahlensysteme sind für uns aber bedeutungslos, da wir in Korrespondenz zum Experiment nur unkorrelierte Lichtquantenzahlen $b_\varkappa(t)$ suchen. Wir müssen daher bei der Definition von mittleren Quantenzahlen die P-Verteilungen insoweit einschränken, daß sie dieser Forderung Rechnung tragen. Das kann man erreichen, indem man nur solche P-Verteilungen zuläßt, bei denen die direkte, experimentell nicht verifizierbare Korrelation der Lichtquanten an den Kristall unterdrückt wird. Sie haben die allgemeine Gestalt

$$\overline{P_{n,l_1^n \ldots b_L}(t)} = \overline{P_n(t)}\ \overline{P_{l_1^n \ldots l_N^n}(t)}\ \overline{P_{b_1 \ldots b_L}(t)}\,, \tag{8.2}$$

wobei wir sogleich den Kristallanteil der P-Verteilung in einen Elektronen- und einen Gitteranteil zerlegt haben. Das führt jedoch zu keiner zusätzlichen Einschränkung, da das Gitter zufolge der vom Elektronenzustand abhängigen Eigenschwingungen l_j^n stets mit dem Elektronenzustand korreliert bleibt. Schließlich sei noch bemerkt, daß die mit (8.2) eingeführte Spezialisierung der P-Verteilungen *keineswegs* die Wechselwirkung der Lichtquanten mit dem Kristall zerstört, was die später abzuleitenden Reaktionsgleichungen für die korrelationsfreien mittleren Lichtquantenzahlen beweisen werden[82].

[82] Wir verweisen hierzu auf analoge Produktansätze bei Mehrteilchenamplituden im Ortsraum. Diese Produktansätze zeigen, daß damit zwar die direkte Korrelation der Teilchen zerstört wird, dafür jedoch eine gegenseitige Beeinflussung durch gemittelte Werte eintritt, wenn man die zugehörigen Einteilchenfunktionen aus dem resultierenden Gleichungssystem, z. B. den Hartree-Gleichungen, berechnet. Die Wechselwirkung geht also von einer direkten Wechselwirkung in eine gemittelte über, wird aber keinesfalls gänzlich ausgeschaltet.

Überträgt man die Normierung der mittleren Besetzungswahrscheinlichkeiten (7.56) auf unsere Indizierung (8.1), so erhält man die Relation

$$\sum_{n, l_1^n \ldots b_L} \overline{P_{n, l_1^n \ldots b_L}(t)} = 1, \tag{8.3}$$

welche für alle t gilt. Sie ist erfüllt, wenn die in (8.2) enthaltenen Einzelverteilungen jeweils in ihrem zugehörigen Quantenzahlenraum normiert sind, d. h. die Relationen

$$\sum_n \overline{P_n(t)} = \sum_{l_1^n \ldots l_N^n} \overline{P_{l_1^n \ldots l_N^n}(t)} = \sum_{b_1 \ldots b_L} \overline{P_{b_1 \ldots b_L}(t)} = 1 \tag{8.4}$$

für alle t gelten.

Bei der nun folgenden Definition der mittleren Quantenzahlen aus (8.2) führen wir, der formalen Analogie wegen, neben den mittleren Schall- und Lichtquantenzahlen auch mittlere Elektronenbesetzungszahlen ein. Um diese angeben zu können, brauchen wir zuerst die Quantenzahlen selbst. Man kann sie dadurch festlegen, daß man $\eta = 1$ für einen besetzten und $\eta = 0$ für einen unbesetzten Elektronenzustand vereinbart. Die Wahrscheinlichkeit, daß der Elektronenzustand n besetzt ist, werde mit $P_n^1(t)$ bezeichnet, diejenige, daß er unbesetzt ist, $P_n^0(t)$ genannt. Als mittlere Quantenzahl $\overline{n_n(t)}$ definieren wir dann den Mittelwert von η über diese Wahrscheinlichkeiten. Es entsteht

$$\overline{n_n(t)} = \sum_{\eta = 0,1} \eta\, P_n^\eta(t) = \overline{P_n(t)}, \tag{8.5}$$

da zufolge (8.2) gelten muß, daß $P_n^1(t)$ gleich $\overline{P_n(t)}$ ist. Wie man sieht, bringt also diese Definition nichts Neues. Wir können uns daher sogleich den mittleren Schallquantenzahlen zuwenden. Diese werden nach demselben Prinzip wie die mittleren Elektronenbesetzungszahlen gebildet, nur tritt im Unterschied zu (8.5) eine größere Mannigfaltigkeit von Quantenzahlen auf, und die Ausgangsverteilung enthält Korrelationen zwischen den Quantenzahlen verschiedener Oszillatoren. Solche für die Mittelwertbildung überflüssige Korrelationen werden bekanntlich durch Summation ausgeschlossen. Da die möglichen Quantenzahlen des j-ten Gitteroszillators durch $l_j^n = 0,1, \ldots$ gegeben werden, kann man den Mittelwert dieser Quantenzahlen über ihre Besetzungswahrscheinlichkeiten definieren durch

$$\overline{l_j^n(t)} = \sum_{l_1^n \ldots l_N^n} l_j^n\, \overline{P_{l_1^n \ldots l_N^n}(t)} \tag{8.6}$$

und als Folge der in (8.6) auftretenden Summation über die Oszillatorquantenzahlen l_j^n, werden die abzählbar unendlich vielen Zustände eines jeden Oszillators auf einen einzigen mittleren Zustand komprimiert.

Geht man bei den Lichtquanten ganz analog vor, so lautet die mittlere Lichtquantenzahl des $\varkappa$-ten Oszillators

$$\overline{b_\varkappa(t)} = \sum_{b_1 \ldots b_L} b_\varkappa \overline{P_{b_1 \ldots b_L}(t)}, \tag{8.7}$$

wobei wie in (8.6) alle Korrelationen an die übrigen Lichtquanten heraussummiert wurden, und die abzählbar unendlich vielen Zustände eines jeden Strahlungsfeldoszillators durch eine mittlere Quantenzahl summarisch beschrieben werden.

Mit (8.5) bis (8.7) haben wir quantitativ den Informationsgehalt der P-Verteilungen für (8.1) auf die verminderte Information der mittleren Elektronen-, Schallquanten- und Lichtquantenzahlen reduziert. Wir begnügen uns mit diesen Definitionen und nehmen an, daß sie für die meisten Experimente eine angepaßte Beschreibung darstellen. Da aber ein Fortschritt der Beobachtungstechnik unter Umständen zu detaillierteren experimentellen Aussagen führen kann, lassen wir die *prinzipielle* Frage, ob die Größen (8.5) bis (8.7) für *alle* Experimente verbindlich sind, offen. Eine Ausnahme werden wir z. B. in § 81 behandeln, bei der wir zwar keine direkt experimentell erreichbaren, aber theoretisch ableitbaren Informationen über Schallquantenverteilungen benutzen werden.

§ 74. Elektronen-Reaktionsgleichungen

Nach den Vorbereitungen in § 73 können wir dazu übergehen, die Reaktionsgleichungen des ensembles (7.19) in der umindizierten Schreibweise (8.1) darzustellen, und aus ihnen die physikalisch-anschauliche Statistik der mittleren Elektronen-, Schallquanten- und Lichtquantenzahlen herzuleiten. Für diese Herleitung treffen wir eine Vereinbarung, die in der praktischen Rechnung meistens von vornherein erfüllt ist. Da in den Übergangswahrscheinlichkeiten die Quantenzahlen der Licht- und Schallquanten die Skala der positiven ganzen Zahlen vollständig durchlaufen, so vereinbaren wir, die Übergangswahrscheinlichkeiten als Funktionen der Quantenzahlen auf der zu jedem Oszillator gehörigen Zahlengeraden zu deuten. Wir schreiben dann

$$W^1_{n, l_1^n \ldots b_L, p, l_1^p \ldots b'_L} \equiv W^1_{n,p}(l_1^n \ldots b_L, l_1^p \ldots b'_L), \tag{8.8}$$

wobei die rechtsstehende Funktion nur an den diskreten Stellen der Werte-tupel $l_1^n \cdots b_L, l_1^p \cdots b'_L$ definiert ist, und dort mit den diskreten differentiellen Übergangswahrscheinlichkeiten übereinstimmt. Die Reaktionsgleichungen (7.19) lauten dann

$$\dot{\overline{P}}_{n, l_1^n \ldots b_L} = \sum_{\substack{p \\ l_1^p \cdots b'_L}} W^1_{n,p}(l_1^n \ldots b_L, l_1^p \ldots b'_L)\, \overline{P}_{p, l_1^p \ldots b'_L}\,. \tag{8.9}$$

Nun gehen wir zu den mittleren Elektronenbesetzungszahlen über, indem wir die Gln. (8.9) über $l_1^n \cdots b_L$ summieren. Beachtet man dabei (8.4) und (8.5), so entsteht

$$\overline{\dot{n}_n(t)} = \sum_{\substack{p \\ l_1^p \ldots b'_L \\ l_1^n \ldots b_L}} W_{n,p}^1(l_1^n \ldots b_L, l_1^p \ldots b'_L)\, \overline{P}_{p, l_1^p \ldots b'_L} \tag{8.10}$$

Ferner kann man setzen

$$\sum_{l_1^n \ldots b_L} W_{n,p}^1(l_1^n \ldots b_L, l_1^p \ldots b'_L) \equiv W_{n,p}(l_1^p \ldots b'_L), \tag{8.11}$$

weil Summation über sämtliche Variablenwerte $l_1^n \cdots b_L$ die Übergangswahrscheinlichkeiten von diesen Werten unabhängig macht. Setzt man neben (8.11) zugleich (8.2) auf den rechten Seiten der Gln. (8.10) ein, wobei sinngemäß die Produktzerlegung (8.2) natürlich mit den Indizes $p, l_1^p \cdots b'_L$ verwendet werden muß, so erhält man

$$\overline{\dot{n}_n(t)} = \sum_p \left[\sum_{l_1^p \ldots b'_L} W_{n,p}(l_1^p \ldots b'_L)\, \overline{P}_{l_1^p \ldots l_N^p}\, \overline{P}_{b'_1 \ldots b'_L} \right] \overline{P}_p . \tag{8.12}$$

Den eingeklammerten Teil der Summe auf der rechten Seite von (8.12) kann man auch als einen Mittelwert der Funktion (8.11) in bezug auf die P-Verteilungen der Schall- und Lichtquanten ansehen, so daß die Schreibweise

$$\overline{\dot{n}_n(t)} = \sum_p \overline{W_{n,p}(l_1^p \ldots b'_L)}\, \overline{n_p(t)} \tag{8.13}$$

mit (8.12) gleichwertig ist, wenn man unter dem Strich über $W_{n,p}$ die durch (8.12) definierte Mittelwertsbildung versteht.

(8.13) sind die Elektronen-Reaktionsgleichungen. Mit ihnen könnten die zeitlichen Veränderungen der Besetzungszahlen der Elektronenzustände berechnet werden, *wenn* die rechten Seiten der Gln. (8.13) bekannt wären. Dies sind sie jedoch nicht, da für ihre Berechnung gerade die Kenntnis der außerordentlich großen Anzahl der P-Besetzungswahrscheinlichkeiten von (8.1) vorausgesetzt werden muß, die wir umgehen wollen und müssen. Wie man trotzdem zum Ziele kommt, werden wir in § 76 zeigen. Im folgenden Paragraphen aber leiten wir zuerst einmal die Gleichungen für die mittleren Schall- und Lichtquantenzahlen ab.

§ 75. Die Licht- und Gitterquantenzahlendarstellung

Um diese Darstellung zu gewinnen, summieren wir die Gln. (8.9) zunächst über sämtliche möglichen Quantenzahlen der Oszillatoren des Licht- und Schallquantenfeldes im n-ten Elektronenzustand $l_1^n \cdots b_L$ mit *Ausnahme* der Gitterquantenzahlen des k-ten Oszillators l_k^n. Die verbleibenden Gleichungen hängen dann nur noch von den l_k^n, und natürlich den n ab. Danach multiplizieren wir jede Gleichung mit dem ihr entsprechenden speziellen Quantenzahlenwert von l_k^n, und summieren anschließend die Gleichungen auch über diese Quantenzahl. Wie man sich zufolge der Definition (8.6), sowie der Relationen (8.4) leicht überzeugt, erhält man dann aus (8.9)

$$\overline{\dot{\lambda}_k^n(t)} = \sum_{\substack{p \\ l_1^p \ldots b'_L \\ l_1^n \ldots b_L}} l_k^n \, W_{n,p}^1(l_1^n \ldots b_L, l_1^p \ldots b'_L) \, \overline{P}_{p, l_1^p \ldots b'_L} \tag{8.14}$$

wenn zur Abkürzung die „gewichtete“ mittlere Schallquantenzahl

$$\overline{\lambda_k^n(t)} \equiv \overline{P_n(t)} \, \overline{l_k^n(t)} \tag{8.15}$$

verwendet wird. Analog zu (8.11) kann man hier die Funktion

$$\sum_{l_1^n \ldots b_L} l_k^n \, W_{n,p}^1(l_1^n \ldots b_L, l_1^p \ldots b'_L) \equiv W_{n,p}^k(l_1^p \ldots b'_L) \tag{8.16}$$

definieren, und erreicht unter Anwendung derselben Argumentation wie in § 74 die Form

$$\overline{\dot{\lambda}_k^n(t)} = \sum_p \overline{W_{n,p}^k(l_1^p \ldots b'_L) \, n_p(t)}, \tag{8.17}$$

wobei $W_{n,p}^k$ wiederum über jeweils eine Verteilung der Schall- und Lichtquanten gemittelt ist.

Um zu der Lichtquantendarstellung zu gelangen, geht man ebenso wie bei den Schallquanten vor, kann und muß aber zusätzlich über die Elektronenindizes n summieren, da die mittleren Lichtquantenzahlen im Gegensatz zu den Schallquantenzahlen nicht mit den Elektronenzuständen korreliert sind. Man braucht wie bei (8.16) die Definition einer von $l_1^n \cdots b_L$ unabhängigen Funktion

$$\sum_{l_1^n \ldots b_L} b_\varkappa \, W_{n,p}^1(l_1^n \ldots b_L, l_1^p \ldots b'_L) \equiv W_{n,p}^\varkappa(l_1^p \ldots b'_L) \tag{8.18}$$

und erhält mit ihrer Hilfe die Lichtquanten-Reaktionsgleichungen

$$\overline{\dot{b}_\varkappa(t)} = \sum_{n,p} \overline{W_{n,p}^\varkappa(l_1^p \ldots b'_L) \, n_p(t)} \tag{8.19}$$

mit der schon von den Gln. (8.13) und (8.17) bekannten Mittelwertsbildung über die P-Verteilungen der Schall- und Lichtquanten. An den Gln. (8.19) lassen sich bereits einige Aussagen ablesen, welche die Verknüpfung der mittleren Lichtquantenzahlen mit dem Geschehen im Kristall betreffen. Wie man sofort sieht, hängt die Veränderung dieser Zahlen nicht nur vom Zustand des Lichtquantenfeldes selbst, sondern *auch* vom Zustand des Kristalls, insbesondere den elektronischen Besetzungswahrscheinlichkeiten $\overline{n_p(t)}$ ab. Die Wechselwirkung zwischen Kristall und Strahlungsfeld wurde also durch die Einführung der mittleren Lichtquantenzahlen *nicht* zerstört, obwohl dabei die direkte Korrelation der Lichtquantenverteilung an die Elektronenzustände unterdrückt wurde. Ferner erkennt man, daß die mittleren Lichtquantenzahlen durch Übergänge zwischen sämtlichen Elektronenzuständen beeinflußt werden, was man anschaulich zufolge ihrer Definition erwarten muß.

Mit den Gln. (8.13), (8.17) und (8.19) haben wir das zeitliche Verhalten aller für die Reaktionskinetik notwendigen mittleren Quantenzahlen erfaßt. Jedoch sind die Gleichungen für die praktische Rechnung noch nicht brauchbar, wie schon in § 74 erwähnt wurde. Wie das zu erreichen ist, werden wir jetzt ausführen.

§ 76. Mittelwert-Approximation der Quantenzahlengleichungen

Wie wir in den vorangehenden Paragraphen schon ausführlich diskutiert haben, ist es der Sinn der vorgenommenen Umformungen, die Reaktionsgleichungen allein in den mittleren Quantenzahlen zu formulieren. Dem steht nur noch die Mittelwertbildung auf den rechten Seiten der Gleichungssysteme (8.13), (8.17) und (8.19) entgegen. Nun gilt für eine in allen Variablen lineare Funktion: Der Mittelwert der Funktion ist gleich der Funktion der Mittelwerte, was formelmäßig

$$\overline{L(x)} = L(\overline{x}) \tag{8.20}$$

ergibt. Es ist naheliegend von diesem Satz auszugehen, und auch unsere Gleichungen in dieser Weise zu interpretieren. Ersetzt man aber ganz allgemein den Mittelwert einer Funktion durch die Funktion der Mittelwerte, so können grobe Fehler vorkommen, wie das Beispiel einer um den Nullpunkt lokalisierten Gauss-Verteilung beweist. Da die Variable x dieser Gauss-Verteilung einen Wertebereich hat, welcher auch die negative Halbachse einschließt, so wird z. B. $(\overline{x})^2 = 0$, dagegen kann $\overline{(x^2)}$ beliebige Werte annehmen. Derartige grobe Widersprüche treten jedoch bei statistischen Variablen, welche nur auf *einer* Halbachse definiert sind, nicht auf. In diesem Fall kann man als erste Näherung den Mittelwert einer Funktion durch die Funktion der Mittelwerte ersetzen. Da die hier auftretenden statistischen Variablen $l_1^p \cdots b'_L$ nur auf der positiven Halbebene definiert sind, kann also diese Näherung angewendet werden. Mit ihr geht z. B. der Mittelwert der Funktion (8.11) über in

$$\overline{W_{n,p}(l_1^p \ldots b'_L)} = W_{n,p}(\overline{l_1^p} \ldots \overline{b'_L}). \tag{8.21}$$

Die darin auftretenden Mittelwerte $\overline{l_1^p} \cdots \overline{b_L}$ sind dabei zufolge ihrer Definitionen (8.6) und (8.7) *zeitabhängige* Größen. Führt man auch bei den anderen Funktionen (8.16) und (8.18) an Stelle des Mittelwerts der Funktion die Funktion der Mittelwerte ein, so entsteht schließlich als Folge dieser Approximation das Gleichungssystem

$$\begin{aligned} \overline{\dot{n}_n(t)} &= \sum_p W_{n,p}\left[\overline{l_1^p(t)}, \ldots, \overline{b_L(t)}\right] \overline{n_p(t)} \\ \overline{\dot{\lambda}_k^n(t)} &= \sum_p W_{n,p}^k\left[\overline{l_1^p(t)}, \ldots, \overline{b_L(t)}\right] \overline{n_p(t)} \\ \overline{\dot{b}_\varkappa(t)} &= \sum_{n,p} W_{n,p}^\varkappa\left[\overline{l_1^p(t)}, \ldots, \overline{b_L(t)}\right] \overline{n_p(t)} \end{aligned} \tag{8.22}$$

aus den Gln. (8.13), (8.17) und (8.19). Mit (8.22) haben wir aber unser Ziel erreicht: Die Reaktionsgleichungen sind allein in den mittleren Quantenzahlen formuliert. Zugleich mit dieser Formulierung ist eine außerordentliche Reduktion in der Zahl der Gleichungen eingetreten. In den Gln. (7.19) beanspruchte bereits die Quantenzahl eines einzigen Oszillators abzählbar unendlich viele Zustände, und damit Besetzungswahrscheinlichkeiten und Gleichungen. Diese mußten auch noch für verschiedene Oszillatoren kombiniert werden, um die gesamte Mannigfaltigkeit der Quantenzahlen zu erhalten. Diese Schwierigkeiten sind in (8.22) vollkommen eliminiert. Hat man nur eine endliche Anzahl von Elektronenzuständen, und eine endliche Anzahl von Oszillatoren, so erhält man auch nur endlich viele Gleichungen. Seien insgesamt K Elektronenzustände in die Rechnung einbezogen, so entstehen maximal $(K \cdot N + L)$ Gleichungen in (8.22), die mathematisch behandelt werden können. Im Einzelfall wird sich natürlich auch diese Zahl noch durch spezielle Überlegungen verkleinern lassen, doch gehen wir auf solche Möglichkeiten nicht ein, da sie vom speziellen Modell abhängen.

§ 77. Mikroblöcke in Wechselwirkung

Wie wir schon zu Beginn des Kap. VII erwähnt haben, vollzieht sich der Aufbau der statistischen Theorie in Stufen, die der Gastheorie vollkommen analog sind. Die erste Stufe bestand in der ensemble-Bildung von Mikroblöcken, die ohne Wechselwirkung vorausgesetzt wurden. Es wird dabei möglich, alle im Mikroblock zufolge äußerer und innerer Störungen ablaufenden Prozesse zu erfassen, jedoch werden Transport- und Austauschprozesse zwischen verschiedenen Mikroblöcken ausgeschlossen. Diese Beschränkung ist insofern unbefriedigend, als sie die theoretische Beschreibung einer ganzen Reihe von Experimenten verhindert, die eben von diesen Prozessen abhängen. Man muß daher als zweiten Schritt eine Korrelation der Mikroblöcke theoretisch zulassen. Diese Korrelation wird aber nicht wie beim Gas durch Stöße, sondern durch direkte räumliche Kontakte der Mikroblöcke vermittelt. Die gedanklich vollzogene vollständige Isolation der Mikroblöcke im Realkristall muß demnach aufgegeben werden, damit die tatsächlich vorhandene enge Nachbarschaft der Blöcke bei den ablaufenden Prozessen zur Wirkung kommt. Hier zeigt sich der stark theoretische Charakter der Mikroblockkonzeption. Zieht man nämlich die in der statistischen Vorstellung eingeführten Trennwände zwischen den Mikroblöcken heraus, so hat man einen Realkristall vor sich, und nichts weist mehr darauf hin, daß dieser eigentlich ein ensemble von Mikroblöcken war. Die Mikroblockkonzeption hat demnach keine reale Entsprechung. Sie ist nur ein gedankliches Hilfsmittel, mit dem man Prozesse behandelt, die sich jeweils nur an *einem* Störzentrum allein abspielen. Läßt man Korrelationen zu, so erhält man einen homogenen Realkristall, die Mikroblockkonzeption geht verloren, und die ensemble Betrachtungen werden ungültig. Es fragt sich jedoch, ob man auf der Stufe der Korrelation die ensemble-Statistik sogleich aufgeben soll, nachdem die Irrealität der Mikroblockvorstellung für *diese* Zwecke erwiesen wurde. Dies ist nicht der Fall. Vielmehr existiert als reales Gegenstück zu den hypothetischen Trennwänden der Mikroblockstruktur die Mosaikstruktur des Realkristalls. Diese zeigt deutlich einen Aufbau des Kristalls aus einzelnen Blöcken, den Mosaikblöcken, die in sich, abgesehen von den wohldefinierten Störstellen, fehlerfrei im kristallographischen Sinne gebaut sind, von ihren Nachbarn aber durch flächenhaft gestörte Atomanordnungen, die Mosaikgrenzen, getrennt werden. Vergleicht man die Dimensionen eines Mosaikblocks mit jenen eines makroskopischen Kristallstücks, so befinden sich in einem cm^3 eines makroskopischen Kristalls noch immer im Durchschnitt 10^{15} Mosaikblöcke, also eine sehr große Anzahl, die eine ensemble-Statistik über die Mosaikblöcke nahelegt. Andererseits aber enthält bei den gewöhnlichen Störstellenkonzentrationen ein Mosaikblock bis zu 10^4 Mikroblöcke, d. h. in ihm befinden sich bis zu 10^4 Störstellen. Daher bildet der Mosaikblock das geeignete Stadium des Realkristallaufbaues, in dem wir die Transportvorgänge zwischen den Störstellen mit den Methoden der ensemble-Statistik studieren können. In diesem Stadium muß dann die statistische Unabhängigkeit der Mosaikblöcke vorausgesetzt werden. Auch diese muß in einem dritten Schritt aufgegeben werden, um Transportvorgänge zwischen den Mosaikblöcken zuzulassen. Jedoch wird die Mannigfaltigkeit der noch nicht beschreibbaren Experimente immer weiter eingeengt. Wir stellen dies noch einmal zusammen:

1. Stufe: Ensemble-Statistik der Mikroblöcke. Mit ihr werden die störstelleneigenen Prozesse von Elektronen und Gitter erfaßt. Das sind vor allem die optischen Elektronen- und Gitterprozesse, sowie die strahlungslosen Übergänge, die durch Abklingzeiten, Quantenausbeuten, usw. indirekt gemessen werden.

2. Stufe: Ensemble-Statistik der Mosaikblöcke. Hier wird die Konkurrenz der Störstellenprozesse an verschiedenen Störstellen von Bedeutung. Die Störstellen können sich gegenseitig Elektronen wegfangen und Energie austauschen. Ferner können die Störstellen im Mosaikblock wandern. In diese Stufe lassen sich experimentell die zeitabhängigen An- und Abklingprozesse der Phosphoreszenz, die Ausleuchtphänomene, die Resonanzeffekte durch COULOMBsche Wechselwirkung und die Bildung von Störstellenassoziaten einordnen. Ferner kann der mikroskopische Bewegungswiderstand berechnet werden.

3. Stufe: Die Mosaikblöcke werden miteinander korreliert. Ihre Korrelation gestattet die Wanderung von Ladungsträgern über makroskopische Kristallbereiche und die makroskopische plastische Verformung. Die dritte Stufe bedingt also eine Untersuchung des Kontaktmechanismus zwischen den Mosaikblöcken in seinen atomistischen Wirkungen. Man kann aber die dritte Stufe weitgehend eliminieren, wenn man zwei Postulate einführt. Das erste betrifft den Ladungstransport in seiner räumlichen Verteilung, und setzt voraus, daß nur divergenzfreie Ströme durch die Mosaikblöcke gehen sollen. In diesem Fall ist die Zahl der Ladungsträger im Mikroblock stets konstant. Da die Ladungsträger ununterscheidbar sind, ist es möglich diesen Fall durch einen unabhängigen Mosaikblock zu beschreiben, in den weder Teilchen ein- noch austreten. Der Strom wird allein durch den *Zustand* der Ladungsträger beschrieben, d. h. durch die Art der Wellenfunktionen, in denen sie sich befinden. Das gleiche wird für die Wanderung von Gitterstörungen vorausgesetzt. Das zweite Postulat betrifft die Homogenität der elektrischen und mechanischen Anfangs- und Randbedingungen. Diese sollen so gestellt sein, daß ihre räumliche Variation über das ensemble verschwindet, d. h. die Bedingungen nicht vom Ort abhängig sind, an dem sich ein Mikroblock befindet. Austauschprozesse zwischen Mosaikblöcken, welche diesen beiden Postulaten genügen, können noch mit der ensemble-Statistik der Mosaikblöcke erfaßt werden. Im folgenden werden wir diese Postulate als erfüllt ansehen. Eine Erweiterung der Theorie, die auf diese beiden Postulate verzichtet, würde den Rahmen des Buches überschreiten.

§ 78. Reaktionskinetik im Mosaikblock

In § 77 haben wir gezeigt, daß für die theoretische Beschreibung der zahlreichen Transport- und Austauschphänomene im Realkristall der Mosaikblock als Grundeinheit eines ensembles gewählt werden muß. Um die beobachtbaren Wirkungen eines solchen Mosaikblock-ensembles theoretisch beschreiben zu können, wird man also die gesamte in den vorangehenden Kapiteln für den Mikroblock entwickelte Theorie diesmal auf einen Mosaikblock anwenden müssen. Das ist ohne weiteres möglich, da die in diesen Kapiteln geübte Beschränkung auf einen Mikroblock, d. h. auf *eine* Störstelle im Grundvolumen, kein prinzipielles Postulat, sondern nur eine Forderung der Einfachheit war. Prinzipiell kann man auch mehrere Störstellen im Grundvolumen zulassen, und damit einen Mosaikblock erzeugen. Die bisher entwickelte Theorie ist daher nicht nur auf den Mikroblock, sondern auch auf den Mosaikblock anwendbar. Freilich werden die zugehörigen Rechnungen komplizierter. Die Komplikation hält sich jedoch dann in tragbaren Grenzen, wenn man von der Vorstellung eines Störzentrengases ausgeht, und eine verhältnismäßig geringe Konzentration der Störstellen im Mosaikblock, d. h. relativ große Abstände zwischen den einzelnen Störstellen voraussetzt. In diesem Fall kann man die direkte Korrelation zwischen den Störstellen vernachlässigen, und annehmen, daß die gebundenen Zustände einer im Mosaikblock befindlichen Störstelle die gleichen wie im Mikroblock sind, d. h. daß es für diese Zustände bedeutungslos ist, ob sie im Mikroblock oder im Mosaikblock berechnet werden. Unter den gebundenen Zuständen sind dabei aber nicht allein die Elektronenzustände zu verstehen, sondern auch jene Gittereigenschwingungen, welche außerhalb des Störstellenkomplexes exponentiell abfallen. Die Mannigfaltigkeit der Mosaikblockzustände wird dann zunächst einmal durch sämtliche Quantenzahlenkombinationen der gebundenen Zustände der im Mosaikblock enthaltenen Störstellen geliefert. Zusätzlich treten aber analog zum Mikroblock auch noch nichtlokalisierte Elektronen- und Gitterschwingungszustände auf, welche diesmal über den gesamten Mosaikblock ausgebreitet sind. Sie bilden sozusagen das Grundspektrum des Mosaikblocks, dem sich ein Störspektrum, verursacht von den verschiedenen Störstellen, überlagert. Bei diesen Überlegungen muß man jedoch beachten, daß die elektrische Neutralitätsbedingung aufgelockert wird: Elektrisch neutral muß nur der gesamte Mosaikblock sein, wogegen an den einzelnen Störstellen beliebige Elektronenkonzentrationen auftreten können, sofern die Störstellen diese zu binden vermögen. Eine solche Möglichkeit bestand im Mikroblock nicht, da durch die für ihn früher geforderte elektrische Neutralität unter Umständen eine Reihe von Bindungszuständen an einer Störstelle ausgeschlossen werden mußten, die im Mosaikblock nunmehr erlaubt sind. Nach diesen Überlegungen ist es einfach eine elektronische Wellenfunktion des Mosaikblocks näherungsweise anzuschreiben. Sind insgesamt r Störstellen im Mosaikblock vorhanden, so lautet sie bei adiabatischer Kopplung an das Mosaikblockgitter

$$\psi_{\mathfrak{N}} \equiv \psi_{n_1}(x_1, X_k) \ldots \psi_{n_r}(x_r, X_k)\, \psi_j(x_j, X_k), \tag{8.23}$$

wobei wir auf die Antisymmetrierung verzichtet haben, und den Vektorindex $\mathfrak{N}$ zur Abkürzung für die Indexfolge $n_1, \ldots, n_r, j$ ansetzen. Die mit n_α indizierte Wellenfunktion stellt dabei einen gebundenen Zustand der expliziten Elektronen des α-ten Störstellenkomplexes dar, deren Freiheitsgrade summarisch mit x_α bezeichnet werden. Zufolge unserer Voraussetzung sollen diese Funktionen jeweils einzeln unabhängig von den übrigen Störstellen, d. h. als Mikroblockzustände berechenbar sein, was u. a. einschließt, daß eine Kopplung an die Kernfreiheitsgrade fremder Störstellen vernachlässigbar ist, und die Zustände n_α der einzelnen Störstellen unabhängig von den Zuständen n_β der anderen Störstellen definierbar sein müssen. Die Funktion ψ_j schließlich beschreibt die schon erwähnten, über den gesamten Mosaikblock ausgebreiteten Elektronenzustände.

Die zu (8.23) gehörige Gitterwellenfunktion kann man dann als $\varphi_m^{\mathfrak{N}}(X_k)$ ansetzen, wobei die Quantenzahl m der Eigenschwingungen durch die Indizes $l_1, \ldots, l_s$ definiert werden möge. In den insgesamt s Oszillatorfreiheitsgraden sind dann sowohl die Störeigenschwingungen sämtlicher Störzentren, als auch die Grundschwingungen des gesamten Mosaikblockgitters enthalten. Die analog zu (1.3) gebildete Wellenfunktion sämtlicher im Gesamtsystem enthaltener Teilsysteme lautet dann

$$\Psi_{\mathfrak{N}mb} \equiv \psi_{\mathfrak{N}}\, \varphi_m^{\mathfrak{N}}\, \varphi_b. \tag{8.24}$$

Sieht man zunächst von der Wanderung der Störstellen selbst ab, so enthält dieses Modell die schon vom Mikroblock her bekannten Elektronen- und Gitterprozesse an jeweils einem Störzentrum, zusätzlich treten dann aber noch Energie- und Ladungsaustauschprozesse zwischen verschiedenen Störstellen auf, indem einerseits Licht- und Schallquanten zwischen den Störstellen ausgetauscht werden können, andererseits aber Elektronen von einer Störstelle über einen Leitungsbandzwischenzustand an eine andere Störstelle übergehen können. Ein direkter Elektronenübergang zwischen Störstellen ist dagegen solange nicht möglich, als die Störstellenwellenfunktionen verschiedener Störstellen einander nicht überlappen. Die Übergänge selbst werden durch die in Kap. V geschilderten Störeinflüsse mit den zugehörigen Störoperatoren bewirkt.

Wie beim Mikroblock, so ist auch beim Mosaikblockmodell eine Reaktionskinetik dieser Übergänge nur in den mittleren Quantenzahlen mathematisch durchführbar und physikalisch sinnvoll. Während aber beim

Mikroblock die Elektronenzustände nur durch jeweils eine mittlere Besetzungszahl gekennzeichnet werden konnten, reicht diese Kennzeichnung für die mittleren Besetzungswahrscheinlichkeiten des Mosaikblockensembles

$$\overline{P_{\mathfrak{N},m,b}(t)} \tag{8.25}$$

nicht mehr aus. Hier wird man vielmehr nach mittleren Quantenzahlen suchen, welche die Besetzungswahrscheinlichkeiten der Zustände einer einzelnen Störstelle unabhängig vom Zustand der übrigen Störstellen zu charakterisieren gestattet. Nach den Erörterungen der vorangehenden Paragraphen ist es nicht schwer, solche Größen zu finden. Sie werden durch

$$\overline{n_{n_\alpha}(t)} \equiv \sum_{\substack{\mathfrak{N},m,b\\ \neq n_\alpha}} \overline{P_{n_1\ldots n_r,j,m,b}(t)}\; (n_\alpha = 1,\ldots) \tag{8.26}$$

definiert, wobei über sämtliche Quantenzahlenkombinationen mit Ausnahme der Zustände des α-ten Störzentrums summiert wird. (8.26) stellt dann die mittlere Besetzungswahrscheinlichkeit des Zustandes n_α der α-ten Störstelle im Mosaikblock dar, welche unabhängig von der Besetzungswahrscheinlichkeit der Zustände ihrer Umgebung ist. Zusätzlich zu dieser Definition sind noch die mittleren Besetzungswahrscheinlichkeiten der ausgebreiteten Elektronenzustände von Interesse, welche durch

$$\overline{n_j(t)} = \sum_{\substack{\mathfrak{N},m,b\\ \neq j}} \overline{P_{n_1,\ldots n_r,j,m,b}(t)}\; (j = 1,\ldots) \tag{8.27}$$

definiert werden.

Man erhält also beim Mosaikblock den Satz von mittleren Quantenzahlen

$$\overline{n_{n_1}(t)},\ldots,\overline{n_{n_r}(t)},\overline{n_j(t)},\overline{l_1^{\mathfrak{N}}(t)},\ldots,\overline{l_s^{\mathfrak{N}}(t)},\overline{b_1(t)},\ldots,\overline{b_L(t)} \tag{8.28}$$
$$\begin{pmatrix} n_1 = 1,\ldots\\ \vdots\\ n_r = 1,\ldots\\ j\ = 1,\ldots\end{pmatrix},$$

welche das atomistische Geschehen im Mosaikblock und im Strahlungsfeld in allen physikalisch sinnvollen Einzelheiten zu verfolgen gestattet, insbesondere also die für den Mosaikblock wichtigen Transport- und Austauschprozesse zwischen den einzelnen Störstellen. Die Definition dieser mittleren Quantenzahlen scheint nur insofern noch unvollkommen, als in den mittleren Schallquantenzahlen immer noch die elektronische Gesamtquantenzahl $\mathfrak{N}$ auftaucht, welche aus den weiteren Rechnungen zufolge der Verwendung der mittleren Quantenzahlen (8.26) und (8.27) eigentlich eliminiert werden sollte, da sie unerwünschte Korrelationen enthält. Daß diese Elimination auch bei den Schallquanten möglich ist, erkennt man, wenn man sich an die Bedeutung der einzelnen Gitterschwingungen erinnert. Die lokalisierten Schwingungen unter ihnen sind nämlich jeweils an *einem* Störzentrum lokalisiert, und werden deshalb im wesentlichen nur vom Zustand desjenigen Störzentrums abhängen, an dem sie sich ausbilden. Diese Schwingungen können daher allein durch die n_α charakterisiert werden. Bei den über den gesamten Mosaikblock ausgebreiteten Schwingungen aber kann man annehmen, daß sie in erster Näherung nicht von den speziellen Elektronenzuständen an den Störzentren, sondern nur von den ausgebreiteten Elektronenzuständen beeinflußt werden, welche durch die Quantenzahlen j gekennzeichnet sind. Auf diese Weise gelingt es, das System der mittleren Quantenzahlen einwandfrei durch

$$\begin{array}{l} \overline{n_{n_1}(t)}, \ldots, \overline{n_{n_r}(t)}, \overline{n_j(t)}, \overline{l_1^{n_1}(t)}, \ldots, \overline{l_{k_1}^{n_1}(t)}, \overline{b_1(t)}, \ldots, \overline{b_I(t)} \\ \qquad\qquad\qquad\vdots \\ \qquad\qquad\qquad \overline{l_1^{n_r}(t)}, \ldots, \overline{l_{k_r}^{n_r}(t)} \\ \qquad\qquad\qquad \overline{l_1^{j}(t)}, \ldots, \overline{l_{k_c}^{j}(t)} \end{array} \tag{8.29}$$

zu kennzeichnen, wobei k_α die Anzahl der Störeigenschwingungen des α-ten Zentrums sei, und k_c die Anzahl der über den ganzen Kristall ausgebreiteten Schwingungen. Die Quantenzahlen n_α und j durchlaufen die in (8.28) angegebene Mannigfaltigkeit.

Mit denselben Methoden wie beim Mikroblock gelingt es dann auch beim Mosaikblock unter Beachtung der speziellen Gestalt der Übergangswahrscheinlichkeiten ein reaktionskinetisches Gleichungssystem allein in den mittleren Quantenzahlen (8.29) herzuleiten. Wir wollen diese Ableitung hier nicht explizit durchführen, da dabei gegenüber dem Mikroblock keinerlei neue Gesichtspunkte auftreten. Ebensowenig ist es nötig ihr Ergebnis, d. h. die reaktionskinetischen Gleichungen selbst anzuschreiben. Dagegen müssen wir auf einen anderen Umstand eingehen, der noch einer zusätzlichen Bemerkung bedarf: wie man an der Definition der für die Mosaikblock-Rechnung notwendigen mittleren Quantenzahlen (8.29) ablesen kann, kommt man sehr schnell an eine praktisch mathematische Grenze. Mit wachsender Zahl der Störstellen erhält man trotz der Reduktion auf mittlere Quantenzahlen noch soviele Variable, daß praktisch nichtintegrable Gleichungssysteme entstehen. Natürlich wird man anfänglich nur Mosaikblöcke mit einer geringen Anzahl von Störstellen studieren, und an ihnen die grundsätzlichen Modellprozesse des Ladungs- und Energieaustausches ableiten. Immerhin aber erhebt sich die Frage, wie man die Rechnung in den Stand versetzen kann, auch ein realistisches Mosaikblockmodell zu behandeln, d. h. einen Mosaikblock mit einer großen Anzahl von Störstellen. Die Lösung dieses Problems folgt aus einer Betrachtung der Natur der Störstellen: in einem realistischen Mosaikblock mit sehr vielen Störstellen sind keineswegs alle Störstellen verschieden. Vielmehr ist es im Gegenteil so, daß nur wenige Störstellentypen im Mosaikblock auftreten, welche dann in großer Zahl vorhanden sind. Diese große Zahl jeweils gleicher Störstellen legt es nahe, die Reduktion der Reaktionsgleichungen kombinatorisch zu versuchen. Man fragt in diesem Fall dann nicht mehr nach der Besetzungswahrscheinlichkeit einzelner Störstellenzustände, sondern danach, welcher Bruchteil von Störzentren desselben Typs sich in einem bestimmten Quantenzustand befindet. Unter Voraussetzung der Homogenität von Gitteranregung und Strahlungsfeld lassen sich für diese Größen dann aus den ursprünglichen Reaktionsgleichungen neue Reaktionsgleichungen ableiten, die nicht *mehr* mittlere Quantenzahlen enthalten als zur Charakterisierung der vorhandenen Störstellen*typen* notwendig sind. Da bei der Größe des Mosaikblocks im Vergleich mit makroskopischen Abmessungen eine solche Homogenität der Verhältnisse ohne weiteres angenommen werden kann, hat man demnach eine Methode gefunden, um auch Mosaikblöcke mit einer größeren Anzahl von Störzentren einer reaktionskinetischen Behandlung zugängig zu machen. Wir begnügen uns hier mit diesen Bemerkungen, da eine explizite Durchführung des Programms mehr praktische als grundsätzliche Bedeutung besitzt.

Sieht man von den verbleibenden Problemen der Stufe 3 in § 77 ab, deren Behandlung den Rahmen dieses Buches überschreiten würde, so können wir mit der Darstellung der Reaktionskinetik im Mosaikblock die allgemeine Theorie des Verhaltens von Ionenrealkristallen auf der Basis der atomistischen, quantenmechanischen Vorstellung des Kristallaufbaues als abgeschlossen ansehen. In den vorangehenden Kapiteln wurde dieser Weg lückenlos vom mikroskopischen Existenzproblem des Realkristalls, über die dynamischen mikroskopischen Prozesse, bis zur Ableitung der den Beobachtungswerten entsprechenden ensemble-Größen durchgeführt. Der verbleibende Rest sind nur noch Probleme der Auswertung von speziellen Modellen der Realkristallstruktur.

§ 79. Lichtquantenbilanz

Zum Abschluß dieses Kapitels wenden wir uns noch einigen speziellen Problemen zu. Zu den interessantesten Fragen gehört dabei jene nach der Lichtquantenbilanz: Da in die allgemeinen Quantenzahlengleichungen der Lichtquanten in den Systemen (8.22) bzw. (8.29) *sämtliche* im Gesamtsystem vorhandenen Übergangswahrscheinlichkeiten eingehen, möchte man gern sehen, daß die strahlungslosen Übergangswahrscheinlichkeiten nichts zur Reaktionskinetik der Lichtquantenzahlen beitragen. Anschließend an diese Frage behandeln wir dann noch die unmittelbar damit verknüpften Berechnungen der Absorptionsbanden usw.

Zur Untersuchung der Lichtquantenbilanz reicht die Mikroblockreaktionskinetik (8.22) vollständig aus; die Mosaikblockreaktionskinetik ist nur für ein wesentlich komplizierteres System gedacht, das aber in seinen Grundlagen dem Mikroblocksystem vollständig äquivalent ist, und keine neuen Ergebnisse erbringt. Wir können uns daher auf die Mikroblock-Gleichungen beschränken. Da der Einfluß der Übergangswahrscheinlichkeiten auf die Lichtquantenbilanz exakt untersucht werden soll, verwenden wir die Reaktionsgleichungen auf jener Stufe, in der noch keine Mittelwert-Approximation ausgeführt wurde. Das sind die Gln. (8.19). Sie lauten

$$\overline{\dot{b}_\varkappa(t)} = \sum_{\substack{n,p\\ l^p,b',l^n,b}} b_\varkappa\, W^1_{n,p}(l^n, b, l^p, b')\, \overline{P}_{l^p}\, \overline{P}_{b'}\, \overline{n_p(t)}, \qquad (8.30)$$

wenn man die Definition der Funktion (8.18) einsetzt, und die Mittelwertbildung explizit anschreibt. Als Abkürzung wurde dabei an Stelle von $l_1^n \cdots l_N^n$ der Index l^n, und an Stelle von $b_1 \cdots b_L$ der Index b usw. substituiert, was wir auch im fogenden beibehalten wollen. Von den in (8.30) auftretenden Übergangswahrscheinlichkeiten können nun alle *Nicht*-Diagonalelemente mit Hilfe der Wellenfunktionen des Gesamtsystems und der Störoperatoren berechnet werden. Die Diagonalglieder $W^1_{p,p}(l^p, b', l^p, b')$ hingegen folgen aus der Relation (7.58),welche die Erhaltung der Besetzungswahrscheinlichkeit (8.3) garantiert[83]. Diesen Unterschied in der Berechnung können wir für unsere Zwecke ausnutzen, wie die nachfolgenden Überlegungen zeigen werden. Überträgt man den Erhaltungssatz (7.58) auf die Indizierung (8.1), so entsteht die Relation

$$\sum_{n,l^n,b}{}' W^1_{n,p}(l^n, b, l^p, b') + W^1_{p,p}(l^p, b', l^p, b') = 0, \qquad (8.31)$$

wobei der Strich an der Summe andeuten soll, daß in ihr das Diagonalglied nicht enthalten ist. In den differenticllen Übergangswahrscheinlichkeiten, die in (8.31) vorkommen, ist noch in keiner Weise eine Trennung von strahlenden und strahlungslosen Übergängen vollzogen. Sie gelten für die Gesamtheit der möglichen Übergänge. Berücksichtigt man nun aber, daß die Relation (7.22) auch für differen-

[83] Die direkte Berechnung der Diagonalglieder mit Hilfe der Wellenfunktionen aus Formel (7.20) muß dasselbe Ergebnis liefern, da zufolge der für die Quantenmechanik gültigen Wahrscheinlichkeitserhaltung (8.31) eine *notwendige* Bedingung ist.

tielle Übergangswahrscheinlichkeiten gelten muß, so lassen sich die in (8.31) bzw. (8.30) verwendeten $W^1_{n,p}$ aufspalten in

$$W^1_{n,p}(l^n, b, l^p, b') = W^{1s}_{n,p}(l^n, b, l^p, b') + W^{1k}_{n,p}(l^n, b, l^p, b'), \tag{8.32}$$

d. h. in einen strahlenden und einen strahlungslosen Anteil. Da die Diagonalglieder $W^1_{p,p}$ (l^p, b', l^p, b') allein aus (8.31) berechnet werden, und (8.31) eine lineare Relation ist, so hat man die Freiheit, auch das Diagonalelement entsprechend (7.60) in einen strahlenden und einen strahlungslosen Anteil zu zerlegen, und diese aus den Relationen

$$\sum_{n,l^n,b}{}' \; W^{1s}_{n,p}(l^n, b, l^p, b') + W^{1s}_{p,p}(l^p, b, l^p, b') = 0 \tag{8.33}$$

sowie

$$\sum_{n,l^n,b}{}' \; W^{1k}_{n,p}(l^n, b, l^p, b') + W^{1k}_{p,p}(l^p, b, l^p, b') = 0 \tag{8.34}$$

zu berechnen[84]. Zufolge (8.32) ist damit die allgemeine Relation (8.31) auf jeden Fall erfüllt. Die in der Theorie der strahlungslosen Prozesse enthaltene Rückkopplung zwischen Diagonalelementen und Nichtdiagonalelementen spielt dabei keinerlei Rolle, da auch dort für die Diagonalelemente immer die Relation (8.31) bzw. (7.58) verbindlich ist. Mit Hilfe der Relationen (8.34) ist es nun leicht zu zeigen, daß die strahlungslosen Übergänge in der Lichtquantenbilanz (8.30) herausfallen. Beachtet man, daß zufolge (7.59) die differentiellen strahlungslosen Übergangswahrscheinlichkeiten die Gestalt

$$W^{1k}_{n,p}(l^n, b, l^p, b') = w^{1k}_{n,p}(l^n, l^p)\, \delta_{b,b'} \tag{8.35}$$

annehmen müssen, so geht (8.30) über in

$$\begin{aligned}\overline{\dot{b}_\varkappa(t)} = &\sum_{\substack{n,p\\ l^p,b',l^n,b}} b_\varkappa\, W^{1s}_{n,p}(l^n, b, l^p, b')\, \overline{P_{l^p}}\; \overline{P_{b'}}\; \overline{n_p(t)}\\ &+ \sum_{p,l^p} \Big[\sum_{n,l^n} w^{1k}_{n,p}(l^n, l^p)\Big] \overline{P_{l^p}} \Big(\sum_b b_\varkappa\, \overline{P_b}\Big) \overline{n_p(t)}.\end{aligned} \tag{8.36}$$

Wegen (8.34) und (8.35) wird aber die Summe in der eckigen Klammer von (8.36) zu Null. Die strahlungslosen Übergangswahrscheinlichkeiten tragen also, obwohl sie in der Lichtquantenbilanz zunächst auftreten, *nichts* dazu bei. Damit geht (8.36) in

$$\overline{\dot{b}_\varkappa(t)} = \sum_{\substack{n,p\\ l^p,b',l^n,b}} b_\varkappa\, W^{1s}_{n,p}(l^n, b, l^p, b')\, \overline{P_{l^p}}\; \overline{P_{b'}}\; \overline{n_p(t)} \tag{8.37}$$

über, und man hat die von strahlungslosen Übergängen freie Form der Lichtquantenbilanz erreicht.

---

[84] Diese Relationen müssen auf jeden Fall wegen der gegenseitigen Unabhängigkeit der Störungen erfüllt sein.

Führt man die Mittelwert-Approximation durch, so ist (8.37) ein System von Differentialgleichungen zur Berechnung der mittleren Lichtquantenzahlen, wobei jedem Oszillator des Strahlungsfeldes genau eine Gleichung zugeordnet ist. Bei näherer Betrachtung dieses Systems drängt sich sogleich eine weitere Frage auf. Nachdem die strahlungslosen Übergänge eliminiert wurden, wird man ferner rein anschaulich erwarten, daß auf die Lichtquantenzahl $b_\varkappa(t)$ des $\varkappa$-ten Oszillators nur jene Übergangswahrscheinlichkeiten einen Einfluß ausüben, die Übergänge gerade bei diesem Oszillator hervorrufen. In (8.37) steht aber zunächst in *jeder* einzelnen Gleichung die *Gesamtheit* der möglichen optischen Übergangswahrscheinlichkeiten überhaupt. Um den physikalischen Sinn der Gln. (8.37) nachzuweisen, ist es also notwendig, die Möglichkeit der Elimination aller nicht auf die Frequenz $\omega_\varkappa$ bezogenen Übergänge aufzuzeigen. Dazu betrachten wir die optischen Übergangswahrscheinlichkeiten etwas genauer. In § 69 wurde nachgewiesen, daß die allgemeinst möglichen Übergänge Einquantenübergänge sind, bei denen ein *einziger* Oszillator des Strahlungsfeldes seinen Quantenzustand verändert, während alle übrigen Oszillatoren unverändert ihre Quantenzustände beibehalten. Die zugehörige Übergangswahrscheinlichkeit wird durch (7.33) gegeben, was wir unter Berücksichtigung von (7.25) mit unserer Indizierung (8.1) in der Form

$$W^{1s}_{n,p}(l^n, b'_1 \dots b_\varkappa \dots b'_L, l^p, b'_1 \dots b'_L) = w^{1\varkappa}_{n,p}(l^n, b_\varkappa, l^p, b'_\varkappa)\, \delta^\varkappa_{b,b'} \qquad (8.38)$$

schreiben wollen. Wie in (7.25) bedeutet dabei der Index $\varkappa$ an der δ-Funktion, daß in den hochdimensionalen Quantenzahlen b und b' die Quantenzahl $b_\varkappa$ und $b'_\varkappa$ ausgelassen werden soll. Diese Funktion drückt demnach quantitativ aus, daß bei einem Übergang des $\varkappa$-ten Oszillators alle übrigen Oszillatorenzustände ungeändert bleiben. Im Hinblick auf die Verwendung dieser Übergangswahrscheinlichkeiten in den reaktionskinetischen Gln. (8.37) stört nur noch, daß der Einoszillatoren-Übergang des $\varkappa$-ten Oszillators explizit in den Quantenzahlen der linken Seite von (8.38) sichtbar wird. Will man dies vermeiden, so muß die allgemeine Übergangswahrscheinlichkeit in der Form

$$W^{1s}_{n,p}(l^n, b_1 \dots b_L, l^p, b'_1 \dots b'_L) = \sum_\varkappa w^{1\varkappa}_{n,p}(l^n, b_\varkappa, l^p, b'_\varkappa)\, \delta^\varkappa_{b,b'}. \qquad (8.39)$$

geschrieben werden. Diese enthält natürlich auch nur Einoszillatoren-Übergänge, wofür die δ-Funktionen sorgen, hat aber den Vorteil zufolge eben dieser Funktionen mit ganz allgemeinen Quantenzahlen b darstellbar zu sein. Speziell für Übergänge des $\varkappa$-ten Oszillators reduziert sie sich auf (8.38). (8.39) ist daher eine zu (8.38) völlig äquivalente Darstellung.

Wie schon erwähnt, haben derartige Formeln aber nur für die Nichtdiagonalelemente einen Sinn. Die Diagonalelemente, d. h. die

Abklingkonstanten $W_{p,p}^{1s}$, müssen dagegen aus (8.33) berechnet werden. Auch hier läßt die Linearität zusammen mit der Summe (8.39) noch eine Definitionsfreiheit, die wir für unsere Zwecke ausnutzen wollen. Zerlegen wir nämlich die Abklingkonstante in

$$W_{p,p}^{1s}(l^p, b', l^p, b') \equiv \sum_{\varkappa} w_{p,p}^{1\varkappa}(l^p, b'_\varkappa, l^p, b'_\varkappa) \tag{8.40}$$

und fordern

$$\sum_{n,l^n,b_\varkappa}' w_{n,p}^{1\varkappa}(l^n, b_\varkappa, l^p, b'_\varkappa) + w_{p,p}^{1\varkappa}(l^p, b'_\varkappa, l^p, b'_\varkappa) = 0 \tag{8.41}$$

mit der üblichen Bedeutung des Strichs am Summenzeichen, so ist, wie man durch einfaches Einsetzen in (8.33) sieht, diese Relation durch (8.40) und (8.41) erfüllt. Das Diagonalelement ist daher durch (8.40) korrekt definiert. Um die Konsequenzen dieser Definition auf die Lichtquantenbilanz (8.37) verfolgen zu können, wählen wir eine spezielle Gleichung mit dem Index $\varkappa = \varkappa_0$ aus, und setzen (8.39) in (8.37) ein. Man erhält dann

$$\begin{aligned}\overline{\dot{b}_{\varkappa_0}(t)} = &\sum_{\varkappa,p,l^p,b'}\left[\sum_{n,l^n,b}' b_{\varkappa_0} w_{n,p}^{1\varkappa}(l^n, b_\varkappa, l^p, b_\varkappa)\,\delta_{b,b'}^{\varkappa}\right]\overline{P_{l^p}}\,\overline{P_{b'}}\,\overline{n_p(t)}\\ &+\sum_{\varkappa,p,l^p,b'} b'_{\varkappa_0} w_{p,p}^{1\varkappa}(l^p, b'_\varkappa, l^p, b'_\varkappa)\,\overline{P_{l^p}}\,\overline{P_{b'}}\,\overline{n_p(t)}\end{aligned} \tag{8.42}$$

und überzeugt sich leicht, daß alle jene Summen wegfallen, für die $\varkappa \neq \varkappa_0$ ist, wenn man die Relationen (8.41) benutzt. (8.42) geht daher über in

$$\overline{\dot{b}_\varkappa(t)} = \sum_{\substack{n,p\\ l^n,b_\varkappa,l^p,b'}} b_\varkappa w_{n,p}^{1\varkappa}(l^n, b_\varkappa, l^p, b'_\varkappa)\,\overline{P_{l^p}}\,\overline{P_{b'}}\,\overline{n_p(t)}, \tag{8.43}$$

wobei wir das Diagonalglied mit in die Summe aufgenommen und den Index o an $\varkappa$ wieder weggelassen haben, da er nicht mehr gebraucht wird.

(8.43) liefert das wichtige und anschauliche Ergebnis: In der Quantenbilanz des $\varkappa$-ten Oszillators fallen alle jene Übergangswahrscheinlichkeiten heraus, welche sich auf Übergänge anderer Oszillatoren beziehen, und zurück bleiben nur jene Übergangswahrscheinlichkeiten, die eine Veränderung des $\varkappa$-ten Oszillators zur Folge haben.

§ 80. Absorptions- und Emissionsbanden

Wie in § 79 angekündigt, wollen wir die allgemeine Lichtquantenbilanz (8.30) bzw. ihre äquivalente verkürzte Form (8.43) noch weiter auswerten, indem wir sie an einem einfachen Beispiel explizit studieren. Dazu betrachten wir die Wechselwirkung des Strahlungsfeldes mit einer Gitterstörstelle, wobei wir speziell Elektronenbanden untersuchen wollen, d. h. jene Absorptionen und Emissionen, die durch die

Wechselwirkung der explizit beschriebenen Störstellenelektronen mit dem Strahlungsfeld zustande kommen. Der Begriff der Elektronenbande schließt die Mitwirkung des Gitters nicht aus. Da bei den Übergängen die Gesamtwellenfunktionen des Kristalls verändert werden, und damit auch neue Gitterzustände entstehen, so ist jeder Elektronenübergang in der Regel von einer Schallquantenerzeugung begleitet. Die Festsetzung betrifft demnach nur den Umstand, daß die *direkte* Wechselwirkung des Gitters mit dem Strahlungsfeld nicht untersucht werden soll, die indirekte über die Elektronenanregung entstehende Gitteranregung aber zugelassen ist.

Die Einfachheit des Beispiels wird bei diesen Elektronenprozessen durch die experimentellen Nebenbedingungen und das Modell der Störung bedingt. Wir nehmen dazu an, daß die Übergänge nur zwischen zwei elektronischen Störstellenniveaus 0 und 1 stattfinden, und daß die Beobachtungen im stationären Zustand angestellt werden, was experimentell meistens geschieht. Man gestaltet die experimentelle Anordnung dann so aus, daß sich zwischen Emission, Absorption usw. ein Gleichgewicht einstellt. Dieser Zustand soll hier allein untersucht werden. Die genauen Bedingungen diskutieren wir im folgenden mit den reaktionskinetischen Gleichungen. Die Voraussetzung eines stationären Verhaltens wird *nicht* durch die allgemeine Reaktionskinetik gefordert, da diese ja gerade zur Beschreibung zeitabhängiger, d. h. instationärer Vorgänge entwickelt wurde. Vielmehr beschränken wir uns darauf, um an einem ganz einfachen Fall den reaktionskinetischen Kalkül zu demonstrieren.

Um den stationären Zustand genau zu definieren, studieren wir zunächst qualitativ an einem Einelektronenmodell den Wechselwirkungsprozeß der Gitterstörung mit dem Strahlungsfeld. Zu Beginn setzen wir voraus, daß sich das explizit beschriebene Elektron im Grundzustand 0 befinde. Die Absorption eines Lichtquants hebt das Elektron in das Niveau 1 und gleichzeitig wird der Kristall durch die damit verbundene Erzeugung von Schallquanten aufgeheizt. Nach einer gewissen Verweilzeit kehrt das Elektron in den Grundzustand zurück, wobei wiederum ein Teil, oder sogar die ganze Elektronenenergie an das Gitter abgegeben wird. Bei strahlenden Prozessen wird der Rest der Energie als emittiertes Lichtquant sichtbar, bei strahlungslosen Prozessen dagegen spielt sich der Energieumsatz allein im Kristall ab, und das Strahlungsfeld bleibt unverändert. Da das Elektron somit beim Rücksprung mindestens einen Teil seiner Energie in Gitterenergie umsetzt, und auch beim Absorptionsprozeß die absorbierte Lichtquantenenergie teilweise zur Gitteranregung dient, so muß die Frequenz eines emittierten Lichtquants kleiner als jene des absorbierten Lichtquants sein, wobei der strahlungslose Prozeß einen Grenzfall darstellt, den wir durch $\omega = 0$ mit einbeziehen. Nach Abschluß dieses Kreisprozesses befindet sich demnach das Elektron im Grundzustand, das Gitter ist aufgeheizt, und an Stelle des ursprünglichen Lichtquants ist ein neues Lichtquant mit kleinerer Frequenz im Strahlungsfeld aufgetaucht. Soll nun ein stationärer Zustand dieses Kreisprozesses erreicht werden, d. h. soll der Kreisprozeß mit denselben Einzelsprüngen andauernd ablaufen, so muß das Elektron erneut absorbieren usw. Bei den eben geschilderten Verhältnissen ist das aus zwei Gründen nicht möglich: 1. Zufolge des vom vorangehenden Sprung aufgeheizten Gitters ist bereits der Absorptionsprozeß verändert; u. a. verlangt er eine größere Lichtquantenenergie. 2. Da die Energie des emittierten Lichtquants kleiner ist, kann es nicht zur wiederholten Anregung verwendet werden. Um den Kreisprozeß trotzdem durchzuführen, müssen entsprechende experimentelle Vorkehrungen getroffen werden, die seine Wiederholung gestatten. Diese bestehen im Aufbau mehrerer Zusatzsysteme. Damit das emittierte Lichtquant das einfache Reaktionsverhalten des Kristalls nicht durch Sekundärprozesse kompliziert, wird man zunächst ein absorbierendes System aufstellen, das alle Lichtquanten auffängt, welche eine Frequenz besitzen, die kleiner als die elektronische Absorptionsfrequenz der Kristallstörstelle ist. Ferner braucht man ein System, das die für die Elektronenanregung notwendigen Lichtquanten erzeugt, und schließlich muß der Kristall in ein Wärmebad gestellt werden, das seine Gitterenergie konstant hält, d. h. die bei den Absorptions- und Emissionsprozessen entstehende Aufheizung rückgängig macht und somit immer den gleichen Gitterausgangszustand schafft. In diesem Zustand werden dann die mittleren Quantenzahlen des Gitters und des Lichtquantenfeldes konstant sein, wenn man annimmt, daß die mit dem Kristall und Lichtquantenfeld gekoppelten Zusatzsysteme verzögerungsfrei Schall- und Lichtquanten absorbieren sowie Lichtquanten erzeugen. Den Einfluß dieser Apparaturen beschreiben wir durch Quell- und Senkenfunktionen im reaktionskinetischen System (8.22). Diese zeigen anschaulich, daß das Gesamtsystem des Mikroblockensembles und des Strahlungsfeldes nicht mehr abgeschlossen ist, sondern mit anderen Systemen in Wechselwirkung steht, welche ihm Energie liefern oder entziehen können. Unter diesen Umständen lautet das System (8.22) für die Elektronenbesetzungszahlen und Schallquantenzahlen

$$\begin{aligned} \dot{\overline{n_n}} &= \sum_p W_{n,p}\left(\overline{l^p}, \overline{b}\right) \overline{n_p} \\ \dot{\overline{\lambda_k^n}} &= \sum_p W_{n,p}^k\left(\overline{l^p}, \overline{b}\right) \overline{n_p} + B_k^n(T) \end{aligned} \tag{8.44}$$

sowie das reduzierte Lichtquantengleichungssystem (8.43)

$$\dot{\overline{b_\varkappa}} = \sum_{\substack{n,p \\ l^n, b_\varkappa, l^p, b'}} b_\varkappa w^{1\varkappa}_{n,p}(l^n, b_\varkappa, l^p, b'_\varkappa) \overline{P_{l^p}} \overline{P_{b'}} \overline{n_p} + B_\varkappa. \tag{8.45}$$

Dabei beschreibt $B^n_k(T)$ den Einfluß des Temperaturbades auf die mittleren Quantenzahlen des Kristalls, und $B_\varkappa$ jenen des Lichtquantenabsorbierenden und emittierenden Zusatzsystems auf das Strahlungsfeld. Je nachdem, ob $\varkappa$ in der Absorptions- oder Emissionsfrequenz liegt, wirkt $B_\varkappa$ als Emitter oder Absorber. Im stationären Zustand verschwinden die zeitlichen Änderungen der mittleren Elektronenbesetzungszahlen sowie der mittleren Schall- und Lichtquantenzahlen im ensemble, und man erhält

$$\begin{gathered} \sum_p W_{n,p}\left(\overline{l^p}, \overline{b}\right) \overline{n_p} = 0 \\ B^n_k(T) = -\sum_p W^k_{n,p}\left(\overline{l^p}, \overline{b}\right) \overline{n_p} \end{gathered} \tag{8.46}$$

und

$$B_\varkappa = -\sum_{\substack{n,p \\ l^n, b_\varkappa, l^p, b'}} b_\varkappa w^{1\varkappa}_{n,p}(l^n, b_\varkappa, l^p, b'_\varkappa) \overline{P_{l^p}} \overline{P_{b'}} \overline{n_p}. \tag{8.47}$$

Aus diesen beiden Gleichungssystemen kann man die stationären mittleren Elektronenbesetzungszahlen $\overline{n_p}$ sowie die mittleren Licht- und Schallquantenzahlen $\overline{b}$ und $\overline{l^p}$ berechnen, *wenn* die Werte der mit dem Kristall und Lichtquantenfeld gekoppelten Zusatzsysteme festgelegt werden, d. h. $B^n_k(T)$ sowie $B_\varkappa$ vorgegeben werden. Bei der Diskussion dieser Gleichungen beschränken wir uns sogleich auf die für uns allein interessante Lichtquantenbilanz (8.47). Da diese vom Kristallverhalten abhängig ist, scheint es, als ob man zu ihrer vollständigen Auswertung auch die Auswertung des Kristallsystems (8.46) nicht umgehen könnte. Dies ist für die allgemeine Reaktionskinetik im Prinzip natürlich richtig. Bei der Diskussion eines stationären Zustands jedoch kann man die in (8.47) auftretenden mittleren Kristallquantenzahlen, bzw. -besetzungswahrscheinlichkeiten wegen ihrer Zeitkonstanz als Parameter mitführen, und auf diese Weise (8.47) von (8.46) entkoppeln. Die Parameter können danach teilweise aus thermodynamischen Gleichgewichtsbedingungen, und teilweise aus (8.46) in ihren numerischen Werten unschwer festgelegt werden, so daß wir uns um das System (8.46) tatsächlich vorläufig nicht zu kümmern brauchen.

Betrachtet man noch einmal die Gln. (8.45), so erkennt man, daß $B_\varkappa$ als die sekundliche Absorptions- und Emissionsleistung des Lichtquantenabsorber- und -emittersystems interpretiert werden muß. Schreibt man also gewisse Absorptions- und Emissionswerte für die $B_\varkappa$ vor, so ist das Lichtquantenfeld b im stationären Zustand durch sie zufolge der Gln. (8.47) festgelegt. Für die weitere Rechnung ist aber der umgekehrte Standpunkt bequemer. Man gibt das stationäre Lichtquantenfeld vor und berechnet mit (8.47) die für einen stationären Zustand notwendigen Absorber- und Emitter-Leistungen. In diesem Fall stehen die Unbekannten in (8.47) bereits separiert auf der linken Seite, und man braucht nur mit vorgegebenem Lichtquantenfeld die rechte Seite von (8.47) auszuwerten. Zu ihrer direkten Berechnung müssen wir die optischen Übergangswahrscheinlichkeiten explizit einsetzen. Um nicht unwesentliche Details auszuarbeiten, nehmen wir, wie schon erwähnt, an, daß nur die Übergangswahrscheinlichkeiten für die optischen Übergänge von 0 nach 1 und von 1 nach 0 ungleich Null sind, wogegen alle weiteren Übergangswahrscheinlichkeiten verschwinden mögen. Dies bedeutet, daß einerseits optische Elektronenübergänge zwischen anderen Niveaus verboten sind, andererseits werden damit auch optische Gitterübergänge ausgeschlossen, d. h. solche Übergänge, bei denen der Elektronenzustand konstant bleibt, aber ein Austausch von Energie zwischen Gitter und Lichtquantenfeld stattfindet. Unsere Annahmen bewirken also, daß

$$w^{1\varkappa}_{n,p}(l^n, b_\varkappa, l^p, b'_\varkappa) = 0 \qquad n, p \neq 0,1 \tag{8.48}$$

und

$$w^{1\varkappa}_{n,n}(l^n, b_\varkappa, l^{n'}, b'_\varkappa) = 0 \qquad n = 0,1, \ldots \tag{8.49}$$

gesetzt werden muß. Da die optischen Übergangswahrscheinlichkeiten vollständig festgelegte analytische Ausdrücke sind, kann man (8.48) und (8.49) natürlich *nicht* als willkürliche Zusatzforderungen einführen. Vielmehr muß man durch geeignete Wahl der experimentellen Bedingungen für eine Erfüllung von (8.48) und (8.49) sorgen. Das geschieht einerseits, indem man ein geeignetes Modell der Störung wählt, bei dem Auswahlregeln andere Übergänge unterdrücken, andererseits, indem man für das Lichtquantenfeld nur solche Lichtquanten zuläßt, welche im Bereich der Übergangsfrequenzen von 0 nach 1 und von 1 nach 0 liegen. In diesem Fall verschwinden dann die gesamten optischen Übergangswahrscheinlichkeiten zwischen den übrigen Zuständen zufolge des Energiesatzes und der Auswahlregeln, und unsere Bedingungen (8.48) und (8.49) sind erfüllt. Wie schon erwähnt, wollen wir uns nicht mit allen Einzelheiten dieser Frage auseinandersetzen und begnügen uns mit der Feststellung, daß unter geeigneten Bedingungen (8.48) und (8.49) erfüllbar ist. Diese Bedingungen wollen wir im folgenden als realisiert betrachten, womit man dann (8.48) und (8.49) annehmen kann.

Unter Berücksichtigung von (8.48) und (8.49) geht (8.47) dann über in

$$\begin{aligned} B_\varkappa = &- \sum_{l^0,b'} b'_\varkappa\, w^{1\varkappa}_{0,0}(l^0, b'_\varkappa, l^0, b'_\varkappa)\, \overline{P}_{l_0}\, \overline{P}_{b'}\, \overline{n}_0 \\ &- \sum_{l^1,b_\varkappa,l^0,b'} b_\varkappa\, w^{1\varkappa}_{1,0}(l^1, b_\varkappa, l^0, b'_\varkappa)\, \overline{P}_{l^0}\, \overline{P}_{b'}\, \overline{n}_0 \\ &- \sum_{l^1,b'} b'_\varkappa\, w^{1\varkappa}_{1,1}(l^1, b'_\varkappa, l^1, b'_\varkappa)\, \overline{P}_{l^1}\, \overline{P}_{b'}\, \overline{n}_1 \\ &- \sum_{l^0,b_\varkappa,l^1,b'} b_\varkappa\, w^{1\varkappa}_{0,1}(l^0, b_\varkappa, l^1, b'_\varkappa)\, \overline{P}_{l^1}\, \overline{P}_{b'}\, \overline{n}_1\,. \end{aligned} \tag{8.50}$$

Nun verwenden wir die Bestimmungsrelationen (8.41) für die Diagonalglieder, welche in unserem Fall wegen (8.48) und (8.49) lauten

$$w^{1\varkappa}_{0,0}(l^0, b'_\varkappa, l^0, b'_\varkappa) = - \sum_{l^1,b_\varkappa} w^{1\varkappa}_{1,0}(l^1, b_\varkappa, l^0, b'_\varkappa) \tag{8.51}$$

und

$$w^{1\varkappa}_{1,1}(l^1, b'_\varkappa, l^1, b'_\varkappa) = - \sum_{l^0,b_\varkappa} w^{1\varkappa}_{0,1}(l^0, b_\varkappa, l^1, b'_\varkappa)\,. \tag{8.52}$$

Setzt man diese Relationen in (8.50) ein, so entsteht das System

$$\begin{aligned} B_\varkappa = &\sum_{l^1,b_\varkappa,l^0,b'} (b'_\varkappa - b_\varkappa)\, w^{1\varkappa}_{1,0}(l^1, b_\varkappa, l^0, b'_\varkappa)\, \overline{P}_{l^0}\, \overline{P}_{b'}\, \overline{n}_0 \\ + &\sum_{l^0,b_\varkappa,l^1,b'} (b'_\varkappa - b_\varkappa)\, w^{1\varkappa}_{0,1}(l^0, b_\varkappa, l^1, b'_\varkappa)\, \overline{P}_{l^1}\, \overline{P}_{b'}\, \overline{n}_1\,. \end{aligned} \tag{8.53}$$

Die in (8.53) auftretenden Übergangswahrscheinlichkeiten kann man nun analog zu § 69 analysieren. Zunächst ergibt Anwendung der allgemeinen Formel (7.33) in Verbindung mit (8.38) den Ausdruck

$$w^{1\varkappa}_{1,0}(l^1, b_\varkappa, l^0, b'_\varkappa) = \frac{1}{\hbar}\, (h_\varkappa)^2_{1l^1,0l^0}\, (q_\varkappa)^2_{b_\varkappa,b'_\varkappa}\, \sigma^n_{0l^0b'}(E^0_\varrho) \tag{8.54}$$

und

$$w^{1\varkappa}_{0,1}(l^0, b_\varkappa, l^1, b'_\varkappa) = \frac{1}{\hbar}\, (h_\varkappa)^2_{0l^0,1l^1}\, (q_\varkappa)_{b_\varkappa,b'_\varkappa}\, \sigma^n_{1l^1b'}(E^{0'}_\varrho)\,. \tag{8.55}$$

In diesen Übergangswahrscheinlichkeiten ist noch nicht zwischen Absorption und Emission unterschieden. Vielmehr handelt es sich bei (8.54) und (8.55) ganz allgemein um Kristallübergänge von 0 nach 1 bzw. von 1 nach 0 unter gleichzeitiger Veränderung des Strahlungsfeldes, d. h. entweder Lichtquantenemission oder -absorption. Welche dieser Möglichkeiten eintritt, entscheidet erst der Energieerhaltungssatz, der nach § 69 in den Funktionen σ^n enthalten ist. Um das wesentliche besser einsehen zu können, geben wir für die Linienbreitenfunktionen eine Näherung an (die den weiteren Verlauf der Rechnung aber nicht beeinflußt!). Da bei den gewöhnlichen Besetzungsdauern optisch angeregter Kristallzustände die Linienbreiten der Absorptions- und Emissionslinien in der Größenordnung von 10^{-7} eV und darunter liegen, so vernachlässigen wir sie hier, und setzen an Stelle der normierten

Linienbreitenfunktionen σ^n näherungsweise δ-Funktionen ein, die um den Wert $E_\varrho = 0$ der Schwankungsenergie E_ϱ zentriert sind. Das ergibt

$$\sigma^n_{0l^0b'}(E^0_\varrho) \approx \delta(E^0_\varrho) \tag{8.56}$$

und

$$\sigma^n_{1l^1b'}(E^{0'}_\varrho) \approx \delta(E^{0'}_\varrho). \tag{8.57}$$

Benutzt man die allgemeinen Relationen (7.30) und (7.34) für unseren Fall, so erhält man für eine Absorption in (8.54)

$$E^0_\varrho = E^1_{l^1} - E^0_{l^0} - h\,\omega_\varkappa, \tag{8.58}$$

für eine Emission dagegen

$$E^0_\varrho = E^1_{l^1} - E^0_{l^0} + h\,\omega_\varkappa. \tag{8.59}$$

Zufolge der Gewichtsfunktion $\overline{P}_{l^0}$ in den Gln. (8.53) müssen dabei nur solche Energien $E^0_{l^0}$ des Ausgangszustandes 0 betrachtet werden, bei denen das Gitter im thermischen Gleichgewicht ist. D. h. die l^0-Werte streuen zwar etwas, aber im wesentlichen sind sie auf ihren thermischen Mittelwert beschränkt. Alle anderen Ausgangspositionen unterdrückt der Gewichtsfaktor $\overline{P}_{l^0}$. Für derartige Ausgangszustände und damit Energien wissen wir nun, daß zufolge unseres Modells

$$E^1_{l^1} - E^0_{l^0} > 0 \tag{8.60}$$

ausfällt, d. h., daß Energie zugeführt werden muß, um den Kristall aus dem thermischen Gleichgewicht vom Zustand 0 in den Zustand 1 zu versetzen. Analytisch folgt dies aus den Auswahlregeln der Franck-Condon-Integrale, die wir hier aber nicht explizit diskutieren wollen. Man erkennt dann sofort, daß zufolge (8.60) der Energieausdruck für eine Emission (8.59) *nicht* zu Null gemacht werden kann. Da andererseits die Streufunktion (8.56) aber nur für $E^0_\varrho = 0$ *ungleich* Null wird, so ergibt sich daraus unmittelbar, daß eine Emission beim Übergang von 0 nach 1 *nicht* möglich ist. Im Gegensatz dazu wird unter der Bedingung (8.60) der Energieausdruck für die Absorption (8.58) zu Null, wenn man die Frequenz

$$\omega_a = \frac{1}{h}\,(E^1_{l^1} - E^0_{l^0}) \tag{8.61}$$

einsetzt. Zufolge der Streufunktion (8.56) sind Absorptionen dann in einer infinitesimalen Umgebung der Frequenz ω_a und natürlich in ω_a selbst, möglich.

Beachtet man, daß zufolge des verzögerungsfrei arbeitenden Wärmebades auch die Übergänge von 1 nach 0 aus einem thermischen Gleichgewichtszustand des Kristalls heraus stattfinden, so kann man für diese Übergänge die gleiche Argumentation wie für die Übergänge von 0 nach 1 anwenden. Wir wollen das nicht in allen Einzelheiten wiederholen. Jedenfalls stellt sich heraus, daß für die Übergänge von 1 nach 0 nur eine Emission, aber *keine* Absorption möglich ist. Zufolge der Streufunktion (8.57) ist die Emission dabei auf die infinitesimale Umgebung der „klassischen" Emissionsfrequenz ω_e beschränkt, wogegen die Übergangswahrscheinlichkeiten für alle anderen Emissionsfrequenzen ebenfalls zufolge (8.57) verschwinden. Daraus folgt weiter, daß die Gln. (8.53) nur für Werte von $\omega_\varkappa$ in den Intervallen $(\omega_a - d\omega, \omega_a + d\omega)$ und $(\omega_e - d\omega, \omega_e + d\omega)$ von Null verschieden sind, dagegen für alle anderen Werte verschwinden. Nun hatten wir schon erwähnt, daß immer $\omega_a > \omega_e$ sein muß. Das bewirkt nun, daß für die Lichtquantengleichungen im Intervall $(\omega_a - d\omega, \omega_a + d\omega)$ die Emissionswahrscheinlichkeiten ausfallen, in den Lichtquantengleichungen im Intervall $(\omega_e - d\omega, \omega_e + d\omega)$ dagegen die Absorptionswahrscheinlichkeiten zu Null werden. Die von Null verschiedenen Lichtquantengleichungen zerfallen also in zwei Teilsysteme, das Absorptionssystem

$$B_\varkappa = \sum_{l^1, b_\varkappa, l^0, b'} (b'_\varkappa - b_\varkappa)\, w^{1\varkappa}_{1,0}(l^1, b_\varkappa, l^0, b'_\varkappa)\, \overline{P_{l^0}}\, \overline{P_{b'}}\, \overline{n_0} \tag{8.62}$$

und das Emissionssystem

$$B_\varkappa = \sum_{l^0, b_\varkappa, l^1, b'} (b'_\varkappa - b_\varkappa)\, w^{1\varkappa}_{0,1}(l^0, b_\varkappa, l^1, b'_\varkappa)\, \overline{P_{l^1}}\, \overline{P_{b'}}\, \overline{n_1}. \tag{8.63}$$

Hierbei braucht man in den Gln. (8.62) und (8.63) nicht einmal die Frequenzen auf die genannten Intervalle zu beschränken. Die in den Übergangswahrscheinlichkeiten enthaltenen Streufunktionen sorgen automatisch dafür, daß alle unpassenden Frequenzen eliminiert werden. Das gleiche Argument hätte man natürlich von vornherein auf die Gln. (8.53) anwenden können. Jedoch war es einerseits interessant noch einmal explizit die Wirkung der Streufunktionen zu analysieren, zum andern aber ist die Trennung in einen Absorptions- und einen Emissionszweig für die weiteren Rechnungen nützlich. Da deren Diskussion vollkommen analog verläuft, können wir uns auf einen der beiden Fälle beschränken, und wählen dazu die Absorption, d. h. die Gln. (8.62). Beachtet man, daß für das Quadrat des Strahlungsfeldmatrixelementes bei einer Absorption die Formel

$$(q_\varkappa)^2_{b_\varkappa b'_\varkappa} = \frac{h\,(b'_\varkappa - 1)}{\omega_\varkappa}\, \delta_{b_\varkappa + 1,\, b'_\varkappa} \tag{8.64}$$

gelten muß, so geht die Gl. (8.62) bei Ausführung der Summation über $b_\varkappa$ und b' in

$$B_\varkappa = \sum_{l^1, l^0} \frac{(\overline{b}_\varkappa - 1)}{\omega_\varkappa}\, (h_\varkappa)^2_{1l^1, 0l^0}\, \delta(E^1_{l^1} - E^0_{l^0} - h\,\omega_\varkappa)\, \overline{P_{l^0}}\, \overline{n_0} \tag{8.65}$$

über, wenn man (8.64) in (8.62) einsetzt.

Wie in § 69 kann man jetzt eine homogene Einstrahlung im Absorptionsbereich annehmen, die durch die Ausgangsverteilung (7.37) charakterisiert wird. Faßt man analog zu § 69 dann alle Gln. (8.65) zusammen und bildet den Mittelwert der Absorption über die Linienbreite, so ergibt sich entsprechend (7.42) der Mittelwert

$$B_a(J) = \sum_{l^1, l^0}' \frac{\omega_a}{\pi^2 h c^3} (J - 1) (h_{\varkappa_a})^2_{1l^1, 0l^0} \overline{P}_{l^0} \overline{n}_0 . \tag{8.66}$$

Der Strich an der Summe deutet dabei an, daß in ihr über alle jene Kombinationen von l^1 und l^0 zu summieren ist, welche auf *dasselbe* ω_a führen. Anschaulich besagt diese, durch die δ-Funktion erzwungene Auswahlregel, daß im allgemeinen Fall mehrere Kristallübergänge auf die gleiche Absorptionsfrequenz führen können, wobei Einzelabsorptionen in derselben Frequenz sich dann *ununterscheidbar* zu einer Gesamtabsorption überlagern. Diese Gesamtabsorption einer Linie wird dann durch (8.66) quantitativ erfaßt.

(8.66) stellt zufolge der Ableitung aus der ensemble-Statistik die mittlere Absorptionswahrscheinlichkeit eines Lichtquants der Frequenz ω_a für einen einzelnen Mikroblock dar. Multipliziert man diese mit der Anzahl der Mikroblöcke im ensemble M, so erhält man die Anzahl der insgesamt vom ensemble absorbierten Lichtquanten, d. h. die makroskopische Gesamtabsorption. Der Wert $\overline{n}_0 M$ gibt dabei die Anzahl derjenigen Mikroblöcke im ensemble an, die im stationären Zustand überhaupt fähig sind ein Lichtquant zu absorbieren. Wie man in (8.66) ferner sieht, ist der numerische Wert der mittleren Absorptionswahrscheinlichkeit erst dann bekannt, wenn man auch etwas über die Verteilung $\overline{P}_{l^0}$ aussagen kann. In der allgemeinen Reaktionskinetik werden diese Verteilungen zugunsten der mittleren Quantenzahlen eliminiert. Für den stationären Zustand liegt jedoch einer der erwähnten Ausnahmefälle vor, in dem man auch Aussagen über die Verteilungen *selbst* machen kann. Diese folgen aus der thermodynamischen Gleichgewichtsstatistik für Bosonen, und wir werden die zugehörige Verteilungsfunktion im nächsten Paragraphen explizit verwenden. Zur Bestimmung verbleibt schließlich noch die mittlere Elektronenbesetzungszahl $\overline{n}_0$. Ihren Wert kann man aus (8.44) leicht bestimmen, wenn man die Gleichgewichtsverteilung für die Gitterzustände einsetzt, und die mittlere Lichtquantenzahl J mit $\overline{b}$ identifiziert. Auf die spezielle Rechnung gehen wir aus Raumgründen nicht ein.

§ 81. Thermisches Gleichgewicht im Ausgangszustand

Die vorangehenden allgemeinen Betrachtungen über Absorptionslinien im stationären Betrieb, wenden wir nun auf das Kristallmodell des Kap. VI an. Übertragen wir (6.6) auf das Matrixelement der optischen Übergänge, so liest man leicht ab, daß

$$(h_\varkappa)_{1l^1,0l^0} = (h_\varkappa)_{1,0}\, F_{l_1^1 l_1^0}(a_1^{10}) \ldots F_{l_N^1 l_N^0}(a_N^{10}) \tag{8.67}$$

sein muß. Die a_k^{10} sind dabei die Nullpunktsverschiebungen beim Übergang vom Zustand 0 in den Zustand 1. Nehmen wir nun an, daß sich keine besonderen Störschwingungen ausbilden, sondern nur der energetisch entartete longitudinale optische Zweig an die Elektronen gekoppelt ist, so kann man über die vorliegende Absorptionsformel (8.66) weitere Aussagen machen. Da der Kristall sich im Temperaturbad befindet, so muß im Ausgangszustand thermisches Gleichgewicht herrschen, und damit eine Gleichgewichtsverteilung für die Schallquanten gelten, die bekanntlich lautet

$$\overline{P_{l_1^0 \ldots l_N^0}(T)} = \left(1 - \exp - \frac{h\,\omega}{k\,T}\right) \exp - \frac{h\,\omega}{k\,T}\,(l_1^0 + \cdots + l_N^0), \tag{8.68}$$

wenn man sich auf die für uns allein interessanten longitudinalen Quantenzahlen beschränkt. Man hat also zufolge der Einlagerung des Kristalls in ein verzögerungsfrei arbeitendes Wärmebad hier einen Fall, bei dem nicht nur die mittleren Quantenzahlen des Gitterschwingungszustandes bekannt sind, sondern eine genaue Verteilungsfunktion (8.68) für die Ausgangsposition vorliegt, welche sich zufolge der Stationarität der Verhältnisse auch zeitlich nicht ändert. Setzen wir diese Verteilung in (8.66) ein, so entsteht als makroskopischer Absorptionswert über die Linienbreite

$$I(\omega_\varkappa)\,d\omega = \sum_{l^1,l^0}{}' \frac{\omega_\varkappa}{\pi^2 h^2 c^3}\,(J-1)\,(h_\varkappa)^2_{1l^1,0l^0}\,\overline{P_{l^0}(T)}\,N_0\,\frac{d\omega}{\omega}, \tag{8.69}$$

wenn wir (8.66) mit M multiplizieren, und $\bar{n}_0 M = N_0$ als Zahl der absorptionsfähigen Zentren setzen. Zufolge der bereits wegintegrierten Streufunktion sind dabei nur Übergänge zugelassen, die auf ein und dasselbe $\omega_\varkappa$ führen. Den überflüssigen Index a haben wir in (8.69) weggelassen. Da nach (8.61) und (6.50)

$$\omega_\varkappa = \frac{1}{h}\,[U_1(X_k^1) - U_0(X_k^0)] + \omega \sum_k (l_k^1 - l_k^0) \tag{8.70}$$

ist, kann man auch schreiben

$$\omega_\varkappa = \omega_0 + n_\nu\,\omega, \tag{8.71}$$

wenn man zur Abkürzung

$$n_\nu = \sum_k (l_k^1 - l_k^0) \tag{8.72}$$

verwendet. Da ω_0 eine konstante Größe ist, fordert die Bedingung der Konstanz von $\omega_\varkappa$ bei allen in (8.69) enthaltenen Übergängen demnach, daß n_ν eine Konstante sein muß. Setzt man (8.71) in (8.69) ein, so ist die in (8.69) über l^0 und l^1 zu erstreckende Summation daher unter der Nebenbedingung der Konstanz von (8.72) auszuführen. Dieses Problem ist nicht trivial, da zufolge der speziellen Form von (8.72) die verschiedenartigsten Gitterquantenzahlen l^0 und l^1 auf den gleichen Wert von n_ν führen können. D. h. im allgemeinen gibt es eine große Anzahl von Kristallniveaus, welche dieselben Energiedifferenzen ergeben, und daher die gleiche Absorptionsfrequenz aufweisen. Unter der angegebenen Nebenbedingung ist die Summation über all diese Übergangsmöglichkeiten dann explizit ausführbar, wenn man in (8.69) für den Gitterausgangszustand thermisches Gleichgewicht voraussetzt, d. h. die Verteilung (8.68) in (8.69) einsetzt. Das wurde von M. WAGNER gezeigt. Man erhält dann den WAGNERschen Satz [17].

Nimmt man an, daß die Elektronenzustände einer Kristallstörstelle nur mit (beliebig vielen) Gitterschwingungen gleicher Eigenfrequenz gekoppelt sind, die sich bei Übergängen nicht ändert, und nimmt man ferner als Ausgangszustand thermisches Gleichgewicht für die Gitterschwingungen an, so wird die Summe aller auf eine Absorptionslinie bezogenen Übergangswahrscheinlichkeiten gegeben durch

$$I(\omega_0 + \omega\, n_\nu)\, d\omega = \frac{1}{h}\, (h_\varkappa)^2_{1,0}\, \frac{\omega_\varkappa}{\pi^2 c^3}\, (J-1)\, F(n_\nu)\, N_0 \frac{d\omega}{\omega}, \qquad (8.73)$$

wobei $F(n_\nu)$ definiert wird durch

$$F(n_\nu) = \exp\left[-\frac{1+\exp-\dfrac{h\,\omega}{kT}}{1-\exp-\dfrac{h\,\omega}{kT}} \sum_i x_i + \frac{h\,\omega}{2kT}\, n_\nu\right] J_{n_\nu}\left[\frac{2\sum x_i \exp-\dfrac{h\,\omega}{2kT}}{1-\exp-\dfrac{h\,\omega}{kT}}\right] \qquad (8.74)$$

mit

$$x_i = \frac{1}{2}\, M\, \omega\, h^{-1}\, a_i^{102}. \qquad (8.75)$$

J_{n_ν} bedeute dabei die modifizierte BESSEL-Funktion erster Art. Den Beweis dieses Satzes geben wir aus Raummangel nicht wieder. Jedoch soll sein Inhalt noch näher interpretiert werden. Betrachtet man nämlich die Funktion (8.74), so zeigt sich, daß diese nicht eine hochdimensionale Funktion der einzelnen x_i ist, sondern daß in sie nur der Ausdruck

$$S = \sum_i x_i \qquad (8.76)$$

eingeht. Von diesem Ausdruck kann man aber nun nachweisen, daß er beim Übergang von einer Eigenschwingungsdarstellung ξ_k^μ in eine andere $\xi_k^{\mu'}$ invariant bleibt. Das bedeutet, daß für sämtliche Eigenschwingungssysteme die gleiche Übergangswahrscheinlichkeit entsteht. Diese Aussage scheint zunächst trivial, wenn man von der Äquivalenz zweier durch unitäre Transformation verknüpfter Systeme von frequenzgleichen Eigenvektoren ausgeht. Sie ist es jedoch nicht im folgenden Sinne: Man kann zur Zerlegung der Nullpunktsverschiebungen im Sinne des Kap. VI ein angepaßtes oder ein unangepaßtes Eigenschwingungssystem verwenden. Im Fall eines angepaßten Systems werden viele Rechnungen leichter, ja überhaupt erst durchführbar. Insbesondere die Elektron-Gitter-Kopplung. Man erkennt hiermit, daß man bei optischen Prozessen zufolge dieser Äquivalenz durch die Anpassung nichts an Allgemeinheit verliert, aber außerordentlich große Vereinfachungen bei simultan beschreibbaren andersartigen Prozessen gewinnen kann.

Mit (8.73) hat man nunmehr den endgültigen Ausdruck für die makroskopische Absorption einer Störstelle bei thermischem Gleichgewicht im Kristall abgeleitet, sofern der longitudinale optische Zweig als entartet angenommen wird, und keine ausgezeichneten Störschwingungen existieren. Jedoch bedarf es noch einer Bemerkung über die Anzahl der Absorptionslinien. Die bisherigen Rechnungen bezogen sich auf eine einzige Linie. Im allgemeinen wird aber ein Kristall sehr viele benachbarte Absorptionslinien aufweisen, die sich dann zu einer Bande zusammenschließen. Man erhält die makroskopische Absorption dieser Linien dann dadurch, daß man den Wert von $\omega_\varkappa$ über alle möglichen Absorptionsfrequenzen wandern läßt. Dies ist mathematisch schon in der Formel (8.71) vorbereitet. Variiert man nämlich das dort als konstant vorausgesetzte n_ν, so durchläuft gleichzeitig damit die Frequenz $\omega_\varkappa$ ein ganzes Frequenzintervall im makroskopischen Absorptionsbereich, welches man durch geeignete Wahl der Werte von n_ν beliebig ausweiten kann. Damit aber sieht man unmittelbar, daß Variation von n_ν in (8.73) auf sämtliche Absorptionswerte führen muß, und (8.73) daher den Absorptionswert für alle Frequenzen der Bande liefert.

Kapitel IX

Anwendungen

Wie schon in der Einleitung betont wurde, steht der in den Kap. I bis VIII dargelegten systematischen Theorie der Realkristallprozesse noch keine ebenso systematische Anwendung gegenüber. Das Ziel dieser Anwendung wurde schon in § 1 formuliert: Die theoretische Deutung und Beschreibung der kombinierten Störstellenprozesse, welche im Zusammenwirken mehrerer an verschiedenen Störstellen ablaufenden Reaktionen das allgemeinst mögliche Realkristallverhalten ergeben. Als einfachstes Beispiel möge etwa die kombinierte Reaktionskinetik von F- und F'-Zentren dienen. Kompliziertere Beispiele lassen sich in beliebiger Anzahl konstruieren. Betrachtet man unter dem Blickpunkt dieser Aufgaben die vorangehende Theorie, so erkennt man, daß die wachsende Komplikation des Modells zwar den jeweils erforderlichen quantitativen Aufwand vergrößert, daß hingegen über die prinzipielle Lösbarkeit nicht die Kombination von Prozessen, sondern allein die theoretische Beherrschung der Fundamentalprozesse bzw. -probleme entscheidet. Ist man imstande diese Fundamentalprozesse zahlenmäßig auszuwerten, so stellt sich letztlich ihrer Kombination kein unüberwindliches Hindernis mehr entgegen. Diese Fundamentalprozesse bzw. -probleme wollen wir die Schlüsselprobleme nennen. Bei der praktischen Auswertung wird man daher zunächst die Schlüsselprobleme angreifen, und nach ihrer Bewältigung zur Kombination übergehen, d. h. zum allgemeinst denkbaren Fall. Bisher wurden, zufolge der kurzen zur Verfügung stehenden Zeit, nur derartige Schlüsselprobleme behandelt. Als solche müßte man, vom theoretischen Standpunkt aus, den Inhalt jedes einzelnen der acht vorangehenden Kapitel ansehen, da sie alle für die Gesamttheorie unentbehrliche Teilfragen aufgreifen. Jedoch steht dieser Standpunkt mit den experimentellen Vergleichsmöglichkeiten im Widerstreit. Man möchte ja nicht nur zeigen, daß die Theorie als mathematisches Problem bewältigbar ist, sondern sucht zugleich auch die Übereinstimmung mit dem Experiment. Das Ergebnis dieses Widerstreits ist ein Kompromiß: Einige der ausgewählten Schlüsselprobleme gestatten speziell die praktische Überprüfung nur eines einzigen Kapitels, sind dafür aber dem experimentellen Vergleich nicht gut zugängig, andere Schlüsselprobleme wiederum machen von mehreren Kapiteln zugleich Gebrauch, und ergeben dafür experimentell besser nachprüfbare Aussagen. Zur ersten Sorte gehören die Berechnung einer Stufen- und einer Schraubenversetzungskonfiguration (§ 82), die der Überprüfung der gitterstatischen Kap. II und III dient, sowie die Berechnung der Energiedissipation aus angeregten Gitterstörschwingungen (§ 85), welche vor allem auf der ensemble-Statistik des Kap. VII beruht. Als experimentelle Vergleichsmöglichkeiten kämen bei den Versetzungen die gemessenen Bildungsenergien in Frage, bei der Dissipation vielleicht (aber sicher sehr ungenau) die Linienbreiten der optischen Absorptionslinien von Gitterstörschwingungen. Ein solcher Vergleich wurde aber noch nicht durchgeführt; die Rechnungen konzentrierten sich bisher allein auf den Nachweis der Brauchbarkeit der Theorie, wobei natürlich auf die richtige Größenordnung der Ergebnisse geachtet wurde. Anders steht es bei der zweiten Sorte von Schlüsselproblemen. Hierzu zählt die Behandlung der F-Zentren-Absorptionen (§ 83). Sie erfordert die Anwendung der gitterstatischen und gitterdynamischen Theorie für die Kristallwellenfunktionen in Kap. II und III, sowie zufolge spezieller Voraussetzungen das dynamische Kristallmodell in Kap. VI, mit der anschließenden ensemble-Statistik stationärer Vorgänge in Kap. VII und VIII. Die resultierenden Aussagen sind bequem dem experimentellen Vergleich mittels gemessener Absorptionsbanden zugängig. In dieselbe

Richtung zielen Rechnungen über das Verhalten des F-Zentrums im elektrischen Feld. Neben den dazu notwendigen Kap. II und IV sowie VI und VII wurde dabei vor allem die theoretische Vorstellung zeitabhängiger Übergänge des Kap. V an Stelle der sonst üblichen Tunneleffektsrechnungen verwendet. Jedoch wurden die theoretischen Untersuchungen nur in beschränktem Rahmen ausgeführt, so daß die gesamten experimentellen Vergleichsmöglichkeiten in diesem Fall nicht ausgeschöpft sind. Als weiteres und bis jetzt letztes Beispiel wird schließlich das bekannte Problem der strahlungslosen Übergänge als Schlüsselproblem aufgegriffen, d. h. des theoretischen Existenznachweises von sog. Killern (§ 86—92). Dieses Problem erfordert zu seiner Behandlung die gesamte hier entwickelte Theorie, mit Ausnahme des Kap. III, und eignet sich daher vorzüglich zur beispielhaften Darstellung der Anwendungsmöglichkeiten dieser Theorie. Der Vergleich mit dem Experiment besteht hier darin, daß man in gewissen Ionenkristallen für bestimmte Fremdzusätze mit Sicherheit aussagen kann, ob diese als Killer wirken oder nicht, und in welcher Größenordnung diese Wirkung liegt.

In Anbetracht der erwähnten Beispiele kann man daher bereits jetzt zusammenfassend feststellen, daß die prinzipielle Brauchbarkeit der Theorie als erwiesen angesehen werden muß. Bei der anschließenden Beschreibung dieser Anwendungen werden wir die zugehörigen Literaturzitate jeweils am Beginn des Paragraphen angeben.

§ 82. Gitterstatik gerader Schrauben- und Stufenversetzungen

(Siehe hierzu H. Gross und F. Wahl [*7*], H. Gross [*6*], F. Wahl [*21*], [*22*], [*23*])

Ein bekanntes theoretisches Problem bildet die Berechnung der Gitterkonfiguration und Energie einer Versetzungslinie. Die von der Elastizitätstheorie des Kontinuums angegebenen Lösungen weisen Divergenzen und Mehrdeutigkeiten auf, so daß insbesondere über den Kern der Versetzung keine Aussagen mehr möglich sind. Die Versetzungen müssen demnach atomistisch behandelt werden. Hierbei kann man nach Kap. III entweder quantenmechanisch atomistisch oder klassisch atomistisch vorgehen. Zur Vorbereitung der quantenmechanischen Rechnung ist es nützlich, die Versetzungen zunächst klassisch-atomistisch zu behandeln. Diese klassisch-atomistische Rechnung wurde von H. Gross für eine gerade Schraubenversetzung in [100]-Richtung und von F. Wahl für eine gerade Stufenversetzung in [110]-Richtung für KCl bis zur Angabe numerischer Werte durchgeführt. Die Gitterbausteine wirken dabei mit Ersatzpotentialen der Art (2.7) aufeinander. Explizite Elektronen werden nicht berücksichtigt, und die Elektronenpolarisation wird allein durch Abschirmungskonstanten eingeführt. Unter den genannten Annahmen kommt man damit zu den einfachsten Problemen der Gitterstatik eindimensionaler Gitterstörungen. Als gemeinsame Grundlage zur Berechnung beider Versetzungstypen muß gemäß § 25 die Umkehrmatrix für KCl bekannt sein, welche die Abspaltung des linearen Anteils der Gitterreaktion ermöglicht. Diese Matrix wurde von H. GROSS und F. WAHL angegeben. Danach trennen sich die Wege. Wir wenden uns zunächst der Schraubenversetzung zu. Die Ableitung der Kraftgleichungen im einatomigen Gitter in § 27 wurde von H. GROSS auf das Ionengitter übertragen. Wegen der Translationsinvarianz längs der Schraubenachse läßt sich das dreidimensionale Problem in ein ebenes Problem umwandeln, wobei die Aufsummation der Gitterkräfte längs der invarianten Richtung mit Hilfe von Madelungpotentialen bzw. deren Ableitungen vollzogen wird. Die Auflösung des Gleichungssystems geschieht durch Umkehrung und nachfolgende Iteration. H. GROSS berücksichtigt für diese Iteration längs der vier kernnächsten Gittergeraden nichtlineare Kräfte.

Die Ergebnisse dieser Rechnung sind in Abb. 4 für die vier achsennächsten Gittergeraden eingezeichnet, wobei die numerischen Werte ihrer Verschiebungen explizit eingetragen wurden. Wie man sieht, übt die Schraubenachse auf die vier nächsten Gittergeraden eine kontierende Wirkung aus, sie werden nach innen gezogen. Erst die übernächsten und folgenden Gittergeraden werden aufgeweitet. Diese Kontraktion samt der nachfolgenden Aufweitung ist ein typisch nichtlinearer Effekt, den die lineare Kontinuumstheorie nicht liefern kann. Das aus der Rechnung folgende vollständige Verschiebungsfeld gestattet nun auch eine Energiebestimmung der Versetzungsanordnung. Hierzu wurde von H. GROSS die in § 12 geschilderte und von F. WAHL ausführlich diskutierte Methode verwendet. Bei ihr können die weit in den Kristall reichenden quadratischen Energieanteile mit Hilfe der Kraftgleichungen umgeformt werden, so daß schließlich die gesamte Deformationsenergie allein durch Energieterme dargestellt werden kann, die in der Umgebung der Versetzungslinie lokalisiert sind. Zur Berechnung dieser lokalisierten Terme braucht man dann ebenfalls explizit nurmehr die Verschiebungen in

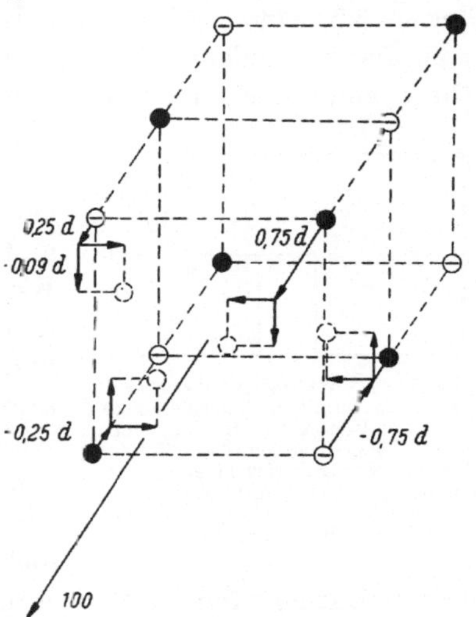

Abb. 4. Kern einer Schraubenversetzung mit der Schraubenachse in [100]-Richtung im KCl-Kristall (nach H. GROSS)

der Umgebung der Versetzungslinie, und kann auf die Benutzung des asymptotischen Verschiebungsfeldes völlig verzichten. Als atomistische Deformationsenergie der Schrankenversetzung in einem Kristallzylinder, dessen Achse die Versetzungslinie bildet, erhält man pro Netzebene

$$\Delta U = 0{,}93 + 0{,}47 \log n \text{ (eV)},$$

wenn man mit n die Anzahl der Ionenabstände vom Versetzungskern zum Rand des Kristalls bezeichnet. Bei Übergang zu einem unendlich großen Kristall entsteht also eine logarithmische Singularität in der Deformationsenergie. Sie hängt mit dem unrealistischen Modell des unendlich ausgedehnten Kristall zusammen. Sieht man von dieser Schwierigkeit zunächst ab, so ist jedenfalls mit diesen Rechnungen das klassisch-atomistische Problem der Schraubenversetzung in bezug auf die Gitterstatik vollständig numerisch charakterisiert. Dieselben Größen müssen auch für die Stufenversetzung berechnet werden. Zur Bestimmung ihrer Gitterkonfiguration wurden von F. WAHL Kraftgleichungen verwendet, welche man durch Übertragung der Stufenversetzungsgleichungen für einatomige Gitter in § 28 auf Ionengitter gewinnt. Die dafür von F. WAHL zugrunde gelegte Modellvorstellung ist jedoch von der in § 28 entwickelten Modellvorstellung etwas verschieden. In der von uns verwendeten Terminologie kann man sie kurz so beschreiben: Die asymptotischen Verschiebungen längs der Gleitebene werden für einen ganzen, bis in den Kern der Versetzung hinein reichenden Kristallblock als Vorverschiebungen gewählt. Das ergibt das Blockmodell der Abb. 5. Die im Kristall wirkenden Kräfte schließen dann im Unendlichen den durch die Vorverschiebungen entstandenen Schlitz wieder zusammen, und bilden so eine Stufenversetzung im Kristall aus. Da die Gleichungen dieses Modells von den auf Ionengitter verallgemeinerten Gleichungen des § 28 nicht verschieden sind, gehen wir auf weitere Einzelheiten des Modells nicht ein. Die eigentliche Rechnung verläuft wie bei der Schraubenversetzung durch Umkehrung und Iteration des Gittergleichungssystems, ist jedoch quantitativ umfangreicher, da diesmal längs der gesamten Gleitebene Flächenkräfte auftreten, wie § 28 zeigt. Die Ergebnisse dieser Rechnung bringt in einem Ausschnitt um die Versetzungslinie die Abb. 6. Wie man sieht, treten dabei keinerlei Auslenkungssingularitäten auf. Die klassische atomistische Theorie vermittelt also in jedem endlichen Bereich ein reales Bild der Auslenkungsverhältnisse einer Stufenversetzung. Wie bei der Schraubenversetzung,

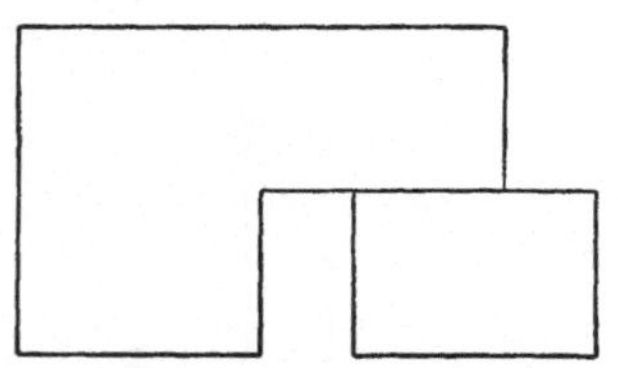

Abb. 5. Das WAHLsche Blockmodell. Die asymptotischen Verschiebungen längs der Gleitebene sind auf einen ganzen Block ausgedehnt. Zufolge der im Kristall wirksamen Kräfte schließt sich der Schlitz wieder, und es entsteht aus dieser Anordnung eine Stufenversetzung

so ist auch bei der Stufenversetzung bemerkenswert, daß diese singularitätenfreien Ergebnisse ohne Verwendung irgendeines Abschneideradius aus den Gittergleichungen folgen. Der Kern einer Versetzung ist bei diesen Rechnungen daher nur insofern definierbar, als in seinem

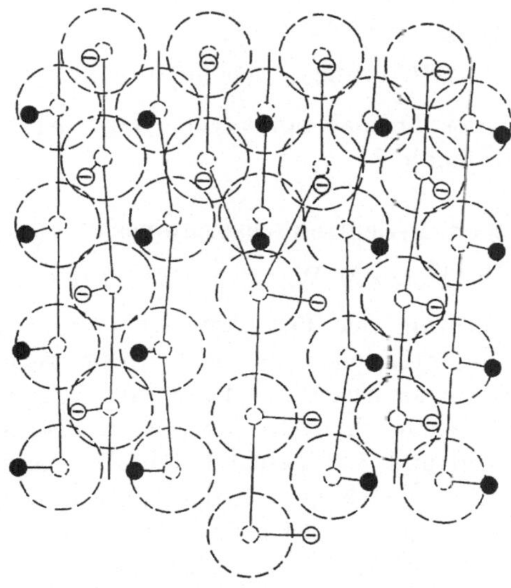

Abb. 6. Kern einer Stufenversetzung mit dem BURGERS-Vektor in [110]Richtung im KCl-Kristall Die voll ausgezogenen Kreise geben die Ionen in der Ausgangsposition des Blockmodells zu Beginn der Rechnung, s. Abb. 5. Die gestrichelten großen Kreise stellen die dem Ion im ungestörten Kristall zur Verfügung stehende Kugelumgebung dar. An ihrer Überschneidung im gestörten Zustand kann man die Kompressionen und Aufweitungen ablesen, die dieser Zustand verursacht (nach F. WAHL)

Bereich die nichtlinearen Kräfte eine maßgebliche Rolle spielen. Im Gegensatz zur Singularitätenfreiheit im Kern entstehen aber für das asymptotische Verschiebungsfeld die schon von der Kontinuumstheorie her bekannten logarithmischen Singularitäten. Diese sind jedoch nicht die Folge einer unzureichenden atomistischen Theorie, sondern müssen wie bei der Schrankenversetzung dem unrealistischen Modell eines unendlich ausgedehnten Kristalls zur Last gelegt werden. Verwendete man nur eine endliche Anzahl von Gitterbausteinen, und damit einen endlichen Kristall, so würden die Gittergleichungen nicht nur im Kern, sondern auch am Rand völlig singularitätenfreie Lösungen liefern. Die praktische Auswertung solcher Gleichungen stößt aber insofern auf Schwierigkeiten, als die Abspaltung des linearen Anteils zwar nach wie vor prinzipiell möglich, praktisch aber schwerer ausführbar ist. Rechnungen mit endlichen Kristallen wurden daher noch nicht mit der in diesem Buch entwickelten Theorie vorgenommen.

Die Energieberechnung wird nach derselben Methode wie bei der Schraubenversetzung durchgeführt, kann aber wegen der flächenhaften

Störkräfte nicht mehr allein in der Umgebung der Versetzungslinie lokalisiert werden, sondern liefert Terme, die auch die Verschiebungen längs der Gleitebene erfordern. Die numerische Rechnung ist ohne weiteres ausführbar, jedoch macht sich das unrealistische Modell auch hier durch eine logarithmische Singularität bemerkbar. Man erhält als Deformationsenergie pro Netzebene

$$\Delta U = 1{,}52 + 0{,}44 \log n \quad (\mathrm{eV}),$$

wobei n die Zahl der Ionenabstände vom Kern der Versetzung zum Rand des Kristalls angibt[85].

§ 83. F-Zentren Absorptionsbanden

(Siehe hierzu M. Wagner [*18*], [*19*], [*20*])

Ein Standardproblem der Phosphoreszenzphysik bilden die Absorptionsbanden von Störstellen. Bei ihrer theoretischen Berechnung kann man die Güte einer Theorie und der zugehörigen Modellvorstellung verhältnismäßig einfach nachprüfen, wenn man stationäre Verhältnisse der in § 80 und § 81 geschilderten Art voraussetzt. Damit werden die optischen Übergänge von den übrigen Übergängen separiert, und man wird nicht sogleich in eine komplizierte Reaktionskinetik verwickelt. Es genügt vielmehr die optischen Übergangswahrscheinlichkeiten allein zu berechnen. Für den Vergleich am besten geeignet sind die gründlich untersuchten Absorptionsspektren von F-Zentren in Alkalihalogeniden. Die entsprechenden Rechnungen wurden von M. Wagner ausgeführt. Voraussetzung für die Berechnung der optischen Übergangswahrscheinlichkeiten ist die vollständige Kenntnis der Kristallwellenfunktionen. Diese hängen vom Modell und den Annahmen über den Gesamtkristall ab. Als Modell des F-Zentrums wird ein Ionenkristallblock mit einer Anionenlücke verwendet, in welcher ein Elektron gebunden ist. Für den Gesamtkristall wird die Entartung des longitudinalen optischen Zweigs der Gitterschwingungen vorausgesetzt. Mit Ausnahme des Elektrons im F-Zentrum werden alle übrigen Elektronen des Kristalls kollektiv mit den Atomkernen des Gitters zusammengefaßt, welches dann durch Ersatzpotentiale der Art (2.7) beschrieben werden kann. Zusätzlich wird noch die Elektronenpolarisation der Ionen durch Dipole berücksichtigt. Die atomistische Berechnung des statischen Elektron-Gitter-Grundzustandes ergibt z. B. in KBr eine Bindungsenergie von —1,5 eV für das F-Zentren-Elektron. (Diese Energie darf nicht mit der davon verschiedenen optischen Ab-

[85] Huntington berechnete die Energie für die gleiche Versetzungskonfiguration in NaCl mit einer gemischt atomistisch-kontinuumsmäßigen Methode zu $\Delta U = 0{,}392 + 0{,}508 \log n\,(\mathrm{eV})$, s. Fußnote 15, S. 8.

sorptionsenergie verwechselt werden!) Für die Elektronenwellenfunktion wird dabei eine einparametrige s-Funktion angesetzt, die durch eine gitterperiodische Funktion multiplikativ modifiziert ist. Die Gitterkonfiguration wird zusammen mit der elektronischen Polarisation durch eine klassisch-atomistische Polarisationstheorie berechnet, wobei die Polarisationswirkung einer Punktladung auf ein Ion durch ein realistisches nichtlineares Polarisationsgesetz beschrieben wird, das einen singularitätenfreien HAMILTON-Operator garantiert. Wegen der Einfachheit des Modells muß man nicht die allgemeine Theorie des Kap. II verwenden. Dem Grundzustand wird danach nach Kap. VI die Elektron-Gitter-Dynamik überlagert und berechnet. Analog wird die Rechnung für angeregte Zustände ausgeführt. Im wesentlichen handelt es sich dabei um einen näherungsweise $2p$- und $3p$-artigen Zustand des F-Zentren-Elektrons, welcher selbstverständlich wie bereits beim Grundzustand nur durch Wechselwirkung mit dem Gitter zustande kommt. Die mit diesen Funktionen nunmehr berechenbaren stationären optischen Übergangswahrscheinlichkeiten weisen nach M. WAGNER folgende charakteristischen Züge auf, die mit dem Experiment verglichen werden können:

1. Eine Hauptbande, und auf deren hochfrequenter Seite mehrere Nebenbanden.

2. Die absolute Höhe der Bandenmaxima und deren Temperaturabhängigkeit.

3. Die Halbwertsbreite der Einzelbanden und deren Temperaturabhängigkeit

4. Die nahezu GAUSSsche Form der Banden, und die Abweichungen davon.

5. Die absolute Lage der Bandenmaxima und deren Temperaturverschiebung.

1. Die Hauptbande entspricht dem $(1s, 2p)$-Übergang, die Nebenbanden den $(1s, 3p)$ usw. -Übergängen. Bei jedem Elektronenübergang wird das Gitter umpolarisiert, so daß im Endzustand des Übergangs sich das Gitter nicht im thermischen Gleichgewicht befindet, d. h. es werden Schallquanten vom Gitter aufgenommen oder (bei niedrigen Temperaturen allerdings seltener) vom Gitter abgegeben. Die dabei mögliche Variation der Schallquantenzahlen hat die Absorptionsbande an Stelle einer einzigen Linie zur Folge, wie sie ein alleiniger Elektronenübergang ergeben würde. An sich müßte auch die kombinierte Elektron-Gitter-Anregung auf ein Linienspektrum führen, wegen der Linienbreiten und der schwachen Verschiedenheit der Oszillatorenfrequenzen wird daraus aber ein Bande. In Abb. 7 sind die berechneten Kurven und die gemessenen Kurven für den $(1s, 2p)$-Übergang eingezeichnet. Die Temperaturverschiebung wurde, weil noch nicht

berechnet, dabei eliminiert. Man erkennt für tiefe Temperaturen eine relativ gute Übereinstimmung der berechneten und gemessenen Kurvenformen. Nur die hochfrequente Bandenflanke der berechneten $(1s, 2p)$ Bande zeigt wesentliche Abweichungen von der gemessenen Gesamtbande. Dies rührt daher, daß im hochfrequenten Ausläufer der experimentell gemessenen Bande noch die $(1s, 3p)$ usw. -Banden enthalten

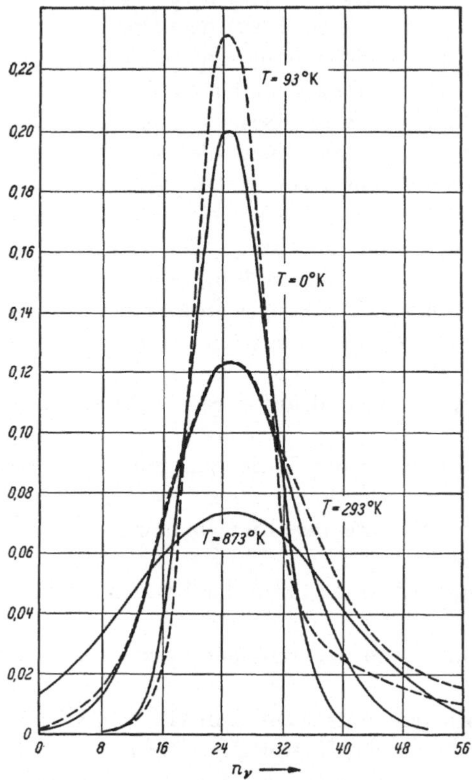

Abb. 7. Die F-Bande von KBr bei verschiedenen Temperaturen, wobei die Temperaturverschiebung eliminiert wurde. Die für $T = 0°$, 293° und 873 °K theoretisch abgeleiteten Kurven sind voll ausgezogen, die für $T = 93°$ und 293 °K experimentell gemessenen Kurven gestrichelt eingezeichnet. Auf der Abszisse sind die Schallquantenzahlen angegeben, die für den jeweiligen Kurvenpunkt simultan mit dem Elektronensprung im Gitter erzeugt werden. Theoretisch muß die Gesamtabsorption, d. h. das Integral über die Absorptionskurve, für beliebige Temperaturen stets den gleichen Wert ergeben. In der Abb. wurde ein solcher Maßstab gewählt, daß diese Gesamtabsorption auf 1 normiert ist. Der Vergleich mit den experimentellen Kurven zeigt, daß die Konstanz der Gesamtabsorption experimentell nicht streng erfüllt ist. Die Abweichungen vom theoretischen Wert auf den hochfrequenten Flanken der Kurven rühren vom $(1s-3p)$-Übergang her, der in der gemessenen Bande mit enthalten ist, in der theoretischen Bande aber nicht eingezeichnet wurde. Vgl. dazu Abb. 8! (nach M. WAGNER und F. LÜTY)

sind. Das macht sich besonders bei tiefen Temperaturen bemerkbar, wie in Abb. 8 zu sehen ist. In ihr sind für $T = 0°$ die Hauptbande $(1s, 2p)$ und die erste Nebenbande $(1s, 3p)$ eingezeichnet.

2. Die theoretische und experimentelle Temperaturabhängigkeit der maximalen Bandenhöhe ist ebenfalls in Abb. 7 ersichtlich. Der Unterschied bei sehr tiefen Temperaturen ist ein Gitterfrequenzeffekt (siehe 3.), der wegen der Konstanz der Bandenfläche über die Halbwertsbreite sehr empfindlich die Bandenhöhe beeinflußt.

3. Für die Halbwertsbreite der $(1s, 2p)$-Bande erhält man nach M. Wagner die Tabellen

	NaCl			KCl		
T (°K)	20	293	873	87	293	873
H (eV) ber.	0,39	0,47	0,85	0,30	0,40	0,72
H (eV) gem.	0,34	0,47	0,87	0,23	0,35	0,69

	KBr			RbCl		
T (°K)	87	293	873	113	293	873
H (eV) ber.	0,24	0,37	0,66	0,29	0,40	0,71
H (eV) gem.	0,22	0,35	0,67	0,22	0,31	0,65

	KJ					
T (°K)	28	128	293	573	773	873
H (eV) ber.	0,20	0,23	0,35	0,50	0,58	0,62
H (eV) gem.	0,19	0,26	0,34	0,50	0,59	0,63

In dieser Tabelle sind die berechneten Halbwertsbreiten für einige Kristalle bei verschiedenen Temperaturen angeschrieben. Zum Vergleich stehen darunter die experimentell gefundenen Werte. Man sieht, daß die Übereinstimmung recht gut ist. Bei tiefen Temperaturen sind die berechneten Werte fast durchweg ein wenig zu groß, bei sehr hohen Temperaturen hingegen um einige Prozent zu klein. Die Ursache dieses Effektes ist wohlbekannt; es handelt sich um einen Gitterfrequenzeffekt, und zwar rührt er davon her, daß die mit der Wellenfunktion des Störstellenelektrons korrelierten Gittereigenschwingungen entgegen dem Postulat der Entartung tatsächlich verschiedene Eigenfrequenzen (in einem bestimmten Elektronenzustand) haben. Am besten ist die Übereinstimmung bei Kristallen, bei denen das Halogenion viel schwerer ist als das Alkaliion (KJ!). Bei diesen Kristallen ist nämlich die Voraussetzung der longitudinalen optischen Entartung am besten erfüllt.

4. Aus dem Experiment ist qualitativ bekannt, daß die hochfrequente Flanke der F-Hauptbande gegenüber der niederfrequenten angehoben ist. Dieser Effekt kann durch die Theorie ebenfalls begründet werden. Die Übergangswahrscheinlichkeiten für die Gitteroszillatoren sind asymmetrisch bezüglich des Bandenmaximums, wenn man die thermischen Summationen des § 81 ausführt, und damit zum Wagnerschen Satz gelangt. Für tiefe Temperaturen ist diese Asymmetrie in Abb. 9 dargestellt.

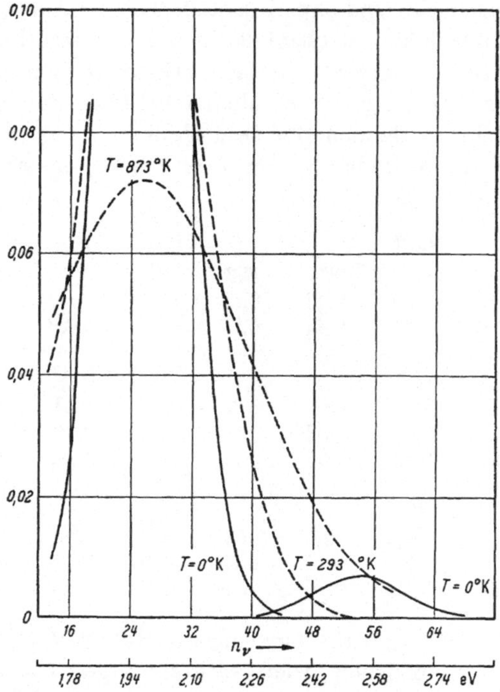

Abb. 8. Die Hauptbande und erste Nebenbande des F-Zentrums in KBr. Das Hauptmaximum ist bei Zimmertemperatur fixiert. Die voll ausgezogenen Kurven stellen die Banden bei $T = 0$ °K dar. Zum Vergleich ist gestrichelt die Hauptbande bei höheren Temperaturen eingezeichnet (nach M. WAGNER)

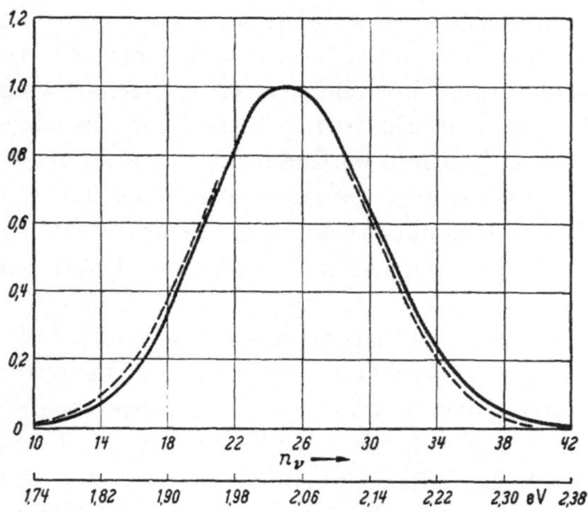

Abb. 9. Darstellung der Frequenzabhängigkeit der F-Hauptbande bei $T = 0$ °K in KBr. Gestrichelt ist die GAUSS-Approximation der Absorptionskurve eingezeichnet. Man erkennt deutlich die Asymmetrie der Flanken der streng berechneten F-Hauptbande. In der ersten Skala sind die beim Absorptionsprozeß erzeugten Schallquantenzahlen eingezeichnet (nach WAGNER)

5. Von M. WAGNER wurde nur das absolute Maximum der Hauptbande und ihrer Nebenbanden für $T = 0°$ berechnet. Es ergibt sich gute Übereinstimmung mit dem Experiment. Die Temperaturverschiebung wurde noch nicht berechnet, jedoch sind ihre Ursachen ebenfalls qualitativ bekannt. Sie liegen einerseits darin, daß die Gittereigenschwingungen, mit denen das Störzentren-Elektron gekoppelt ist, für die verschiedenen Elektronenzustände nicht die gleiche Frequenz aufweisen, zum anderen, daß bei höheren Temperaturen das Gitter eine Temperaturaufweitung erfährt, welche ebenfalls die Eigenfrequenzen der Gitteroszillatoren verändert. Beide Effekte zusammengenommen müssen auf die Temperaturverschiebung der Banden führen.

Zu den aufgeführten Kennzeichen kommt schließlich noch hinzu, daß der Flächeninhalt der F-Bande bei allen Temperaturen nahezu denselben Wert behält. Dieses aus dem Experiment wohlbekannte Phänomen läßt sich auch theoretisch begründen und führt darauf, daß sich in Abb. 7 die Absorptionskurven auf den Wert 1 normieren lassen.

§ 84. Das F-Zentrum im elektrischen Feld

(Siehe hierzu A. MIEHLICH [*8*])

Von A. MIEHLICH wurde das Verhalten von F-Zentren-Elektronen unter dem Einfluß eines von außen angelegten, zeitunabhängigen elektrischen Feldes studiert. Da dieses Feld jederzeit ein- und ausschaltbar ist, muß es im Sinne des § 47 als Störung eingeführt werden, welche zwischen den Zuständen des Gesamtsystems *zeitabhängige* Übergänge erzwingt. Die direkt vom äußeren Feld erzeugten Übergänge sind dabei strahlungslos, da ein statisches elektrisches Feld keine Lichtquanten beinhaltet. Jedoch gelten für die Matrixelemente dieselben Auswahlregeln wie bei strahlenden Übergängen. Es sind also nur ($1s$, $2p$), ($1s$, $3p$) usw. -Übergänge möglich. Das größte Interesse beansprucht die durch das Feld induzierte Ionisation der F-Zentren. Diese findet durch den Übergang eines F-Zentren-Elektrons vom Grundzustand des Zentrums in den ersten angeregten Zustand, d. h. als ($1s$, $2p$)-Übergang, und weiter vom $2p$-Zustand in das Leitungsband statt. Da der ($1s$, $2p$)-Übergang selbst in der Nähe der Durchschlagsfeldstärke nur eine sehr geringe Wahrscheinlichkeit aufweist, wird der erste Schritt zur Ionisation durch eine strahlende Anregung ersetzt, und allein für die vollständige Ionisation des Elektrons, d. h. den Übergang vom $2p$-Zustand in das Leitungsband das elektrische Feld benutzt. Die Wahrscheinlichkeit eines solchen Übergangs ist so groß, daß der Effekt beobachtbar wird. Zur Berechnung dieser Wahrscheinlichkeiten verwendet A. MIEHLICH die von M. WAGNER für das F-Zentrum angegebenen Wellenfunktionen sowie die Theorie der strahlungslosen

Übergänge aus § 71. Aus ihr folgt, daß der ($1s$, $2p$)-Übergang eine wesentlich geringere Übergangswahrscheinlichkeit als der ($2p$, c)-Übergang ($c \equiv$ conduction band) aufweisen muß, da die Energiedifferenz für den ($1s$, $2p$)-Übergang bedeutend größer als für den ($2p$, c)-Übergang ist, und bei strahlungslosem Verlauf daher nur schwer durch quantenmechanische Schwankungsenergien kompensiert werden kann. Die berechneten Übergangswahrscheinlichkeiten sind in der Abb. 10 angegeben.

Neben den Übergängen tritt auch eine Verschiebung der Elektronenniveaus durch die Einwirkung des statischen Feldes auf. Jedoch ist der Starkeffekt an den Elektronenniveaus so gering, daß man ihn vernachlässigen kann. Für die Durchschlagsfeldstärke erhält man z. B.

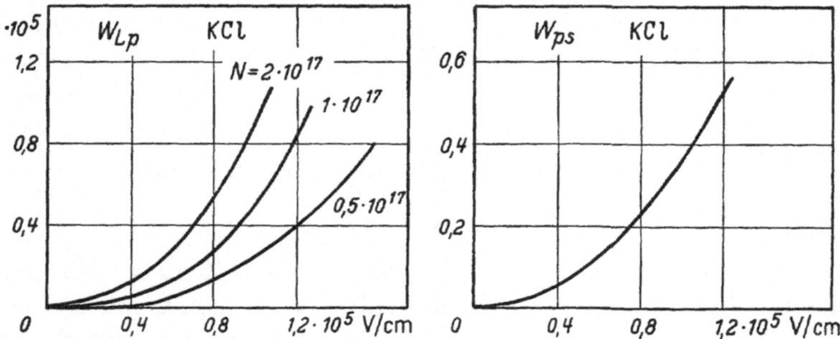

Abb. 10. Feldabhängigkeit der Übergangswahrscheinlichkeiten am F-Zentrum. N bedeutet die Zahl der F-Zentren/cm³ (nach MIEHLICH). Die eingezeichneten Übergangswahrscheinlichkeiten sind etwa für den Temperaturbereich von $T = 0°$ bis $T = 300°$ berechnet worden, und sollten an sich temperaturabhängig sein. Jedoch wurde den Rechnungen ein zu hoher Ionisationswert von 0,6 eV beim Übergang vom p-Zustand ins Leitungsband zugrunde gelegt, so daß die Temperaturabhängigkeit vernachlässigbar wird. Beim s—p-Übergang dagegen ist die Energiedifferenz tatsächlich so groß, daß die Temperatur keinen Einfluß auf die Übergangswahrscheinlichkeit hat. Ebenso ist dieser Übergang von der Konzentration der Störzentren praktisch unabhängig, da er zwischen zwei gebundenen Zuständen desselben Zentrums stattfindet.

Verschiebungen in der Größenordnung von 10^{-8} eV. Ebenso ist auch der Einfluß des Feldes auf das Gitter vernachlässigbar.

Mit den berechneten Übergangswahrscheinlichkeiten allein läßt sich noch kein Vergleich mit den Experimenten durchführen. Es werden nämlich bei der Untersuchung von Kristallphosphoren im allgemeinen Intensitäten von Absorptionsbanden sowie Photoströme gemessen. Diese beiden Größen aber hängen nicht nur von den Übergangswahrscheinlichkeiten ab, sondern auch von den mittleren Besetzungszahlen der Elektronen und Schallquanten im Kristall. Zu deren Ableitung wiederum ist nicht eine einzelne Übergangswahrscheinlichkeit ausreichend, sondern es müssen die allgemeinen reaktionskinetischen Gleichungen des Kap. VIII für das betreffende Modell integriert werden, welche die Konkurrenz aller möglichen Übergänge erfassen. Beim F-Zentrum im elektrischen Feld handelt es sich bezüglich der Elektronenanregungen vor allem um die in Abb. 11 dargestellten Prozesse. Die allgemeinen reaktionskinetischen Gleichungen für dieses Modell wurden

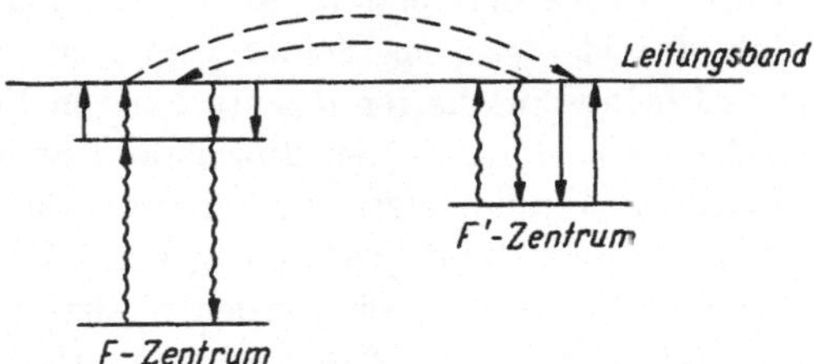

Abb. 11. Schema der Reaktionskinetik von F- und F'-Zentren. Die gewellten Pfeile stellen optische Übergänge dar, die ausgezogenen Pfeile thermische und elektrische Übergänge, die gestrichelten Pfeile den Elektronentransport im Leitungsband (nach A. MIEHLICH)

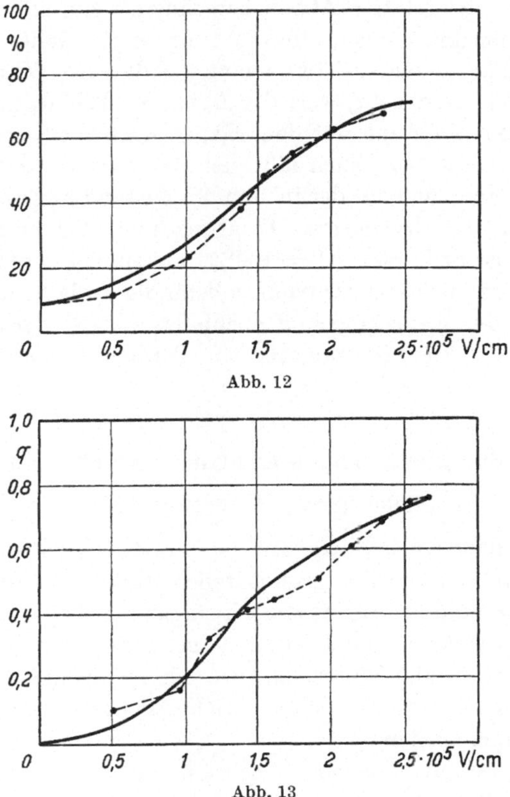

Abb. 12

Abb. 13

In Abb. 12 wird der relative Abbau der F-Hauptbande unter dem Einfluß eines elektrischen Feldes dargestellt, in Abb. 13 das Verhältnis der vollionisierten F-Zentren zur Zahl der angeregten F-Zentren, bei denen die Elektronen vom $1s$-Zustand optisch in den $2p$-Zustand gehoben wurden (nach A. MIEHLICH und F. LÜTY) noch nicht integriert. Jedoch hat A. MIEHLICH einige Grenzfälle näherungsweise betrachtet, welche mit dem Experiment verglichen werden können. Von F. LÜTY wurde der relative Abbau der F-Zentren-Bande unter dem Einfluß des elektrischen Feldes gemessen. Dieser Abbau rührt davon her, daß beim Einschalten des stationären Feldes Elektronen, die durch Lichteinstrahlung in den $2p$-Zustand angeregt wurden, vollständig ins Leitungsband ionisiert werden und dadurch für den Rücksprung in den Grundzustand verloren gehen. Das F-Zentrum ist also entleert und fällt daher für eine erneute Absorption aus. Das schwächt die Intensität der Bande. Die Intensität aber ist der mittleren Besetzung $\overline{n}_s$ des Grundzustandes proportional. Nennen wir $\overline{n}_s^0$ die Elektronenbesetzungszahl des Grundzustandes für den feldfreien Fall, und $\overline{n}_s$ jene für den Fall des eingeschalteten Feldes, so wird $(1 - \overline{n}_s/\overline{n}_s^0)$ der relative Abbau der Absorptionsbande. In beiden Fällen kann man entsprechend § 80 einen stationären Zustand herstellen. Für diesen läßt sich der relative Abbau berechnen, wenn man an Stelle der totalen reaktionskinetischen Betrachtung eine Näherung einführt, welche einen Parameter enthält, der angepaßt wird. Man erhält dann die Abb. 12. Wie man sieht, wird der Abbau in Abhängigkeit vom Feld in guter Übereinstimmung mit dem Experiment wiedergegeben. Ebenfalls näherungsweise berechnen läßt sich das Verhältnis der Zahl vollionisierter Zentren zur Zahl der in den $2p$-Zustand angeregten Zentren, d. h. zur Zahl der absorbierten Lichtquanten. Wir nennen es q. Es kann höchstens den Wert $1 = 100\%$ annehmen, wenn jedes angeregte Elektron auch das Zentrum vollständig verläßt, d. h. voll ionisiert wird. In der Näherung muß ebenfalls mangels der Kenntnis der total integrierten Reaktionskinetik ein Parameter angepaßt werden, wobei die Abb. 13 entsteht.

§ 85. Energiedissipation aus Gitterstörschwingungen

(Siehe hierzu H. STUMPF [*13*])

Bei den allgemeinen theoretischen Erörterungen in den vorangehenden Kapiteln wurden grundsätzlich thermodynamische Nichtgleichgewichtszustände von Gitterschwingungen bei der Berechnung von Übergangswahrscheinlichkeiten zugelassen und berücksichtigt. Tatsächlich gibt es Modellprozesse (wie wir im nächsten Paragraphen sehen werden), bei denen diese Nichtgleichgewichtszustände eine wesentliche Rolle spielen.

Da zufolge der gittereigenen Wechselwirkungen und der Ankopplung an ein Temperaturbad derartige Nichtgleichgewichtszustände thermodynamischen Gleichgewichtszuständen zustreben, ist es eine wichtige Frage, wie lange ein System zur Rückkehr in den Gleichgewichtszustand braucht. Die Rückkehr wird dabei quantitativ durch die Energiedissipation charakterisiert, die aus den über das energetische Normalniveau angeregten Gitterschwingungen in die Umgebung, d. h. in andere nicht angeregte Gitterschwingungen und in das Temperaturbad stattfindet. Von H. STUMPF wurde ein Spezialfall untersucht, der als Ergebnis eines Elektroneneinfangs aus dem Leitungsband in einen Störstellenzustand mit s-funktionsartigem Charakter auftritt. Der Einfang verursacht eine Umpolarisation des Gitters, welche konzentrisch in Richtung auf das Störzentrum verläuft. Da die Umpolarisation jedoch kein statischer, sondern ein dynamischer Vorgang ist, werden hierbei Gitterschwingungen angeregt. Verwendet man das Kristallmodell des Kap. VI, so kann man eine einzige Gitterschwingung mit der Frequenz des longitudinalen optischen Zweiges finden, welche die gesamte Umpolarisation dynamisch zu beschreiben erlaubt. Wegen der konzentrischen Umpolarisation muß diese Schwingung ebenfalls konzentrisch auf die Störstelle ausgerichtet sein, und wir können sie daher als eine Störschwingung bezeichnen, obwohl in diesem Fall ihre Wurzel in der Entartung des longitudinalen optischen Zweigs zu suchen ist. Da es sich bei den mit der Umpolarisation verknüpften Energien um Beträge in der Größenordnung von 0,1 eV bis 2 eV handelt, ist die Störschwingung, die mit den Polarisationsverschiebungen auch die Polarisationsenergie aufnimmt, dann weit über den thermischen Gleichgewichtswert der übrigen Gitterschwingungen angeregt. Sie verliert daher ihre Energie durch Dissipation an die Umgebung, d. h. die anderen Gitterschwingungen. Nach § 45 sind für die Energiedissipation die anharmonischen Glieder der Gitterwechselwirkung verantwortlich. Die Matrixelemente für die Übergänge ergeben, daß man sich näherungsweise auf die Glieder dritter Ordnung beschränken kann, bei denen ein longitudinales optisches Schallquant der Störschwingung in zwei akustische Quanten umgewandelt werden kann, wobei zusätzlich Auswahlregeln für die Ausbreitungsvektoren mitspielen. Zufolge der Hermitezität der Störoperatoren ist auch der Umkehrprozeß zu dem eben geschilderten Übergang zugelassen. Alle anderen Prozesse sind in dieser Näherung verboten. Die Energiedissipation der Störschwingung findet also allein in den akustischen Zweig statt. Dies zeigt, daß unsere Voraussetzung der optischen Entartung nicht allzu einschränkend ist. Auch eine Störschwingung außerhalb des optischen Bereichs, aber in dessen Nähe, würde nur den genannten Dissipationsprozessen unterliegen.

Durch die Möglichkeit des Rückflusses von Energie aus dem akustischen Zweig in die Störschwingung, ergibt die Überlagerung der Übergangswahrscheinlichkeiten beider Prozesse, d. h. Schallquanten emission und -absorption, eine integrale Abklingzeit der Störschwingung. Die Übergangswahrscheinlichkeiten werden nach § 71 berechnet. Für die reaktionskinetische Überlagerung die hier im Vergleich zu anderen Prozessen noch sehr einfach ist, muß man sich nicht der totalen Reaktionskinetik des Kap. VIII bedienen. Man kommt vielmehr mit einfachen energetischen Betrachtungen zum Ziel, und erhält für die integrale Relaxationszeit, d. h. jene Zeit, nach der bei beliebiger Anregung die Schwingungsenergie auf den e-ten Bruchteil abgeklungen ist, die Tabelle

	LiF	NaF	KF	NaBr	KBr
τ_0 (sec)	$2{,}5 \cdot 10^{-10}$	$1{,}8 \cdot 10^{-10}$	$4{,}8 \cdot 10^{-10}$	$1{,}1 \cdot 10^{-9}$	$1{,}1 \cdot 10^{-9}$
	RbBr	NaCl	KCl	RbCl	
τ_0 (sec)	$1{,}3 \cdot 10^{-9}$	$4{,}2 \cdot 10^{-10}$	$4{,}2 \cdot 10^{-10}$	$9{,}1 \cdot 10^{-10}$	
	MgS	CaS	SrS	MgO	CaO
τ_0 (sec)	$2{,}8 \cdot 10^{-10}$	$3{,}7 \cdot 10^{-10}$	$1{,}4 \cdot 10^{-9}$	$1{,}8 \cdot 10^{-10}$	$5{,}1 \cdot 10^{-10}$
	CaSe	SrSe	BaSe		
τ_0 (sec)	$8{,}4 \cdot 10^{-10}$	$7{,}7 \cdot 10^{-10}$	$1{,}5 \cdot 10^{-9}$		

Ihre Werte gelten für eine Gittertemperatur $T = 0$. Ist das die angeregte Schwingung umgebende Medium auf einer höheren Temperatur, so lassen sich ebenfalls Formeln für die integrale Abklingzeit angeben, die wir hier jedoch nicht mehr anführen wollen. Bemerkenswert ist an diesen Abklingzeiten, daß sie wegen der Entartung des optischen Zweiges allein von der vorausgesetzten zentralsymmetrischen Form der Störschwingung, aber nicht von ihrem speziellen radialen Verlauf abhängen.

§ 86. Strahlungslose Rekombination von Elektron-Defektelektronpaaren

(Siehe hierzu H. Stumpf [*9*], [*15*])

Ein altes Problem der Phosphoreszenzphysik liegt in dem Verhältnis der Zahl der von einem Kristall emittierten Lichtquanten zur Zahl der absorbierten Lichtquanten, der sog. Quantenausbeute. In vielen Fällen beobachtet man, daß dieses Verhältnis wesentlich kleiner als 1 wird, was bedeutet, daß der Kristall bei Einstrahlung von Lichtquanten eine Anzahl dieser Quanten total verschluckt, und in Wärme umwandelt. Handelt es sich insbesondere um die Anregung von Elektronen, so setzen im Kristall enthaltene Störstellen, die sog. Killer oder Löschzentren, die Reemission oftmals beträchtlich herab. Man muß daher annehmen, daß es den Elektronen unter Mitwirkung von Löschzentren gelingt, ihre Energie bei der Rückkehr in den Grundzustand anstatt ins elektromagnetische Feld in das Gitter zu übertragen. Dieses Phänomen ist nicht allein mit der wohlbekannten Stokesschen Verschiebung zwischen Absorption und Emission zu erklären, deren Ursache ebenfalls eine partielle Umwandlung von Elektronenenergie in Gitterenergie ist. Der Grenzfall einer solchen Verschiebung mit einer verschwindenden Emissionsfrequenz würde nämlich verschwindende Übergangswahrscheinlichkeiten ergeben, und ferner werden bei den einfachen Umpolarisationen, wie sie STOKESschen Verschiebungen zugrunde liegen, keine hinreichend großen Energiemengen vom Gitter aufgenommen, um z. B. die strahlungslose Rekombination über eine Größenordnung von mehreren eV zu ermöglichen. Um eine derartige Rekombination zu verstehen, muß man vielmehr die Prozesse, die sich dabei abspielen, genauer analysieren. Das wurde von H. STUMPF durchgeführt und ergab als Modellprozeß die doppelten FRANCK-CONDON-Sprünge, die strahlungslose Rekombinationen ermöglichen. Wir betrachten zunächst nur den modellmäßigen Mechanismus, wobei wir annehmen, daß grundsätzlich strahlungslose Elektronenübergänge möglich sind, ohne deren quantitativen Umfang im einzelnen zu diskutieren. Im einfachsten Fall hat man sich dann einen Ionenkristall vorzustellen, der im Grundzustand ein vollständig von Elektronen besetztes Valenzband sowie ein elektronenfreies Leitungsband aufweist, und eine Störstelle mit positiver Überschußladung, das Löschzentrum, enthält. Durch Lichteinstrahlung wird sodann ein Elektron aus dem Valenzband in einen angeregten Zustand versetzt. Dieser angeregte Zustand kann ein Leitungsbandzustand sein, oder wegen des zurückbleibenden Defektelektrons ein Exzitonenniveau. Verstehen wir den Leitungsbandzustand als Grenzfall der Exzitonenniveaus, nämlich als ionisiertes Exziton, so kann man zusammenfassend sagen, daß zufolge der Anregung ein Exziton entstanden ist. Jedoch muß man für das weitere im Auge behalten, daß unter dem Defektelektron nicht ein völlig unabhängiges Teilchen, sondern einfach der unbesetzte Zustand an der oberen Valenzbandkante zu verstehen ist. Sowohl der unbesetzte Valenzbandzustand, als auch der vom Elektron eingenommene angeregte Zustand, sind nicht lokalisiert, d. h. die Wellenfunktionen sind über den ganzen Kristall ausgebreitet, auch wenn zwischen beiden Zuständen eine Korrelation vorliegt, d. h. ein echtes Exziton gebildet wurde[86]. Zufolge der Anwesenheit des Löschzentrums ist es dem Elektron nach der Anregung nun möglich, in einen lokalisierten Zustand überzugehen, indem es sich am Löschzentrum anlagert. Das Löschzentrum soll dabei so gebaut sein, daß das Elektron in einen s-funktionsartigen Grundzustand übergehen kann. Da dieser Übergang der erste Schritt zur totalen strahlungslosen Rekombination sein soll,

[86] Eine beim Anregungsprozeß etwa vorhandene bzw. erzeugte Lokalisation zerfließt infolge der quantenmechanischen Unschärfe in vernachlässigbar kurzer Zeit über den ganzen Mikroblock!

so muß er jedenfalls für sich allein bereits strahlungslos erfolgen, was bedeutet, daß die Elektronenenergie vom Gitter aufgenommen werden muß. Dies kann durch die Umpolarisation des Gitters geschehen, welche zufolge der veränderten elektrostatischen Verhältnisse nach dem Elektroneneinfang in der Umgebung des Löschzentrums eintritt. Nimmt man das Kristallmodell des Kap. VI an, d. h. Entartung des longitudinalen optischen Gitterschwingungszweigs, so läßt sich die Umpolarisationsenergie in einer einzigen Gitterschwingung zusammenfassen. Nach (6.4) sind die Normalkoordinaten einer solchen Gitterschwingung nur durch eine Nullpunktsverschiebung voneinander getrennt, wenn das Elektron vom Leitungsband in die Störstelle springt. Das zeigt die Abb. 14. Ein Elektronenübergang kann nun zufolge der adiabatischen Kopplung nur bei fixierten Kernen erfolgen, was in der abstrakten Umrechnung auf konstante Normalkoordinatenwerte führt. Da hierbei die Normalkoordinaten die Rolle von Parametern spielen, genügt es, zum anschaulichen Studium der Energiebilanz, an Stelle der strengen Gesamtenergiewerte des Kristalls, die Kristallenergie in Abhängigkeit von diesen Parametern zu betrachten, d. h. die potentielle Energie des Kristalls zu verwenden. Dann sind in der Abb. 14, dem Diagramm der potentiellen Gitterenergie, nur Übergänge längs senkrechter Geraden, d. h. konstanter Normalkoordinatenwerte möglich, und der Abstand zwischen den zwei potentiellen Energiekurven längs der Übergangsgeraden liefert die Energiedifferenz. Soll Energieerhaltung gewährleistet sein, so müssen sich die Energiekurven schneiden. Quantenmechanisch ist diese Forderung nicht ganz so scharf zu stellen, es sind wegen der energetischen Unschärfe des Ausgangsniveaus auch noch in der Nachbarschaft des Schnittpunktes Übergänge möglich, wie in Kap. VII bewiesen wurde. Jedoch ist auch quantenmechanisch die Übergangswahrscheinlichkeit noch am Schnittpunkt maximal und nimmt außerhalb dieses Schnittpunktes rasch ab. Wir können uns daher bei einer überschlagsmäßigen Diskussion auf diesen Schnittpunkt allein beschränken. Da sich im Ausgangszustand, d. h. mit dem Elektron im Leitungsband das Gitter im thermischen Gleichgewicht befindet, wird man also den Kristall solange aufheizen müssen, bis die mittlere Amplitude der Gitterschwingung q_1^c ($c \equiv$ conduction band) den Schnittpunkt der beiden Energiekurven erreicht. Das Elektron kann dann strahlungslos in die Störstelle ein-

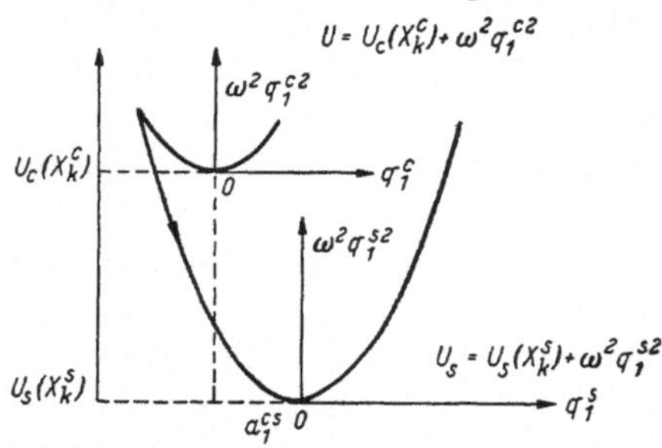

Abb. 14. Diagramm eines strahlungslosen Elektroneneinfangs vom Leitungsband in die Störstelle

gefangen werden. Wie man aus Abb. 14 entnimmt, befindet sich danach die Gitterschwingung q_1^s, welche die gesamte Umpolarisationsenergie aufgenommen hat, in einem thermischen Nichtgleichgewichtszustand. Wartet das Elektron nun nicht ab, bis dieser angeregte Gitterschwingungszustand abgeklungen ist, sondern springt *strahlungslos* von der Störstelle in den freien Valenzbandzustand weiter, so kann dieser Übergang wegen der Energieerhaltung nur dort stattfinden, wo die Energiekurve des Valenzbandes jene des Störstellenzustands schneidet. Nimmt man an, daß a_1^{cv} gleich Null ist, da die elektrostatischen Verhältnisse des Grundzustandes von jenen des Leitungsbandzustandes nur unwesentlich verschieden sind, und deshalb auf dieselben Gitterruhelagen führen, so ergibt sich als Übergangsdiagramm die Abb. 15. Da beide Sprünge strahlungslos verlaufen sind, ist nach dem zweiten Sprung das Elektron wieder im Grundzustand angelangt, und seine gesamte Anregungsenergie steckt in der Gitterschwingung q_1^v, woraus sie durch nachfolgende Dissipation auf das ganze Gitter verteilt wird. Mit Hilfe des Löschzentrums, welches sich als Zwischenstufe in den Rekombinationsprozeß einschaltet, ist also über einen *Gitternichtgleichgewichtszustand* die strahlungslose Rekombination eines Elektron-Defektelektronpaares, d. h. eines Exzitons möglich geworden. Diesen Prozeß nennen wir einen doppelten FRANCK-CONDON-Prozeß. Wartete das Elektron, bis die angeregte Störstellenschwingung abgeklungen ist, so würde sich der in Abb. 16 gezeigte Übergang ergeben und die Energiedifferenz E müßte bei strahlungslosem Ablauf durch Schwankungsenergien gedeckt werden, was bei der Größenordnung von E (einige eV, oder zumindest zehntel eV) sehr unwahrscheinlich ist. Ein solcher Übergang könnte also kaum stattfinden. In Wirklichkeit stellen die Abb. 15, 16 nur Extremfälle dar, und der doppelte FRANCK-CONDON-Prozeß entsteht in der Konkurrenz des Abklingens der Störschwingung und der Aufenthaltsdauer des Elektrons am Löschzentrum. Das ist ein typisches Beispiel für die Reaktionskinetik konkurrierender Prozesse,

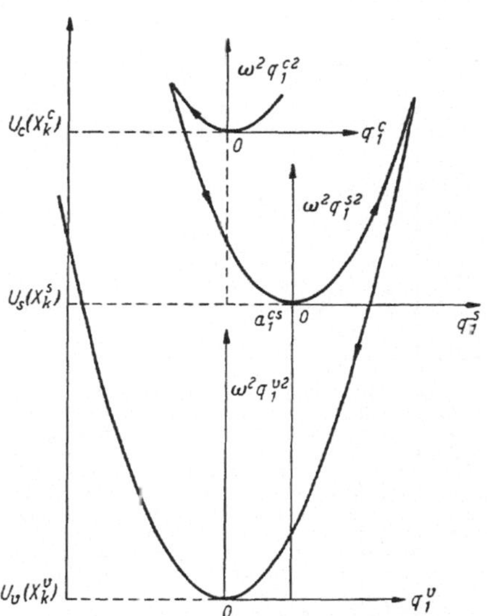

Abb. 15. Diagramm einer strahlungslosen Rekombination von Elektron-Defektelektronpaaren an einer Störstelle. Die Sprungwahrscheinlichkeit ist bedeutend größer als die Dissipation der Gitterschwingungsenergie

welche hier bereits für ein einziges Zentrum bedeutungsvoll wird. Von H. STUMPF wurde dieser Fall reaktionskinetisch durchgerechnet. Als Löschzentrenmodelle dienen dabei Anionenlücken oder Zwischengitteratome sowie Fremdionen auf Gitterplätzen. Wir werden diese Rechnung in den folgenden Paragraphen explizit durchführen.

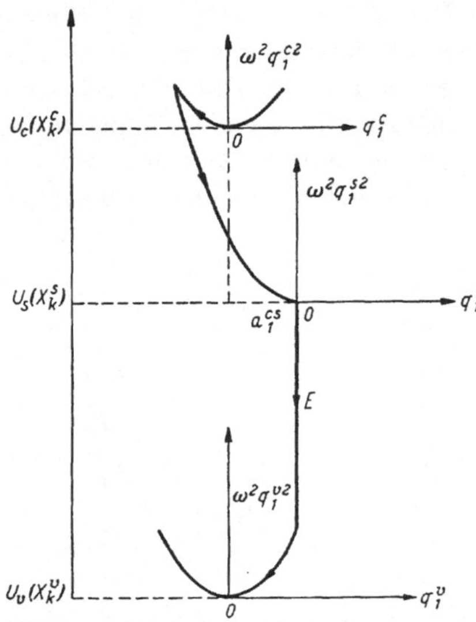

Abb. 16. Diagramm einer Rekombination von Elektron-Defektelektronenpaaren bei bedeutend gößerer Energiedissipation der Gitterschwingungen gegenüber der Sprungwahrscheinlichkeit des Elektrons. Ein doppelter FRANCK-CONDON-Prozeß kann hier nicht entstehen. Die totale Wahrscheinlichkeit für die strahlungslose Rekombination ist sehr gering, da die Energiedifferenz E aus quantenmechanischen Streuenergien gedeckt werden müßte

§ 87. Rechtfertigung des Modells

Der eben geschilderte Modellprozeß einer strahlungslosen Rekombination soll nun mathematisch präzisiert und zur Illustration der allgemeinen Theorie der Kap. I—VIII verwendet werden. Einer solchen quantitativen Diskussion stellen sich zwei grundsätzlich verschiedene Probleme: einmal muß das Modell selbst aus den in den vorangehenden Kapiteln geschilderten theoretischen Grundlagen *und* den experimentellen Möglichkeiten gerechtfertigt werden, zum andern muß man die in einem solchen Modell möglichen Reaktionen durchrechnen. Während aber die Rechtfertigung des Modells mit recht allgemeinen theoretischen und experimentellen Begriffen einsichtig gemacht werden kann, bedarf seine Durchrechnung der totalen, in den vorangehenden Kapiteln entwickelten Theorie. Im voraus sei daher bemerkt, daß es bei der gebotenen Kürze nicht möglich ist, die Beweise der Kap. I—VIII für spezielle Formeln zu wiederholen. Vielmehr wird stets die allgemeine Theorie zitiert, so daß man also nachschlagen muß, um sich von der Richtigkeit einer speziellen Aussage zu überzeugen.

Wir beginnen zunächst mit der Rechtfertigung des Modells. Dieses besteht in der Ausblendung eines Löschzentrums und der daran ablaufenden strahlungslosen Prozesse aus dem Gefüge des ganzen Kristalls. Eine solche Isolation kann nicht als willkürliche a priori Definition vorgenommen werden, sondern muß physikalisch verständlich sein, da der Realkristall zu Beginn der Untersuchung als Gesamtheit vorliegt, in der die verschiedenartigsten Prozesse zugleich auftreten können. Die Vielfalt dieser Reaktionen wird nun durch die möglichen Prozesse an jeweils einem Störzentrum sowie durch die verschiedenen Sorten von Störzentren und deren Konzentrationen bestimmt. Betrachtet man zunächst nur ein einzelnes Störzentrum, so lassen sich an diesem zwei Gruppen von Prozessen unterscheiden: elektromagnetische und thermische, d. h. strahlungslose Prozesse. Die ersten rühren von der Kopplung des Kristalls an das Strahlungsfeld her, die zweiten sind kristalleigene Prozesse zwischen den Bausteinen des Kristalls, d. h. Elektronen und Ionen, bzw. Atomkernen. Da beide Prozeßgruppen an einer Störstelle zugleich auftreten, ist offenkundig, daß die strahlenden und strahlungslosen Prozesse nicht exakt separiert und jeweils ausschließlich einer Störstelle zugeordnet werden können, wie dies unser Modell vorschlägt. Es gibt jedoch gute experimentelle und theoretische Gründe, die uns nahelegen, daß diese Separation in vielen Fällen näherungsweise vorhanden ist. Durch die Preparation des Kristalls werden nämlich häufig mehrere Störzentrensorten zugleich erzeugt, welche sich in bezug auf die möglichen Übergangsarten unterschiedlich verhalten. So ermöglichen die Aktivatoren bevorzugt strahlende Elektronenübergänge, wogegen an den sog. Killern (d. h. den Löschzentren) strahlungslose Übergänge auftreten, die nur unter ungünstigen Bedingungen durch strahlende Übergänge verdrängt werden können. Um ein einfaches Beispiel zu geben, kann man den Aktivierungsvorgang eines ZnS-Kristalls mit Cu verfolgen. Jedes Kupferatom gibt dabei ein Außenelektron ab und wird als Cu^+ an Stelle eines Zn^{2+} eingebaut. Die elektrische Neutralitätsbedingung des Gesamtkristalls verlangt dann z. B., daß auf je zwei eingebaute Cu^+ eine S^{2-}-Lücke, d. h. eine Anionenlücke entsteht. Mit dem Einbau von $2Cu^+$ ist also die Existenz einer Anionenlücke, und damit eines weiteren Störzentrums erzwungen worden. Nun weiß man, daß für die Absorptions- und Emissionsbanden dieses Phosphors die Cu^+-Ionen verantwortlich sind, d. h. die Kupferstöratome treten als Aktivatoren auf. Man wird daher vermuten, daß die gleichzeitig erzeugten Anionenlücken als Löschzentren funktionieren. Eine solche Lücke wirkt auf weite Distanzen wie ein zweifach positiv geladenes Störzentrum, und hat daher die Fähigkeit Elektronen einzufangen. Wird z. B. an einem Aktivator ein Elektron ionisiert, d. h. ins Leitungsband befördert, so kann das Elektron in einen gebundenen Zustand der S^{2-}-Lücke übergehen. Da der Elektroneneinfang in der Anionenlücke ohne Mitwirkung der übrigen Kristallstörstellen vor sich geht, und für den Einfang selbst auch die Frage, woher das Elektron kommt, belanglos ist, erkennt man, daß die theoretische Isolation der Lücke, und der an ihr ablaufenden Prozesse ein physikalisch durchaus sinnvolles Unternehmen ist. Freilich hat man dabei aber noch keinerlei Hinweis über die Art des Einfangs. Wie schon bemerkt, wird ein solcher Einfang, und die nachfolgenden Prozesse, z. B. die totale Rekombination des Elektrons mit einem Loch im Valenzband, aus der Konkurrenz strahlender und strahlungsloser Reaktionsmöglichkeiten hervorgehen, was im ensemble auf gewisse Prozentsätze für strahlende und strahlungslose Totalrekombination des Elektrons an der Anionenlücke führt. Die Ableitung dieser Prozentsätze erlaubt dabei im allgemeinen in der Reaktionskinetik keine Trennung der strahlenden und strahlungslosen Anteile beim einzelnen Übergang. Jedoch gibt es zwei Extremfälle, in denen eine solche Separation zulässig ist. In einem Fall sind die strahlungslosen Übergangswahrscheinlichkeiten bedeutend kleiner als die optischen, im andern bedeutend größer. Im ersten Fall werden dann strahlungslose Prozesse gegenüber optischen Prozessen nicht ins Gewicht fallen, und das Zentrum wirkt, wenn überhaupt, nur optisch. Es ist also jedenfalls kein Löschzentrum. Im andern Fall wird man die optischen Prozesse gegenüber den strahlungslosen Prozessen vernachlässigen können, und demgemäß wirkt das Zentrum dann nicht optisch, sondern ausschließlich als Löschzentrum. Ob derartige Extremfälle vorliegen, kann man auf folgende Weise feststellen: man schließt das Lichtquantenfeld definitorisch aus der Rechnung aus, und beschränkt sich allein auf die strahlungslosen Übergänge, wie unser Modell das vorschreibt. Da die Größenordnung der strahlenden Übergangswahrscheinlichkeiten jederzeit unschwer abgeschätzt werden kann, läßt sich durch Vergleich mit der berechneten totalen strahlungslosen Rekombinationswahrscheinlichkeit die Entscheidung leicht treffen, ob ein Extremfall vorliegt oder nicht. Es ist klar, daß nur bei einem Extremfall die Rechnung dann physikalisch verbindliche quantitative Aussagen liefern kann. Wie wir später sehen werden, rechtfertigt die numerische Rechnung unser Vorgehen, d. h. es lassen sich die genannten Extremfälle auffinden, in dem die Zentren jeweils nur die eine oder die andere Funktion ausführen. Für die Entscheidung solcher Fragen ist also das von uns angegebene sehr einfache Modell hinreichend. In diesem Sinne ist das Ausblenden der strahlungslosen Prozesse ein realistischer Vorgang, und wir werden uns daher nur mit den strahlungslosen Löschzentrenprozessen allein beschäftigen. Diese finden an vielen Löschzentren im Kristall unter nahezu gleichen Bedingungen statt, wenn man im einfachsten Fall homogene Störstellenkonzentration voraussetzt. Da bei den erreichbaren Störstellenkonzentrationen die Prozesse an den einzelnen Löschzentren sich nur minimal beeinflussen, kann man die Löschzentren im Kristall in guter Näherung als ein statistisches ensemble ansehen, dessen unabhängiges Einzelmitglied ein Mikroblockwürfel des Kristalls mit der Anionenlücke im

Zentrum ist. Die Reaktionen des ensembles liefern uns dann eine Wahrscheinlichkeit für das Zustandekommen des postulierten doppelten FRANCK-CONDON-Prozesses. Mit diesen Betrachtungen können wir das Modell als gerechtfertigt ansehen, und sind zugleich imstande, auch die Bedeutung seiner quantitativen Resultate abzuschätzen.

§ 88. Quantitativer Ansatz des Modells

Wir wenden uns nunmehr dem zweiten Teil der Aufgabe zu, die Reaktionen des Mikroblock-ensembles quantitativ zu erfassen. Dies geschieht nach dem Vorgang der Kap. I—VIII. Entsprechend unserer Modelldefinition in § 87 wird das Lichtquantenfeld bei diesen Prozessen ausgeschlossen, und wir beschränken uns allein auf die Diskussion der kristalleigenen Vorgänge im Mikroblock, d. h. der strahlungslosen Prozesse. Betrachten wir also den Mikroblock mit Löschzentrum, d. h. Anionenlücke allein, so lautet seine SCHRÖDINGER-Gleichung

$$H^k \Psi = i\,h\,\dot{\Psi}, \tag{9.1}$$

wobei H^k den auf den Mikroblock mit Lücke bezogenen Kristalloperator (1.4) darstellt. Nach (1.5) gehen wir mit dem Ansatz

$$\Psi_{nm} = \psi_n(x_i, X_k)\,\varphi_n^m(X_k) \tag{9.2}$$

zur adiabatischen Kopplung über, und verstehen unter den φ_m^n sogleich harmonische Gitterwellenfunktionen der Art (4.7). Es bleiben dann die Störoperatoren H^t nach (1.6) und H^n nach (4.7) zurück. Nach § 46 verursacht H^t die strahlungslosen Elektronenübergänge, H^n dagegen führt auf die Dissipation von Gitterschwingungsenergie. Die Elektronenwellenfunktionen aus (9.2) genügen nach (1.7) der Gl.

$$[H_e + V(x_i, X_k)]\,\psi_n = U_n(X_k)\,\psi_n, \tag{9.3}$$

wobei die Koordinaten x_i die Freiheitsgrade sämtlicher im Mikroblock enthaltener Elektronen durchlaufen. Man hat es also zunächst mit einem Vielelektronenproblem zu tun, welches zusätzlich von Parametern, den Kernfreiheitsgraden X_k abhängig ist. In der Behandlung des Vielelektronenproblems wurden in letzter Zeit große Fortschritte erzielt, indem die Mehrteilchenfunktionen nach Zweiteilchenfunktionen usw. entwickelt wurden. Da wir aber von vornherein die Vorstellung haben, daß nur ein einzelnes Elektron des Mikroblocks die wesentlichen Vorgänge bestreitet, während die übrigen Kristallelektronen nur indirekt durch Polarisationen das Geschehen beeinflussen, und da wir die Rechnungen durchsichtig gestalten wollen, werden wir nicht so fortschrittlich vorgehen, sondern von den wohlbewährten Methoden der Darstellung einer Mehrteilchenfunktion durch Einteilchenfunktionen Gebrauch machen. Wir müssen dabei nur beachten, daß diese

Methoden für einen Idealkristall mit starrem Gitter formuliert wurden, wogegen wir einen gestörten Kristall mit beweglichen Gitterkernen voraussetzen. Demgemäß müssen auch die zur Verwendung kommenden Einelektronenfunktionen entsprechend verallgemeinert werden. Dies geschieht in zweierlei Hinsicht. Zum einen lassen wir unsere Einelektronenfunktionen direkt von den Gitterfreiheitsgraden X_k abhängen, zum andern bedarf das Argument der Vollständigkeit einer Revision. Dieses verwendet man immer, um theoretisch, wenn auch nicht praktisch, die exakte Darstellbarkeit des Vielelektronenproblems durch Einelektronenfunktionen nachzuweisen. Im idealen Kristall bedarf es dabei z. B. nur eines vollständigen Satzes von Bloch-Funktionen, welche zu den verschiedenen Atomniveaus korrespondierende Energiebänder mit gittertranslationsinvarianter Wahrscheinlichkeitsverteilung liefern. Für einen gestörten Kristall reichen derartige Bloch-Funktionen allein aber sicher nicht aus. Vielmehr wird man zusätzlich noch lokalisierte Einelektronenfunktionen benötigen, welche den gebundenen Elektronenzuständen der Störstellen entsprechen, ganz abgesehen von der Tatsache, daß Elektronenzustände im beweglichen Gitter nicht allein durch translationsinvariante Funktionen beschreibbar sind. Für die nachfolgenden Betrachtungen ist es zunäcsht wichtig, wenn wir eine Vorstellung davon haben, in welcher Weise die Vollständigkeit des Einelektronenfunktionensystems erweitert werden muß. Da die Anionenlücke, im Gegensatz etwa zu eindimensionalen Gitterfehlern, keine starke Störung des Gitters darstellt, können wir uns weitgehend an den Funktionsfamilien des idealen Kristalls orientieren. Man erkennt dann, daß im Falle eines Mikroblocks mit Lücke folgende Familien mit Sicherheit auftreten werden: einmal die verschiedenen Funktionen, welche aus den Bandfunktionen des Idealkristalls hervorgehen, wenn man das Gitter zu bewegen beginnt und die Störstelle einführt, zum andern in der Lücke lokalisierten Elektronenzustände, welche ebenfalls in Abhängigkeit von der beweglichen Gitterumgebung betrachtet werden müssen. Wir weisen darauf hin, daß die Charakterisierung durch Bänder natürlich kein allgemeingültiges Konzept darstellt. Da wir aber annehmen, daß speziell für die Anionenlücke sich die statischen und dynamischen Gitterbewegungen auf kleine Auslenkungen aus der Idealstruktur beschränken, so wird man den Bandcharakter als Einteilungsprinzip aufrechterhalten können, d. h. eine qualitative Familieneinteilung nach ruhendem Gitter vornehmen können, auch wenn die Bewegung des Gitters eine quantitative Veränderung der Wellenfunktionen erzwingt.

Mit Hilfe dieser Gesichtspunkte ist es nunmehr einfach, sich ein geeignetes System von Einelektronenfunktionen als Ausgangsbasis zu verschaffen. Dazu erinnern wir, daß die Bloch-Funktionen des Idealkristalls die Gestalt

$$\psi_{\mathfrak{k}n}(x) = \sum_j \exp(2\pi i \mathfrak{k} \cdot \mathfrak{X}_j^0)\, \psi_n(x, X_j^0) \tag{9.4}$$

annehmen, wobei $\mathfrak{k}$ der Ausbreitungsvektor der BLOCH-Welle sei, und ψ_n die am Ort X_j^0 lokalisierte Atomeigenfunktion des Gitteratoms bzw. -ions mit der Nummer j darstellt. Diese Funktionen wurden für ideale Ionengitter bereits näherungsweise berechnet, so daß sie als bekannt vorausgesetzt werden können. Die Summation über j durchläuft sämtliche Gitterkerne des idealen Mikroblocks, welcher periodisch fortgesetzt wird, was auf ein ensemble führt. Die Funktionen (9.4) beschreiben also Einelektronenzustände eines Mikroblocks im ensemble. Der Index n kennzeichnet den Quantenzustand am einzelnen Atom bzw. Ion. Der Ausbreitungsvektor $\mathfrak{k}$ durchläuft bei endlichem Mikroblockvolumen eine diskrete Werteskala, die wir als bekannt voraussetzen, und nicht weiter angeben. Der Kürze halber wurde auf die Normierungskonstante verzichtet. Läßt man nun n und $\mathfrak{k}$ sämtliche möglichen Werte durchlaufen, so erhält man ein vollständiges System von Einelektronenfunktionen für den idealen Mikroblock. Dieses können wir in folgender Weise für unsere Zwecke erweitern: Mit $\psi_n\,(x, X_j^0)$ ist selbstverständlich auch $\psi_n\,(x, X_j)$ an einem beliebigen Ort X_j bekannt, da man diese Funktion durch eine Translation von $\psi_n\,(x, X_j^0)$ nach dem Zentrum X_j erhält. Damit ist es aber möglich, erweiterte BLOCH-Funktionen

$$\psi_{\mathfrak{k}n}(x, X_1, \ldots, X_N) = \sum_j{}' \exp(2\pi i \mathfrak{k} \cdot \mathfrak{X}_j)\, \psi_n(x, X_j) \tag{9.5}$$

zu bilden, welche sich nun auf ein bewegliches Gitter beziehen. Der Strich an der Summe soll andeuten, daß die Anionenlücke bei der Summation ausgelassen wurde, d. h. der Mikroblock enthält mit Lücke noch die Gitterfreiheitsgrade $X_1, \cdots X_N$. Die Funktion (9.5) ist jetzt natürlich nicht mehr translationsinvariant und hängt explizit von der Gitterbewegung ab. Im Sinne unserer vorangehenden Diskussion können wir dann das System der Funktionen (9.5) als das zu den idealen Bandfunktionen (9.4) korrespondierende Teilstück des vollständigen Funktionensystems für den gestörten, beweglichen Mikroblock betrachten. Es verbleibt daher nur noch die Aufgabe, geeignete Funktionen zur Beschreibung der Störstellenzustände anzugeben. In erster Näherung wird man annehmen, daß diese Funktionen für die Anionenlücke wasserstoffähnlichen Charakter besitzen. Da aber die Bindungszustände von der Gitterkonfiguration abhängig sind, werden diese wasserstoffartigen Zustände mindestens einen Parameter enthalten müssen, welcher im Sinne unserer Variationsverfahren die Abhängigkeit von der Gitterumgebung berücksichtigt. Wir setzen daher an

$$\psi_{hs}(x, X_1, \ldots, X_N) = \chi_h[x, \beta_h(X_k)], \tag{9.6}$$

wobei die χ_h die Wasserstoffunktionen darstellen, die mit einem Variationsparameter β_h versehen sind. Die Funktionenfamilien (9.5) und (9.6) bilden dann zusammen ein vollständiges Einelektronenfunktionensystem des gestörten Mikroblocks mit beweglichem Gitter im ensemble. Wie sich aus der Art seiner Ableitung folgern läßt, wird dieses Funktionensystem sogar *fast* orthogonal sein. In guter Näherung können wir daher im folgenden annehmen, daß es sich nicht nur immer um ein vollständiges, sondern auch um ein orthogonales Funktionensystem handelt.

Mit diesen Voraussetzungen sind wir nun in der Lage näherungsweise Mehrelektronenfunktionen explizit anzugeben. Da hierbei jedoch eine enorme Vielfalt von Funktionen denkbar ist, beschränken wir uns sogleich auf jene Funktionen, deren Wichtigkeit für die Reaktionen sich später noch genauer erweisen wird. Dies sind

1. Der Grundzustand, bei dem die Anionenlücke von Elektronen frei, und der Mikroblock nicht leitend ist;

2. ein erster angeregter Zustand, bei dem ein Elektron in der Lücke gebunden, der Mikroblock aber leitend, jedoch stromfrei ist;

3. ein zweiter angeregter Zustand, bei dem die Anionenlücke von Elektronen frei, der Mikroblock leitend, jedoch stromfrei ist.

Die so gegebene Charakterisierung der drei Zustände ist absichtlich ohne Bezug auf Einelektronenwellenfunktionen gewählt, da die zugehörigen Mehrelektronenfunktionen in den verschiedenen Näherungen auf verschiedene Art durch Einelektronenfunktionen dargestellt werden können. Um auch hier jede zusätzliche Komplikation zu vermeiden, wählen wir die einfachste Darstellung einer Mehrteilchenfunktion durch ein Hartree-Produkt, welche keine neuen, zu den β_h zusätzlichen Variationsparameter mehr in die Rechnung hineinbringt. Dem Pauli-Prinzip wird dabei durch jeweils nur einfache Verwendung der Einelektronenfunktionen (mit Spinanteil) im Produktausdruck zur Geltung verholfen. Wir weisen jedoch darauf hin, daß die Rechnung unter größerem Aufwand, d. h. zusätzlichen Variationsparametern, auch mit komplizierteren Ansätzen durchgeführt werden könnte, z. B. als configuration interaction mit Slater-Determinanten, mit der zweiten Quantelung usw. Ein solcher Aufwand wäre jedoch auch insofern relativ bedeutungslos, da wir bald das gesamte Mehrelektronenproblem durch Ersatzpotentiale eliminieren werden. Nichtsdestoweniger ist für die strenge Deduktion zunächst der Ansatz einer Mehrelektronenfunktion nötig.

Will man den Grundzustand durch ein Hartree-Produkt darstellen, so muß dieses Produkt die Einelektronenfunktionen sämtlicher tiefen

Bänder bis einschließlich des Valenzbandes beinhalten, wogegen keine Wellenfunktion eines höheren Bandes auftritt. In der Einteilchenterminologie sind die ersteren daher vollständig besetzt, die anderen dagegen vollständig frei. Ebenso sind für den Grundzustand laut Definition die Störstellenfunktionen unbesetzt. Eine solche Kombination ergibt bekanntlich nicht nur einen stromlosen, sondern auch einen nichtleitenden Zustand, d. h. in unmittelbarer Nachbarschaft gibt es keine stromtragenden Zustände.

Sind insgesamt g Einelektronenfunktionen für diesen tiefsten Zustand nötig, so müssen auch g Elektronen vorhanden sein, um sämtliche Einteilchenfunktionen zu besetzen. Da der Mikroblock den Grundzustand tatsächlich besitzen soll, so muß unsere Bedingung erfüllt sein. Die HARTREE-Wellenfunktion lautet dann

$$\psi_v(x_i, X_k) \equiv \psi_1(x_1, X_k) \ldots \psi_g(x_g, X_k), \tag{9.7}$$

wobei zur Abkürzung X_k für $X_1 \cdots X_N$ eingesetzt wurde und die Indizes $1, \cdots g$, eine eindeutige Zuordnung zu den Doppelindizes $\mathfrak{k}$, n besitzen sollen. Insbesondere entspreche der Index 1 der Einteilchenwellenfunktion am oberen Rand des Valenzbandes. Setzen wir zur Abkürzung

$$\psi_0(x_2, \ldots, x_g, X_k) \equiv \psi_2(x_2, X_k) \ldots \psi_g(x_g, X_k) \tag{9.8}$$

und beachten die Indexkorrespondenz $1 \to (\mathfrak{k} = 0, v)$, so können wir (9.7) auch schreiben

$$\psi_v(x_i, X_k) \equiv \psi_{0v}(x_1, X_k)\, \psi_0(x_2, \ldots, x_g, X_k). \tag{9.9}$$

Die zwei anderen Zustände können nun ebenfalls leicht angegeben werden. Sei nämlich ψ_{1s} der Einelektronengrundzustand der Störstelle, und ψ_{0c} die Einelektronenfunktion am unteren Rand des Leitungsbandes mit $\mathfrak{k} = 0$, so wird

$$\psi_s(x_i, X_k) \equiv \psi_{1s}(x_1, X_k)\, \psi_0(x_2, \ldots, x_g, X_k) \tag{9.10}$$

der erste angeregte Zustand, und

$$\psi_c(x_i, X_k) \equiv \psi_{0c}(x_1, X_k)\, \psi_0(x_2, \ldots, x_g, X_k) \tag{9.11}$$

der zweite angeregte Zustand. Beide Zustände sind, wie man sich leicht überzeugt, stromlos, jedoch sind in unmittelbarer Nachbarschaft stromtragende Zustände vorhanden, so daß der Kristall also in diesen Zuständen leitfähig ist. (9.10) und (9.11) entsprechen daher den von uns gegebenen Definitionen der Zustände 2) und 3), wenn man sich die Bedeutung von ψ_{1s} und von ψ_{0c} vor Augen hält. Da wir in unseren Wellenfunktionsansätzen (9.9) bis (9.11) nur einen einzigen Variationsparameter $\beta_1(X_k)$ aufgenommen haben, welcher in ψ_{1s} enthalten ist, verbleibt also als nächstes Problem die Bestimmung dieses Parameters.

§ 89. Die elektronische Wellenfunktion des Löschzentrums

Im vorangehenden Paragraphen hatten wir die für die Reaktionskinetik bedeutsamen elektronischen Zustände 1) bis 3) definiert, und in (9.9) bis (9.11) deren Wellenfunktionen angegeben. Zufolge unseres Ansatzes bleibt dabei nur eine einzige unbekannte Parameterfunktion $\beta_1(X_k)$ zur Variation übrig, und diese befindet sich in der Wellenfunktion ψ_{1s} für den Grundzustand des Löschzentrums. Zur Bestimmung dieser Parameterfunktion ist eine Wellengleichung für ψ_{1s} nötig. Eine solche kann man leicht ableiten, wenn man (9.10) in (9.3) einsetzt, von links mit ψ_0^* multipliziert und über $x_2, \cdots, x_g$ integriert. Man erhält dann

$$H_0\,\psi_{1s} = U_s'(X_k)\,\psi_{1s}, \tag{9.12}$$

wobei der HAMILTON-Operator H_0 durch den Ausdruck

$$H_0 = \int \psi_0^*\,[H_e + V(x_i, X_k)]\,\psi_0\,dx_2\ldots dx_g \tag{9.13}$$

definiert ist. In (9.12) ist noch nicht zwischen statischer und dynamischer Elektron-Gitter-Kopplung unterschieden. Die Kernkoordinaten X_k können vielmehr noch beliebige Werte annehmen, wobei für diese beliebigen Werte dann jeweils das zugehörige ψ_{1s} bzw. $\beta_1(X_k)$ eindeutig festgelegt wird, wenn man entsprechende Randbedingungen hinzunimmt. Die Berechnung wird aber erst dann möglich, wenn H_0 explizit bekannt ist. Das ist im Prinzip der Fall. Praktisch handelt es sich jedoch bei der Auswertung von (9.13) um die Integration über eine sehr große Anzahl von Einelektronenfunktionen, die nur schwer ausgeführt werden kann. Da es für die weitere Theorie belanglos ist, auf welche Weise H_0 gewonnen wird, wird man natürlich versuchen, die direkte Integration in (9.13) zu umgehen. Dies geschieht mit Hilfe der Ersatzpotentiale, deren Bedeutung in Kap. II ausführlich erläutert wurde. Derartige Ersatzpotentiale lassen sich nur für den Grundzustand eines Kristalls angeben. Um sie anzuwenden, müssen wir uns daher zunächst mit dem Grundzustand des Mikroblocks mit Lücke beschäftigen. Seine potentielle Gesamtenergie wird durch die SCHRÖDINGER-Gleichung (9.3) bestimmt und lautet in unserer Indizierung $U_v(X_k)$. Man erhält sie, indem man den Erwartungswert von (9.3) bezüglich der Funktion (9.9) bildet. Beachtet man dabei, daß ganz allgemein das Potential $V(x_i, X_k)$ in zwei Anteile zerlegt werden kann

$$V(x_i, X_k) = v_1(x_1, x_2, \ldots, x_g, X_k) + V'(x_i, X_k), \tag{9.14}$$

wobei v_1 sämtliche Wechselwirkungen des Elektrons 1 mit den Elektronen $2\cdots g$ und den Atomkernen $1\cdots N$ enthält, V' dagegen alle übrigen Wechselwirkungen des Elektronen-Atomkernsystems mit den

Freiheitsgraden $x_2, \cdots, x_g$ und $X_1, \cdots, X_N$, so ergibt sich

$$U_v(X_k) = \int \psi_{0v}^* H_1 \psi_{0v} \, dx_1 + \int \psi_{0v}^* v(x_1, X_k) \psi_{0v} \, dx_1 + V(X_k) \quad (9.15)$$

mit

$$v(x_1, X_k) = \int \psi_0^* v_1(x_1, \ldots, x_g, X_k) \psi_0 \, dx_2 \ldots dx_g \quad (9.16)$$

sowie

$$V(X_k) = \int \psi_0^* [H_e' + V'(x_i, X_k)] \psi_0 \, dx_2 \ldots dx_g. \quad (9.17)$$

Der Strich an H_e bedeute dabei, daß in diesem Operator nur die kinetische Energie der Elektronen $2, \cdots, g$ enthalten sein soll. Wir haben demnach die gesamte Gitterenergie des Grundzustandes in zwei untereinander gekoppelte Systeme zerlegt. Das eine System ist das Elektron x_1, das andere System sind die Gitterionen, von denen das betrachtete Elektron abgespalten wurde. Das Potential (9.16) vermittelt die Wechselwirkung zwischen diesen beiden Systemen. Da sich das Elektron x_1 im Zustand ψ_{0v}, d. h. am oberen Rand des Valenzbandes befindet, ist nach (9.5) seine Aufenthaltswahrscheinlichkeit über alle Mikroblockionen gleichmäßig verteilt[87]. Entfernt man daher dieses Elektron von den Ionen, so verlieren diese den $1/N$-ten Bruchteil einer Elektronenladung. In Anbetracht der Größe von N (mindestens 10^6 bei den erreichbaren Fehlerkonzentrationen) ist dieser Bruchteil verschwindend klein, was zur Folge hat, daß der um ein Elektron im Zustande ψ_{0v} beraubte Kristall in guter Näherung wie ein idealer Kristall (mit Lücke) auf eine eingebrachte Ladung wirkt. Ist nun die eingebrachte Ladung das Elektron x_1 selbst, so wird also $v(x_1, X_k)$ in guter Näherung durch die elektrische Wechselwirkungsenergie des im Grundzustand befindlichen Mikroblocks mit dem betrachteten Elektron dargestellt. Sie lautet in Ersatzpotentialen

$$v(x_1, X_k) = \sum_j \frac{e_1 e_j}{|\mathfrak{x}_1 - \mathfrak{X}_j|}. \quad (9.18)$$

Bei der (hypothetischen) Berechnung der ersten beiden Terme in (9.15) kann man nun die statischen Ruhelagen X_k^v des Gitters im Grundzustand einführen, und die kinetische Energie des Elektrons sowie seine Wechselwirkungsenergie mit dem Ionengitter nach diesen Ruhelagen entwickeln. Es wird dann

$$\int \psi_0^* [H_1 + v(x_1, X_k)] \psi_0 \, dx_1 = u_v(X_k^v) + \cdots, \quad (9.19)$$

d. h. also eine Konstante, sowie weitere Glieder, die von den Auslenkungen aus den Ruhelagen X_k^v abhängen. Die Konstante hat eine

[87] Genauer über die Elementarzelle. Diese exaktere Ausdrucksweise spielt hier jedoch keine Rolle.

einfache Bedeutung: sie ist die Ionisationsenergie des Elektrons bei der Gittertemperatur $T = 0$. Da das Elektron eine über den ganzen Mikroblock ausgedehnte Wellenfunktion hat, ist die Kopplung an die Auslenkungen sehr schwach. Eine genauere Untersuchung dieser Terme zeigt, daß man sie für die weitere Rechnung vernachlässigen kann. Aus Raumgründen können wir darauf nicht weiter eingehen. Es wird dann in erster Näherung

$$U_v(X_k) = u_v(X_k^v) + V(X_k). \tag{9.20}$$

Verwendet man nun die schon erwähnten Ersatzpotentiale, so kann man andererseits $U_v(X_k)$ nach (2.10) auf folgende Weise ausdrücken

$$U_v(X_k) = P(X_k) + Q(X_k), \tag{9.21}$$

wobei P die Gitterenergie des ungestörten Mikroblocks ist, während Q die Anionenlücke erzeugt. Aus (9.20) und (9.21) folgt unmittelbar die Beziehung

$$V(X_k) = P(X_k) + Q(X_k) - u_v. \tag{9.22}$$

Damit sind wir in der Lage, den Hamilton-Operator H_0 aus (9.12) in Ersatzpotentialen darzustellen. Beachtet man nämlich die Zerlegung (9.14) sowie die Definitionen (9.16) und (9.17), so ergibt sich aus (9.13) zusammen mit (9.22) die Beziehung

$$H_0 = H_1 + v(x_1, X_k) + P(X_k) + Q(X_k) - u_v. \tag{9.23}$$

Der Hamilton-Operator H_0 ist dann vollständig durch Ersatzpotentiale bestimmt, wenn man den Gitterstöroperator $Q(X_k)$ angeben kann. Dieser wird durch die Vorschrift definiert, daß aus dem ungestörten Mikroblock ein Anion an der Stelle X_0 entfernt, und somit eine Anionenlücke geschaffen werden soll. Da die Ionen im Grundzustand mit Potentialen der Art (2.7) untereinander in Wechselwirkung stehen, muß der Störoperator die Gestalt

$$Q(X_k) = -\sum_j \left[\frac{e_0 e_j}{|\mathfrak{X}_0 - \mathfrak{X}_j|} + \frac{b}{|\mathfrak{X}_0 - \mathfrak{X}_j|^\eta}\right] \tag{9.24}$$

annehmen.

Nach diesen Vorbereitungen können wir uns endgültig der Berechnung der Störstellenwellenfunktion zuwenden. Zufolge unseres Ansatzes (9.6) ist dies eine $1s$-Funktion mit einem geeigneten Variationsparameter β_1, deren Zentrum in der Anionenlücke, d. h. also in X_0 fixiert werden muß. Wählen wir, was ohne Einschränkung der Allgemeinheit stets möglich ist, $\mathfrak{X}_0 = 0$, so nimmt die Vergleichsfunktion die Form an

$$\psi_{1s} = \chi_1[x, \beta_1(X_k)] = \pi^{-1/2} \beta_1^{3/2}(X_k)\, e^{-\beta_1(X_k)|\mathfrak{x}|}. \tag{9.25}$$

Da wir sonst keine weiteren Variationsparameter einführen, können wir zukünftig den Index 1 bei β_1 weglassen, ohne Verwechslungen hervorzurufen. Setzt man (9.25) in (9.12) ein und bildet den Erwartungswert, so erhält man zufolge (9.23), (9.24) und (9.18) den Ausdruck

$$U_s[\beta(X_k), X_k] = \frac{1}{2}\frac{h^2}{m}\beta^2(X_k) + P(X_k) + Q(X_k) - u_v$$
$$+ \sum_j \frac{e_1 e_j}{|\mathfrak{X}_j|}\left[1 + (1 + \beta(X_k)\,|\mathfrak{X}_j|)\,\mathrm{e}^{-2\beta|\mathfrak{X}_j|}\right]. \quad (9.26)$$

Dieser Energieausdruck soll nun durch Variation der Parameterfunktion $\beta(X_k)$ zu einem Minimum gemacht werden. Entsprechend unserem Vorgehen in den Kap. II und IV zerlegen wir dabei $\beta(X_k)$ in einen statischen und einen dynamischen Anteil, indem wir $\beta(X_k)$ um die (noch nicht bekannten) statischen Ruhelagen des Gitters X_k^s im Zustand s entwickeln

$$\beta(X_k) = \beta(X_k^s) + \beta_j^s(X_k - X_k^s) + \cdots. \quad (9.27)$$

Das Problem reduziert sich damit auf die Bestimmung von $\beta(X_k^s) = \beta_0$ sowie der Kopplungskonstanten β_j^s, wobei wir uns mit den linearen Gliedern in (9.27) begnügen werden, da um die statischen Ruhelagen nurmehr kleine dynamische Ausschwingungen stattfinden, und der größte Teil der nichtlinearen Wechselwirkung zwischen Elektron und Gitter in der Statik berücksichtigt wird.

Wir beginnen zunächst mit der Statik. In ihr müssen die Gitterruhelagen X_k^s und β_0 bestimmt werden, was nach (2.44) und (2.46) durch unabhängige Variation von U_s nach β und den X_k geschieht. Variation nach β liefert die Gleichung

$$\frac{h^2}{m}\beta - \sum_j e_1 e_j(1 + 2\beta\,|\mathfrak{X}_j|)\,\mathrm{e}^{-2\beta|\mathfrak{X}_j|} = 0. \quad (9.28)$$

Bei der Variation nach den X_k muß beachtet werden, daß es sich nach § 15 nur um die direkte Variation von U_s nach den X_k handelt, wogegen die indirekte Variation bezüglich der X_k in β nicht durchgeführt werden muß. Man erhält aus dieser X_k-Variation dann die Gittergleichungen

$$\frac{\partial}{\partial X_k}P(X_k) = -\frac{\partial}{\partial X_k}\left\{Q(X_k) + \sum_j \frac{e_1 e_j}{|\mathfrak{X}_j|}\left[1 + (1 + \beta\,|\mathfrak{X}_j|)\,\mathrm{e}^{-2\beta|\mathfrak{X}_j|}\right]\right\}. \quad (9.29)$$

Nach § 15 kann in den so erhaltenen Gln. (9.28) und (9.29) die Funktion $\beta(X_k)$ als Konstante angesehen werden, wobei die gekoppelten Gleichungen bei der Auflösung dann die Werte β_0 und X_k^s liefern. Die tatsächliche praktische Auswertung dieser Gleichungen muß nun nach der Theorie des Kap. II vorgenommen werden, und die hier anden genommene Anionenlücke mit einem eingesetzten Elektron gehört zu einfachsten Fällen, die man sich denken kann. Nichtsdestoweniger würde die Entwicklung der zugehörigen gitterstatischen Rechnungen den Rahmen unseres Beispiels durch ihren Umfang sprengen. Es zeigt sich indes, wenn man einige durch Rechnung erhärtete Überlegungen anstellt, daß man näherungsweise auf die Gln. (9.29) verzichten kann, worauf nur die einzige Gl. (9.28) zurückbleibt, die sich natürlich sofort lösen läßt. Das Argument gründet sich auf den Umstand, daß eine Anionenlücke mit oder ohne eingesetztem Elektron eine relativ schwache Störung des Gitters darstellt. Untersucht man mit Hilfe der Gitterstatik diese Verhältnisse genauer, so stellt sich heraus, daß die Verschiebungen aus den idealen Ruhelagen, welche durch die Störung erzwungen werden, für die lückennächsten Ionen nur etwa 2—4% des idealen Gitterabstandes betragen, und für weiter außen liegende Ionen natürlich entsprechend kleiner werden, da die Lücke durch den von ihr allseitig ausgeübten Druck bzw. Zug wie ein elastischer Dipol wirkt. Gegenüber derartig kleinen Verschiebungen aus den Ruhelagen X_k^0 sind jedoch die Lösungen β_0 der Gl. (9.28) relativ unempfindlich, d. h. wir können ohne größere Unterschiede mit den X_k^0 an Stelle der X_k^s rechnen, solange es um die Bestimmung von β_0 allein geht. *Sehr* empfindlich dagegen ist der Energiewert U_s in Abhängigkeit von den X_k^s und damit dem zugehörigen β_0. Für ihn brauchte man also tatsächlich die exakte elektrongitterstatische Rechnung. Es wird sich jedoch herausstellen, daß die direkte Berechnung dieses Wertes auf einfache Weise umgangen werden kann, was in § 60 (allerdings aus anderen Gründen) ausführlich erörtert wurde. Wir können uns daher wirklich mit (9.28) begnügen, und β_0 daraus berechnen und für das weitere nunmehr als bekannt ansehen. Damit sind die elektrongitterstatischen Rechnungen abgeschlossen, und wir wenden uns der Gitterdynamik zu.

Die allgemeinen gitterdynamischen Rechnungen sind in Kap. IV ausgeführt. Sie müssen vor allem auf solche Fälle angewendet werden, bei denen sehr starke Störungen im Gitter vorhanden sind. Die von uns angenommene Anionenlücke zählt aber zu den schwachen Störungen und ermöglicht, wie schon in der Statik, ebenfalls eine vereinfachte und elegante Behandlung der Elektron-Gitter-Dynamik, welche sich an das Kap. VI anschließt. Dieses Kapitel basiert auf der in Kap. IV nahegelegten Annahme, daß das Schwingungsspektrum des gestörten Kristalls näherungsweise aufgeteilt werden kann in spezielle Störschwingungen, sowie das Schwingungsspektrum des idealen Kristalls. Zusätzlich wird dann noch postuliert, daß der longitudinale optische Zweig der idealen Gitterschwingungen entartet sei, d. h. durch eine einzige Frequenz, die longitudinale Grenzfrequenz ω gekennzeichnet werden kann. Dies hat insofern auf die Rechnung einen großen Einfluß, als nach § 55 ein Elektron — abgesehen von den Störschwingungen — im wesentlichen nur an diesen Zweig gekoppelt ist. Kennt man ferner das System der Störeigenschwingungen, so ist durch die genannten Annahmen das Eigenschwingungssystem des Kristalls vollständig festgelegt. Da wir die Eigenschaften des idealen Kristalls — also auch sein Eigenschwingungssystem — stets als bekannt voraussetzen, bleiben angewendet auf den Fall der Anionenlücke, nur die durch die Lücke erzeugten Eigenschwingungen als Problem zurück. Da die Lücke aber im Verhältnis zu anderen Störungen wie Zwischengitteratomen, Versetzungen usw. nur eine geringe Veränderung der rücktreibenden Kräfte in ihrer Umgebung bewirkt, so nehmen wir in einer weiteren Näherung an, daß ihre Eigenschwingungen — obwohl von charakteristischer zentralsymmetrischer Gestalt — im Spektrum des idealen Gitterschwingungssystems untergehen, bzw. nur minimal von ihm in den Frequenzen getrennt sind. Damit ist es nicht mehr notwendig diese Schwingungen eigens zu berücksichtigen, und wir begnügen uns mit dem idealen Eigenschwingungssystem, insbesondere also mit dem für die Elektron-Gitter-Kopplung allein notwendigen entarteten optisch longitudinalen Schwingungszweig. Wir können dann die Formeln des Kap. VI ohne weitere Rechnung auf den vorliegenden Fall übertragen.

Beachten muß man in diesem Zusammenhang nur, daß sich diese Formeln bereits auf Normalkoordinaten beziehen. Wir müssen daher von der gitterdynamischen Freiheitsgraden $(X_j - X_j^s) = \xi_j^s$ auf die Normalkoordinaten q_k^s des Zustandes s übergehen. Dabei entsteht aus der Entwicklung (9.27) die Relation

$$\beta(X_k) = \beta_0 + \beta_k^s q_k^s. \qquad (9.30)$$

In ihr wurden die nichtlinearen Glieder der dynamischen Elektron-Gitter-Kopplung bereits weggelassen, da sie zufolge der Annahme des Kap. VI vernachlässigbar sind. Als Problem verbleibt also die Bestimmung der β_k^s. Zu ihrer Angabe stellt man zunächst fest, daß der Ausdruck (9.26) der auf unseren Fall spezialisierte Ausdruck der Gitterenergie (6.29) ist (ohne Elektronenpolarisation). Zerlegt man wie in (6.29) die gesamte potentielle Störenergie in einen elektrischen und einen mechanischen Anteil, wobei mechanisch in dem Sinne zu verstehen ist, daß es alle andern nicht-COULOMBschen Potentialglieder umfaßt, so ergibt sich aus (9.26) unter Berücksichtigung des COULOMB-Anteils von $Q\,(X_k)$

$$Q^e = \sum_j \left\{ \frac{e_1 e_j}{|\mathfrak{X}_j|} \left[1 + (1 + \beta\,|\mathfrak{X}_j|)\, \mathrm{e}^{-2\beta|\mathfrak{X}_j|}\right] - \frac{e_0 e_j}{|\mathfrak{X}_j|} \right\}. \qquad (9.31)$$

Der Anteil der elektrischen Wechselwirkung des Gitters mit dem Elektron allein lautet dagegen

$$Q_1^e = \sum_j \frac{e_1 e_j}{|\mathfrak{X}_j|}\left[1 + (1 + \beta\,|\mathfrak{X}_j|)\,e^{-2\beta|\mathfrak{X}_j|}\right]. \tag{9.32}$$

Nach (6.35) ergeben sich daraus dann die Kopplungskonstanten

$$\begin{aligned} \beta_1^s &= \frac{\partial}{\partial\beta}\gamma_1^s\left[\frac{\hbar^2}{m} + \frac{\partial^2}{\partial\beta^2}Q^e\right]^{-1} \\ \beta_j^s &= 0 \qquad (j = 2, \ldots, N). \end{aligned} \tag{9.33}$$

Die Ausdrücke (9.33) sind an den Stellen $\beta = \beta_0$ und $X_k = X_k^s$ zu nehmen. Die Kopplungskonstanten (6.36) für Störeigenschwingungen treten hier nicht auf, da keine Störeigenschwingungen mit einer von ω verschiedenen Frequenz angenommen wurden. Die Formel (9.32) wird zur Berechnung der Normierungskonstanten γ_1^s gebraucht, welche noch vorgenommen werden muß. Man kann sie nach den Formeln (6.34) bzw. (6.22) und (6.23) ausführen, wenn man (9.32) und die entsprechenden Ionenmassen einsetzt. Die Summation läßt sich nach M. Wagner explizit durchführen, worauf wir aber nicht näher eingehen wollen. Es genügt zu wissen, daß der Wert von γ_1^s explizit numerisch berechenbar ist. Ferner zeigt eine weitere Betrachtung, daß das zweite Glied im Nenner von (9.33) gegenüber dem ersten vernachlässigt werden kann, so daß wir schließlich erhalten

$$\beta_1^s = \frac{m}{\hbar^2}\frac{\partial}{\partial\beta}\gamma_1^s \tag{9.34}$$

und damit insgesamt die Wellenfunktion

$$\psi_{1s}(x, X_k^s, q_k^s) = \pi^{-1/2}\left(\beta_0 - \frac{m}{\hbar^2}\frac{\partial\gamma}{\partial\beta}q_1^s\right)^{3/2}\exp\left[-\left(\beta_0 - \frac{m}{\hbar^2}\frac{\partial\gamma}{\partial\beta}q_1^s\right)|\mathfrak{x}|\right]. \tag{9.35}$$

Hierbei haben wir an der Normierungskonstanten γ die Indizes 1,s weggelassen, da keine Verwechslungen mit anderen Konstanten vorkommen können.

§ 90. Übergangswahrscheinlichkeiten im Mikroblock

In den beiden vorangehenden Paragraphen hatten wir uns zunächst mit den für die Reaktionskinetik nötigen Elektronenwellenfunktionen beschäftigt. Der nächste Schritt bestünde also in der Diskussion der zugehörigen Gitterwellenfunktionen φ_m^n, aus welchen dann mit den Elektronenfunktionen die angestrebten Gesamtwellenfunktionen (9.2) des Mikroblocks mit Lücke zusammengesetzt werden können. Nun hatten wir aber in § 89 gezeigt, daß mit guter Näherung das Kristallmodell des Kap. VI auf die Elektron-Gitter-Dynamik eines Mikroblocks mit Lücke angewendet werden kann, und daß es ferner plausibel ist, für eine solche Störung das Verschwinden der zugehörigen Störeigenschwingungen im Spektrum des idealen Kristalls anzunehmen. Die Elektronen sind dann im wesentlichen nur an das Schwingungssystem des idealen Kristalls gekoppelt, wobei sich die Kopplung nach Kap. VI auf die Wechselwirkung mit dem fast entarteten longitudinalen optischen Schwingungszweig reduziert. Für die Schwingungen dieses Zweigs kann man dann ebenfalls in guter Näherung eine einzige Eigenfrequenz ω, die longitudinale Grenzfrequenz, annehmen. Setzt man diese aus der Theorie des idealen Kristalls als bekannt voraus, so lassen sich unmittelbar die Gitterwellenfunktionen in Normalkoordinatendarstellung angeben, da die Wellenfunktion eines harmonischen Oszillators durch seine Frequenz vollständig festgelegt ist. Eine besondere Berechnung dieser Funktionen ist daher nicht nötig. Wir können und deshalb sogleich mit dem nächsten Schritt, der Berechnung der Übergangsmatrizen beschäftigen. Diese Übergangsmatrizen rühren von den Störoperatoren H^t und H^n her, welche Übergänge zwischen den Zuständen (9.2) erzwingen, und daher eigentlich die postulierten Modellprozesse in Gang bringen. Wir stellen zuerst zusammen, welche Übergangsmatrizen für die Reaktionskinetik berechnet werden müssen. Für die Elektronenindizes hatten wir schon die Auswahl $n = v, s, c$ getroffen. Bei beliebigen Übergangsmöglichkeiten haben wir also sämtliche Kombinationen zwischen diesen Zuständen zu berücksichtigen. Ferner sollen die Übergänge nach § 86 nicht nur im thermischen Gleichgewicht stattfinden, sondern es sollen auch Übergänge mit und zwischen beliebigen Gitteranregungen möglich sein. Dies bedeutet, daß die allgemeine Gitterquantenzahl m bzw. l sämtliche möglichen Werte durchlaufen darf. Die so erforderliche Mannigfaltigkeit von Übergangsmatrizen kann bei der wirklichen Berechnung jedoch reduziert werden, was auf zwei Arten möglich ist: einmal durch die Hermitezität der Störoperatoren, zum andern durch Vollständigkeitsrelationen. Die Vollständigkeitsrelationen gelten nach (7.58) für die Übergangswahrscheinlichkeiten und bewirken, daß keinerlei Diagonalelemente der Übergangsmatrizen berechnet zu werden brauchen. Die Hermitezität dagegen verbindet Reziprokprozesse, so daß z. B. aus der Kenntnis von $H^t_{nm,pl}$ jene von $H^t_{pl,nm}$ gefolgert werden kann. Zufolge dieser Zusatzbedingungen genügt es schließlich, die Matrixelemente $H^t_{cm,sl}$ und $H^t_{vm,sl}$, sowie $H^n_{cm,cl}$, $H^n_{sm,sl}$ und $H^n_{vm,vl}$ für beliebige Gitteranregungen zu berechnen. Alle anderen für die Reaktionskinetik notwendigen Matrixelemente können aus ihnen abgeleitet werden, was noch in allen Einzelheiten diskutiert werden soll.

Setzt man die speziellen Wellenfunktionen (9.9) bis (9.11) in die Matrixelemente von H^t ein, so erhält man aus dem allgemeinen Übergangselement (5.23) zufolge der Orthogonalität unserer Einelektronenfunktionen

$$H^t_{cm,sl} = \int \psi^*_{0c}\, H_k\, \psi_{1s}\, dx_1 \int \varphi^{c*}_m\, \varphi^s_l\, d\tau_k \tag{9.36}$$

sowie

$$H^t_{vm,sl} = \int \psi^*_{0v}\, H_k\, \psi_{1s}\, dx_1 \int \varphi^{v*}_m\, \varphi^s_l\, d\tau_k. \tag{9.37}$$

Bildet man dagegen für H^n ein Matrixelement, so folgt

$$H^n_{nm,pl} = \delta_{n,p} \int \varphi^{n*}_m\, H^n\, \varphi^p_l\, d\tau_k, \tag{9.38}$$

da nach (5.19) H^n nur die Gitterkoordinaten enthält, und die Elektronenfunktionen normiert und orthogonal sind. Gitterenergiedissipation findet demnach nur bei fixierten Elektronenzuständen statt. Die Matrixelemente (9.36) bis (9.38) müssen nun explizit ausgewertet und in die Formeln für die Übergangswahrscheinlichkeiten eingesetzt werden. Es sei jedoch sogleich vorweggenommen, daß der uns zur Verfügung stehende Raum nicht die vollständige Darstellung der deduktiven Behandlung von H^t und H^n gestattet. Wir werden daher zwei Verfahren anwenden: während wir einerseits die für den Prozeß als Ganzen entscheidenden Elektronenübergänge (9.36) und (9.37) sorgfältig untersuchen und deduktiv beschreiben werden, müssen wir zum Studium der genauen Berechnung von (9.38) und der daraus resultierenden Übergangswahrscheinlichkeiten auf die in § 85 zitierte Arbeit verweisen. Wir beschränken uns dann in unserer Rechnung auf die rein formale Behandlung von H^n und entnehmen die für die Reaktionskinetik schließlich benötigten Werte aus § 85. Demgemäß beschäftigen wir uns im folgenden allein mit den Matrixelementen (9.36) und (9.37). Wie man sieht, tritt in ihnen die Wellenfunktion ψ_0 nicht mehr auf, und die Übergänge hängen allein von den Einelektronenfunktionen ψ_{0v}, ψ_{0c} und ψ_{1s} ab, was die weitere Rechnung sehr erleichtert. Um die Gitteranteile in (9.36) und (9.37) einer Auswertung zugängig zu machen, gehen wir in den Integralen zu Normalkoordinaten über. Setzt man abkürzend $l^n = l^n_1 \cdots l^n_N$, so entsteht

$$H^t_{cl^c,sl^s} = \int \psi^*_{0c}(x, X^c_k, q^c_k)\, H'_k\, \psi_{1s}(x, X^s_k, q^s_k)\, dx\, F_{l^c,l^s}, \tag{9.39}$$

wobei wir den unerheblichen Index 1 an der Elektronenkoordinate weggelassen haben, und H'_k den auf Normalkoordinaten transformierten Operator der kinetischen Energie der Gitterkerne darstellt. Der Gitteranteil in (9.39) wird dabei durch

$$F_{l^c,l^s} \equiv F_{l^c_1,l^s_1} \cdots F_{l^c_N,l^s_N} \tag{9.40}$$

definiert. Die einzelnen Faktoren dieses Produkts sind dann die durch (6.7) eingeführten Franck-Condon-Integrale.

Entwickelt man die elektronischen Wellenfunktionen nach den Normalkoordinaten q^c_k bzw. q^s_k, so kann man in nullter Näherung das elektronische Gesamtintegral in (9.39) beim konstanten Glied abbrechen, und erhält

$$H^t_{cl^c, sl^s} = \int \psi^*_{0c}(x, X^c_k, 0)\, [H'_k\, \psi_{1s}(x, X^s_k, q^s_k)]_{/q^s_k=0}\, dx\, F_{l^c, l^s}. \quad (9.41)$$

Ein analoger Ausdruck läßt sich für (9.37) ableiten. Es wird bei gleichem Vorgehen

$$H^t_{vl^v, sl^s} = \int \psi^*_{0v}(x, X^v_k, 0)\, [H'_k\, \psi_{1s}(x, X^s_k, q^s_k)]_{/q^s_k=0}\, dx\, F_{l^v, l^s}. \quad (9.42)$$

Diese Näherung ist insofern berechtigt, als selbst bei großen Gitterquantenzahlen die zugehörigen Amplituden q^n_j nur relativ kleine Auslenkungen aus dem Gleichgewichtszustand darstellen, und solange der Kristall überhaupt existiert, das Glied nullter Ordnung gegenüber den nachfolgenden Entwicklungsgliedern weitaus überwiegt.

Es müssen daher nur die Funktionen $\psi_{0v}(x, X^v_k, 0)$, $\psi_{0c}(x, X^c_k, 0)$ sowie $\psi_{1s}(x, X^s_k, q^s_k)$ explizit verwendet werden. Diese folgen aus (9.5) und (9.35). Um die Berechnung des Elektronenanteils zu vereinfachen, setzen wir für die zufolge (9.5) über das ganze Gitter ausgebreiteten Wellenfunktionen ψ_{0v}, ψ_{0c} näherungsweise den Wert $V^{-1/2}$ ($V \equiv$ Mikroblockvolumen) ein. Beachtet man, daß der Operator H'_k in den Normalkoordinaten des s-Zustandes die Gestalt annimmt

$$H'_k = \frac{\hbar^2}{2} \sum_j \frac{\partial^2}{\partial q^{s2}_j}, \quad (9.43)$$

so erhält man aus (9.41) und (9.42) die Ausdrücke

$$H^t_{cl^c, sl^s} = C \cdot F_{l^c, l^s} \quad (9.44)$$

und

$$H^t_{vl^v, sl^s} = C \cdot F_{l^v, l^s}, \quad (9.45)$$

wobei die Konstante C den Wert hat

$$C \equiv \frac{\hbar^2}{m^2}\, 15\, \pi^{1/2}\, V^{-1/2}\, \beta^{-7/2} \left(\frac{d\gamma}{d\beta}\right)^2, \quad (9.46)$$

und an der Stelle $\beta = \beta_0$ zu nehmen ist.

Die Franck-Condon-Integrale sind nach M. Wagner [17] allgemein berechenbar, wenn die Nullpunktsverschiebungen a^{np}_j und die Frequenzen ω_j der Normalschwingungen gegeben sind. Die Frequenz ω des longitudinalen optischen Zweigs ist uns zufolge unserer Annahme bekannt; die Frequenzen der übrigen Gitterschwingungen kennen wir dagegen nicht. Ihre explizite Kenntnis ist jedoch für die weiteren Rechnungen nicht nötig, weil das betrachtete Elektron nicht an diese Gitterschwingungen gekoppelt ist. Die Quantenzahlen dieser Schwingungen lassen sich deshalb aus der Reaktionskinetik in allgemeiner Weise eliminieren, wie wir bald sehen werden. Für die Nullpunktsverschiebungen wurde in § 59 die Formel (6.49) abgeleitet, wobei die

f_j^n bzw. f_j^p die linearen Kopplungskonstanten der Elektronenenergie an die den Ruhelagen superponierten Gitterbewegungen sind. Diese verschwinden für die Zustände v und c, wie man der Energieformel (9.20) entnimmt, welche ganz analog auch für den Zustand c gilt und ableitbar ist. Für den s-Zustand dagegen erhält man nach (6.43)

$$f_1^s = \frac{\hbar^2}{m} \beta_0 \beta_1^s + \gamma \tag{9.47}$$

$$f_j^s = 0 \quad (j = 2, \ldots, N),$$

wenn man wie in (9.33) und (9.34) das zweite Glied in der Klammer vernachlässigt. Zufolge der vorausgesetzten Entartung des longitudinalen optischen Zweigs läßt sich die Rechnung also so einrichten, daß das Elektron nurmehr an eine einzige, charakteristische Eigenschwingung gekoppelt ist. Es sei jedoch bemerkt, daß nach Kap. VI das Verschwinden der übrigen Kopplungskonstanten sich nicht nur auf den longitudinalen optischen Zweig bezieht, sondern auch alle Kopplungskonstanten an die anderen Zweige umfaßt. Die zu (9.47) gehörigen Nullpunktsverschiebungen nehmen dann die Werte an

$$\begin{aligned} a_1^{cs} &= a_1^{vs} = -\frac{1}{\omega^2}\left[\frac{\hbar^2}{m} \beta_0 \beta_1^s + \gamma\right] \\ a_j^{cs} &= a_j^{vs} = 0 \quad (j = 2, \ldots, N). \end{aligned} \tag{9.48}$$

Entsprechend ihrer Ableitung aus (9.47) gelten diese Nullpunktsverschiebungen für die Gesamtheit der Gitterschwingungen des Mikroblocks. D. h. unter den Freiheitsgraden $j = 1, \cdot \cdot, N$ sind neben dem longitudinalen optischen Zweig auch jene der übrigen Gitterschwingungszweige enthalten. Die spezielle Form der Nullpunktsverschiebungen (9.48) läßt nun sofort eine Reduktion der Übergangsmatrixelemente zu. Für verschwindende Nullpunktsverschiebungen werden nämlich die Franck-Condon-Integrale (6.7) zu δ-Funktionen in den beiden Quantenzahlen, d. h. die Oszillatoren erfahren beim Übergang keine Änderung ihres Zustandes, sofern ihre Frequenzen unverändert bleiben. Das aber haben wir mit dem für alle drei Zustände c, v, s verbindlichen idealen Eigenschwingungssystem implizit mit vorausgesetzt. Die Übergangsmatrixelemente (9.44) und (9.45) gehen daher über in

$$H^t_{cl^c, sl^s} = C \cdot F_{l_1^c, l_1^s} \, \delta_{l_2^c, l_2^s} \cdots \delta_{l_N^c, l_N^s} \tag{9.49}$$

bzw.

$$H^t_{vl^v, sl^s} = C \cdot F_{l_1^v, l_1^s} \, \delta_{l_2^v, l_2^s} \cdots \delta_{l_N^v, l_N^s}, \tag{9.50}$$

womit man eine für die reaktionskinetische Rechnung brauchbare Form erreicht hat.

Neben den Übergangsmatrixelementen sind zur Berechnung der Übergangswahrscheinlichkeiten noch die Energiedifferenzen zwischen den zugehörigen Mikroblockzuständen notwendig. Diese lassen sich nach § 60 auf die Form (6.55) bringen, welche angewandt auf die zu (9.49) gehörige Energiedifferenz die Gestalt

$$E_{lc}^{c} - E_{ls}^{s} = u_c(X_k^c) - u_s[(X_k^c), X_k^c] + \frac{1}{2}\,\omega^2\, a_1^{cs2} + h\,\omega \sum_j (l_j^c - l_j^s) \quad (9.51)$$

annimmt, und für die zu (9.50) gehörige Differenz einen ganz analogen Ausdruck ergibt. Der erste Term bedeutet dabei die Bindungsenergie des Elektrons an das Gitter im Zustand c, wenn die Ruhelagen X_k^c eingenommen werden; der zweite Term ist die Elektronenbindungsenergie für den Zustand s, wobei das Gitter aber ebenfalls die Ruhelagen X_k^c einnimmt. Die Differenz beider Terme ist leicht phänomenologisch zu deuten. Bedenkt man, daß die Ruhelagen X_k^c für den elektronenfreien Zustand der Störstelle berechnet werden, so folgt unmittelbar daraus, daß die Gitterionen diese freie Störstellenladung auf den $1/\varepsilon$-ten Teil abschirmen. Hält man nun das Gitter in diesen Ruhelagen fest, und setzt ein Elektron in die Störstelle, so bewegt dieses sich näherungsweise im abgeschirmten Zentralfeld der Störstelle. Die zugehörige Ionisierungsenergie ins Leitungsband ist wohlbekannt. Sie lautet

$$u_c(X_k^c) - u_s\,[(X_k^c), X_k^c] = \frac{m e_0^2\, e_1^2}{2 h^2\, \varepsilon^2}\,, \quad (9.52)$$

wenn die Zentralladung der Störstelle e_0 und die Elektronenladung e_1 genannt wird.

Beachtet man sogleich, daß zufolge der Matrixelemente (9.49) und (9.50) nur bei l_1^n Veränderungen der Quantenzahlen eintreten können, während alle anderen Oszillatorenquantenzahlen konstant bleiben, so kann man die Energiedifferenzen auch in der Form schreiben

$$E_{lc}^{c} - E_{ls}^{s} = \frac{m e_0^2\, e_1^2}{2 h^2\, \varepsilon^2} + \frac{1}{2}\,\omega^2\, a_1^{cs2} + h\,\omega\,(l_1^c - l_1^s) \equiv X \quad (9.53)$$

und

$$E_{lv}^{v} - E_{ls}^{s} = u_v - u_c + \frac{m e_0^2\, e_1^2}{2 h^2\, \varepsilon^2} + \frac{1}{2}\,\omega^2\, a_1^{cs2} - h\,\omega\,(l_1^v - l_1^s) \equiv Y \quad (9.54)$$

Mit (9.53) und (9.54) sowie (9.49) und (9.50) haben wir sämtliche Elemente für die Berechnung der Übergangswahrscheinlichkeiten zusammengestellt.

Da es sich, wie man aus (9.53) und (9.54) leicht entnimmt, um ein diskretes Spektrum handelt, in dem sich die Übergänge abspielen, müssen wir die in § 71 entwickelte Theorie benutzen, deren für uns wichtige Formeln durch (7.58) und (7.59) gegeben werden. Diese Formeln liefern jedoch noch nicht direkt die gesuchten Übergangswahrscheinlichkeiten, sondern sie stellen Gleichungssysteme dar, aus welchen diese berechnet werden können. Unterdrücken wir im folgenden den

Index des Lichtquantenfeldes, das wir definitorisch aus dieser Rechnung ausgeschlossen haben, so enthält das Gleichungssystem (7.58) und (7.59) nurmehr die Kristallquantenzahlen nm bzw. pl. Bei der Auflösung des Systems bildet das Indexpaar pl einen Parameter, d. h. für jede denkbare Mikroblockquantenzahl pl entsteht ein eigenes Gleichungssystem. Physikalisch bedeutet dies, daß pl jeweils als Ausgangszustand fungiert, von dem aus dann sämtliche Übergänge in andere Zustände betrachtet und berechnet werden. Im vorliegenden Fall treten die Mikroblockquantenzahlen vl^v, sl^s sowie cl^c auf, wobei l^v die Gesamtheit der Oszillatorenquantenzahlen für den Zustand v usw. umfassen soll. Gesucht sind dann die Übergangswahrscheinlichkeiten zwischen diesen Zuständen. Da bei deren Berechnung *sämtliche* Übergänge berücksichtigt werden müssen, wie die Formeln (7.58) und (7.59) zeigen, werden wir jetzt Kriterien dafür angeben müssen, warum wir uns allein mit den drei genannten Zustandgruppen vl^v, sl^s und cl^c abgeben.

Wir beginnen mit der Zustandsgruppe cl^c, wobei nach (9.11) der Zustand c ein Elektron am unteren Rande des Leitungsbandes beschreiben soll, die Gitteranregung l^c aber beliebig angenommen werde. Von ihr aus sind nun folgende thermischen (strahlungslosen) Elektronenübergänge denkbar:

1. In angeregte Leitungsbandzustände,
2. in die verschiedenen Störstellenzustände,
3. ins Valenzband.

bei gleichzeitiger Veränderung der Gitterquantenzahlen. Von all diesen theoretisch in (7.58) und (7.59) auftretenden Übergängen kann man jedoch die Übergänge 1) vernachlässigen, weil die Elektron-Gitter-Kopplung im Leitungsband von uns vernachlässigt wurde und damit die zugehörigen Übergangsmatrizen verschwinden. Von den Übergängen 3) können wir ebenfalls gänzlich absehen, weil direkte thermische Übergänge zwischen Leitungsband und Valenzband äußerst unwahrscheinlich sind. Der Energieerhaltungssatz verbietet sie fast vollkommen. Von den Übergängen 2) dagegen bleibt vor allem der Übergang in den Grundzustand der Störstelle übrig, während alle anderen Übergänge erheblich kleinere Werte der Übergangsmatrizen aufweisen. So ist z. B. die Übergangsmatrix vom Leitungsband in den $2s$-Zustand um den Faktor $(1/2)^7$ kleiner als jene in den $1s$-, d. h. den Grundzustand. Dieses Kriterium ist allerdings dann ungültig, wenn zufolge des Energieerhaltungssatzes ein „Resonanzeinfang" in einen höheren Störstellenzustand eintritt. Auf die Berücksichtigung dieses Ausnahmefalles verzichten wir jedoch. Es bleiben daher nur die Elektronenübergänge von cl^c nach sl^s zurück, wobei l^c und l^s beliebige Gitterquantenzahlen sein können. Das Register der Übergänge von cl^c in andere Zustände ist damit jedoch noch nicht erschöpft, wenn man auch nichtelektronische Übergänge einbezieht. Diese sind in unserem Modell als anharmonische Übergänge von cl^c nach $cl^{c'}$ möglich. Sie bewirken die Energiedissipation im Gitter und dürfen natürlich nicht vernachlässigt werden, da sie ohne weiteres die Größenordnung der strahlungslosen Elektronenübergangswahrscheinlichkeiten erreichen können, wie die Tabelle in § 85 beweist.

Berücksichtigt man die Ergebnisse der vorangehenden Diskussion, so lauten die auf unseren Fall übertragenen Gl. (7.58)

$$W^1_{cl^c,cl^c} = -\sum_{l^s} W^{1t}_{sl^s,cl^c} - \sum_{l^{c'}} W^{1n}_{cl^{c'},cl^c}, \tag{9.55}$$

wobei die Abklingkonstante $W^1_{cl^c,cl^c}$ sogleich von den anderen Termen separiert wurde, da (7.58) bzw. (9.55) ja eine Gleichung zur Berechnung der Abklingkonstanten ist. Man erkennt, daß zufolge dieser Gleichung sich die Abklingkonstante additiv aus einem Anteil der thermischen Elektronenübergänge *sowie* einem Anteil der anharmonischen Übergänge zusammensetzt. Beachtet man ferner, daß die aus (7.59) für einen Übergang von cl^c nach sl^s resultierende Elektronenübergangswahrscheinlichkeit die Gestalt hat

$$W^{1t}_{sl^s,cl^c} = -\frac{2}{\pi}\,|H^t_{sl^s,cl^c}|^2\, W^1_{cl^c,cl^c}(W^{12}_{cl^c,cl^c}\,h^2 + 4X^2)^{-1}, \tag{9.56}$$

so folgt, daß über die Abklingkonstante die strahlungslosen Elektronenübergänge mit der Gitterdissipation verkoppelt werden. Das verwickelt uns jedoch in keine umfangreichen Betrachtungen der anharmonischen Gitterübergänge, wie man zunächst vermuten könnte. Um solche Betrachtungen zu umgehen, machen wir uns die Additivität der Relation (9.55) zunutze und zerlegen die Abklingkonstante in

$$W^1_{cl^c,cl^c} = W^{1t}_{cl^c,cl^c} + W^{1n}_{cl^c,c}\;, \tag{9.57}$$

d. h. eine Elektronenabklingkonstante und eine Gitterabklingkonstante, wobei wir für die beiden Abklingkonstanten die Definitionsrelationen

$$W^{1t}_{cl^c,cl^c} = -\sum_{l^s} W^{1t}_{sl^s,cl^c} \tag{9.58}$$

und

$$W^{1n}_{cl^c,cl^c} = -\sum_{l^{c'}} W^{1n}_{cl^{c'},cl^c} \tag{9.59}$$

fordern. (9.57) bis (9.59) erfüllen zusammengenommen die originale Bestimmungsgleichung (9.55) für die Abklingkonstante. Die mit diesen Relationen gegebenen Definitionen bringen dabei *keinerlei* Einschränkung der Allgemeinheit, da wegen der schon erwähnten Linearität der Bestimmungsgleichung (9.55) eine additive Zerlegung der totalen Abklingkonstanten jederzeit möglich ist. Die beiden daraus entstehenden partiellen Abklingkonstanten haben aber neben ihrer formalen Definition auch eine anschauliche Bedeutung: Sie beschreiben die differentielle Veränderung der Besetzungswahrscheinlichkeit für den Zustand cl^c, welche zufolge der Elektronenübergänge einerseits und der Gitterdissipation andererseits eintritt. Damit kann man aber sofort die Brücke zu den Rechnungen in § 85 schlagen. Nimmt man nämlich näherungsweise an, daß sich bei nicht allzu hohen Gittertemperaturen die differentiellen Abklingkonstanten angeregter Gitterschwingungen von ihren integralen Abklingkonstanten nur wenig unterscheiden, d. h. bei der Dissipation Rückprozesse vernachlässigt werden können, so kann man mit Rücksicht auf § 85

$$W^{1n}_{cl^c,cl^c} \approx \tau_0^{-1} \tag{9.60}$$

setzen, und damit zufolge (9.59) die Gl. (9.55) umformen in

$$W^{1}_{cl^c,cl^c} = -\sum_{l^s} W^{1t}_{sl^s,cl^c} + \tau_0^{-1}. \tag{9.61}$$

Damit ist die Wirkung der Gitterdissipation auf die Elektronenübergänge durch eine bekannte Konstante gegeben, und wir können aus (9.61) zusammen mit (9.56) die elektronischen Übergangswahrscheinlichkeiten *allein* berechnen. Wir schlagen dazu ein Iterationsverfahren ein, indem wir in nullter Näherung in (9.56) $X = 0$ setzen, d. h. Energieerhaltung der Teilsysteme bei allen Übergängen annehmen, und über l^s summieren. Wegen der Vollständigkeitsrelation für die FRANCK-CONDON-Integrale

$$\sum_{l^s} |F_{l^s,l^c}|^2 = 1 \tag{9.62}$$

läßt sich diese Summe explizit auswerten, und in (9.61) substituieren. Man erhält damit eine Gleichung für die nullte Näherung der Abklingkonstanten, deren Lösung durch

$$W^{1}_{cl^c,cl^c} = \frac{1}{2}\left[\tau_0^{-1} + \left(\tau_0^{-2} + \frac{8}{\pi \hbar^2}|C|^2\right)^{1/2}\right] \equiv a_0 \tag{9.63}$$

gegeben wird. Einsetzen von (9.63) in (9.56) liefert die erste Näherung

$$W^{1t}_{sl^s,cl} = f_1(l_1^s - l_1^c)\,|F_{l^s,l^c}|^2, \tag{9.64}$$

wenn man unter f_1 den Ausdruck

$$f_1(l_1^s - l_1^c) = -\frac{2}{\pi}|C|^2 a_0 \,[a_0^2 \hbar^2 + 4(-X)^2]^{-1} \tag{9.65}$$

versteht. Wegen der Wahl des Arguments von f_1 verweisen wir auf die Definition (9.53) von X, welche außer Konstanten nur die Differenz $(l_1^s - l_1^c)$ der frei variablen Quantenzahlen l_1^s und l_1^c enthält. Mit der Näherung (9.64) begnügen wir uns. Sie gibt die differentielle Wahrscheinlichkeit für den Einfang eines Leitungsbandelektrons in die Störstelle in Abhängigkeit von der Energiedifferenz X. Dabei sind natürlich auch Übergänge $X \neq 0$ möglich, bei denen die Energiedifferenzen der Mikroblockzustände in adiabatischer Beschreibung *nicht* verschwinden. Ihre Bedeutung wurde in Kap. VII ausführlich diskutiert, worauf wir noch einmal hinweisen wollen. Bemerkenswert an diesen Rechnungen ist ferner, daß in (9.64) der Index l^c frei variabel ist. Man hat also nicht nur die Lösung von (7.58) und (7.59) für einen bestimmten Parametersatz cl^c erhalten, sondern die vorangehenden Operationen liefern ein Lösungsverfahren für die gesamte Zustandsgruppe der cl^c-Zustände.

Wir wenden uns sogleich der nächsten Zustandsgruppe sl^s zu. Bei ihr werden alle jene Übergangswahrscheinlichkeiten erfaßt, die von sl^s ausgehen, wenn man den Index l^s als frei variabel ansieht, d. h. beliebige Gitteranregungen zuläßt. Aus dem Grundzustand des Störzentrums sind dabei folgende Elektronenübergänge denkbar:

1. ins Leitungsband,
2. in angeregte Störstellenzustände,
3. ins Valenzband.

Die Übergänge in angeregte Störstellenzustände vernachlässigen wir. Sie sind aus Symmetrie- und Energieerhaltungsgründen teils nicht erlaubt, teils sehr unwahrscheinlich. Ebenso vernachlässigen wir wegen der Impulserhaltung Übergänge in Leitungs- und Valenzbandzustände mit nichtverschwindendem elektronischen Ausbreitungsvektor. Nicht zu vernachlässigen sind dagegen Übergänge an die Bandkanten, d. h. also Übergänge von sl^s nach cl^c und von sl^s nach vl^v, wo die Ausbreitungsvektoren Null sind, und daher Impulserhaltung gewährleistet ist. Ebenso kann man die anharmonischen Übergänge von sl^s nach $sl^{s'}$ nicht vernachlässigen, da sie den für unseren Prozeß wichtigen Einfluß der Gitterdissipation auf angeregte Störstellenschwingungszustände l^s beschreiben. Die zugehörigen Rechnungen verlaufen mit Hilfe der Gln. (7.58) und (7.59) ganz analog zu jenen für die Zustandsgruppe cl^c. Wir geben sie daher nicht in allen Einzelheiten wieder, sondern bringen sogleich ihre Ergebnisse. Für die nullte Näherung der Abklingkonstanten erhält man

$$W^1_{sl^s,sl} = \frac{1}{2}\left[\tau_0^{-1} + \left(\tau_0^{-2} + \frac{16}{\pi h^2}\,|C|^2\right)^{1/2}\right] \equiv b_0 \tag{9.66}$$

und daraus entsteht als erste Näherung für die Übergangswahrscheinlichkeiten

$$W^{1t}_{cl^c,sl^s} = f_2(l_1^c - l_1^s)\,|F_{l^c,l^s}|^2 \tag{9.67}$$

sowie

$$W^{1t}_{vl^v,sl^s} = f_3(l_1^v - l_1^s)\,|F_{l^v,l^s}|^2, \tag{9.68}$$

wenn man unter f_2 den Ausdruck

$$f_2\,(l_1^c - l_1^s) = -\frac{2}{\pi}\,|C|^2\,b_0\,(b_0^2\,h^2 + 4\,X^2)^{-1} \tag{9.69}$$

und unter f_3 den Ausdruck

$$f_3(l_1^v - l_1^s) = -\frac{2}{\pi} |C|^2 b_0 (b_0^2 h^2 + 4 Y^2)^{-1} \tag{9.70}$$

versteht.

Auf gleichem Weg wird schließlich auch die dritte Gleichungsgruppe der von vl^v ausgehenden Übergänge berechnet. Bei ihr sind bestenfalls elektronische Rücksprünge vom Valenzbandzustand in die Störstelle möglich. Alle anderen Elektronenübergänge entfallen aus Energie- und Impulserhaltungsgründen sowie zufolge vernachlässigbarer Elektron-Gitterkopplung im Valenzbandzustand selbst. Die Übergänge dieser Gruppe reduzieren sich daher auf Übergänge von vl^v nach sl^s. Zusätzlich muß man natürlich die anharmonischen Übergänge von vl^v nach $vl^{v'}$ berücksichtigen, die auch hier die gleiche Bedeutung besitzen, wie bei den zwei anderen Übergangsgruppen. Verfährt man so wie in den beiden vorangehenden Fällen, so wird die nullte Näherung der Abklingkonstanten gleich a_0 und für die erste Näherung der Übergangswahrscheinlichkeiten vom Valenzband in die Störstelle erhält man

$$W_{sl^s, vl^v}^{1t} = f_4(l_1^s - l_1^v) \, |F_{l^s, l^v}|^2, \tag{9.71}$$

wenn man unter f_4 den Ausdruck

$$f_4(l_1^s - l_1^v) = -\frac{2}{\pi} |C|^2 a_0 \, [a_0^2 h^2 + 4(-Y)^2]^{-1} \tag{9.72}$$

versteht.

Auf die zu den drei Prozeßgruppen gehörigen Abklingkonstanten erster Näherung gehen wir im nächsten Paragraphen ein. Hier wollen wir nur noch hervorheben, daß alle bis jetzt abgeleiteten Übergangswahrscheinlichkeiten ein Maß des Übergangs für den Einzelprozeß geben. Da der doppelte Franck-Condon-Prozeß jedoch eine Überlagerung mehrerer Übergänge verlangt, kann man aus den einzelnen Übergangswahrscheinlichkeiten noch keine Schlüsse auf das Ablaufen des gesamten Prozesses ziehen. Diese Schlüsse sind vielmehr nur mit Hilfe der in Kap. VIII entwickelten Reaktionskinetik möglich, welche die Überlagerung mehrerer Prozesse mathematisch zu erfassen gestattet. Sie werden wir auf unseren Modellmechanismus anwenden.

§ 91. Die Quantenzahlendarstellung der Reaktionen

Mit der Gesamtheit der in § 90 abgeleiteten Übergangswahrscheinlichkeiten, zu denen wir wiederum die anharmonischen Übergangswahrscheinlichkeiten formal hinzunehmen, können wir nun das reaktionskinetische Gleichungssystem anschreiben, das die Dynamik unseres Modells beherrscht. Nach Kap. VII lautet das auf unseren Fall spezialisierte System (7.19) für die Gruppe der cl^c-Besetzungswahrscheinlichkeiten

$$\dot{\overline{P}}_{cl^c} = (W^{1t}_{cl^c,cl^c} + W^{1n}_{cl^c,cl^c})\,\overline{P}_{cl^c} + \sum_{l^s} W^{1t}_{cl^s,sl^s}\,\overline{P}_{sl^s} + \sum_{l^{c'}} W^{1n}_{cl^c,cl^{c'}}\,\overline{P}_{cl^{c'}}\,, \tag{9.73}$$

wobei der Punkt die zeitliche Differentiation andeuten soll, und wir sogleich die Zerlegung (9.57) eingesetzt haben. Die rechte Seite von (9.73) stellt eine Bilanz des Wahrscheinlichkeitsflusses in und aus den Zuständen cl^c dar. Der erste Term gibt dabei den Abfluß der Besetzungswahrscheinlichkeit des Zustandes cl^c zufolge elektronischer und anharmonischer Übergänge an, die zwei weiteren Terme dagegen beschreiben den Zufluß von Wahrscheinlichkeit zufolge derselben Prozesse, die Übergänge von anderen Niveaus auch in das betrachtete Niveau cl^c verursachen. Die in (9.73) dazu verwendeten Übergangswahrscheinlichkeiten wurden entsprechend der in § 90 durchgeführten Diskussion ausgewählt, d. h. der Zu- und Abfluß von Wahrscheinlichkeit findet durch elektronische Übergänge nur in die Zustandsgruppe sl^s statt, wogegen die Gitterdissipation innerhalb der Gruppe cl^c selbst verläuft.

Für die Gruppe der sl^s-Besetzungswahrscheinlichkeiten erhält man die Gleichungen

$$\begin{aligned}\dot{\overline{P}}_{sl} &= (W^{1t}_{sl^s,sl^s} + W^{1n}_{sl^s,sl^s})\,\overline{P}_{sl^s} + \sum_{l^c} W^{1t}_{sl^s,cl^c}\,\overline{P}_{cl^c} \\ &\quad + \sum_{l^v} W^{1t}_{sl^s,vl}\,\overline{P}_{vl^v} + \sum_{l^{s'}} W^{1n}_{sl^s,sl^{s'}}\,\overline{P}_{sl^{s'}}\,,\end{aligned} \tag{9.74}$$

wobei für die Abklingkonstanten der Zustände sl^s eine zu (9.57) analoge Zerlegung vorgenommen wurde. Der Zufluß und Abfluß der Wahrscheinlichkeiten findet hier entsprechend § 90 durch elektronische Übergänge in die Zustandsgruppen cl^c sowie vl^v statt, wogegen die anharmonischen Gitterübergänge bei konstantem Elektronenniveau den Austausch von Wahrscheinlichkeit innerhalb der Zustandsgruppe sl^s selbst bewirken.

Die aus (7.19) ableitbare dritte Gruppe von Gleichungen für die vl^v-Besetzungswahrscheinlichkeiten lautet schließlich

$$\begin{aligned}\dot{\overline{P}}_{vl^v} &= (W^{1t}_{vl^v,vl^v} + W^{1n}_{vl^v,vl^v})\,\overline{P}_{vl^v} + \sum_{l^s} W^{1t}_{vl^v,sl^s}\,\overline{P}_{sl^s} \\ &\quad + \sum_{l^v} W^{1n}_{vl^v,vl^{v'}}\,\overline{P}_{vl^{v'}}\,,\end{aligned} \tag{9.75}$$

wenn man auch hier eine zu (9.57) analoge Zerlegung der Abklingkonstanten vornimmt. Von dieser Gruppe aus findet der elektronische Zu- und Abfluß von Wahrscheinlichkeit nur in die Gruppe sl^s statt. Die anharmonischen Übergänge dagegen bewirken wie schon bei den zwei anderen Gleichungsgruppen Übergänge innerhalb der Gruppe vl^v selbst. Die so gegebene anschauliche Diskussion der drei Gleichungsgruppen liefert natürlich nicht mehr als in § 90 bereits besprochen wurde, da diese Gleichungen lediglich eine Konsequenz der dort als wesentlich betrachteten und für die Rechnung zugelassenen Übergänge darstellen. Wie in Kap. VIII gezeigt wurde, sind die so angegebenen Gleichungen noch viel zu zahlreich, um Aussicht auf eine praktische Auswertung zu eröffnen. Man muß zu diesem Zwecke nach Kap. VIII vielmehr die mittleren Quantenzahlen einführen, deren gegenseitige Verknüpfung zufolge der Reaktionsgleichungen (7.19) erhalten werden kann, und ein System gewöhnlicher, im allgemeinen nicht linearer, Differentialgleichungen erster Ordnung ergibt. Die Ableitung dieser Gleichungen erfolgt in unserem Spezialfall genau nach dem Vorgang der §§ 73—75, wobei wir im Unterschied zu diesen Paragraphen lediglich das Lichtquantenfeld von vornherein ausschließen. Um den allgemeinen Vorgang am speziellen Beispiel zu illustrieren, wiederholen wir diese Ableitung an der Gleichungsgruppe (9.73).

Mit der Zerlegung

$$\overline{P_{cl^c}(t)} = \overline{P_c(t)}\;\overline{P_{l^c}(t)}\,, \tag{9.76}$$

welche nach (8.2) vorgenommen wird, sowie der Normierungsrelation (8.4) erhält man bei Summation über l^c aus der Gruppe (9.73)

$$\begin{aligned}\dot{\overline{P}}_c = &-\Big(\sum_{l^s,l^c} W^{1t}_{sl^s,cl^c}\,\overline{P}_{l^c}\Big)\overline{P}_c + \Big(\sum_{l^s,l^c} W^{1t}_{cl^c,\,sl^s}\,\overline{P}_{l^s}\Big)\overline{P}_s\\ &-\Big(\sum_{l^{c'},l^c} W^{1n}_{cl^{c'},cl^c}\,\overline{P}_{l^c}\Big)\overline{P}_c + \Big(\sum_{l^c,l^{c'}} W^{1n}_{cl^c,cl^{c'}}\,\overline{P}_{l^{c'}}\Big)\overline{P}_c\,,\end{aligned} \tag{9.77}$$

wenn man zugleich die Definitionen (9.58) und (9.59) verwendet. Im letzten Term kann man die Summationsindizes umbenennen durch die Vorschrift, daß l^c durch $l^{c'}$ und $l^{c'}$ durch l^c ersetzt werden soll, womit man den Summenwert natürlich nicht ändert. Man sieht dann, daß sich dieser Term gegen den vorletzten Term weghebt. Die Gitterdissipationsglieder, die mit einer Veränderung der Elektronenbesetzungszahlen $\overline{P}_n$ nichts zu tun haben, fallen also heraus, was man anschaulich erwarten mußte. Führt man ferner in den beiden ersten Summanden die Werte der Übergangswahrscheinlichkeiten nach (9.64) und (9.67) sowie die spezielle Form der Franck-Condon-Integrale aus (9.49) und (9.50) ein, so läßt sich die Gl. (9.77) in der Form

$$\dot{\overline{P}}_c = -\sum_{l^c} g_1(l_1^c)\,\overline{P}_{l^c}\,\overline{P}_c + \sum_{l^s} g_2(l_1^s)\,\overline{P}_{l^s}\,\overline{P}_s \tag{9.78}$$

schreiben, wenn man zur Abkürzung

$$\sum_{l^n} f_j(l_1^n - l_1^p)\,\big|F_{l_1^n,\,l_1^p}\big|^2 \equiv g_j(l_1^p) \tag{9.79}$$

setzt, und unter den möglichen Funktionen f_i die durch (9.65), (9.69), (9.70) und (9.72) definierten Ausdrücke einsetzt. Zum Verständnis des Übergangs von (9.77) nach (9.78) sei ferner daran erinnert, daß die δ-Symbole idempotente Symbole sind, d. h. daß das Quadrat eines δ-Symbols das Symbol selbst ergibt.

Beachtet man die Definitionen der mittleren Quantenzahlen, so liefert der Übergang zur Mittelwertapproximation des § 76 bei der Gl. (9.78) das Ergebnis

$$\dot{n}_c = -g_1(l_1^c)\, n_c + g_2(l_1^s)\, n_s, \tag{9.80}$$

wobei wir die Mittelwertsstriche an den mittleren Quantenzahlen n_c, n_s, l_1^c und l_1^s weggelassen haben, da sie im weiteren zur Unterscheidung keine Rolle spielen.

Vollzieht man die analogen Operationen an den Gleichungsgruppen (9.74) und (9.75), so entstehen daraus die Gleichungen

$$\dot{n}_s = -[g_3(l_1^s) + g_2(l_1^s)]\, n_s + g_1(l_1^c)\, n_c + g_4(l_1^v)\, n_v \tag{9.81}$$

und

$$\dot{n}_v = -g_4(l_1^v)\, n_v + g_3(l_1^s)\, n_s, \tag{9.82}$$

wenn man wiederum die Mittelwertsstriche wegläßt, und zur Definition der neu auftretenden Funktionen g_3 und g_4 die Relation (9.79) benutzt.

Die Gln. (9.80) bis (9.82) beschreiben die zeitliche Veränderung der mittleren Elektronenbesetzungszahlen $n_c = n_c(t)$, $n_s = n_s(t)$ und $n_v = n_v(t)$, welche zufolge von thermischen Elektronenübergängen im Kristall eintritt. Obwohl in diesem System als Ergebnis unserer vorangehenden Betrachtungen sämtliche auftretenden Funktionen bekannt sind, ist es doch nicht zur Berechnung der zeitabhängigen Elektronenbesetzungszahlen ausreichend. Da in ihm noch die zeitabhängigen Werte von $l_1^c = l_1^c(t)$, $l_1^s = l_1^s(t)$ und $l_1^v = l_1^v(t)$ vorkommen, muß offenbar zur vollständigen Bestimmung der reaktionskinetischen Vorgänge noch ein Gleichungssystem für die zeitliche Veränderung der mittleren Schallquantenzahlen l_1^c, l_1^c und l_1^v abgeleitet werden. Wie schon bei den Elektronenbesetzungszahlen führen wir auch hier die Ableitung am Beispiel der Gleichungsgruppe (9.73) aus. Setzt man in (9.73) die Relation (9.58) ein, multipliziert jede Gleichung mit dem ihr zugehörigen (konstanten!) Quantenzahlenwert l_1^c und summiert anschließend alle Gleichungen über l^c, so entsteht

$$\begin{aligned}\frac{d}{dt}\Big(\overline{P}_c \sum_{l^c} l_1^c\, \overline{P}_{l^c}\Big) = &-\Big(\sum_{l^s,l^c} W^{1t}_{sl^s,cl^c}\, l_1^c\, \overline{P}_{l^c}\Big)\overline{P}_c + \Big(\sum_{l^s,l^c} W^{1t}_{cl^c,sl^s}\, l_1^c\, \overline{P}_{l^s}\Big)\overline{P}_s \\ &-\Big(\sum_{l^c} W^{1n}_{cl^c,cl^c}\, l_1^c\, \overline{P}_{l^c}\Big)\overline{P}_c + \Big(\sum_{l^{c\prime},l^c} W^{1n}_{cl^c,cl^{c\prime}}\, l_1^c\, \overline{P}_{l^{c\prime}}\Big)\overline{P}_c\,.\end{aligned} \tag{9.83}$$

Im Gegensatz zu (9.77) heben sich nun in dieser Gleichung die Gitterdissipationsterme *nicht* weg, sondern beschreiben den Einfluß der Gitterumgebung auf die Veränderung der mittleren zeitabhängigen Schallquantenzahl $l_1^c = l_1^c(t)$.

Ist nämlich l_1^c eine angeregte mittlere Quantenzahl im Sinne eines thermischen Nichtgleichgewichtszustandes gegenüber der Gitterumgebung, d. h. den anderen Oszillatoren, so gibt das letzte Glied auf der rechten Seite von (9.83) den Rückfluß von Wahrscheinlichkeit aus der Gitterumgebung *in* diesen Anregungszustand wider, wogegen das dritte Glied den Abfluß von Besetzungswahrscheinlichkeit *aus* dem angeregten Zustand in die Gitterumgebung beschreibt. Das dritte Glied ist also das eigentliche Dissipationsglied. Nehmen wir nun an, daß die differentielle Abklingkonstante näherungsweise mit der integralen Abklingkonstanten übereinstimmt, wie das in (9.60) getan wurde, so bedeutet dies gleichzeitig, daß der Rückfluß von Energie bzw. Besetzungswahrscheinlichkeit aus der Gitterumgebung in den angeregten Zustand vernachlässigbar ist. Wir können daher das vierte Glied in (9.83) weglassen. Setzt man nun für das dritte Glied in (9.83) den Ausdruck (9.60) ein, und für die ersten beiden Glieder die expliziten Ausdrücke der Übergangswahrscheinlichkeiten aus § 90, so entsteht

$$\begin{aligned}\frac{d}{dt}\Big(\overline{P}_s \sum_{l^c} l_1^c\, \overline{P}_{l^c}\Big) &= -\Big(\sum_{l^c} g_1(l_1^c)\, l_1^c\, \overline{P}_{l^c}\Big)\overline{P}_c + \Big(\sum_{l^s} G_2(l_1^c)\, \overline{P}_{l^s}\Big)\overline{P}_s \\ &\quad - \Big(\sum_{l^c} \tau_0^{-1}\, l_1^c\, \overline{P}_{l^c}\Big)\overline{P}_c\,,\end{aligned} \tag{9.84}$$

wenn man die Definition

$$\sum_{l^n} f_j(l_1^n - l_1^p)\, l_1^n \left|F_{l_1^n, l_1^p}\right|^2 \equiv G_j(l_1^p) \tag{9.85}$$

benutzt. Unter Verwendung der Definitionen für die mittleren Quantenzahlen (8.5) bis (8.7) kann man auch hier zur Mittelwertapproximation übergehen, und erhält aus (9.84)

$$(n_c \dot{l}_1^c) = -\, g_1(l_1^c)\, l_1^c\, n_c + G_2(l_1^s)\, n_s - \tau_0^{-1}\, l_1^c\, n_c\,, \tag{9.86}$$

d. h. also eine Gleichung für die zeitliche Veränderung des Mittelwerts l_1^c. Ein dazu völlig analoges Verfahren liefert bei den Gleichungsgruppen (9.74) und (9.75) die Mittelwertsgleichungen

$$(n_s \dot{l}_1^s) = -\,[g_3(l_1^s) + g_2(l_1^s)]\, l_1^s\, n_s + G_1(l_1^c)\, n_c + G_4(l_1^v)\, n_v - \tau_0^{-1}\, l_1^s\, n_s \tag{9.87}$$

sowie

$$(n_v \dot{l}_1^v) = -\, g_4(l_1^v)\, l_1^v\, n_v + G_3(l_1^s)\, n_s - \tau_0^{-1}\, l_1^v\, n_v \tag{9.88}$$

und man hat damit das gewünschte System für die zeitliche Veränderung der mittleren Quantenzahlen l_1^c, l_1^s und l_1^v erhalten. Verfolgt man die Definitionen der in den beiden Systemen (9.80) bis (9.82) und (9.86) bis (9.88) enthaltenen Koeffizientenfunktionen g_j und G_j mit Hilfe von (9.79) und (9.85) und den zugehörigen Ausdrücken in § 90 zurück, bis man zu elementaren Rechenoperationen und numerischen Werten gelangt, so erkennt man, daß die in den vorangehenden Paragraphen durchgeführten Rechnungen eine *eindeutige* funktionelle und numerische Angabe von g_j und G_j ermöglichen. Die einzige hierbei etwas schwierigere Operation ist die Summenbildung über die FRANCK-CONDON-Integrale in (9.79) und (9.85), welche man in der Praxis nur näherungsweise ausführt; alle übrigen Operationen sind elementar. Die gekoppelten Systeme (9.80) bis (9.82) und (9.86) bis (9.88) sind daher nicht nur formale Bildungen, sondern können ganz konkret zur Berechnung der zeitabhängigen mittleren Quantenzahlen n_c, n_s n_v, l_1^c, l_1^s und l_1^v verwendet werden. Unter geeigneten Anfangsbedingungen integriert, geben die Lösungen dann Auskunft über das Ablaufen eines Prozesses in unserem Modell. Wie man sieht, wurden die gesamten Operationen, die zur Ableitung dieses Systems führten, von uns so angelegt, daß zum Schluß neben den mittleren Elektronenbesetzungszahlen nur noch jeweils eine einzige mittlere Schallquantenzahl pro Elektronenzustand nötig ist. Dies ist nicht allein ein Verdienst der Reaktionskinetik. Diese würde immerhin noch pro Elektronenzustand N mittlere Schallquantenzahlen als notwendige Rechengrößen erfordern. Die weitere Reduktion tritt vielmehr durch die Anwendung des Kristallmodells aus Kap. VI ein, bei dem in unserem Fall eine Ankopplung des Elektrons an jeweils nur eine einzige Gitterschwingung erreicht wird, sowie durch die pauschale Berücksichtigung der Gitterdissipation in der Konstanten τ_0. Man hat an diesen Rechnungen daher ein Beispiel, wie die allgemeine Reaktionskinetik durch geeignete Zusatzannahmen wirkungsvoll reduziert werden kann, *ohne* daß die grundsätzlichen Züge des Modells dabei zerstört werden.

§ 92. Kinetik der Rekombination

Mit dem Übergang von (9.73) bis (9.75) zur Quantenzahlendarstellung ist das System der Reaktionsgleichungen derart reduziert, daß wir nunmehr mit seiner praktischen Auswertung beginnen können. Wir bezeichnen dazu im folgenden das System (9.80) bis (9.82) mit (I) und das System (9.86) bis (9.88) mit (II). Das Ergebnis einer Auswertung dieser Systeme hängt dann von den Anfangsbedingungen ab, die in den Quantenzahlen ausgedrückt werden müssen. Die einfachste Anfangsbedingung, welche einen möglichen physikalischen Ausgangszustand charakterisiert, lautet z. B. $n_c(0) = 1$, alle übrigen Größen gleich Null. D. h. zur Zeit $t = 0$ befindet sich ein Elektron im Leitungsband, und die Gittertemperatur des Kristalls ist $T = 0$, wie das Verschwinden der mittleren Oszillatorenquantenzahlen angibt. Da von diesem Zustand ausgehend die strahlungslose Rekombination studiert werden kann, beschränken wir unsere Betrachtungen zunächst auf diesen Spezialfall. Bei ihm, wie auch in allen anderen Fällen, wird die weitere Entwicklung dann durch (I) und (II) regiert. Die beiden Systeme sind untereinander verkoppelt und können daher nicht unabhängig voneinander gelöst werden. Um ans Ziel zu kommen, schlagen wir ein Näherungsverfahren ein, bei dem wir zunächst näherungsweise Lösungen von (II) betrachten, und diese dann in (I) einsetzen. Zu diesem Zwecke machen wir uns die durch (I) und (II) beschriebenen Vorgänge anschaulich klar. (I) beschreibt die Veränderung der mittleren Elektronenbesetzungszahlen n_i als eine Überlagerung von Hin- und Rücksprüngen der Elektronen, wobei die Rücksprünge weniger wahrscheinlich als die Hinsprünge sind, und damit im *Mittel* ein langsames Abklingen des anfänglich besetzten Zustandes bewirken. Die Lösungen von (I) müssen demnach ebenfalls aus dieser Überlagerung von Einzelsprüngen entstehen. Die zu diesen Übergängen gehörigen Übergangswahrscheinlichkeiten sind jedoch nicht konstant, sondern vielmehr *zeitabhängig*, da sie durch die Zeitabhängigkeit der in ihnen auftretenden mittleren Oszillatorenquantenzahlen beeinflußt werden. Die Wirkung dieser Zeitabhängigkeit kann man nun leicht anschaulich abschätzen, wenn man den doppelten Franck-Condon-Prozeß zunächst einmal ohne elektronische Rücksprünge, d. h. als Zweifachsprung, ablaufen läßt, und dabei bedenkt, daß es sich nach § 86 im wesentlichen um Übergänge in thermodynamische *Nicht*-Gleichgewichtszustände handelt. Der Prozeß wird eingeleitet mit einem Elektronsprung vom Leitungsband in die Störstelle. Bei ihm wird vom Gitter ein Energiebetrag aufgenommen, welcher für $T = 0$, d. h. $l_1^c = 0$ beim Ausgangszustand, auf die mittlere Quantenzahl

$$l_1^s = \frac{1}{2h}\,\omega\, a_1^{cs2} \equiv x_0 \tag{9.89}$$

beim Endzustand führt. Diesen Wert kann man anschaulich aus der Abb. 14 entnehmen, oder algebraisch aus dem Franck-Condon-Integral $F_{l_1^c, l_1^s}(a_1^{cs})$ erschließen. Zufolge der Gitterdissipation klingt die solchermaßen angeregte Störschwingung näherungsweise nach dem Exponentialgesetz $\exp - t/\tau_0$ ab, wie man bei genauerer Untersuchung von (9.87) feststellen kann. Hält sich nun das Elektron die Zeit t^s in der Störstelle auf, so ist während dieser Zeit die Gitterschwingung q_1^s auf den mittleren Quantenzahlenwert

$$l_1^s(t^s) = x_0 \exp - t^s/\tau_0 \tag{9.90}$$

abgesunken. Andererseits erhält man aus der Relation $t = 1/W$ für die mittlere Verweilzeit t^s des Elektrons in der Störstelle aus (9.81) den Wert

$$t^s = [g_3(l_1^s) + g_2(l_1^s)]^{-1}. \tag{9.91}$$

Setzt man jetzt für l_1^s den Wert (9.90) in (9.91) ein, so erhält man eine Gleichung, aus der t^s berechnet werden kann.

Springt dann in der zweiten Phase des doppelten Franck-Condon-Prozesses das Elektron von der Störstelle ins Valenzband weiter, so müßte, falls dieser Sprung unmittelbar dem Sprung vom Leitungsband in die Störstelle nachfolgt, d. h. $t^s = 0$ gilt, die Gitteranregung des Endzustandes im Mittel auf die Quantenzahl $l_1^v = 4\,x_0$ gestiegen sein. Das kann man anschaulich leicht aus der Abb. 15, algebraisch aber aus dem zugehörigen Franck-Condon-Integral entnehmen. Da jedoch der Weitersprung in das Valenzband im allgemeinen *nicht* verzögerungsfrei stattfindet, ist die Gitteranregung des Ausgangszustandes inzwischen auf den Wert (9.90) abgesunken, und man erhält dann näherungsweise für den Mittelwert von l_1^v

$$l_1^v = 2\,x_0\,(1 + \exp - t^s/\tau_0). \tag{9.92}$$

Hält sich das Elektron die Zeit t^v im Valenzband auf, so klingt zufolge der auch in diesem Zustand wirksamen Gitterdissipation die anfänglich angenommene Gitterquantenzahl (9.92) auf

$$l_1^v(t^v) = 2\,x_0 \exp - t^v/\tau_0\,(1 + \exp - t^s/\tau_0) \tag{9.93}$$

ab, wobei die mittlere Verweilzeit t^v aus der Gleichung folgt

$$t^v = 1/g_4(l_1^v), \tag{9.94}$$

welche man aus (9.82) ableiten kann. Setzt man (9.93) in g_4 ein, so kann man t^v aus der daraus entstehenden Gleichung berechnen. Mit (9.90) und (9.93) kann man nun die Gleichungssysteme (I) und (II) entkoppeln, wenn man diese beiden Beziehungen als näherungsweise (physikalisch begründete) Lösungen von (II) in (I) einsetzt. Die Einschränkung, daß (9.90) und (9.93) sowie t^s und t^v aus einer sehr speziellen Modellvorstellung abgeleitet wurden, hat dabei für uns keine hindernde Bedeutung, da wir ja gerade diesen Modellprozeß mit unseren Gleichungen untersuchen wollen. In dieser Näherung wird (I) dann ein System mit konstanten Koeffizienten. Es läßt sich leicht lösen. Man stellt fest, daß aus (I) folgt

$$\dot{n}_c + \dot{n}_s + \dot{n}_v = 0. \tag{9.95}$$

Das führt auf den Erhaltungssatz der Elektronenzahl

$$n_c + n_s + n_v = 1 \tag{9.96}$$

für alle Zeiten t. Eliminiert man n_v aus (I), so entsteht

$$\begin{aligned} \dot{n}_c &= (-a)\, n_c + (\varepsilon_1\, a)\, n_s \\ \dot{n}_s &= -\,(\varepsilon_1\, a + b)\, n_s + (a)\, n_c + \varepsilon_2\, b\,(1 - n_s - n_c). \end{aligned} \tag{9.97}$$

Dabei haben wir abkürzend gesetzt

$$\begin{aligned} a &\equiv g_1(l_1^c), \\ \varepsilon_1 &\equiv g_2(l_1^s)/g_1(l_1^c), \\ b &\equiv g_3(l_1^s), \\ \varepsilon_2 &\equiv g_4(l_1^v)/g_3(l_1^s). \end{aligned} \tag{9.98}$$

Wie man leicht feststellt, sind ε_1 und ε_2 stets < 1. Man muß dazu nur die Definitionen der zugehörigen Funktionen bis in die Übergangswahrscheinlichkeiten verfolgen. Setzen wir voraus, daß die Differenz von a und b dem Betrag nach immer größer als 1 ist, was ohne weiteres wegen der großen Werte von a und b angenommen werden kann, so läßt sich die Integration mit Störungsrechnung durchführen. Wir fassen uns hier kurz und geben nur die für uns notwendigen Größen an. Für die Anfangsbedingung $n_c(0) = 1$, $n_s(0) = n_v(0) = 0$ ergibt sich dann

$$n_v(t) = n_v^0 - (1 - n_c^0) \exp \omega_1 t - n_s^0 \exp \omega_2 t \tag{9.99}$$

mit

$$\begin{aligned} n_c^0 &= \varepsilon_1\, \varepsilon_2\, n_v^0, \qquad n_s^0 = \varepsilon_2\, n_v^0 \\ n_v^0 &= 1/(1 + \varepsilon_1 + \varepsilon_2) \end{aligned} \tag{9.100}$$

und

$$\begin{aligned} \omega_1 &= -\,a\left(1 + \varepsilon_1 \frac{a}{a-b}\right) \\ \omega_2 &= -\,b\left(1 - \varepsilon_1 \frac{a}{a-b} + \varepsilon_2\right), \end{aligned} \tag{9.101}$$

n_c^0, n_s^0 und n_v^0 sind die asymptotischen Werte der Elektronenbesetzungszahlen für $t \to \infty$. Mit diesen Formeln läßt sich sehr einfach die Wahrscheinlichkeit für die strahlungslose Rekombination eines Elektron-Defektelektron-Paares am Löschzentrum angeben. Diese Wahrscheinlichkeit ist nämlich gleich der reziproken mittleren Lebensdauer des Defektelektrons im Valenzband, bis die Verteilung ihren asymptotischen Wert erreicht hat. Die Besetzungswahrscheinlichkeit für das Defektelektron im Valenzband ist

$$n_v^+(t) = 1 - n_v(t). \tag{9.102}$$

Um eine mittlere Lebensdauer des Defektelektrons definieren zu können, braucht man eine Wahrscheinlichkeitsverteilung auf der Zeitachse für die Existenz des Defektelektrons von $t = 0$ bis ∞. (9.102) liefert eine solche Verteilungsfunktion. Diese ist jedoch noch nicht normiert. Zufolge (9.96) ist nämlich die Normierung bezogen auf die Feststellung: mit Sicherheit ist zu einem bestimmten Zeitpunkt t das Elektron in einem der drei Niveaus c, s, v anzutreffen. Wir dagegen wollen die Normierung auf die Feststellung beziehen: mit Sicherheit ist in einem bestimmten Niveau (hier das Valenzband) das Elektron bzw. Defektelektron innerhalb der Zeitspanne von $t = 0$ bis ∞ anzutreffen. Diese beiden Feststellungen beinhalten den Unterschied der zeitlichen und räumlichen Normierung, was in [*12*] ausführlich erläutert wurde.

Führt man die Umnormierung aus, so entsteht die Verteilungsfunktion

$$N_v^+(t) = \left[-(1 - n_c^0)\exp\omega_1 t + n_s^0 \exp\omega_2 t\right]\left[(1 - n_c^0)\frac{1}{\omega_1} - n_s^0\frac{1}{\omega_2}\right]^{-1}. \tag{9.103}$$

Die mittlere Lebensdauer des Defektelektrons beträgt dann

$$t^+ = \int_0^\infty N_v^+(t)\, t\, dt = \left[-(1 - n_c^0)\frac{1}{\omega_1^2} + n_s^0\frac{1}{\omega_2^2}\right]\left[(1 - n_c^0)\frac{1}{\omega_1} - n_s^0\frac{1}{\omega_2}\right]^{-1}. \tag{9.104}$$

Dabei wurde die Lebensdauer des Defektelektrons nur bis zum Erreichen des asymptotischen Gleichgewichtswertes definiert. Nach t^+ sec hat demnach eine strahlungslose Rekombination stattgefunden. Der so abgeleitete Wert ist eine *integrale* Größe, d. h. er ist durch die Konkurrenz mehrerer Einzelprozesse zustande gekommen, und stellt daher, im Gegensatz zu den differentiellen Übergangswahrscheinlichkeiten, einen *realistischen* Wert dar.

Die eben durchgeführten Rechnungen können auch auf den Fall nichtverschwindender Gittertemperaturen im Ausgangszustand, d. h. $l_1^c(0) \neq 0$ ausgedehnt werden, sowie auf solche Zustände des Elektronensystems, bei denen das Elektron und das Defektelektron gegenseitig korreliert sind, d. h. ein echtes Exziton bilden. Aus Raumgründen können wir auf diese Details nicht eingehen. In allen Fällen ergibt sich jedoch eine Formel der Art (9.104), welche nurmehr Konstanten enthält, die aus den vorangehenden Paragraphen in ihren numerischen Werten entnommen bzw. explizit berechnet werden können. Mit der numerischen Auswertung der Formel (9.104) sind wir daher am Ziel unserer Untersuchung angelangt, d. h. wir können entscheiden, ob eine Störstelle als Löschzentrum wirken kann oder nicht.

Die numerische Auswertung der Formel (9.104) für verschiedene Temperaturen, Konzentrationen der Störstellen und verschiedene Störstellenarten, sowie mehrere Exzitonenniveaus wurde mit einer Rechenmaschine im Stuttgarter Rechenzentrum durchgeführt. Es ergaben sich dabei die Kurven der Abb. 17 bis 22. Wir möchten aber nochmals auf die in § 87 ausführlich diskutierte Begrenzung unseres Modells hinweisen, insbesondere daß diese Kurven noch keinen unmittelbaren Vergleich mit dem Experiment gestatten, da man experimentell die Quantenausbeuten von Lichteinstrahlung in Phosphore mißt, welche sich nur aus einer kombinierten Reaktionskinetik von Aktivatoren,

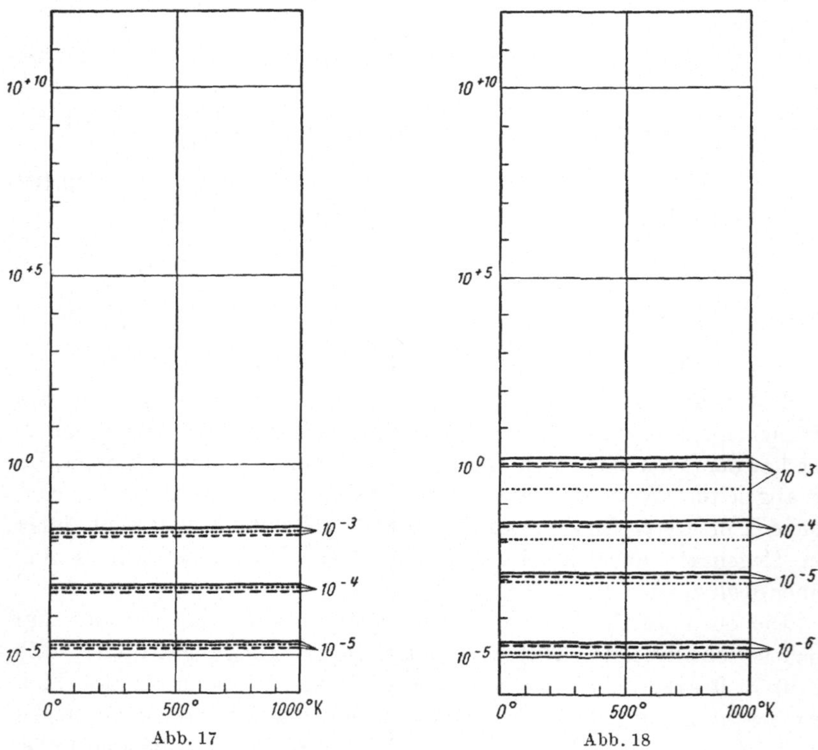

Abb. 17 Abb. 18

Abb. 17. Integrale Wahrscheinlichkeit für die Rekombination eines Elektron-Defektelektronpaares an einer Anionenlücke in NaCl in Abhängigkeit von der Konzentration und der Temperatur. Die Konzentration wird in Störstellen pro reguläres Gitterion angegeben. Ausgezogene Kurven gelten für die Rekombination eines freien Elektron-Defektelektronpaares, gestrichelte Kurven für den Exzitonenzustand $n = 1$, punktierte für $n = 2$, d. h. den Grundzustand des Exitons und seinen ersten angeregten Zustand. Wegen der großen Bandlücke bei NaCl (9,6 eV) ist der Prozeß sehr unwahrscheinlich. Selbst höhere Temperaturen sind deshalb von geringem Einfluß. Gegenüber optischen Konkurrenzprozessen fallen diese Rekombinationen nicht ins Gewicht. Eine Anionenlücke in NaCl kann daher *nicht* als Löschzentrum wirken

Abb. 18. Integrale Wahrscheinlichkeit für die Rekombination eines Elektron-Defektelektronpaares an einer Anionenlücke in KCl. Es gelten dieselben Definitionen wie in Abb. 17. Wegen der großen Bandlücke von KCl (9,4 eV) ist auch hier der Prozeß sehr unwahrscheinlich. Selbst wenn die Gitterenergiedissipation völlig wegfallen würde, wäre die Energiebilanz durch den doppelten FRANCK-CONDON-Prozeß nicht gedeckt. Wie bei NaCl bilden daher auch bei KCl die strahlungslosen Rekombinationen keine merkbare Konkurrenz der optischen Übergänge. Dies stimmt mit experimentellen Ergebnissen überein. Auch wirkt die Anionenlücke daher *nicht* als Löschzentrum

Haftstellen und Löschzentren bestimmen lassen. Nichtsdestoweniger zeigen diese Kurven bereits im Sinne des § 87, daß 1) derartige Prozesse theoretisch in gewissen Kristallen mit einer hinreichenden Wahrscheinlichkeit möglich sind, d. h. daß die Existenzmöglichkeit von Löschzentren damit erwiesen ist, und 2) daß der qualitative Gang der Rekombinationswahrscheinlichkeit in Abhängigkeit vom Grundgitter und von der Temperatur mit der Erfahrung übereinstimmt.

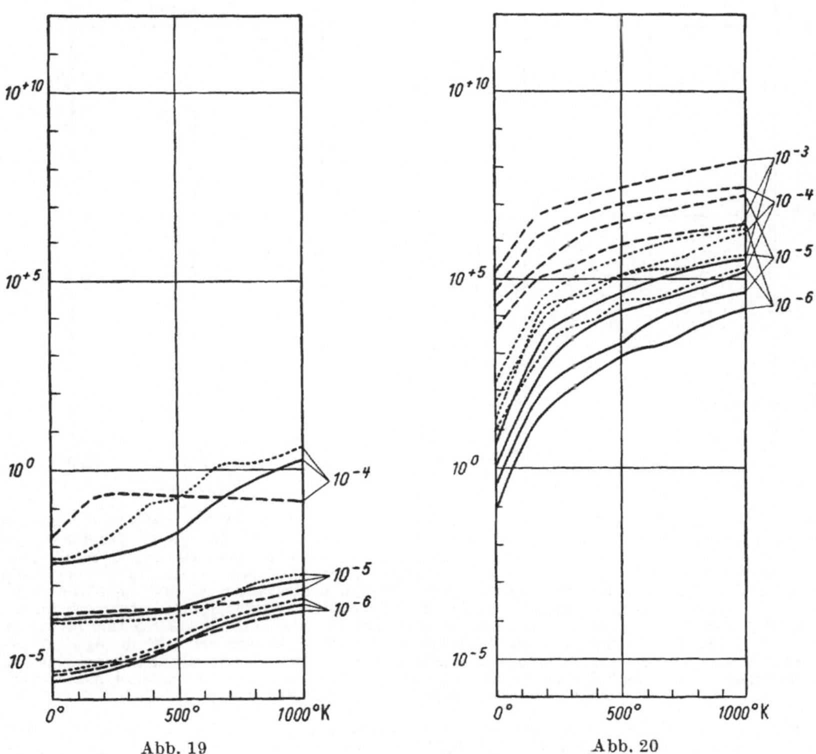

Abb. 19 Abb. 20

Abb. 19. Integrale Wahrscheinlichkeit für die Rekombination eines Elektron-Defektelektronpaares an einer Anionenlücke in SrS. Es gelten dieselben Definitionen wie in Abb. 17. Die kleine Bandlücke von SrS (4,1 eV) kommt der strahlungslosen Rekombination entgegen. Jedoch zeigt die Rechnung, daß auch noch andere Faktoren das Ergebnis mitbestimmen und ungünstig beeinflussen können. Hier stören z. B. die Rücksprünge aus der Störstelle ins Leitungsband und aus dem Valenzband in die Störstelle die endgültige Rekombination. Die mehrfachen Maxima der Kurven deuten auf die Konkurrenz der Einzelprozesse hin, die den Gesamtverlauf durch Überlagerung ergeben

Abb. 20. Integrale Wahrscheinlichkeit für die Rekombination eines Elektron-Defekteelektronpaares an einer dreiwertigen Samarium-Störstelle Sm^{3+} auf einem regulären Kationengitterplatz in SrS. Es gelten dieselben Definitionen wie in Abb. 17. Die Wirkung des Ionenrumpfes wurde vernachlässigt und das Störion nur durch seine Ladung charakterisiert. In SrS wird Sm^{3+} für strahlungslose Rekombinationen verantwortlich gemacht. Die Kurven zeigen, daß dies zu Recht geschieht. Zum erstenmal tritt eine große Temperaturempfindlichkeit auf. Dies ist immer dann der Fall, wenn die Verhältnisse zur Rekombination schon günstig sind. Kleine energetische Schwankungen haben dann auf das Geschehen großen Einfluß. Bei hinreichend hohen Temperaturen und hinreichend starker Konzentration wird Sm^{3+} daher als Löschzentrum wirken können, jedoch kann man bei den angegebenen Rekombinationswahrscheinlichkeiten die Konkurrenz optischer Übergänge noch nicht völlig anschließen

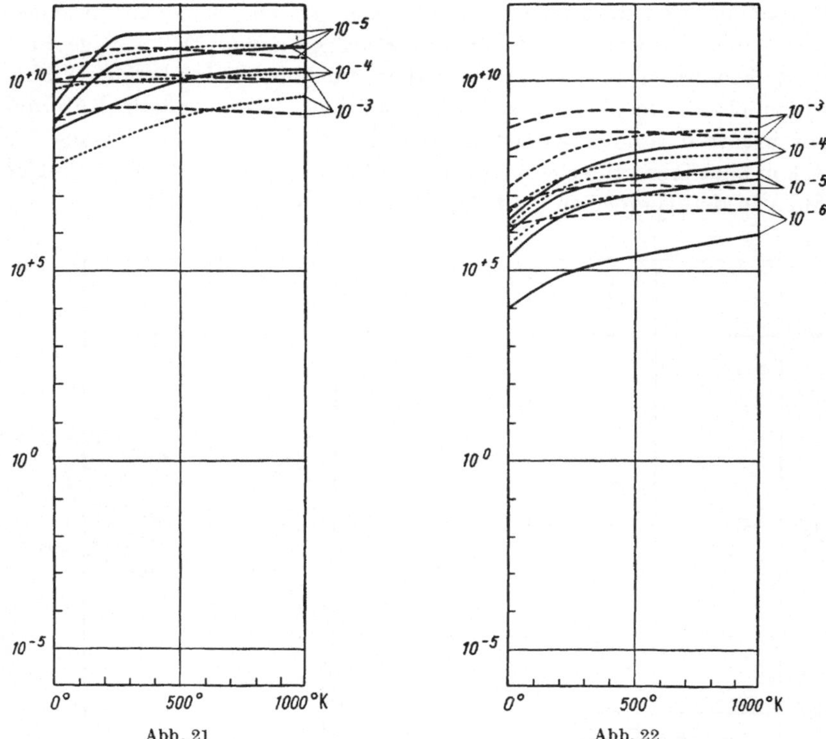

Abb. 21. Integrale Wahrscheinlichkeit für die Rekombination eines Elektron-Defektelektronpaares an einer Anionenlücke in MgO. Es gelten dieselben Definitionen wie in Abb. 17. Bandlücke von MgO 7,5 eV. Die ideale Anordnung für strahlungslose Rekombinationen. Die doppelten FRANCK-CONDON-Sprünge finden nahezu ohne jede Gitterschwingungsdissipation statt. Dabei kommt ein unerwarteter Effekt heraus: Die Rekombinationswahrscheinlichkeit steigt bei sinkender Konzentration. Dies ist eine Folge der Rücksprünge ins Leitungsband, die bei hoher Konzentration eine größere Wahrscheinlichkeit aufweisen als bei niedriger Konzentration, und so die Rekombination verzögern. Bei der Größe der Rekombinationswahrscheinlichkeiten kann die Anionenlücke in MgO nur als Löschzentrum wirken, dies stimmt insofern mit den Experimenten überein, als in Gegensatz zu den Alkalihalogeniden bei MgO die Quantenausbeute tatsächlich oftmals sehr niedrig ist, d. h. bevorzugt strahlungslose Rekombinationen stattfinden müssen

Abb. 22. Integrale Wahrscheinlichkeit für die Rekombination eines Elektron-Defektelektronpaares an einer dreiwertigen Europium-Störstelle Eu^{3+} auf einem regulären Kationengitterplatz in MgO. Es gelten dieselben Definitionen wie in Abb. 17. Die Wirkung des Ionenrumpfes wurde vernachlässigt, und das Störion nur durch seine Ladung charakterisiert. In MgO wird Eu^{3+} als Killer angesehen. Die Kurven bestätigen dies, obwohl Eu^{3+} weitaus nicht so günstig wirkt wie die Anionenlücke. Der Grund ist in der zu tiefen energetischen Lage des Störstellenniveaus zu suchen

Verzeichnis der Stuttgarter Arbeiten

[1] FUES, E., u. H. STUMPF: Z. f. Naturforschg. **9a**, 897 (1954).
[2] FUES, E., u. H. STUMPF: Z. f. Naturforschg. **10a**, 136 (1955).
[3] FUES, E., H. STUMPF u. F. WAHL: Z. f. Naturforschg. **13a**, 962 (1958).
[4] FUES, E., u. H. STUMPF: Z. f. Naturforschg. **14a**, 142 (1959).
[5] FUES, E., u. F. WAHL: Z. f. Naturforschg. **16a**, 385 (1961).
[6] GROSS, H.: Diplomarbeit, T. H. Stuttgart 1958.
[7] GROSS, H., u. F. WAHL: Z. f. Naturforschg. **14a**, 285 (1959).
[8] MIEHLICH, A.: Diplomarbeit, T. H. Stuttgart 1959.
[9] STUMPF, H.: Z. f. Naturforschg. **10a**, 971 (1955).
[10] STUMPF, H.: Z. f. Naturforschg. **12a**, 153 (1957).
[11] STUMPF, H.: Z. f. Naturforschg. **12a**, 465 (1957).
[12] STUMPF, H.: Z. f. Naturforschg. **13a**, 171 (1958).
[13] STUMPF, H.: Z. f. Naturforschg. **13a**, 621 (1958).
[14] STUMPF, H.: Z. f. Naturforschg. **14a**, 403 (1959).
[15] STUMPF, H.: Z. f. Naturforschg. **14a**, 659 (1959).
[16] STUMPF, H., u. M. WAGNER: Z. f. Naturforschg. **15a**, 30 (1960).
[17] WAGNER, M.: Z. f. Naturforschg. **14a**, 81 (1959).
[18] WAGNER, M.: Z. f. Naturforschg. **15a**, 889 (1960).
[19] WAGNER, M.: Z. f. Naturforschg. **16a**, 302 (1961).
[20] WAGNER, M.: Z. f. Naturforschg. **16a**, 410 (1961).
[21] WAHL, F.: Z. f. Naturforschg. **14a**, 901 (1959).
[22] WAHL, F.: Z. f. Naturforschg. **15a**, 616 (1960).
[23] WAHL, F.: Z. f. Naturforschg. **15a**, 983 (1960).
[24] WAHL, F.: Promotionsarbeit, T. H. Stuttgart 1961.

Sachverzeichnis

721/4/61